中国古茶树

Ancient Tea Plants in China

虞富莲 编著

YNK 云南科技出版社

·昆明·

图书在版编目（CIP）数据

中国古茶树 / 虞富莲编著. -- 昆明 : 云南科技出
版社，2016.9（2024.4重印）
ISBN 978-7-5587-0146-7

Ⅰ．①中… Ⅱ．①虞… Ⅲ．①茶树－介绍－中国
Ⅳ．①S571.1

中国版本图书馆CIP数据核字(2016)第250371号

中国古茶树
ZHONGGUO GUCHASHU

虞富莲　编著

出 版 人：温　翔
责任编辑：吴　涯　龙　飞
整体设计：靳春雷
责任校对：张舒园
责任印制：蒋丽芬

书　　　号：ISBN 978-7-5587-0146-7
印　　　刷：云南美嘉美印刷包装有限公司
开　　　本：787mm×1092mm　1/16
印　　　张：31.75
字　　　数：500 千字
版　　　次：2016 年 11 月第 1 版
印　　　次：2024 年 4 月第 6 次印刷
印　　　数：10501～11500册
定　　　价：198.00 元

出版发行：云南科技出版社
地　　址：昆明市环城西路 609 号
电　　话：0871-64190978

《中国古茶树》
编委会

编　著　虞富莲

编　委（按姓氏笔画排序）

王平盛　王本忠　王　东　王兴华　兰锡国

刘　伦　刘佳业　刘福桥　孙　前　戎玉廷

严　亮　吴　涯　李　强　宋维希　杨世达

罗朝光　赵尹强　段学良　虞富莲　魏明禄

摄　影（不含编委和署名，按姓氏笔画排序）

王海思　李光涛　李　坤　陈炳环　张义和

周天富　杨　威　党　山　陶仕科　谭建国

熊平祥

翻　译　林　樾

Abstract

内容提要

本书系统地介绍了茶树的地理起源和栽培起源、茶树的演化传播和分类、古茶树的分布和遗传多样性；着重介绍了 603 份中国古茶树的特征特性以及 90 个野生茶树居群和古茶山；扼要介绍了茶树特异资源和越南、老挝、缅甸的部分古茶树。配有图片 620 帧。这是一部融资料性、学术性、实用性于一体、图文并茂的专著，适合于从事茶树种质资源工作、茶树分类研究、茶叶生产、茶文化风情考察者以及大专院校师生阅读参考。

Abstract

This monograph systematically introduces the geographic origins of tea plants, the origins of tea plants cultivation, the evolution and spread of tea plants, taxonomy of tea plants, ancient tea plant distribution regions, and genetic diversity of ancient tea plants. With 620 photos included, this monograph emphasizes on the characteristics of 603 ancient tea plants in China, as well as 90 wild tea plant populations and ancient tea plant mountains. The author also briefly introduced special tea plant resources, as well as some ancient tea plants in Vietnam, Laos and Burma. This informative and practical monograph would be a useful reference not only for college students, but also for those in the fields of tea plants germ plasm resource studies, tea plants taxonomy, tea production and tea culture studies.

Foreword

序

　　茶树是山茶属（*Camellia*）植物中一个较大的种群。中国的西南部是茶树的起源中心，也是人类利用茶叶的发祥地。按张宏达的茶树分类系统，茶组（Section）35个种和变种中除2个种外全产于中国。公元前59年西汉王褒《僮约》中有"烹茶尽具"和"武阳（今四川彭山）买茶"之说，表明二千多年前的四川一带茶叶已是商品。由于长期的自然演化和人类的引种栽培，茶树从起源中心不断向外扩散，形成了广阔的分布区，现今中国从18°N的海南五指山到33°N的秦岭、淮河一线，从98°E的滇缅边境的高黎贡山到122°E的台湾地区中央山，从海拔不到10米的海滨到2700米的高山，纵横260多万平方千米的产茶国土上都生有各种生态型茶树：有的是野生型乔木大茶树，有的是进化型灌木中小叶茶；有的在原始森林中成了参天大树，有的成了栽培茶园的主栽品种；有的已"老态龙钟"，有的依然生机盎然。这些历经百年沧桑的茶树，被奉称为古茶树。

　　古茶树是进行茶树起源演化、形态分类、育种创新和生物科学研究的重要基础。近数十年来，国家十分重视茶资源的发掘和利用，各科研院所以及产茶省市都相继进行了茶树种质资源的调查整理。多项研究工作表明，中国古茶树的数量和遗传多样性举世无双，是世界公认的茶树种质资源基因库和博物馆。

　　本书主编虞富莲研究员长期从事茶树种质资源研究，曾参与编写了《中国作物遗传资源》《中国作物及其野生近缘植物》等多部著作。数十年来足迹遍及滇、桂、黔、川、渝、鄂、湘、赣等省、市、自治区。几度翻越哀牢山、乌蒙山，横跨澜沧江、红水河，古稀之年还深入到无量山、川西等地考察，掌握了大量的古茶树第一手资料；主持建立茶树种质资源圃，征集保存了各类资源近 3000 余份；通过多学科的鉴定评价，建立了古茶树资源信息系统。在此基础上，历时数年，编著了我国第一部古茶树专著——《中国古茶树》。

　　本书是古茶树的集成。该书的出版，为促进茶树种质资源研究，为保护茶树遗传多样性，为合理利用古茶树资源以及推动茶产业持续发展都有着重要的意义

　　古茶树是人与自然和谐的碑石，它以一叶之精，呈天地人情，恩沛人间。愿作者读者共享古茶树惠泽。

中国工程院副院长、院士
中国农业科学院原副院长　刘旭

2015 年 11 月

前言

再版前言

《中国古茶树》具有实用性和理论性，被读者称为茶叶工具书，得到了社会各界的厚爱和推崇，2016 年问世一年即被销售一空，并还荣获第二十五届（2016 年度）中国西部地区优秀科技图书一等奖。期间，作者也收到一些宝贵的意见和建议，如增加古茶树内容，明细古茶树产地，提出古茶树的利用途径等等；读者和出版社也希望尽早修订后出再版。这些中肯的意见，作者都一一采纳，并对各界的关爱表示谢意！

修订后的古茶树由 479 份增加到 603 份，野生茶树居群和古茶山增加到 90 个。其中增补较多的是云贵川的茶树和古茶山，以对原产地的茶树资源作更全面的介绍；大部分古茶树的产地明确到所在乡（镇）村，这既方便调研者按图索骥，又有利于当地茶产业发展；对一些错误细节进行了校订，使书稿更臻完善。

《中国古茶树》涵盖多个学科，由于书的结构比较特殊，在编纂上有一定的难度。在修订过程中，尽管作了不懈努力，难免仍会有错漏之处，恳请读者批评指正。

虞富莲

2018 年 5 月 29 日

中国早在1700 多年前的史料中就有关于野生大茶树的记载，三国（220~280年）《吴普·本草》引《桐君录》中有"南方有瓜芦木（大茶树）亦似茗"之说；唐·陆羽（733~804 年）在《茶经·一之源》中的"南方有嘉木，巴山峡川有两人合抱者，伐而掇之。"更是将大茶树描绘得形象具体。从 20 世纪 40 年代起，我国农业科技工作者陆续进行了野生茶树调查，如 1940 年李联标等在贵州省务川县老鹰山发现了十余株野生大茶树，1943 年罗博鑅等在广东省乐昌县九峰山调查了乐昌白毛茶大茶树。新中国成立后，国家十分重视茶树品种调查整理工作，20世纪50和60年代，云南省科技工作者先后在勐海县发现了著名的南糯山大茶树和巴达大茶树。80年代起，茶树种质资源列入国家农作物资源考察项目。1981~1984年中国农业科学院茶叶研究所与云南省农业科学院茶叶研究所对云南省61个县（市）的茶树种质资源进行了考察和收集；"七五"和"八五"期间农作物种质资源考察列为国家重点科研项目，中国农业科学院茶叶研究所又先后对广西、贵州、四川、重庆、湖北、海南等省（区、市）以及长江三峡等重点区域的茶树资源进行了考察和征集。期间各产茶省市也相继进行了茶树品种资源的调查和发掘，使一大批深藏不露的古茶树浮出了水面，中国古茶树的多样性和稀有性得到了世界公认。然而，古茶树浩若烟海，广布于深山老林、僻野村寨，要窥及全豹，实非易事，所以，作为茶树原产地和泱泱产茶大国，还没有一部全面介绍中国古茶树的著作问世。作者长期从事于茶资源研究工作，深感有将古茶树展示在世人面前、让古茶树"古为今用"之责，遂在多位同仁支持下，竭尽8年之久，将古茶树编纂成册，一了夙愿。

入编的古茶树资料大部分是作者几十年来亲自参与考察和研究所得，部分是根据文献资料整理而成。在阐述古茶树特征特性之前，先介绍了茶树的起源、演变以及分类系统的基本理论，以方便读者理解古茶树在植物学分类、生态环境、形态特征、生化成分上的特异性及遗传多样性。全书共介绍了479份古茶树、88个野生茶树居群和21份特异资源。为方便查阅，除了云南省古茶树以市（州）次序编排外，其他均以省（市、自治区）排序。附录中还扼要介绍了越南、老挝、缅甸等国家的部分茶树资源以及1980年代的"云南茶树种质资源考察散记"。全书融资料性、学术性和实用性于一体，可谓是一本古茶树指南，适合于从事茶叶生产、科学研究和教学工作者阅读参考。

本书的编写得到了中国工程院副院长、中国农业科学院原副院长刘旭院士的关心和支持，并欣然为书作序，在此谨致谢忱！

《中国古茶树》涉及学科多，时空跨度大，囿于编著者的水平，纰漏之处在所难免，恳请读者不悭匡诤。

编著者
2015年11月30日

说　明

一、古茶树通常是指生长年代相对较久远的茶树，目前还没有年限界定，一般是生长百年左右和以上的茶树。古茶树不一定是大茶树，大茶树不一定是古茶树。树龄测定比较准确的方法是，死亡茶树截取树干横断面点数年轮（树木每年长一圈为一个年轮）。活体茶树可用生长锥在树干上取出半径长的圆柱体木条，染色后点数年轮，此法一般不宜采用。依据茶树样本形态大概率，宽1cm的树干横断面一般有3~4个年轮，据此，乔木型和小乔木型茶树可测量主干围径，再除以2π（π圆周率）得出半径，然后乘以3或4计算半径内的总年轮数，得出树龄。灌木型茶树没有主干，主要观察树根情况，如果根颈处是"盘根错节"，多在百年以上。本书对古茶树树龄不作评述。

图1　三个茶树横断面年轮从左到右35、90、109

图2　1985年播种在云南省农业科学院茶叶研究所资源圃的茶籽，2016年已长成树高8.3m、干围135.0cm的大茶树，相当于每年干围长大4.4cm。

二、本书古茶树全是山茶科（Family Theaceae）山茶属（Genus *Camellia*）茶组（Section *Thea*）植物，包括自然生长的野生茶树、人工种植茶树、栽培品种以及变异植株等。

三、古茶树多数是零星分布的个体，但同一区域内不乏有同类型的茶树。本书所描述的古茶树形态特征，有配图的以配图茶树为例，没有图仅是文字表述的是这类茶树的样株特征；栽培品种是该品种的主体性状，并简述栽培史。

四、由于多种原因，部分茶树的性状介绍不完整，如在原始林中的野生大茶树一般不开花结果或难以采集到标本，缺乏有关内容；有的观测方法、表述不规范，如用"~"而不是用"×"表示叶片长宽或种子直径等。为反映古茶树的真实性，仍用当初的原始资料。

五、数量性状描述中的单个数据均是叶片、花器官、果实和种子等的平均值。

六、由于行政区划多有变动，古茶树所在地均是指现在的县（市）、乡（镇）。

七、古茶树名称一般是采用当地的俗名或通用名，多数是冠以地名或赋予的形象比喻等。名称后面注的是汉语拼音。括弧内的拉丁文是表示该茶树植物学分类的学名。茶树性状描述结尾括弧内的年月是指观测时间，照片括弧内的年份是指拍摄时间，未注者与形态特征观测同时。传统品种不注观测时间。

名词和术语

1. **植物分类学**（Plant taxonomy） 根据植物的形态，主要是花和果实的形态来进行科、属、种划分的学科，它反映出该物种在植物系统进化中的地位。植物形态差异必须是比较稳定的、可靠的，才能与其他种区分。但确定形态差异还难以有统一标准，因此，某一植物在某个学者看来为种级水平，另一学者则可能认为是变种水平。

2. **学名**（Botanical name） 国际通用的物种学名采用林奈的植物"双名法"，即每个植物的学名由两个斜体拉丁词组成，第一个是属名（Genus），第二个是种名（Species），种名后面附定名人的英文名。属名第一个字母大写，如 *Camellia* 表示山茶属，亦可缩写成"*C.*"。种名全称字母小写。如大理茶 *Camellia taliensis* Melchior，*taliensis* 表示种名，Melchior 表示定名人。亦可简写成 *C. taliensis*。注有"*C. sp.*"的表示种名待定。种名后有"？"，表示种名暂定。

3. **种**（Species） 是植物学分类的基本单位。种是一个生物类群或群体。同种植物有共同的祖先，具有基本相同的形态、结构和细胞遗传学、生态学、生理学、生物化学等特征，分布在一定的生态环境区域内。种内个体间能进行有性杂交，产生正常能育的后代。而不同种间一般会存在着生殖隔离。如茶（*C. sinensis*）、厚轴茶（*C. crassicolumna*）等。

4. **变种**（Variety，*varietas*） 是种以下的分类单位。是一个种在形态特征上有变异的另类，且变异遗传性稳定，它分布的范围（或地区）比种要小。茶的变种有普洱茶变种（又称阿萨姆变种）（*C. sinensis* var. *assamica*）、白毛茶变种（*C. sinensis* var. *pubillimba*）等。var. 是英文 Variety 缩写，表示变种。

本书古茶树的种名和变种名除阿萨姆变种采用闵天禄分类系统外，其他均采用张宏达分类系统。

5. **品种**（Variety） 具有一定的经济价值，主要遗传性状比较一致的群体。一个品种不管繁殖方式如何，应具有和其他品种可以互相区别的特性，并保持生产上可以利用的特异性、一致性和稳定性。它是一种农业生产资料，如祁门种、凤凰水仙等。

6. **有性系品种**（Sexual variety） 简称有性系，世代用有性繁殖方法（种子）繁殖的品种，亦称群体种，多数农家品种概属于此。同品种植株间性状虽有差异，但一般都有主体特征，如小乔木型的勐库大叶茶、灌木型的龙井种等。

7. **无性系品种**（Clonal variety） 简称无性系，世代用无性方式（扦插、压条等）繁殖的品种，植株间性状相对一致。如福鼎大白茶、铁观音等。无性系品种必须用无性繁殖法才能保持遗传稳定性。

8. **野生型茶树**（Wild-type tea plant） 简称野生型，详见第一章第三节。

9. **栽培型茶树**（Cultivated-type tea plant） 简称栽培型，详见第一章第三节。

10. **野生茶树**（Wild tea plant） 处于无人栽培管理状态下的茶树，又称"荒野茶"，包括野生型和栽培型茶树。

11. **栽培茶树**（Cultivated tea plant） 人工栽培管理的茶树，包括野生型和栽培型茶树。

12. **树型**（Plant type） 茶树在自然生长状态下的树型有三种。

乔木型：从基部到冠部有主干。

小（半）乔木型：中下部有主干，中上部无明显主干。

灌木型：植株根颈处分枝，无明显主干。

13. **树姿**（Growth habit） 指全树枝条的披张程度。

直立：分枝角度＜ 30°。

半开张：30°≤分枝角度＜ 50°。

开张（披张）：分枝角度≥ 50°。

14. **干径**（Stem diameter） 指树干最粗处的直径。基部干径是指根颈部位的直径。

15. **最低分枝高度**（The lowest branch height） 离地最近的分生主干枝处的高度。

16. **分枝密度**（branch density） 树冠中上部的分枝状况，分密、中、稀。

17. **叶片大小**（Leaf size） 测量枝条中部生长正常叶片，按叶长 × 叶宽 ×0.7 ＝叶面积划分。

特大叶：叶面积≥ 60cm^2。

大叶：40cm^2≤叶面积＜ 60cm^2。

中叶：20cm^2≤叶面积＜ 40cm^2。

小叶：叶面积＜ 20cm^2。

18. **叶形**（Leaf shape） 观测枝条中部生长正常的叶片，由叶长与叶宽之比确定。

近圆形：长宽比≤ 2.0，最宽处近叶片中部。

图 3 叶片近圆形，叶面稍隆起，叶尖圆尖

卵圆形：长宽比≤2.0，最宽处近叶片基部。

椭圆形：2.0＜长宽比≤2.5，最宽处近叶片中部。

图4　叶椭圆形，叶身平，叶面隆起，　　　　图5　叶椭圆形，叶面强隆起，重锯齿，
　　　叶尖渐尖　　　　　　　　　　　　　　　　　叶尖渐尖

图6　叶尖尾尖　　　　　　　　　图7　叶矩圆形，叶齿锐密浅

矩圆形：2.0＜长宽比≤2.5，最宽处不明显，全叶近似长方形。

长椭圆形：2.5＜长宽比≤3.0，最宽处近叶片中部。

披针形：长宽比≥3.0，最宽处近叶片中部。

19. **叶身**（Leaf cross section）　叶片两侧与主脉相对夹角状况或全叶的状态，分内折、稍内折、平展、背卷。

20. **叶面**（Leaf upper surface）　叶面的隆起程度，分平、稍隆起、隆起、强隆起。

21. **叶缘**（Leaf margin undulation）　叶片边缘形态，分平、微波、波。

22. **叶尖**（Leaf apex shape）　叶片端部形态，分尾尖、急（骤）尖、渐尖、钝尖、圆尖。

23. **叶脉对数**（Number of venation）　叶片主脉两侧的主侧脉对数，多在8~10对，最多达17对。

24. **叶齿**（Leaf serration）　叶缘锯齿的状况，锐度分锐、中、钝；密度分密、中、稀；

深度分浅、中、深。重锯齿是指大小齿相间。

25. 叶质（Leaf texture） 感官叶片的柔软程度，分软、中、硬（革质）。

26. 主脉茸毛（Midrib pubescence） 叶背主脉的茸毛状况，分有、无。

27. 萼片茸毛（Calyx pubescence） 未有注明的通常指萼片外部的茸毛，分无、有（中）、多。

28. 花冠直径（Flower diameter） 正常开放花朵的纵横径，用"～cm"表示。

29. 花瓣质地（Petal texture） 分薄、中、厚。

30. 子房茸毛（Ovary pubescence） 子房外部茸毛，分无、中（有）、多。

31. 花柱裂数（Number of style splittings） 花柱端部的开裂数，多见 3~5 裂，个别的有 2 裂或 6、7 裂。同一茶树如有两种以上的裂数，则以多数表示，（ ）内为少数裂数，如 5（4），表示该茶树花柱裂数为 5，但也有 4 裂情况。子房室数、萼片数等类似情况亦用该方式表示。

32. 花柱长度（Style length） 从花柱基部至顶端的长度。

图 8 花柱 5 深裂　　　　　　　图 9 短柱花柱

33. 果径（Fruit diameter） 果的纵横径，用"～cm"表示。

34. 果轴（Fruit axes） 果实中部的轴柱，呈星形，木质化。

35. 果爿（Fruit midriff） 果实内种子间的横膈，木质化。

36. 种径（Seed diameter） 种子的纵横径，用"～cm"表示。

37. 茶的远缘植物（Distant-relative species of tea plant） 一般指与茶树同属不同组的植物。具有与茶树相似的形态结构和相同的染色体基数，如木本，叶革质，羽状脉，两性花，萼片 5～6 片，花瓣基部连生，雄蕊多，外轮花丝连合成管状，基部与花瓣连合，子房上位、3～5 室，蒴果，染色体基数 X=15 等。茶树与远缘植物花器官的最大区别是茶树有花柄（梗），其它植物花直接长在枝干上。远缘植物之间的杂交会出现不亲和性和难孕性，且杂种后代性状不稳定。常见的同属于山茶属的远缘植物有金花茶、山茶、浙江红山茶、油茶、茶梅、滇山茶、滇南离蕊茶、瘤叶短蕊茶等。芽叶不能制茶饮用。

38. 茶叶生物化学（Tea biochemistry）

（1）**茶多酚**（Tea polyphenols）亦称茶鞣酸、茶单宁，约占茶叶干物质的10%~25%（大于25%为高多酚含量，按GB/8313-2008标准），主要组分为儿茶素、黄酮、黄酮醇类、花青素类、酚酸等。其中最重要的是以儿茶素为主体的黄烷醇类，占茶多酚的一半以上，占茶叶干物质的20%左右。它对成品茶色、香、味的形成起着重要作用。本书各古茶树的茶多酚含量均是GB/8313-2008的标准含量。

（2）**儿茶素**（Catechins）亦称儿茶酸，易溶于水和含水乙醇，分酯型和非酯型两类。酯型有（-）-表没食子儿茶素没食子酸酯［（-）-EGCG］、（-）-表儿茶素没食子酸酯［（-）-ECG］；非酯型有（-）-表儿茶素［（-）-EC］、（-）-表没食子儿茶素［（-）-EGC］、（±）-儿茶素［（±）-C］、（±）没食子儿茶素［（±）GC］。茶树新梢是形成儿茶素的主要部位，它存在于叶细胞的液胞中，约占茶叶干物质的16%~23%（大于18%为高儿茶素含量）。酯型儿茶素具有较强的苦涩味和收敛性，是赋予茶叶色、香、味的重要物质基础。儿茶素是茶叶中最具有药效作用的活性组分。

儿茶素在红茶发酵过程中先后生成氧化聚合物茶黄素、茶红素和茶褐素等物质。

① **茶黄素**（Theaflavin, TF）儿茶素在红茶发酵过程中生成的氧化聚合物之一。红茶中含量在0.1%~0.4%，用大叶种或幼嫩叶加工的红茶比中小叶种或较老叶加工的红茶含量高。茶黄素水溶液呈鲜明的橙黄色，具有较强的刺激性，是红茶色泽和滋味的核心成分之一，它的含量高低决定着红茶汤色的亮度和金圈的厚薄以及滋味的鲜爽度。与咖啡碱、茶红素等形成的络合物在温度较低时会出现乳凝，这是造成红茶"冷后浑"现象的重要因素之一。

② **茶红素**（Thearubigin, TR）儿茶素在红茶发酵过程中生成的氧化聚合物之一。红茶中含量一般在6%~15%，呈棕红色。轻萎凋和快速揉捻（切）可获得较高含量的茶红素。它是红茶汤色红艳、滋味甜醇的主要成分，有较强的收敛性。

③ **茶褐素**（Theabrownine, TB）儿茶素在红茶发酵过程中生成的氧化聚合物之一。红茶中含量一般在4%~9%，由茶黄素和茶红素进一步氧化聚合而成。呈深褐色，是红茶汤色发暗和滋味淡薄、无收敛性的重要因素。红茶加工时，重萎凋、长时间高温缺氧发酵是茶褐素生成的主要原因。茶褐素亦是普洱茶的主要成分之一。

（3）**氨基酸**（Amino acid）茶叶中以游离状态存在的"游离氨基酸"有甘氨酸、苯丙氨酸、精氨酸、缬氨酸、亮氨酸、丝氨酸、脯氨酸、天冬氨酸、赖氨酸、谷氨酸等26种，约占干物质的2%~4%，是茶汤鲜味的主要呈味物资，其中，精氨酸、苯丙氨酸、缬氨酸、亮氨酸及异亮氨酸等都可转变为香气物质或作为香气的前体。茶叶中还有一类由根部生成的非蛋白质氨基酸——茶氨酸（Theanine），它呈甜鲜味，能缓解茶的苦涩味，对绿茶品质具有重要影响，也是红茶品质评价的重要因子。因它是茶叶的特征性化学物质，故也是鉴别茶组植物的生化指标之一。氨基酸与人体健康有着密切关系，如谷氨酸能降低血氨，蛋氨酸能调整脂肪代谢。

苯丙氨酸（Phenylalanine） 在茶叶加工过程中可转化为芳环香气组分，增加香气。

精氨酸（Arginine） 占茶叶氨基酸总量的7%左右。在茶叶加工过程中与游离糖形成含氮香气物质。

天冬氨酸（Aspartic acid） 占茶叶氨基酸总量的4%。有鲜酸味。

赖氨酸（Lysine） 约占茶叶干重的0.03%左右。是茶叶重要的营养品质指标。

谷氨酸（Glutamic acid） 占茶叶氨基酸总量的9%左右。能提高茶汤的鲜醇度。

没食子酸（Gallic acid） 多酚类物质，溶液呈酸性，具有还原性，茶叶中含量为0.14%~0.5%。

（4）蛋白质（Protein） 茶叶中主要蛋白质种类有白蛋白、球蛋白、谷蛋白等。幼嫩芽叶中蛋白质含量约占干物质总量的25%左右，一般中小叶茶高于大叶茶，春茶高于夏秋茶。但只有占蛋白质总量2%左右的水溶性蛋白才溶于水，它既可增进茶汤的滋味和营养价值，又能保持茶汤的清亮度和茶汤胶体液的稳定性。温度、湿度、光照强度等会影响芽叶中蛋白质的形成。湿润多雨，弱光照可使蛋白质含量提高，这是"高山出好茶"的原因之一。

（5）咖啡碱（Caffeine） 亦称咖啡因，易溶于水和有机溶剂，茶叶中一般含2%~5%，细嫩芽叶高于老叶，夏秋茶略高于春茶，也是重要的滋味物质。咖啡碱是一种中枢神经兴奋剂，具有提神作用。由于它常和茶多酚成络合状态存在，不仅形成了茶的固有风味，而且它与游离状态的咖啡碱在对人体生理机能上的作用也有所不同，故在正常的饮量下，饮茶不会对人体造成不良反应。

（6）香气物质（Aroma substances） 挥发性物资的总称，主要是醇类化合物。

①芳樟醇（Linalool）：又称沉香醇，是茶叶中含量较高的香气物质之一。在茶树体内以葡糖苷形式存在。茶叶采摘后由葡糖苷水解酶水解后才成为游离态的芳樟醇。具有铃兰香气，在新梢中芽的含量最高，从一叶、二叶、三叶到茎依次递减。一般大叶茶含量高于中小叶茶，春茶又高于夏秋茶。在红茶制作的揉捻、发酵、干燥过程中含量呈低、高、低的变化。

②香叶醇（Geraniol）：亦称牻牛儿醇。在茶树体内也以葡糖苷形式存在。茶叶采摘后由葡糖苷水解酶水解而得，具有玫瑰香气。新梢各部位和春夏茶含量与芳樟醇相似，只是大叶茶含量较低，中小叶茶含量较高。安徽祁门种含量高出其他中小叶品种几十倍，因此使"祁红"具有明显的玫瑰香气特征。

③橙花叔醇（Nerolidol）：倍半萜烯醇类。在茶树体内亦以葡糖苷形式存在。具有木香、花香和水果百合韵，是乌龙茶及花香型名优绿茶的主要香气成分，亦是绿茶中最具有抗菌力的成分。乌龙茶在制作过程中会显著增加。

④ 2- 苯乙醇（2-Phenylethanol）：亦称 ß- 苯乙醇。芳环醇类。亦具有玫瑰香气，以糖苷形式存在于鲜叶和成品茶中，不同叶位的含量由芽、一叶、二叶、三叶依次递减。经 β- 葡糖苷酶水解后，鲜叶中含量明显增加。安徽和福建红茶中的含量高于印度和斯里兰卡红茶。

⑤ 顺 -3- 己烯醛（Z-3-Hexenal）：亦称青叶醛。是茶叶的挥发性成分，具有青草气，当浓度低于 0.1% 时呈新鲜水果香，故茶叶在制作过程中鲜叶必须先经过摊放，以降低青叶醛含量，减少青草气。芳樟醇与顺 -3- 己烯醛的比值可用来判断红茶香气品质的优劣。

（7）茶叶维生素（Tea vitamins） 分水溶性和脂溶性两类。茶叶中水溶性的有维生素 C、维生素 B 族、维生素 P、肌醇、维生素 U。它们的分子量较小，但与茶树的物质代谢、茶叶营养及药用价值有着重要关系。脂溶性的有维生素 A、维生素 D、维生素 E、维生素 K，它们同样对茶树某些代谢起调节作用。

①维生素 C（Vitamins C）：亦称抗坏血酸。茶鲜叶中含量较多。在加工过程中虽会有所损失，但由于茶叶内含有较多的生物类黄酮物质，故成品茶含量仍较高，绿茶中含量约 2.5mg/g，红茶约 0.60mg/g。它能防治坏血病，增强人体机体的抵抗力，促进伤口愈合。

②维生素 B_1（Vitamins B_1）：亦称硫胺素。茶叶中含量比蔬菜还高，成品茶中含量约为干重的 0.015%~0.06%。它能维持人体神经、心脏和消化系统的正常功能。

③维生素 B_2（Vitamins B_2）：亦称核黄素。茶叶中的核黄素主要与蛋白质结合成为黄素蛋白，参与茶树体内物质代谢的多种还原反应，缺少它，茶树机体呼吸减弱，氮素代谢受到障碍。在茶叶中含量约为 0.012~0.017mg/g，以芽叶中最多。它有增进人体皮肤弹性和维持视网膜的功能。

④维生素 E（Vitamins E）：亦称生育酚。茶叶中的含量高于蔬菜和水果，约为 300~800mg/kg，绿茶含量又高于红茶。由于茶叶内含有较多的生物类黄酮物质，故能对维生素 E 的氧化起到一定的保护作用。它本身又是一种极好的抗氧化剂，可以阻止人体中脂质的过氧化过程，故具有抗衰老作用。

（8）丁子香酚甙 [6-0（β-D-xyropyranosyl）-β-D-glucopyranosyl eugenol]，特异苦味物质，在苦茶中含量高，如江西的安远中流苦茶、广东的乳源苦茶、湖南的江华苦茶等。

（9）水浸出物（Water extracts） 指茶叶中一切可溶入茶汤的可溶性物质，包括茶多酚、氨基酸、咖啡碱、芳香物质、色素、有机酸、可溶性糖、维生素等成分，含量一般在 35%~45%。

本书古茶树所注生化成分均是春茶一芽二叶 1 次性（少数是 2 次）测定结果，供参考。

目 录

中国古茶树

Ancient Tea Plants in China

第八章 古茶树种质资源考察（规程） 383

Contents

Contents

Contents

Chapter 8 Investigation of Germ Plasm Resource of Tea Plants ······· 383

第一章
茶树的起源与演化

茶树是生长在亚热带的常绿阔叶木本植物，白色花，蒴果，体细胞染色体 2n=30，是世界三大饮料作物之一。

第一节 茶树的起源

一、植物的地理起源与栽培起源

所有植物都有地理起源和栽培起源的问题。杨士雄（2007 年）认为，地理起源是指某一植物分类群从无到有的自然过程，是远在人类出现之前就已经发生，且时间是以地质年代（百万年）为单位来计算的。根据植物进化论的观点，每个分类群都是由其共同祖先演化而来的，因此，地理起源指的是野生植物的起源，只涉及野生物种。

栽培起源是指野生植物被人工驯化的过程，它和人类利用是紧密联系的。通常情况下，栽培植物的起源往往在其野生种的分布区内，因为人类只对其有利用价值的物种进行驯化。栽培植物起源研究的对象包括野生物种和栽培种。栽培起源的时间显然远远后于地理起源，因目前比较公认的人类农耕文明的历史只有一万到二万年，因此，相对于地理起源而言，栽培起源的历史几乎可以忽略。由此可见，想从地质变迁史、人类社会史、农业考古活动等探讨茶树的地理起源显然是不可能的。

由于将野生物种的驯化是对全人类的一大贡献，因此，栽培植物的起源地往往与一个国家的民族自豪感有关，所以向被世人所重视。例如，历时一百多年的中国和印度 "茶树原产地" 之争的实质就是谁是最早的茶树栽培起源地。

二、茶组植物地理起源和栽培起源的推论

茶树起源于什么，这是至今未十分明确的问题。1969 年植物分类学家 Takhtaiaan 从植物系统学推论，木兰目是最原始的被子植物。根据植物进化系谱图，山茶目与木兰目比较邻近，由此推测，茶与木兰在起源上比较亲近。

20 世纪 80 年代初，云南省地矿局何昌祥等在云南景谷县发现了渐新世 "景谷植物群" 化石，共有 19 科、25 属、36 种，其中有宽叶木兰。在野生茶树分布比较集中的云南西南部的临沧、沧源、澜沧、梁河、腾冲等地也都发现了木兰化石。何昌祥根据第三纪地层化石宽叶木兰 Magnolia latifoliah 和中华木兰 Magnolia miocenicas 所处的生态环境和形态特征与现今的野生大茶树作比较后认为，两者都是南亚热带 —— 热带雨林环境下的适生植物，都具有喜温、喜湿，适宜在酸性土壤上生长的特性；从形态特征看，同是乔木树型，叶片有卵圆、椭圆形，基部楔形或钝圆形，叶柄粗壮，叶缘全缘成波状，中脉粗直，侧脉9 对左右、以 50°~60° 角从中脉生出、不达边缘、近叶缘处联结成环，细脉成网状，叶基部夹角略大。这些形态特征与野生茶树的一些变异类型十分相似。由此推论，茶树是由第三纪宽叶木兰经中华木兰进化而来的，并作为茶树原产于云南的一个依据。何昌祥的观点虽有待于论证，但首次提出了茶树起源的渊源植物。

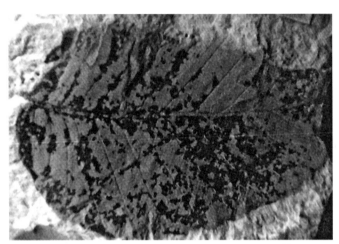

图 1-1　云南景谷出土的宽叶木兰化石（何昌祥）

1984 年刘玉壶在《木兰科分类系统的初步研究》一文中指出，云南、贵州、广西、广东等省（区）是木兰科植物的现代分布中心和起源中心，这一说法，与中国西南部是茶树起源中心的理论相一致。由此，茶树进化于木兰植物，从地域层面上得到了一些解释。

湖南农业大学陈兴琰（1994 年）认为，最早出现的被子植物是木兰目，经过五桠果目演化成山茶目，而茶树是由山茶目的山茶科山茶属演化而来的。山茶目植物的起源时间大约在距今六七千万年之间的始新世和古新世，而山茶属植物则可能在距今四千万年的渐新世，也即比人类早数千万年前就有茶树了。

近年来的细胞学研究进一步表明了茶树与其他山茶植物的亲缘关系，如表 1-1 所示，茶树与油茶、金花茶、南山茶的染色体都是 2n=2x=30，但核型有所不同，油茶、金花茶、南山茶有 10~12 对中部着丝点染色体，而茶树为 8~11 对中部着丝点染色体，说明这些山茶植物的核型对称性高于茶树，在进化上比茶树原始。植物染色体基数在一个属或属以上分类群中常常是稳定的，可见茶树与其他山茶属植物具有相近的亲缘关系。

表 1-1　山茶属植物的染色体核型　（陈兴琰，1994）

植　物	核型公式
油茶 *Camellia oleifera*	2n=2x=30=24m+4sm+2st
金花茶 *Camellia chrysantha*	2n=2x=30=22m+6sm +2st^{sat}
南山茶 *Camellia semiserrata*	2n=2x=30=20m+6sm+2st+7m^{sat}+13m^{sat}
茶 *Camellia sinensis*	2n=2x=30=16~22m+4~8sm(2sm)^{sat}+2~6st(4st)^{sat}

m 为中部着丝点染色体，sm 为亚（近）中部着丝点染色体，st 为亚（近）端部着丝点染色体，t 为端部着丝点染色体。

（一）茶组植物的地理起源

按照植物学分类系统，茶树属于山茶科（Family Theaceae）、山茶属（Genus *Camellia* (L.)，山茶属下分成多个组（张宏达系统分 19 个组，闵天禄系统分 14 个组），茶属于茶组 [Section *Thea* (L.) Dyer]，也即茶组植物包括野生型和栽培型茶树的所有物种。

1. **茶组植物的地理起源**

主要有以下几方面论述。

张宏达（1981 年）认为，山茶属植物有 200 多个种，90% 以上的种主要分布在中国西南部及南部，以云南、广西、广东横跨北回归线两侧为中心，向南北扩散而逐渐减少，集中分布在云南、广西和贵州三省（区）的接壤地带。山茶属是山茶科中具有较多原始特征的一群，由于具有系统发育上的完整性和分布区域上的集中性，中国西南部及南部不仅是山茶属的现代分布中心，也是它的起源中心。

闵天禄（2000 年）进一步指出，热带亚洲是山茶属的起源地和山茶科的原始分化中心，有由山茶科分化产生的木荷属（*Schima*）、大头茶属（*Gordonia*）、厚皮香属（*Temstroemia*）、杨桐属（*Adinandra*）、茶梨属（*Anneslea*）等。在中国热带北缘的广西南部、云南的东南部至南部以及中南半岛的越南、柬埔寨、老挝边境集中了山茶属中最原始的类群，如越南茶组（Sect. *Piquetia*）、古茶组（Sect. *Archecamellia*）、实果茶组（Sect. *Stereocarpus*）等。云南东南部、广西西部和贵州西南部的亚热带石灰岩地区，也是茶组植物原始种最集中的区域，并与上述的原始类群分布区一致。因此认为，茶组植物是由古茶组演化而来的，这一地区应是茶组植物的地理起源中心。

吴征镒（2006 年）指出，中国华中、华南和西南的亚热带地区拥有山茶属 14 个类群（组）中的 11 个，达 79 个种，这一地区是山茶属的现代分布中心。

杨士雄（2007 年）认为，云南南部和东南部、贵州西南部、广西西部以及毗邻的中南半岛北部地区可能是茶组植物的地理起源地，因这一地区处在山茶属以及山茶属的近缘类群核果茶属（*Pyrenaria* Bl.）的起源地范围之内。

虞富莲（1992 年）根据俄国（苏联）遗传学家瓦维洛夫（N.I.Vavilov，1887~1943 年）的"具有该作物及其野生近缘种最大遗传多样性的地区就是该作物的起源中心"理论，结合滇、桂、黔茶树种质资源特征和这一地带古老的地质历史，认为云南的东南部和南部、广西的西北部、贵州的西南部是茶组植物的地理起源中心。

2. **从物种多样性看茶组植物的地理起源**

现代作物学把物种最多的地方也就是基因集积最多的地区作为该作物的多样性中心。按照这一理论，将张宏达 1998 年调整后的茶组植物的分类系统中的 31 个种 4 个变种（详见第二章第二节）进行分析可以看出：

（1）云南物种的多样性　茶组植物中除南川茶（*C. nanchuanica*）、突肋茶（*C. costata*）、狭叶茶（*C. angustifolia*）、膜叶茶（*C. leptophylla*）、毛叶茶（*C. ptilophylla*）、

汝城毛叶茶（*C. pubescens*）、防城茶（*C. fangchengensis*）、毛肋茶（*C. pubicosta*）、香花茶（*C. sinensis* var. *waldenae*）9 个种和变种外，其他 26 个种和变种云南均有分布（表 1-2），云南茶种占茶种总数的 74.3%。35 个种中，以云南茶树作模式标本定名的有 18 个，占茶种总数的 51.4%。此外，以广西茶树作模式标本定名的有 8 个，重庆 2 个，贵州、广东、湖南、香港各 1 个，越南 1 个（表 1-3），早期定名的 2 个（茶和普洱茶）。以上足以表明云南是茶树的多样性中心。

表 1-2　云南各市（州）茶组植物的种

市（州）	系（Section）	种（Species）	模式标本产地	种数	其中定名的种
保山	五室茶系				0
	五柱茶系	老黑茶		2	
		大理茶			
	秃房茶系	德宏茶		1	
	茶系	普洱茶（*C. sinensis* var. *assamica*）		2	
		茶（*C. sinensis*）			
	合计			5	0
大理	五室茶系				1
	五柱茶系	大理茶（*C. taliensis*）	大理市苍山	1	
	秃房茶系	德宏茶		1	
	茶系	普洱茶		2	
		茶			
	合计			4	1
德宏	五室茶系				2
	五柱茶系	大理茶		1	
	秃房茶系	拟细萼茶（*C. parvisepaloides*）	芒市勐戛三角岩	2	
		德宏茶（*C. dehungensis*）	芒市勐戛三角岩		
	茶系	普洱茶		2	
		茶			
	合计			5	2

续表

临沧	五室茶系	大苞茶（*C. grandibracteata*）	云县茶房李家村	1	2
	五柱茶系	五柱茶（*C. pentastyla*）	凤庆县马街	2	
		大理茶			
	秃房茶系	德宏茶		1	
	茶系	普洱茶		4	
		细萼茶（*C. parvisepala*）			
		茶			
		白毛茶（*C. sinensis* var. *pubilimba*）			
	合计			8	2
普洱	五室茶系				
	五柱茶系	老黑茶		2	0
		大理茶			
	秃房茶系	德宏茶		1	
	茶系	普洱茶		3	
		茶			
		白毛茶			
	合计			6	0
西双版纳	五室茶系				
	五柱茶系	大理茶		1	1
	秃房茶系	德宏茶		1	
	茶系	普洱茶		5	
		苦茶			
		多萼茶（*C. multisepala*）	勐腊县象明曼庄		
		茶			
		白毛茶			
	合计			7	1
楚雄	五室茶系				
	五柱茶系	老黑茶		1	0
	秃房茶系				
	茶系	普洱茶		3	
		茶			
		白毛茶			
	合计			4	0

续表

玉溪	五室茶系				0
	五柱茶系	老黑茶		2	
		大理茶			
	秃房茶系				0
	茶系	普洱茶		3	
		茶			
		白毛茶			
	合计			5	0
文山	五室茶系	广西茶 (*C. kwangsiensis*)		3	3
		广南茶 (*C. kwangnanica*)	广南县黑支果		
		大厂茶			
	五柱茶系	厚轴茶 (*C. crassicolumna*)	西畴县简竹坡	3	
		马关茶 (*C. makuanica*)	马关县古林箐卡上		
		五柱茶			
	秃房茶系	秃房茶		1	
	茶系	普洱茶		3	
		茶			
		白毛茶			
	合计			10	3
红河	五室茶系				6
	五柱茶系	老黑茶 (*C. atrothea*)	屏边县玉屏姑祖碑	6	
		圆基茶 (*C. rotundata*)	红河县浪堤原房下寨		
		皱叶茶 (*C. crispula*)	元阳县盛村麻利寨		
		马关茶			
		厚轴茶			
		大理茶			
	秃房茶系	榕江茶 * (*C. yungkiangensis*)		1	
	茶系	紫果茶 (*C. purpurea*)	屏边县玉屏红旗水库	5	
		普洱茶			
		多脉普洱茶 (*C. assamica* var. polyneura)	绿春县骑马坝玛玉		
		苦 茶 (*C. assamica* var. kucha)	金平县铜厂		
		茶			
	合计			12	6

续表

曲靖	五室茶系	大厂茶 （*C. tachangensis*）	师宗县伍洛河大厂	1	1
	五柱茶系	广南茶		1	
	秃房茶系				
	茶系	茶		1	
	合计			3	1
昭通	五室茶系	疏齿茶 （*C. remotiserrata*）	威信县旧城马安	1	2
	五柱茶系				
	秃房茶系	秃房茶		1	
	茶系	大树茶 （*C. arborescens*）	威信县旧城马安	2	
		茶			
	合计			4	2
种和变种合计		26 个（重复不计）			18

* 榕江茶产河口瑶族自治县槟榔寨。

表 1-3　中国其他省区市茶树模式标本定名的种

省区市	种（Species）	模式标本产地	种数
广西	广西茶（*C. kwangsiensis*）	田林县冷水坪	8
	膜叶茶（*C. leptophylla*）	龙州市大青山	
	秃房茶（*C. gymnogyna*）	乐业县老山	
	突肋茶（*C. costata*）	昭平县南荣石柱山	
	狭叶茶（*C. angustifolia*）	金秀县大瑶山	
	白毛茶（*C. sinensis* var. *pubilimba*）	凌云县	
	防城茶（*C. fengchengensis*）	防城市华石	
	细萼茶（*C. parvisepala*）	凌云县玉洪	
重庆	南川茶（*C. nanchuanica*）	南川区	2
	缙云山茶（*C. jingyunshanica*）	重庆市缙云山	
贵州	榕江茶（*C. yungkiangensis*）	榕江县月亮山	1
广东	毛叶茶（*C. ptilophylla*）	龙门县南昆山	1
湖南	汝城毛叶茶（*C. pubescens*）	汝城县大坪	1
香港	香花茶（*C. ptilophylla*）	大雾山	1

越南有 1 个种，模式标本产地在永福省三岛，种为毛肋茶（*C. pubicosta*）。

（2）云南东西部物种的差异　哀牢山和元江（上游是礼社江）是云南省东西部自然地理的分界线，西部是温湿的横断山脉纵谷区，包含保山、大理、德宏、临沧、普洱、西双版纳、楚雄、玉溪等产茶的市、州。东部是干热的滇东南高原区，包含红河、文山、曲靖等市、州。从表 1-4 看，西部的 8 个市、州的茶种数共有 12 个，其中以当地模式标本定名的种有 6 个，平均每个市、州不到 1 个。东部 3 个市、州有茶种数 18 个，以当地模式标本定名的种有 10 个，平均每个市、州 3.3 个。显然，东部的物种多样性大于西部。其中尤以红河和文山州最突出，以这两个州定名的种占到 55.6%（云南定名的种有 18 个）。同时，在进化上处于较原始阶段的五室茶系和五柱茶系的种东部亦多于西部（表 1-5）。

表 1-4 云南东西部茶种数量的比较

地　域	州、市	共有种数※	其中以当地模式标本定名的种
滇西横断山脉纵谷区	保山	5	0
	大理	4	1
	德宏	5	2
	临沧	8	2
	普洱	6	0
	西双版纳	7	1
	楚雄	4	0
	玉溪	5	0
合　计	8	12	6
滇东南高原区	文山	10	3
	红河	12	6
	曲靖	3	1
合　计	3	18	10

说明 :1.※ 合计共有种数重复的种不计。

　　　2. 以昭通市模式标本定名的疏齿茶和大树茶 2 个种未计入表内。

从上述物种进化上的原始性和物种多样性可以看出，茶树的原生起源中心（primary centers of origin）应该是以红河、文山、曲靖市、州为中心的滇东南高原区，云南的其他产茶市、州只是变异的再积累地区，是属于次生起源中心（Secondary centers of origin）。

表 1-5 云南东西部的茶种

区　域	五室茶系	五柱茶系	秃房茶系	茶　系
滇西横断山脉纵谷区	大苞茶	老黑茶、五柱茶、大理茶	德宏茶、拟细萼茶	多萼茶、细萼茶、普洱茶、苦茶、茶、白毛茶
滇东南高原区	广西茶、广南茶、大厂茶	老黑茶、厚轴茶、马关茶、圆基茶、皱叶茶、五柱茶、大理茶	秃房茶榕江茶	紫果茶、普洱茶、多脉普洱茶、苦茶、茶、白毛茶

综上所述，云南的东南部和南部可以看作是茶树的地理起源中心。

（二）茶组植物的栽培起源

在漫长的历史进程中，茶树从地理起源中心向周边自然扩散，之一是沿澜沧江、怒江水系，蔓延到横断山脉中、南部，这一带位于 24°N 以南，年平均温度 18~24℃，≥ 10℃年活动积温 5000~7000℃，极端低温不低于 0℃，无霜期在 300 天以上，年降水量在 1500~2000mm，属南亚热带常绿阔叶林区。低纬度高海拔的长光照和热带雨林气候，使茶树得到了充分的演化，形成了以大理茶（C. taliensis Melchior）和普洱茶（阿萨姆茶）[C. sinensis var. assamica (Master) Kitamura] 等为主体的茶组植物次生中心。大理茶是野生型茶树，集中分布在云南哀牢山元江一线以西的横断山脉纵谷区，哀牢山元江以东少有踪影（到目前止，大理茶分布最东区域是云南省绿春县大兴镇牛洪，最南端到达中南半岛的缅甸和泰国北部）。普洱茶是历史悠久现今广泛栽培的栽培型茶树，其分布区域几乎与大理茶完全重叠（仅海拔高度有差异），根据大理茶与普洱茶形态特征的相似程度以及广泛存在的它们间的杂交类型，普洱茶应是由大理茶等自然演变而来的。由此认为，云南的中南部和西南部可能是茶树的栽培起源地。

茶树的栽培起源地，并不意味着就是人类最早利用、栽培茶树的地方，这从史料中可得到解答，如唐·陆羽（733 ~ 804 年）《茶经·六之饮》中说："茶之为饮，发乎神农氏，闻于鲁周公。"表明，茶的发现与利用，开始于四千五百年前的神农氏；东晋时期（317~420 年）的常璩《华阳国志·巴志》述："周武王伐纣，实得巴蜀之师。……丹、漆、茶（茶是古代茶的称呼）、蜜……皆纳贡之。"周武王伐纣是在公元前 1066 年，这表明，在三千多年前，巴蜀一带已将茶作为贡品了。志中还记有"园有芳蒻（香蒲）、香茗"，"南安（今四川乐山）、武阳（今四川彭山），皆出名茶"的记载，说明在巴蜀一带，当时已有人工栽培茶树，且已生产出名茶了。公元前 59 年西汉王褒《僮约》中有"烹茶尽具"和"武阳买茶"之说，这是指煮茶和买茶，表明二千多年前的四川一带已有茶市，茶叶已成为商品。公元 230 年前后，三国魏人张揖《广雅》云："荆巴间采茶作饼，叶老者，饼成以米膏出之。欲煮茗饮，先炙令赤色，捣末，置瓷器中，以汤浇覆之，用葱、姜、橘子芼之。"说明在三国时湖北、四川一带，已有采茶做饼、烹茶、饮茶的方法了。而作为茶树栽培起源地的云南中、南部，最早有产茶记载的始见于唐代咸通四年（863 年）樊绰的《蛮书·云南管内物产第七》："茶出银生城（今云南省景东）界诸山，散收，无采造法。蒙舍蛮以椒、姜、桂和烹而饮之。"由此可见，云南利用茶叶要比四川晚近二千年，所以，人类利用和栽培茶树的发祥地应该是"巴蜀"之地了。

第二节　茶树的原产地

一、原产地的争议

茶树原产地比茶树起源地域更加宽广，它至今仍是国际植物学界有争议的问题之一。尽管 1753 年植物分类学家 Carolus Linnaeus 将茶树定名为 Thea sinensis，意即"中国茶"。茶发源于中国，照理早在 200 多年前就为世人所知，但自 1824 年英国人 Bruce 在印度阿萨姆 Sadiya 发现野生茶树后，便有了争议。围绕原产地问题，国际学术界大体有 5 种论点。

（一）原产中国说

1813 年法国人 Ganive 在《植物自然分类》，1892 年美国的 Walsh 在《茶的历史及其秘诀》，英国 Willson《中国西南部游记》，1893 年俄国的 Bretschneider 在《植物科学》，1960 年苏联的 Джемухадзе 在《论野生茶树的进化因素》论著中以及近年的日本茶树原产地研究会的志村乔、桥本实、大石贞男等都主张中国是茶树的原产地。

1922 年吴觉农在《中华农学会报》第 37 期发表"茶树原产地考"，用古文献资料以及野生茶分布等论证中国西南部是世界茶树原产地。

2005 年 3 月在"中日茶起源研讨会"上，日本松下智先生提出茶树原产地在云南的南部，并断然否认印度阿萨姆 Sadiya 是茶树的原产地。20 世纪六七十年代以及 2002 年松下智先后 5 次去印度的阿萨姆地区考察，未发现有野生大茶树，而当地栽培茶树的特征特性与云南大叶茶相同，属于 *Camellia sinensis* var. *assamica* 种，并认为阿萨姆的茶种是早年云南景颇族人从滇西带去的。

（二）原产印度说

1838 年 Bruce 报道了在印度 108 处发现了野生茶树，1844 年 Masters 根据英属东印度公司采自阿萨姆茶园的标本将其定名为"*Thea assamica*"（阿萨姆茶）后，便宣称印度是茶树原产地。1877 年英国人 Baildon 在《阿萨姆之茶叶》，1903 年英国植物学家 Blake 在《茶商指南》，1912 年英国的 Browne 在《茶》中以及 1911 年的《日本大词典》中均认为茶树原产印度。

（三）原产东南亚说

因缅甸东部、泰国北部、越南、中国云南和印度阿萨姆这一区域内的自然条件极适宜茶树生长和繁衍，自然会形成茶树起源中心。这一学说以 1949 年 5 月出版的《茶叶全书》作者美国 William H.Ukers 为代表。1958 年英国的 Eden 在所著《茶》中则主张中、印、缅三国交界处的伊洛瓦底江上游为原产地。

20 世纪 80 年代初云南农业大学，1984 年 10 月中国农业科学院茶叶研究所和云南省农科院茶叶研究所先后去伊洛瓦底江上游的中国独龙江一带考察，均未发现有野生大茶树，零星茶树亦是中国内地引进的栽培型大叶茶，表明这一带不可能是茶树原产地。

（四）二元说

持这一观点的是以印度尼西亚的 Stuart 为代表，认为大叶茶原产于西藏高原的东南部，包括中国的四川、云南以及越南、缅甸、泰国、印度等地；小叶茶即现今广为栽培的小乔木和灌木型茶树原产于中国东部和东南部。

根据越南、老挝、缅甸北部野生大茶树的分布数量和物种看，这一区域应属于茶树原产地范围（见附录 1、2、3）。

近年来，中国科学院昆明植物研究所高连明和李德铢研究组，采用 23 对核基因组微卫星标记对采自中国和印度的 392 份古茶树、老品种和现代栽培品种等开展了栽培驯化起源研究。结果是，小叶茶、中国大叶茶和印度大叶茶很可能是在中国和印度不同地区独立驯化起源的，由此推测中国东部和南部地区有可能是小叶茶的栽培驯化中心，而云南西部和南部以及印度阿萨姆地区很可能是中国大叶茶和印度大叶茶的栽培驯化中心。这一观点不同于茶树从中国西南部向周边扩散、小叶茶由大叶茶进化而来的论点，因此需要进一步研究论证。

（五）散生说

有学者认为，地球上的某一个物种或种群不一定是由一个中心产生后再向外扩散或演化的，而是多个地方同时或先后产生的，不同地方的同一物种相互间并不存在着进化关系，只是由于所处条件的不同，会形成不同的类型（生态型），就像东北虎与孟加拉虎是两个不同的亚种，现在还说不清楚哪里是虎的起源地。茶树作为一种物种，同样存在这个问题，也即茶树不只是一个原产地，而是有多个起源地的，比如，海南的五指山和台湾的眉原山野生茶树，很可能是"原生种"，因在远古代时代，茶树不可能跨过海峡（姑且不讨论海峡形成的地质年代）从原产地自然扩散到两个岛的大山深处，即使先民引种也不会种植在交通极不便的深山老林中。再如，同样地处北纬 30°的崇州（30°30′N）和杭州（30°16′N），崇州有叶片特厚、长宽达到 22.1cm×9.8cm 的超特大叶片，而杭州只有叶薄、长 8~10cm、宽 3~4cm 的中小叶，因此无法解释这两个不同性状的茶树是是从同一原产地演化过来的，它们应该是不同源的，也即茶树有多个起源地。当然，这种"散生"论还有待从基因组等方面进行论证。

二、中国是茶树的原产地

最早提出的是中国农学家吴觉农，在他 1922 年所写的《中华农学会报》"茶树原产地"一文中就指出："中国有几千年的茶业历史，为全世界需茶的产地……谁也不能否认中华是茶的原产地"。吴觉农从中国四千七百多年前的神农氏将茶作药品，历代茶树栽培和利用的记载，以及现代茶树分布状况的考察，提出了茶树原产中国的根据。

中国著名植物分类学家张宏达在考证了英国皇家植物园各大标本馆后认为，印度的茶树与中国云南广泛栽培的大叶茶没有区别，印度现在栽培的大叶茶是当时的东印度公司从中国引去的，在印度未发现有关于茶树的记载。他在1981年所著的《山茶属植物的系统研究》中写道："中国人民利用茶叶的历史十分悠久。考之史籍，茶叶最先用于医药方面，然后才作饮料。早在公元前2700年的殷周时期中国人就知道用茶叶作医药，周代以后就以茶为饮料…… 无论从植物的地理分布或人类与自然界作斗争的历史来看茶树都是中国原产。"

1949年以来，中华茶文化史研究史加深入，茶树种质资源工作广泛开展，使茶树原产于中国的依据更充分、更客观。

（一）中国是最早利用和栽培茶树的国家

早在秦汉时所成的辞书《尔雅·释木篇》中就称："槚，苦荼也"。在我国唐朝以前茶即为荼。在《礼记·地官》中记载，"掌荼"和"聚荼"，意即供丧事之用。从而可知在2000多年前茶叶就作为祭品被人们利用了。

公元前130年左右，西汉司马相如在《凡将篇》中所记载的"荈""诧"，即是指的粗茶和细茶，说明茶叶在药物名录中已载明。

公元前59年西汉王褒《僮约》中有"烹荼尽具"和"武阳买荼"之说，这是指煮茶和买茶。表明茶叶在当时已是较为普遍的商品。

公元276~324年晋人郭璞注释《尔雅》中的"槚""苦荼"时说："树小如栀子，冬生叶，可煮作羹饮。"说明当时人们已认识到茶树是一种常绿灌木饮用植物。唐代，将茶作饮料，开始普及于长江南北。唐大中十年（856年）杨华《膳夫经手录》载："茶，古不闻食之，近晋以降，吴人采其叶煮，是为茗粥，至开元、天宝之间，稍稍有茶，大历遂多，建中（780年）以后盛矣。"据陆羽《茶经》载，唐代已有七个茶区，有了大规模的茶园。宋朝时，茶树已分布到淮河流域和秦岭以南各省。据脱脱所撰《宋史·食货志》记载，北宋时35州，南宋时66个州产茶，茶业已成为当时农业生产中一个重要项目了。

（二）中国是野生大茶树最多的国家

早在三国（220~280年）《吴普·本草》引《桐君录》中就有"南方有瓜芦木（大茶树）亦似茗，至苦涩，取为屑茶饮，亦可通夜不眠"之说。陆羽在《茶经·一之源》中："其巴山峡川，有两人合抱者，伐而掇之。"（据1985~1989年和1996~1997年国家农作物种质资源考察队对神农架和三峡地区的茶树资源考察，大巴山和三峡一带未发现有大茶树（详见第五章第二、第三和第十三节）。陆羽所指巴山峡川应是一个广域的地区，包括川渝南部、贵州西北部。在南川、宜宾、赤水、习水、桐梓等地确有大茶树，习水等地现代还有"伐而掇之"的采摘方式。）宋·沈括的《梦溪笔谈》称："建茶皆乔木……。"宋子安（1130~1200年）《记东溪茶树》中说："柑叶茶树高丈余，径七八寸。"明代云南《大理府志》载："点苍山（下关）…… 产茶树高一丈。"又据《广西通志》载："白毛茶……树之大者高二丈，小者七八尺。嫩叶如银针，老叶尖长，如龙眼树叶而薄，背有白色茸毛，故名，概属野生。"可见，我国早在一千七百多年前就发现野生大茶树了。据不完全统计，现在全国已有10个省、市（区）三百多处发现有野生大茶树。其中云南省树干直径在 1m 以上的大茶树就有十多处，如龙陵的一株"老茶"，树干直径达 1.23m。1991 年和 1992 年先后在云南镇沅千家寨、双江勐库大雪山发现了野生大茶树居群，这些都可谓是当今世界野生茶树之最了。

（三）中国西南部是山茶科山茶属植物多样性中心

世界山茶科（Theaceae）植物有 23 个属 380 多个种，其中中国有 15 个属 260 余种。云南、广西、广东、贵州 25°N 线两侧又是山茶科植物的主要分布区域，最常见的与茶树混生的山茶科植物有舟柄茶（*Hartia sinensis* Dunn）、大头茶 [*Polyspora axillaries* (Rosb.) Sweet]、厚皮香 [*Ternstroemia gymnanthera* (Wight et Arn.) Sprague]、柃木（*Eurya japonica* Thunb）、木荷（*Schima superba* Gardner et Champ）等。山茶属植物有滇山茶（*Camellia reticulata* Lindl）、云南连蕊茶 [*Camellia forrestii* (Diels) Coh.Sthuart]、滇南离蕊茶（*Camellia pachyandra* Hu）、蒙自山茶（*Camellia henryana* Coh. Sthuart）、瘤叶短蕊茶（*Camellia muricatula* Zhang）、金花茶 [*Camellia chrysantha* (Hu) Tsuyama]、山茶（*Camellia japonica* L.）、油茶（*Camellia oleifera* Abel）等。在一个区域集中这么多山茶科植物，是原产地植物区系的重要标志。

图 1-2　滇南离蕊茶

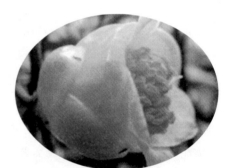
图 1-3　金花茶

（四）云南是古老植物的发源地

地处茶树起源中心的云南地理环境特殊，具有寒、温、热三带气候，素有"植物王国"之称。云南东南部和南部地层基质古老，地形复杂，没有或很少发生过冰川侵袭，是许多古老植物的发源地，如木兰科，全世界有 12 属 250 种，云南就有 8 属 50 多种，再有八角科、五味子科、樟科、金缕梅科等，它们在植被组群中至今起着重要的作用。茶树在系统发育上具有从原始的形态结构到进化的次生形态结构的各种类型，形成了连续性变异，如树型、高度、叶片形态、花器官构造等。1998 年张宏达在他的分类系统的 31 个种 4 个变种中，其中云南就有 23 个种 3 个变种，占总数的 74.3%；按照 1999 年闵天禄所归并后的 12 个种 6 个变种，云南有 8 个种 6 个变种，占 77.8%。

第三节 茶树的演化与传播

演化是指茶树形态特征、生理特性、代谢类型、利用功能在地理环境变迁和人类活动影响下所发生的连续的和不可逆转的变化。

一、茶树的演化

茶树起源大约在渐新世。由于从第三纪开始的地质变迁，出现了喜马拉雅山的上升运动和西南台地的横断山脉的上升，从而使第四纪后茶树起源地处在云贵高原的主体部分。由于地势升高以及冰川和洪积的出现，形成了断裂的山间谷地，使本属同一气候区的地方出现了垂直气候带，即热带、亚热带和温带，茶树亦被迫出现同源分居。再由于各自在不同的地理环境和气候条件下，经过漫长的历史过程，茶树的形态结构、生理特性、物质代谢等都逐渐改变，以适应新的环境。如位于热带雨林中的茶树，形成了喜高温高湿、耐酸耐阴的乔木或小乔木大叶型形态；位于温带气候条件下的，则形成具有耐寒耐旱的特性，茶树朝灌木矮丛小叶方向变化。处于亚热带的，形态特征和生理特性介于两者之间。上述变化在人类引种、选择、杂交等的参与下加快了进程，终致形成了千差万别的生态型，这也是云南等地现今同时存在乔木、小乔木大叶和灌木中小叶茶树的原因。

二、茶树演化的类型

主要表现在树型由乔木型变向小乔木型和灌木型，树干由中轴变为合轴，叶片由大叶到小叶，花冠由大到小，花瓣由丛瓣到单瓣，果由多室到单室，果壳由厚到薄，种皮由粗糙到光滑，酚/氨由大到小，花粉壁纹饰由细网状到粗网状，叶肉硬化细胞由多到少（无）等。这一过程包含着野生型和栽培型2种类型，同时产生了千差万别的基因型；栽培上的引种驯化和选择也导致形成众多的栽培品种。茶树性状演化是不可逆转的，如灌木中小叶茶树即使生长在热带雨林条件下也不会出现乔木大叶茶树的特征特性。

图1-4 生长在北热带湿润雨林中的云南勐腊曼拱小叶茶

（一）野生型茶树

亦称原始型茶树。在系统发育过程中具有原始的特征特性：乔木、小乔木树型，嫩枝少毛或无毛；越冬芽鳞片 3~5 个；叶大、长 10~25cm、角质层厚，叶背主脉无毛或稀毛，侧脉 8~12 对，脉络不明显，叶面平或微隆起，叶缘有稀钝齿；花梗长 3~6cm，花冠直径 4~8cm，花瓣 8~15 枚、白色、质厚如绢、无毛，雄蕊 70~250 枚，子房有毛或无毛，柱头以 4~5 裂居多，心皮 3~5 室全育；果呈球、肾、柿形等，果径 2~5cm，果皮厚 0.2~1.2cm、木质化、硬韧，果轴粗大呈四棱形，种膈明显；种子较大，种径 1.5~2.6cm，种子球形或锥形，种脊有棱，种皮较粗糙、黑色、无毛，种脐大；芽叶中氨基酸、茶多酚、儿茶素、咖啡碱等俱全，茶氨酸和酯型儿茶素含量偏低，苯丙氨酸偏高；萜烯指数多在 0.7~1.0；成品茶多数香气低沉，滋味淡薄，缺乏鲜爽感；花粉粒大，为近球形或扁球形，极面观 3 裂，赤极比大于 0.8，外壁

图 1-5　生长在哀牢山原始林中的野生型大茶树

纹饰为细网状，萌发孔呈狭缝状或带状沟，花粉 Ca 含量在 15% 以上；叶片栅栏细胞 1~2 层，硬化（石）细胞多、多为树根形或星形等，染色体核型为对称性较高的 2A 型（原始类型）（表 1-6）。长期生长在特定的相对稳定的生态条件下，且多与木兰科、壳斗科、樟科、桑科、桦木科、山茶科等常绿宽叶林混生。由于保守性强，人工繁殖、迁徙成功率较低。但较少罹生病虫害。植物学分类多属于大厂茶（*C. tachangensis*）、大理茶（*C. taliensis*）、厚轴茶（*C. crassicolumna*）、老黑茶（*C. atrothea*）等，代表的古茶树有师宗大茶树、巴达大茶树、法古山箐茶、屏边老黑茶等。

（二）栽培型茶树

亦称进化型茶树，主要特征特性为：灌木、小乔木树型，树姿开张或半开张，嫩枝有毛或无毛；越冬芽鳞片 2~3 个；叶革质或膜质，叶长 6~15cm、无毛或稀毛，侧脉 6~10 对，脉络不明显，叶面平或隆起，叶色多为绿或深绿，少数黄绿色，叶片光泽有或无，叶缘有细锐齿；花 1~2 朵腋生或顶生，花梗长 3~8cm，萼片 5~8 片、无毛或有毛，花冠直径 2~4cm，花瓣 5~8 枚、白或带绿晕，偶有红晕或黄晕、质薄、无毛，雄蕊 100~300 枚，子

房有毛或无毛，柱头以 3 裂居多，亦有 2 或 4 裂，心皮 3~4 室全育；果多呈球形、肾形、三角形，果径 2~4cm，果皮厚 0.1~0.2cm、较韧，果轴较短细，种膈不明显；种子较小，种径在 0.8~1.6cm，呈球或半球形，种脊无棱，种皮较光滑、棕褐或棕色、无毛，种脐小；芽叶中氨基酸、茶多酚、儿茶素、咖啡碱等俱全，茶多酚含量多在 15%~25%，氨基酸在 2%~6%，茶氨酸和酯型儿茶素含量较高，苯丙氨酸偏低；萜烯指数多在 0.7 以下；制茶品质多数优良；花粉粒较小，为近球形或球形，极面观 3 裂，赤极比小于 0.8，外壁纹饰为粗（拟）网状，萌发孔为沟状，花粉 Ca 含量一般小于 5%；叶片栅栏细胞多为 2~3 层，无硬化(石)细胞,偶见短柱形或骨形等;染色体核型多为对称性较低的2B型(进化类型)(表1-6)。栽培型茶树是在长期的自然选择和人工栽培条件下形成的，变异十分复杂，它们的形态特征、品质、适应性和抗性差别都很大。就主体特征看，在植物学分类上多属于茶（*C. sinensis*）、普洱茶（*C. sinensis* var. *assamica*）和白毛茶（*C. sinensis* var. *pubieimba*），代表的栽培品种有鸠坑种、勐库大叶茶、乐昌白毛茶等。

从野生型和栽培型茶树的形态特征差异以及它们之间的渐进过程和分布广度推测，现今的栽培种主要是由大理茶等演变而来的。从形态特征的相似性和生长区域的相同性来看，普洱茶与大理茶的亲缘关系比茶更亲近，也即先有普洱茶再有茶，茶应是普洱茶的变种。这种关系颠倒的原因是由于在茶树的分类史上先有"*sinensis*"，再有"*assamica*"之故。

表 1-6 野生型和栽培型茶树主要性状的差异

项目		野生型	栽培型
树体		乔木、小乔木，树姿多直立	小乔木、灌木，树姿多开张、半开张
叶片		叶大，长 10~25cm，叶革质较厚脆，叶面平或微隆起，叶缘有稀钝齿或下缘无齿，叶背主脉无毛	大、中、小叶均有，叶长 6~30cm，叶膜质较厚软，叶面多隆起或微隆起，叶缘有细锐齿，叶背主脉多数披毛
叶片结构		角质层厚，上表皮细胞大，栅栏细胞多为 1 层，海绵组织比例大，气孔稀疏。硬化细胞多、粗大，多呈树根形或星形，有的延伸至栅栏组织直至上表皮中	角质层薄，上表皮细胞较小，排列紧密，栅栏细胞多为 2~3 层，海绵组织比例小，气孔较狭小。硬化细胞无或少，呈骨形或短柱形
芽叶		越冬芽鳞片 3~5 枚或更多。芽叶绿或黄绿色，末端有紫红色，少毛或无毛	越冬芽鳞片 2~3 枚。芽叶绿、黄绿或淡绿色，多毛或少毛
花冠		直径 4~8cm，花瓣 8~15 枚、白色、质厚	直径 2~4cm，花瓣 5~8 枚、白色或带绿晕，偶有红晕或黄晕，质薄
雄蕊		花丝约 70~250 条、粗长，花药大，无味	花丝约 100~300 条、细长，花药小，略有芳香味
雌蕊		子房有毛或无毛。柱头 3~5 裂或更多，以 5 裂居多	子房有毛或无毛，多数有毛。柱头 2~4 裂，以 3 裂居多

续表

果	果径3~5cm，果皮厚0.2~1.2cm，皮木质化，硬韧，中轴粗大呈星形，果爿明显	果径2~4cm，果皮厚0.1~0.2cm，皮薄，较韧，中轴短细或退化，果爿薄小不明
种子	种径2cm左右，种皮粗糙，褐或深褐色，有球形、锥形、不规则形，部分种脊有棱，种脐大，下凹	种径1~2cm，种皮光滑，棕色或棕褐色，多为球形或椭球形，种脐小，稍下凹
花粉	花粉粒大，花粉平均轴径＞30μm，近球形或扁球形，外壁纹饰为细网状，萌发孔为狭缝状或带沟状，极赤轴比＞0.8。Ca含量＞10%	花粉粒小，花粉平均轴径＜30μm，近球形或球形，外壁纹饰为粗网状，萌发孔为沟状，极赤轴比＜0.8。Ca含量＜5%
生化成分	氨基酸、茶多酚含量较低，EGCG比例偏小，苯丙氨酸含量偏高	氨基酸含量较高，茶多酚多在15%~35%，EGCG比例大，苯丙氨酸含量偏低
萜烯指数	多在0.7以上	多在0.7以下
染色体核型	以2A型为主，对称性较高	以2B型为主，对称性较低
酯酶同工酶	谱带少，具EST$_2$、EST$_3$、EST$_6$、EST$_8$4条基本谱带	谱带多，通常有EST$_2$、EST$_3$、EST$_6$、EST$_8$、EST$_9$、EST$_{10}$、EST$_{12}$、EST$_{14}$、EST$_{17}$9条谱带

图1-6　大理茶花

图1-7　大理茶果壳与种子

图1-8　大理茶（左）与茶果壳的比较

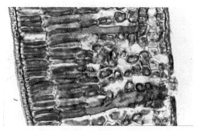

图1-9　大理茶硬化细胞粗长呈根形，从栅栏组织延至下表皮

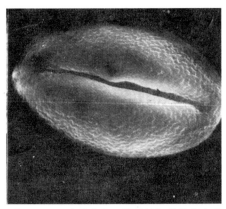

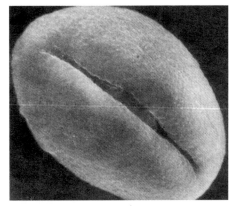

图 1-10　云南昌宁大理茶花粉粒带状萌发沟　　云南昌宁普洱茶花粉粒梭状萌发沟（束际林）

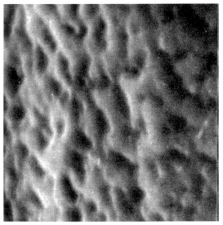

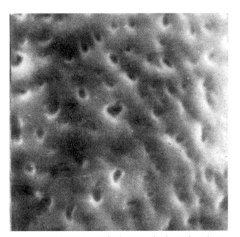

图 1-11　广西龙胜大茶树花粉粒外壁纹饰为细网状　　四川南江大叶茶花粉粒外壁纹饰为粗网状（束际林）

三、茶树的传播

（一）在中国及周边的传播

茶树从地理起源中心向周边自然扩散过程中，因山脉、河流的阻碍以及气候条件的改变，大体形成了 4 条传播途径。鲁成银（1992 年）的茶树酯酶同工酶分析以及游小青和李名君（1992 年）的萜烯指数（TI）研究也都证实了这 4 条传播途径存在的可能性。

图 1-12　在云南景谷境内的茶马古道上的难搭桥

（1）澜沧江怒江水系 沿澜沧江、怒江向横断山脉纵深扩散，也即 24°N 以南，地处云南中西部的普洱、临沧、保山、德宏、楚雄、大理等市、州。这里低纬高湿热的优越环境条件使茶树得以充分繁衍，是中国野生型大茶树数量最多、树体最高大的地区。栽培型茶树则以普洱茶以及大理茶和普洱茶的自然杂交类型为主。

图 1-13　越南河江省大茶树锯板（2008）

（2）西江红水河水系 沿西江、红水河向东及东南方向扩展，大体分成二支：一支是沿西江扩散至 23°N 以南的中国广西、广东的南部和越南、缅甸北部，境内多有野生型茶树生长，如中国广西西部有大厂茶、广西茶等，栽培型茶树（包括越南和缅甸境内的掸茶种和北部中游种）以白毛茶和普洱茶等为主。另一支沿红水河深至南岭山脉，包括广西、广东北部和南岭山脉北侧的湖南南部和江西南部。在广东境内一直蔓延至东部沿海，并贴近北上到闽南丘陵，形成 24°~26°N 间的粤东闽南茶树分布区，以栽培型的小乔木大叶茶为主，间或有灌木型茶树，分类上主要是白毛茶和茶。在南岭山脉两侧则是特殊型茶树苦茶（*C. sinensis* var. *kucha*）的分布区。

（3）云贵高原东北大斜坡 沿着金沙江、长江水系向云贵高原东北斜坡扩散，形成以滇东北高原的昭通、黔北娄山山脉的遵义和川渝盆地南部为中心的又一茶树聚居区。这一区域茶树主要特点是：小乔木或乔木型，叶大，叶色绿黄、富革质，芽叶多绿紫色，子房多数无毛，果呈棉桃形。是秃房茶（*C. gymnogyna*）和疏齿茶（*C. remotiserrata*）的集中分布区。由于气候较为寒冷，冬季多冰雪，茶（*C. sinensis*）和大树茶（*C. arborescens*）亦广为分布。

图 1-14　四川宜宾黄山茶场的野生大茶树（1982）

茶树在传播过程中会受到人为的影响，尤其在茶叶作为商品后，人类开始了引种驯化，扩大了栽培区域，使茶树向盆地周围扩散。其中一支向北推进到秦岭以南，形成汉中、安康盆地茶区。另一支沿着大巴山、伏牛山、桐柏山一线延伸到大别山，成为中国内陆最北的茶树生长带。这里纬度高，茶树演变成抗逆性强的灌木中小叶型，分类上只有茶（*C. sinensis*）。秦岭和淮河以北，由于气候寒冷干燥，土壤偏碱，均不适宜茶树生存，故历史上中国茶树生长的北界未能跨越 34°N，基本上与北亚热带北线相一致。

（4）长江水系 由云贵高原沿长江水系进入鄂西台地，并顺流扩散至湖北、湖南、江西、安徽、浙江、江苏等省。茶树走出"巴山峡川"后，大部地区处在 30°N 左右，冬天寒冷，夏天酷热，茶树均为抗逆性强的灌木型中小叶茶。长江中下游已无野生型茶树，分类上都属于茶（*C. sinensis*）。

（二）在世界的传播

韩国《三国史记》卷十记载，新罗二十七代善德女王（623 年），遣唐使金大廉从中国带回茶籽，种植在智异山下的华岩寺周围，后扩大到双溪寺为中心的各寺院，开创了朝鲜半岛种茶的历史。

唐顺宗永贞年（805 年），日本最澄禅师到浙江天台山国清寺学佛，归国时带回天台山、四明山茶籽，种植在位于京都比睿山麓日吉神社，结束了日本列岛无茶的历史。806 年日弘法大师留学于长安，回国时不仅将中国茶籽带往日本，还带回了制茶用的石臼和茶的蒸、捣、焙等制茶技术。这是日本种茶制茶之始。南宋乾道四年（1168 年）和淳熙十四年（1187 年）日高僧荣

图 1-15　日本最古之茶园（《中国茶的故乡》1989）

西禅师两度来中国学习佛教文化和中国茶艺，回国后写了《吃茶养生记》，书首曰："茶乃养生之仙药，延龄之妙术。人若饮之，其寿则长。"日本僧人圆而辨圆和南浦昭明先后于南宋端平二年（1235 年）和开庆元年（1259 年）到浙江径山寺留学，回国时带去茶籽以及供佛待客等礼仪，此后在日本传播，种茶饮茶在日本兴起。

印度尼西亚在 1684 年从中国引种茶树，30 年后又大量输入茶籽，栽培茶园得到了较大的发展。

印度第一次种茶始于 1780 年，由东印度公司从广州带去广东和福建的茶籽，种植于不丹和加尔各答植物园。1834 年印度派人到中国调查茶树栽培方法，并运回三批茶籽。1835 年运去茶树 200 株。1850 年又再次运去一批茶籽。

斯里兰卡于 1780 年试种，1841 年从中国运去茶树种植于咖啡园中。1867 年开始大量发展。

1812~1819 年巴西从中国引进茶种，种植于里约热内卢植物园，长成 600 株茶树，并由中国茶农传授技艺。这是南美种茶之始。

1833 年俄国从中国引种茶籽试种，1848 年在黑海沿岸的外高加索试种获得成功，1883 年又从湖北羊楼洞引进茶苗和茶籽种植在格鲁吉亚的恰克伐地区。1893 年聘请中国茶师刘峻周并带一批技工赴格鲁吉亚传授种茶、制茶技术。经过一个多世纪的发展，45°N 的黑海沿岸的外高加索一带已成为目前世界最北的茶区。

1888 年土耳其从日本引入茶籽试种。1937 年又从格鲁吉亚调入茶籽种植，现已是世界主要产茶国家之一。

1903 年肯尼亚从印度引入茶种，1920 年后进入商业性种植，成为非洲红茶主产国。

1924 年阿根廷从中国引入茶籽种植于北部地区，成为南美茶叶主产国。

20 世纪 60 年代以来，中国又先后选调品种派员到几内亚、马里、摩洛哥、阿尔及利亚、巴基斯坦、玻利维亚等国传授种茶、制茶技术。

至此，茶树已直接或间接传播到世界 63 个国家和地区。

图 1-16　19 世纪引种到黑海沿岸的格鲁吉亚中国祁门种茶园（1989）

第二章
茶树植物学分类

茶树是异交植物。遗传组成上的高度杂合性和表现型上的多样性给茶组（Sect. *Thea*）的范围和种（Species）的划分造成困难，再由于分类学家观点的差异，造成迄今国内外茶树分类系统未能完全一致。

第一节 茶树植物学分类简史

茶树属于被子植物门（Angiospermae）、双子叶植物纲（Dicotyledoneae）、原始花被亚纲（Archichlamydeae）、山茶目（Theales）、山茶科（Theaceae）、山茶属（*Camellia*）、茶组（Sect.*Thea*）。林奈（Carolus linnaeus）于 1753 年在他的名著"Species Plantarun"（《植物种志》）中首次命名了 *Camellia japonica* L.（山茶）和 *Thea sinensis* L.（茶）两个属两个种。Dyer 于 1874 年在"Flora of British India"（《英印植物志》）中将茶属（*Thea*）并入山茶属（*Camellia*），并首次在属下划分了山茶组（Sect.*Camellia*）和茶组（Sect.*Thea*）两个组。茶组的前身即是与山茶属历史同步的茶属（*Thea*）。1950 年中国植物分类学家钱崇树将茶树学名订正为 *Camellia sinesis* (L.) O.Kuntze。

早期的茶组包含的种并不多，Dyer 的茶组只有 3 个种，Sealy(1958 年) 系统的茶组也只有 5 个种。20 世纪 80 年代中国进行广泛的野生茶树资源考察后，又命名了多个新种，由此导致了分类的复杂化，为此，张宏达分别于 1984 年和 1998 年对其 1981 年制订的分类系统进行了修订。闵天禄于也于 1992 年进行了一次较大范围的修订。目前，茶组植物的分类仍未最后定论。不过，比较公认、应用较多的主要有 Sealy 系统、张宏达系统和闵天禄系统。

第二节 茶树植物学分类系统

一、Sealy 分类系统

1958 年 Sealy 在山茶属专著"A Revision of the Genus Camellia"中，将山茶属分成 12 个组，其中茶组包含 5 个种 1 变种：

1.*C. gracilipes* （狭叶长柄茶）

2. *C. irrawadiensis* （滇缅茶）

3. *C. pubicosta* （毛肋茶）

4a. *C. sinensis* var. *sinensis* (茶)

4b. *C. sinensis* var. *assaimea* （阿萨姆茶）

5. *C. taliensis* （大理茶）

1981 年张宏达将 *C. gracilipes* （狭叶长柄茶）移入超长柄茶组（Sect. *Longissima*）；闵天禄 1999 年将其归并为长柄茶组（Sect. *Longipetiolata*），又将 *C. pubicosta* （毛肋茶）移入短蕊茶组（Sect. *Brachyandra*）。

二、张宏达分类系统

张宏达在 1981 年的《山茶属植物的系统研究》中，将山茶属分为 4 个亚属（Subgenus），即原始山茶亚属（Subgen. *protocamellia* Chang）、山茶亚属（Subgen. *camellia*）、茶亚属 [subgen. *thea*（L.）Chang] 和后生山茶亚属（Subgen. *metacamellia* Chang），茶树属于茶亚属。茶亚属下又分 7 个组，茶树被列入茶组（Sect. *Thea*）。茶组再根据子房有毛或无毛，子房 5（4）室或 3（2）室，分为五室茶系、（Quinquelocularis Chang）、五柱茶系（Pentastylae Chang）、秃房茶系（Gymnogynae Chang）和茶系（Sinenses Chang）。这 4 个系是按性状的逐步分化而分的，如野生型茶树多属于前两个系，栽培型茶树多属于茶系。

张宏达于 1998 年在《中国植物志》中最新确定的属于 4 个系的种共有 31 个种 4 个变种，其中除毛肋茶（*C. pubicosta* Merr）产于越南外，其余均主产在中国的西南和华南（表 2-1）。

需要说明的是，阿萨姆茶（普洱茶）[*C. sinensis* var. *assamica* (Master) Kitamura] 是定名人采用印度阿萨姆模式标本来定名的，实际上该种主要分布在中国云南南部和西南部的普洱茶产区，故张宏达将中文学名用"普洱茶"表示。但按照国际植物学命名法规，拉丁文不能改变，依旧用"*assamica*"。本书 *C. sinensis* var. *assamica* 的中文均用"普洱茶"表示，并区别于普洱茶类。

表 2-1　茶组植物分类系统

（张宏达，1998）

系	种或变种	学　名	主要产地
一、五室茶系 Ser.1 Quinquelocu- laris Chang	1. 疏齿茶	*C. remotiserrata* Chang et Wang	云南威信，贵州习水、桐梓，四川宜宾、古蔺
	2. 广西茶	*C. kwangsiensis* Chang	广西冷家坪、田林，云南西畴
	3. 大苞茶	*C. grandibracteata* Chang et Yu	云南云县
	4. 广南茶	*C. kwangnanica* Chang et Chen	云南广南
	5. 大厂茶	*C. tachangensis* Zhang	云南师宗、富源，贵州兴义、普安、平塘、惠水，广西隆林
	6. 南川茶	*C. nanchuanica* Chang et Xiong	重庆南川
二、五柱茶系 Ser.2 Pentastylae Chang	7. 厚轴茶	*C. crassicolumna* Chang	云南西畴、麻栗坡、马关、屏边、金平、元阳，广西百色
	8. 圆基茶	*C. rotundata* Chang et Yu	云南红河
	9. 皱叶茶	*C. crispula* Chang	云南元阳、文山
	10. 老黑茶	*C. atrothea* Chang et Wang	云南屏边、镇沅、楚雄、元江、新平
	11. 马关茶	*C. makuanica* Chang et Tang	云南马关、广南
	12. 五柱茶	*C. pentastyla* Chang	云南凤庆，贵州平塘，广西百色
	13. 大理茶	*C. taliensis* Melchior	云南大理等 24 个县

续表

系	种或变种	学　名	主要产地
三. 秃房茶系 Ser.3 Gymnogynae Chang	14. 德宏茶	*C. dehungensis* Chang et Chen	云南芒市、瑞丽、南涧
	15. 膜叶茶	*C. leptohylla* Liang	广西龙州
	16. 秃房茶	*C. gymnogyna* Chang	广西凌云, 贵州雷山、习水、桐梓、都匀、三都, 四川筠连、宜宾, 重庆綦江、江津, 云南大关、盐津、镇雄
	17. 突肋茶	*C. costata* Hu et Liang	广西昭平
	18. 缙云山茶	*C. jinyunshanica* Chang et Xiong	重庆缙云山
	19. 拟细萼茶	*C. parvisepaloides* Chang et Wang	云南芒市
	20. 榕江茶	*C. yungkiangensis* Chang	贵州榕江, 云南河口, 广西大苗山
四. 茶系 Ser.4 sinenses	21. 狭叶茶	*C. angustifolia* Chang	广西大瑶山
	22. 大树茶	*C. arborescens* Chang et Yu	云南威信、大关、盐津, 贵州桐梓、惠水, 四川筠连
	23. 紫果茶	*C. purpurea* Chang et Chen	云南屏边
	24. 毛肋茶	*C. pubicosta* Merr	越南永福省三岛
	25a. 普洱茶	*C. assamica* (Mast) Chang	中国、印度、缅甸、斯里兰卡、印度尼西亚等国
	25b. 多脉普洱茶	*C. assamica* var. *polyneura* Chang	云南绿春
	25c. 苦茶	*C. assamica* var. *kucha* Chang et Wang	云南金平、景洪、勐海, 江西寻乌、安远等
	26. 毛叶茶	*C. ptilophylla* Chang	广东龙门、从化
	27. 汝城毛叶茶	*C. pubescens* Chang et Ye	湖南汝城
	28. 防城茶	*C. fangchengensis* Liang et Zhong	广西防城、上思、扶绥、博白
	29a. 茶	*C. sinensis* (L.) O .Kuntze	中国、日本、格鲁吉亚、俄罗斯、印度、缅甸、印度尼西亚、斯里兰卡等国
	29b. 白毛茶	*C. sinensis* var. *pubilimba* Chang	广西凌云、靖西, 云南广南、麻栗坡、文山、元江, 广东乐昌
	29c. 香花茶	*C. sinensis* var. *waldenae* (Hu) Chang	广东、广西、香港
	30. 多萼茶	*C. multisepala* Chang et Tang	云南勐腊
	31. 细萼茶	*C. parvisepala* Chang	广西凌云

分类系统建立的基础是植物学分类，也就是依据花、果、叶、枝等植物学形态特征来进行的划分，所以又称形态学分类。现将张宏达 1998 年的分种检索表列下（少数种本书作者作了订正），以方便对照检索。

茶组植物分种检索表

1. 子房 5 室，花柱 5 裂或 5 条，蒴果 4~5 片裂开。

  2. 子房无毛--- 系 1. 五室茶系 Ser. Quinquelocularis Chang

   3. 花柄长 1~1.5cm，萼片长 5~10mm，无毛，叶长椭圆形。

    4. 叶边缘具疏锯齿，先端尾状长尖，萼片长 6~7mm，花瓣 8~11 片------------------
    ----------------------------- 1. 疏齿茶 *C. remotiserrata* Chang et Wang

    4. 叶边缘具密锯齿，先端短尖，萼片长 8~10mm，果皮厚 7~8mm --------------
    ------------------------------------- 2. 广西茶 *C. kwangsiensis* Chang

   3. 花柄短于 1cm，萼片有毛或无毛，长 5~8mm，叶片椭圆形。

    5. 果皮厚 5mm，叶椭圆形或长椭圆形。

     6. 萼片 5~6 片，外无毛，苞片长 4mm ------------------------------
     ----------------------- 3. 大苞茶 *C. grandibracteata* Chang et Yu

     6. 萼片 6~8 片，有灰白毛，苞片短小------------------------------
     ----------------------- 4. 广南茶 *C. kwangnanica* Chang et Chen

    5. 果皮厚 2~3mm，叶椭圆形或长椭圆形，花柄长 7~10mm。

     7. 叶长圆形，基部楔形，花瓣 11~14 片----------- 5. 大厂茶 *C. tachangensis* Zhang

     7. 叶椭圆形，基部圆形，花瓣 7~8 片-------------------------------
     ----------------------- 6. 南川茶 *C. nanchuanica* Chang et Xiong

 2. 子房披茸毛 ------------------------------------- 系 2. 五柱茶系 Ser. Pentastylae Chang

  8. 萼片及花瓣有毛。

   9. 果皮厚 4~10mm，叶椭圆形或披针形或长椭圆形。

    10. 花直径 6cm，萼片 6~8 片，有毛，花瓣 9 片，果皮厚 8~10mm，叶长
    10~12cm，椭圆形，叶柄长 6~10mm ---- 7. 厚轴茶 *C. crassicolumna* Chang

    10. 花直径 4~5cm，萼片 5 片，花瓣 6~14 片，果皮厚 2.5mm，叶长 13~16cm，
    叶柄长 5mm。

     11. 叶椭圆形，基部圆，叶下面有毛，花瓣 8~10 片 -----------------------

　　　　　　　　　　　　　　　　------------------------------ 8. 圆基茶 *C. rotundata* Chang et Yu

　　11.叶椭圆形，叶下面无毛，花直径 6~7cm，花瓣 11~14 片，果径 3~4cm
　　　　　　　　　　　　　　　　---------------------- 9. 皱叶茶 *C. crispula* Chang

　9. 果径 4cm，果皮厚 2~3mm，花瓣 11~14 片，叶薄革质，长椭圆形，长 15~18cm
　　　　　　　　　　　　　　　　--------------- 10. 老黑茶 *C. atrothea* Chang et Wang

8.萼片及花瓣无毛。

　9. 果径 4cm，果皮厚 4~7mm，叶长圆形或披针形。

　　　　12.叶长 13cm，叶革质，萼片 4~5mm，花直径 6~7cm，花柄长 4~6mm
　　　　　　　　　　　　　　　---------------- 11. 马关茶 *C. makuanica* Chang et Tang

　　12.叶椭圆形，长于 10cm，萼片长 5~7mm，花柄长 7~12mm。

　　　　13.果皮厚 4~8mm，叶椭圆形，长 8~12cm，花瓣 10~13 片，直径 3~4cm，
　　　　　花柱分离，果球形---------------------------------- 12. 五柱茶 *C. pentastyla* Chang

　　　　13.果皮厚 2~2.5mm，花瓣 7~11 片，叶长椭圆形或椭圆形，蒴果扁球形，花
　　　　　柄长 1cm，萼片长 3~4mm -------------- 13. 大理茶 *C. taliensis* Melchior

1. 子房 3 室，花柱 3 裂，蒴果 3 爿裂开。

　　15. 子房无毛------------------------------------系 3. 秃房茶系 Ser. Gymnogynae Chang

　　16. 嫩枝有毛。

　　　17. 叶长椭圆形，革质，宽 4~7cm，下面有柔毛，萼片长 3~4mm，无毛
　　　　　　　　　　　　　　------------------- 14. 德宏茶 *C. dehungensis* Chang et Chen

　　　17. 叶长圆形，薄膜质，宽 3~4cm，下面无毛，萼片长 6~7mm，无毛
　　　　　　　　　　　　　　------------------- 15. 膜叶茶 *C. leptohylla* Liang

　　16. 嫩枝无毛。

　　 18. 萼片长 4~6mm。

　　 19.叶椭圆形，革质，花瓣 7 片，果皮厚 7mm -------------------------------
　　　　　　　　　　　　　　　　-------------- 16. 秃房茶 *C. gymnogyna* Chang

　　　19.叶长椭圆形，革质或薄革质，花瓣 6~7 片，果皮薄。

　　　　20.叶革质，发亮，边缘上半部有细锯齿-------------------------------------
　　　　　　　　　　　　　　　　------------- 17. 突肋茶 *C. costata* Hu et Liang

　　　　20.叶薄革质，不发亮，边缘全部有疏齿--------------------------------------
　　　　　　　　　　　　------------------------- 18. 缙云山茶 *C. jinyunshanica* Chang et Xiong

18. 萼片长 2~3mm，无毛，果皮厚 1~3mm，叶长椭圆形。

  21. 花瓣 9~11 片，长 1cm，花柄长 2~5mm -------------------

    ------------------------ 19. 拟细萼茶 *C. parvisepaloides* Chang et Wang

  21. 花瓣 8~9 片，长 2.2cm，花柄长 1~1.5cm --------------------

    ----------------------------- 20. 榕江茶 *C. yungkiangensis* Chang

15. 子房有毛---系 4. 茶系 Ser. sinenses

22. 嫩枝及叶下面均无毛。

  23. 叶披针形，宽不过 3cm，萼片长 6~9mm，果皮厚 4~5mm

    --------------------------------- 21. 狭叶茶 *C. angustifolia* Chang

23. 叶长圆形或椭圆形，宽 3~7cm，萼片长 4~6mm。果皮厚 1~4mm。

  24. 花瓣 7~11 片，萼片长 4~6mm，叶椭圆或长椭圆形。

    25. 叶椭圆形或狭椭圆形，长 11~15cm，侧脉 8~12 对，花瓣 7~11 片。

      26. 叶长椭圆形，宽 4~7cm，先端钝或略尖，侧脉 7~9 对，果皮厚 1mm

        ------------------- 22. 大树茶 *C. arborescens* Chang et Yu

      26. 叶椭圆形，宽 5~7cm，先端尖锐，侧脉 10~11 对，果径 3~3.5cm，

        果皮厚 3~4mm，果皮紫色 ------- 23. 紫果茶 *C. purpurea* Chang et Chen

    25. 叶长椭圆形，长 11~17cm，侧脉 14~17 对，萼片有毛，花瓣 6~8 片-----------

      ------------------ 25b. 多脉普洱茶 *C. assamica* var. *polyneura* Chang

  24. 花瓣 5~6 片，萼片长 3~5mm，叶椭圆形或长椭圆形。

    27. 叶长椭圆形，萼片长 5mm

      ---------------- 25c. 苦茶 *C. assamica* var. *kucha* Chang et Wang

22. 嫩枝有毛叶背无毛，或嫩枝无毛而叶背有毛，萼片 2~3mm。

  28. 嫩枝无毛，叶片有毛，狭长椭圆形，侧脉干后下陷---- 24. 毛肋茶 *C. pubicosta* Merr

22. 嫩枝或叶下面有毛。

  28. 嫩枝及叶下面均有毛。

    29. 叶片长椭圆形或椭圆形，长于 10cm，萼片 5~7 片，长 4~7mm，有柔毛。

      30. 叶长椭圆形，长于 10cm，干后灰绿色或浅绿色。

        31. 叶革质，基部楔形，短于 15cm。

          32. 萼片长 4~5mm，花瓣 5 片，叶薄革质----------------------

            ------------------- 26. 毛叶茶 *C. ptilophylla* Chang

          32. 萼片长 5~7mm，花瓣 7~8 片，叶厚革质-------------

-- 27. 汝城毛叶茶 *C. pubescens* Chang et Ye

31. 叶长于 25cm，基部近圆形，下面被柔毛--

-- 28. 防城茶 *C. fangchengensis* Liang et Zhong

30. 叶椭圆形，干后褐色，花瓣 6~7 片，萼片 3~4mm，无毛--------------------------------

-- 25a. 普洱茶 *C. assamica* (Mast) Chang

29. 叶小，椭圆形，长圆形，短于 10cm，萼片 5~8 片。

33. 萼片 5 片，叶长圆形或椭圆形，被毛或秃净。

34. 叶椭圆形或长椭圆形，无毛，或偶有微毛---- 29a. 茶 *C. sinensis* (L.) O .Ktze

34. 叶椭圆形，密披柔毛，萼片有白毛--

-------------------------------------- 29b. 白毛茶 *C. sinensis* var. *pubilimba* Chang

33. 萼片 8 片，叶披针形，被柔毛，果皮厚 1.0~1.5mm --------------------------------

--- 30. 多萼茶 *C. multisepala* Chang et Tang

28. 嫩枝有毛，叶下面无毛，叶倒卵形或狭披针形。

35. 叶狭披针形，宽 2~3cm ------- 29c. 香花茶 *C. sinensis* var. *waldenae*(Hu) Chang

35. 叶倒卵形，宽 5~8cm ----------------------------- 31. 细萼茶 *C. parvisepala* Chang

图 2-1 1982 年时的张宏达（右虞富莲，左陈炳环）

三、闵天禄分类系统

1992 年中国科学院昆明植物研究所植物学家闵天禄对山茶属中的茶组和秃茶组（Sect. glaberrima）的 47 个种和 3 个变种进行了分类订正，将张宏达所建立的秃茶组并入茶组，归并后的茶组植物共有 12 个种 6 个变种（括号中为归并的种）。

1．大厂茶（五室茶、四球茶）*C. tachangensis* F.S.Zhang

2．广西茶 *C. kwangsiensis* Chang.

2a. 广西茶（变种）var. *kwangsiensis*.

2b. 毛萼广西茶（变种）（广南茶）var. *kwangnanica*（Chang et Chen）Ming，Comb. nov.

3. 大苞茶 *C. grandibracteata* Chang et Yu.

4. 大理茶 [感通茶（大理）、滇缅茶、五柱茶、五苞茶、昌宁茶] *C. taliensis* Melchior.

5. 厚轴茶（皱叶茶、圆基茶、老黑茶、马关茶、哈尼茶）*C. crassicolumna* Chang.

5a. 厚轴茶 var. *crassicolumna*.

5b. 光萼厚轴茶（变种）（多瓣茶）var. *multiplex*（Chang et Tang）Ming，Comb.nov.

6. 秃房茶（秃山茶）*C. gymnogyna* Chang.

6a. 秃房茶 var. *gymnogyna* Chang.

6b. 疏齿秃房茶（变种）（疏齿茶、假秃房茶、南川茶、缙云茶）var. *remotiserrata*（Chang H.S.Wang et P.S.Wang）Ming，Comb.nov.

7. 紫果茶 *C. purpurea* Chang et Chen.

8. 突肋茶（榕江茶、广东山茶、丹寨茶）*C. costata* Chang.

9. 膜叶茶 *C. leptohylla* Liang.

10. 毛叶茶〔毛茶（广东龙门）、汝城白毛茶（湖南汝城）〕*C. ptilophylla* Chang.

11. 防城茶 *C. fangchengensis* Liang et Zhong.

12. 茶（长叶茶、高树茶、龙陵茶）*C. sinensis* (L.) O .Kuntze.

12a. 茶 var. *sinensis*.

12b. 普洱茶（变种）〔多脉茶、苦茶、大树茶、多萼茶、茶叶树、野茶树、大叶茶（云南耿马、龙陵、元江等地）、蚂蚁茶（云南绿春）〕var. *assamica* (Master) Kitamura.

12c. 德宏茶（变种）（勐腊茶、拟细萼茶）var. *dehungensis*（Chang et Chen）Ming. Comb.nov.

12d. 白毛茶（细萼茶、狭叶茶、元江茶）var. *pubilimba* Chang.

图 2-2 大厂茶柱头 5 裂子房无毛

图 2-3 大理茶子房有毛柱头 5 裂

图 2-4 秃房茶子房无毛柱头 3 裂

图 2-5 茶子房有毛柱头 3 裂

第三节　茶组植物在中国的区系

　　中国茶区辽阔，生态条件复杂。茶树在长期的自然选择和人工引种驯化过程中，在分布区系上出现了两个特点：一是野生近缘种由于遗传保守性强，基本上囿于原来的自然分布区；二是栽培种随着人工引种范围的扩大不断向非原生境地区扩散，导致覆盖了所有适宜种茶的区域。茶组植物在中国大体有 7 个区系。

一、滇桂黔大厂茶区系

　　位于 23°~26° N，104°~107° E，地跨云南、贵州、广西三省（区），主要分布在云南的富源、师宗，贵州的兴义、晴隆、普安，广西的隆林等地，沿着滇黔边境的黄泥河流域呈西北东南走向，在贵州已延伸到中南部的贵定、惠水、平塘等地。代表的有云南师宗大厂大茶树，广西隆林德峨大茶树，贵州兴义纸厂大茶树等（茶树形态特征见第五章古茶树，下同）。大厂茶在系统进化上处于最原始的位置，表现型比较一致，是遗传性最稳定的种。

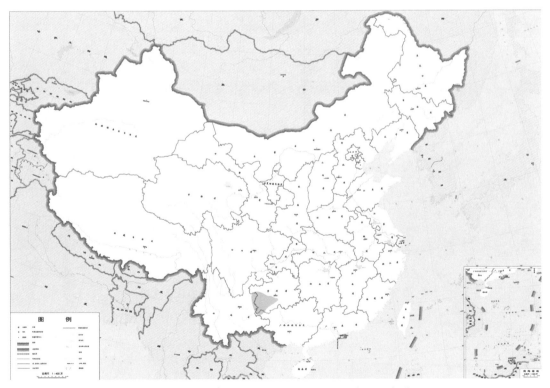

图 2-6　大厂茶（*C. tachangensis*）主要分布区示意图

二、滇东南桂西厚轴茶区系

位于 23°~ 24°N，103°~ 106°E，主要分布在云南省的西畴、马关、文山、广南、屏边、麻栗坡、元阳和广西的德保等地，是沿着北回归线两侧的东西向狭长区块。代表的有西畴法古山箐茶、马关八寨涩茶、文山老君山野茶、麻栗坡下金厂大茶树、屏边大围山大茶树、元阳胜村野茶、德保黄连山大茶树等。厚轴茶在形态特征上，尤其是在果皮的厚度（最厚的超过 1.2cm）和种子形态（多锥形或不规则形，种皮粗糙）上与红山茶组（Section *Camellia*）的滇山茶（*C. reticulata*）比较接近，故也是茶组植物中最原始的种之一。本区与大厂茶核心区同被认为是茶树的地理起源中心。

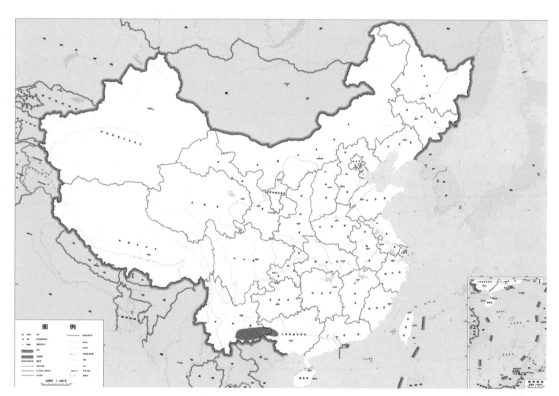

图 2-7　厚轴茶（*C. crassicolumna*）主要分布区示意图

三、横断山脉大理茶区系

位于 22°~25° N，98°~101° E，即云南的西部和西南部，地处青藏高原东延部的横断山脉中段，多在海拔 2000m 上下，以怒江、澜沧江流域最集中，如腾冲、龙陵、梁河、陇川、芒市、昌宁、凤庆、永德、镇康、永平、双江、临沧、景东、澜沧、勐海等地。目前已发现的海拔最高、树体最大，数量最多的野生型古茶树几乎都分布在这一区域，如龙陵镇安小田坝大茶树，双江勐库大雪山大茶树，勐海巴达大茶树等。在双江大雪山原始林中已有大理茶居群。

大理茶在云南西部和西南部是生长最广泛、适应性最强的种，但是，越过哀牢山元江一线后，大理茶的分布急剧减少，除了红河州的绿春县外（实际上绿春县也在元江以西，与普洱市接壤），再也难见踪影，可见大理茶的地域局限性非常明显。因此，滇西和滇西南可看作是大理茶的现代分布在中心。

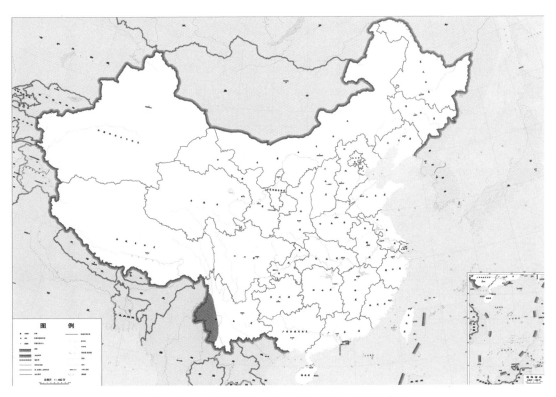

图 2-8　大理茶（*C. taliensis*）主要分布区示意图

四、滇川黔秃房茶区系

位于 27°~29° N，103°~107° E，是云南、四川、贵州三省接合部，也是云贵高原向第二台地的过渡带。主要生长在云南的镇雄、大关、绥江、盐津，贵州的习水、赤水、金沙，四川的荥经、崇州、宜宾和重庆的綦江、江津等地，代表的有云南镇雄大保大树茶、贵州习水杉树湾大茶树、贵州都匀螺丝壳大茶树、四川宜宾高笋塘大茶树、四川荥经崍麓大茶树、重庆綦江大茶树等。

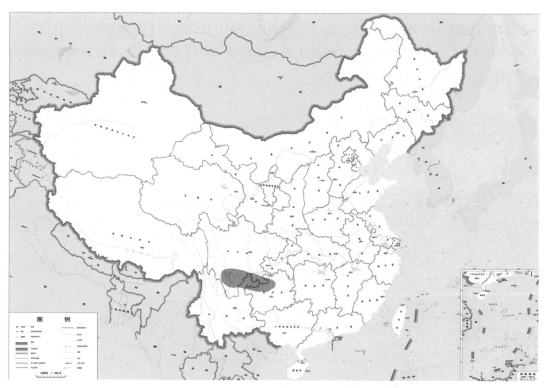

图 2-9　秃房茶（*C. gymnogyna*）主要分布区示意图

五、南岭山脉白毛茶区系

位于 22°~25° N，105°~114° E，地跨南岭山脉两侧。在南侧，从广西的红水河流域到广东北部的大瑶山一带，包括广西全境和广东的乐昌、乳源、连南、仁化、从化等地。茶树小乔木型，嫩枝、芽叶、花瓣、萼片均披毛为其主要特征。北侧主要在湖南的城步、汝城等地。代表植株有广西凌云白毛茶、龙胜大茶树、横县南山白毛茶等，广东乐昌白毛茶以及连南大叶茶等，湖南城步峒茶、汝城白毛茶等。

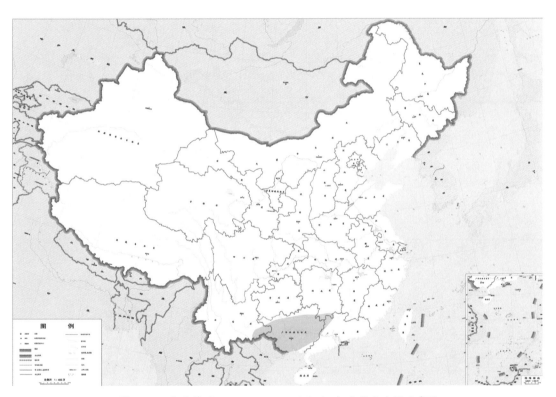

图 2-10 白毛茶（*C. sinensis* var. *pubilimba*）主要分布区示意图

六、西南部普洱茶（阿萨姆茶）区系

在 25° N 线以南、99°~121° E 之间都有分布，但核心分布区主要在云南的南部和西南部，一般生长在缓坡山地和村寨前后的平坝地，多为人工栽培的群体品种。代表植株有勐海南糯山大茶树、勐腊易武大茶树、双江勐库大叶茶、凤庆大叶茶、临沧邦东大茶树、景迈大茶树等。

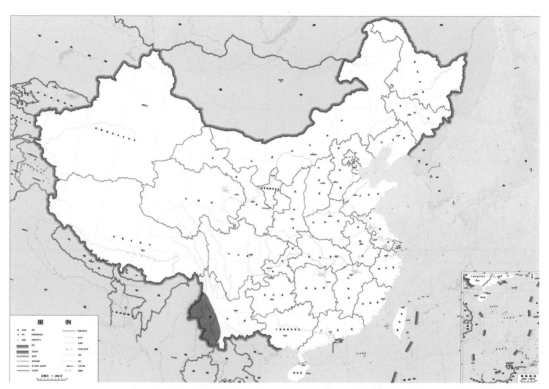

图 2-11　普洱茶（*C. sinensis* var. *assamica*）主要分布区示意图

七、茶区系

茶在全国所有茶区都有分布，以25°~32°N间最为普遍，长江中下游各产茶省栽培品种绝大多数是该种。即使在茶组植物最多的云南、贵州、广西等地也都很普遍，一般与其他茶组植物混生，如云南腾冲上云小叶茶（与大理茶、普洱茶）、芒市勐戛细叶子茶（与大理茶）、昌宁漭水菜花茶（与大理茶、普洱茶）、西畴坪寨本地茶（与厚轴茶、普洱茶）、马关古林青丛茶（与厚轴茶）、广南珠街茶（与厚轴茶、白毛茶）、镇雄阳雀茶（与秃房茶）、大关翠华茶（与秃房茶）、师宗高良小茶（与大厂茶）、贵州兴义纸厂茶（与大厂茶）、广西隆林德峨小茶（与大厂茶）。在云南中北部地区的主要栽培种，如宜良宝洪茶、昆明十里香、盐津石缸茶、丽江小茶等也都属于本种。

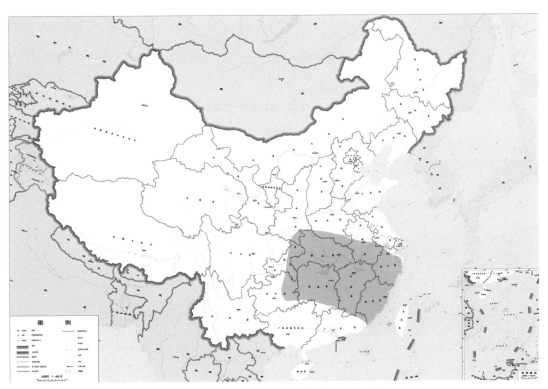

图 2-12　茶（*C. sinensis*）主要分布区示意图

第三章 茶树生态类型及茶区的划分

茶树在扩散和引种过程中，随着环境条件的变化，发生了各种变异。在长期的自然选择中，大体形成了六种生态类型。根据茶的利用价值并由此发展起来的栽培区域和生产茶类在中国大体形成四大茶区。

第一节 茶树生态类型

一、低纬高海拔乔木大叶型

处于23°N线以南，海拔800~2500m的云南中南部区域，是茶树的最适生态区。年平均温度在18~24℃，≥10℃年活动积温5000~7000℃，极端最低温度不低于0℃，无霜期300天以上，年降水量在1500~2000mm，土壤以赤红壤和红壤为主，属南亚热带常绿阔叶林区。茶树呈乔木型，叶片特大或大，芽叶肥壮、多毛（野生型茶树多为少毛或无毛），茶多酚、咖啡碱含量高，氨基酸适中，适制红茶。以云南双江勐库大叶茶、勐海南糯山大叶茶、澜沧景迈大叶茶为代表。这一生态区多野生型大茶树。茶树易遭日灼伤，耐寒性弱，适应性较差，最低温度低于-3℃的地区无法生存。

二、南亚热带（包括边缘热带）乔木大叶雨林型

处于北回归线以南，海拔550m以下，年平均温度20~26℃，≥10℃年活动积温7000℃以上，极端最低温度在0℃以上，年降水量在1800~2000mm，土壤为赤红壤和红壤，属热带季雨林、雨林区，包括云南东南部和广西南部。本区亦是茶树的最适生态区，全年无霜，可终年生长。茶树多呈乔木型，叶片大，芽叶多毛，花萼多数有毛，茶多酚含量高，氨基酸适中，适制红茶和特种茶，茶树抗寒性弱，适应性差，以云南麻栗坡白毛茶、金平石头寨大茶树、广西中东大茶树、博白大茶树为代表。这一区域西缘亦多野生型大茶树。

三、南亚热带小乔木大叶型

24°~26°N线之间，海拔300~1000m，年平均温度18~22℃，≥10℃年活动积温5000~6500℃，极端最低温度可达0℃以下，年降水量在1200~1800mm，土壤以红壤为主，属南亚热带常绿季雨林区，包括广西和广东中北部、湖南和江西南部。本区是茶树的适宜生态区。茶树多呈小乔木型，间或有灌木型，叶片大，叶质厚，芽叶多毛，花萼多数有毛，茶多酚含量高，氨基酸偏低，适制红茶和绿茶，茶树抗寒性较强，适应性差异大，以广西龙胜大叶茶、广东乐昌白毛茶、湖南汝城白毛茶为代表。

四、中亚热带小乔木大中叶型

26°~30°N线的长江以南地区，海拔800m以下，年平均温度16~19℃，≥10℃年活动积温5000~6000℃，极端最低温度可达-5℃以下，无霜期300天左右，年降水量在1200~1500mm，土壤以红壤和红黄壤为主，属中亚热带常绿阔叶林区。本区是茶树的适宜

生态区。茶树全年有 2~3 个月的休眠期。多数呈小乔木型，间或有灌木型，形态变异大，叶片大叶或中叶，叶角质层厚，芽叶多毛或少毛，茶多酚、氨基酸、咖啡碱含量均适中，茶树耐寒、耐旱性均较强，适应性较强，适制红茶、绿茶和乌龙茶。以江西宁都翠微茶、湖南炎陵苦茶、福建水仙为代表。

五、中亚热带灌木大中小叶型

30°~32°N 线的长江中下游南北地区，海拔 300m 以下，年平均温度在 15~18℃，≥ 10℃年活动积温 4500~5000℃，无霜期在 220~250 天，极端最低温度可达 -8 ~ -10℃，年降水量在 900~1200mm，土壤有红壤、红黄壤、黄棕壤等。属中亚热带常绿阔叶、落叶阔叶和针叶混交林区。本区是茶树的适宜生态区，亦是茶树分布的南北过渡带，全年有 4~5 个月的休眠期。茶树形态多样性丰富，树型为灌木型，叶片有大中小叶之分，如湖北巴东大叶茶、湖南安化云台山茶、江苏宜兴阳羡茶等。低茶多酚、高氨基酸为其主要特点，多适制绿茶和红茶。茶树耐寒和耐旱性均强，适应性强，冬季在绝对低温不超过 -10℃下仍能生存。

六、北亚热带和暖温带灌木中小叶型

位于 32°~35°N 线的长江以北、秦岭以南、大巴山以东至沿海一带，海拔 200m 以下，包括江苏、安徽、湖北北部，河南、陕西、甘肃南部。本区为北亚热带和暖温带季风气候，年平均气温 13~16℃，极端最低气温可达 -15℃，≥ 10℃活动积温 4000~5000℃，无霜期在 200~240 天，年降水量在 1000mm 以下，土壤主要有黄棕壤、黄褐土和紫色土等，呈微酸性反应。植被以针叶林和落叶阔叶林为主，间或混生常绿阔叶林。本区是茶树的次适宜生态区，全年有 5 个多月的休眠期。茶叶产区呈点状或块状分布，主要集中在从大别山、桐柏山、伏牛山、武当山、大巴山到秦岭一线的丘陵地带。冬季干燥寒冷，常遭受严重冻害。茶树都是灌木中小叶型，芽叶纤细，氨基酸含量高，茶多酚低。茶树耐寒性强，但冻害仍是主要自然灾害。以安徽六安独山种、河南信阳种、陕西紫阳种为代表。

第二节　中国茶叶产区

现今中国茶树的生长区域从 18°46′ N 的海南省五指山（通什）到 36°04′ N 的山东省青岛，从 94°15′ E 的西藏自治区林芝到 121°45′ E 的台湾省宜兰，南北横跨边缘热带、南亚热带、中亚热带、北亚热带和暖温带。但茶树的经济栽培区域主要集中在 98°E（云南高黎贡山一带）以东，32°N（秦岭、淮河一线）以南的近 260 万 km² 的范围内。根据生态条件、历史沿革、栽培习惯、品种适制性、茶类结构、饮茶习俗、社会经济、行政区域等诸因素，全国大体划分为 4 个茶区。

一、华南茶区

是中国最南部的茶区，位于福建大樟溪、雁石溪，广东梅江、连江，广西浔江、红水河，云南南盘江、哀牢山、无量山、高黎贡山南端一线。辖福建东南部，广东东南部，广西南部，云南中、南部以及海南和台湾全省。属边缘热带、南亚热带气候。区域的南部和西南部多见有野生大茶树生长，如云南巴达大茶树、千家寨大茶树，广西巴平大茶树、凤凰大茶树，海南五指山野茶，台湾眉原山大茶树等。栽培品种最适制红茶、绿茶和乌龙茶，如勐库大叶茶、凤庆大叶茶、凌云白毛茶、凤凰水仙、海南大叶、铁观音、黄棪、青心乌龙等。重点推广的育成品种有云抗 10 号、桂香 18 号、英红 9 号、凤凰单丛、岭头单丛、鸿雁 12 号、金萱等。本区主产茶类有红茶、绿茶、乌龙茶和普洱茶等。著名品牌有滇红、英红、凌云白毫、凤凰单丛、铁观音、黄金桂、冻顶乌龙、云南普洱茶等。

二、西南茶区

是最古老的茶区，位于四川米仓山、大巴山以南，云南南盘江、盈江以北，湖北神农架、巫山、武陵山以西，大渡河以东，包括贵州、四川、重庆、云南中北部。属亚热带气候，由于地势高，地形复杂，气候差别大，年平均气温，四川盆地为 17℃，云贵高原 14~15℃，极端最低温度可达 −8~−5℃。在云贵边境、四川盆地边缘有野生大茶树分布，如富源大茶树、兴义大茶树、习水大茶树、桐梓大茶树、黄荆大茶树、崇州大茶树、宜宾大茶树、镇雄大茶树等。主要栽培地方品种有湄潭苔茶、都匀鸟王茶、南江大叶、筠连早白尖、昭通苔子茶、宜良宝洪茶等。重点推广的育成品种有黔湄 601、黔湄 809、早白尖 5 号、名山白毫、巴渝特早等。绿茶主要品牌有宜良宝洪茶、大关翠华茶、都匀毛尖、遵义毛峰、竹叶青、峨眉毛峰等；红茶有川红工夫；黄茶有蒙顶黄芽；黑茶有下关沱茶、盐津康砖、重庆沱茶、金尖茶等。

三、长江中下游茶区

是分布最广的茶区，亦是茶树适宜生态区。北起长江，南至南岭北麓，东临东海，西达云贵高原，包括广东北部、广西北部、福建北部，湖北、安徽、江苏南部，浙江、江西、湖南全部。属南、中亚热带季风气候，四季分明、温暖湿润、夏热冬寒为主要特点。本区野生大茶树在两广北部和湘赣南部有少量分布。主要栽培地方品种有，乐昌白毛茶、临桂大叶茶、福鼎大白茶、宜昌大叶茶、云台山种、婺源大叶、祁门种、鸠坑种、洞庭种（江苏）等。重点推广的育成品种有龙井43、安吉白茶、安徽7号、杨树林783、宜红早、鄂茶1号、楮叶齐、白毫早等。本区茶园面积约占全国的45%，产量占54%左右，囊括了红、绿、青（乌龙茶）、白、黄、黑所有茶类。其中历史悠久声誉较大的有：广东的乐昌白毛尖、仁化银毫；广西的桂平西山茶、桂林毛尖；福建的闽红工夫、武夷水仙、白毫银针和白牡丹（白茶）；湖北的恩施玉露、宜红工夫、青砖茶；湖南的安化松针、古丈毛尖、君山银针（黄茶）、黑砖茶；江西的庐山云雾、婺绿；安徽的黄山毛峰、太平猴魁、祁门红茶；浙江的西湖龙井、鸠坑毛尖、顾渚紫笋；江苏的碧螺春、阳羡茶等。

四、江北茶区

是中国最北部的茶区，位于长江以北、秦岭以南，大巴山以东至沿海，辖江苏、安徽、湖北北部，河南、陕西、甘肃南部以及山东东南部。本区为北亚热带和暖温带季风气候，年平均气温13~16℃，极端最低气温可达 -15℃以下。冬季干燥寒冷。茶树都是灌木中小叶型。茶叶产区呈点状或块状分布，主要集中在大别山、桐柏山、伏牛山、武当山、大巴山和秦岭一线的丘陵地带。主要栽培地方品种有：霍山种、齐山云雾茶、信阳种、桐柏中叶、紫阳种、安康种等。本区除了生产少量黄大茶外，几乎全产绿茶，著名品牌有六安瓜片、舒城兰花、信阳毛尖、太白银毫、紫阳毛峰、日照雪青、崂山绿茶等。

第四章 古茶树种质资源的遗传多样性

植物遗传多样性一般是指种间或种内不同群体间或同一群体内不同植株间的遗传变异。中国茶区辽阔，种茶历史悠久，复杂的自然条件，长期的自然杂交，频繁的引种，多样的栽培措施，使茶树不断地发生着变异，而这种变异又丰富了遗传多样性。本章主要阐述古茶树所处海拔高度与形态特征的关系以及茶树数量性状与质量性状的变异情况。

第一节　海拔高度与形态特征的关系

一、云南茶树树型与海拔高度的关系

据 267 份云南古茶树样本统计，树型属于乔木型的占 44.0%，小乔木型占 46.6%，灌木型占 9.4%，也即 90% 以上是乔木或小乔木型。灌木型茶树呈零星分散状态。各类型茶树分布的海拔高度也有一定的规律性（表4-1）。

表 4-1　树型与海拔高度的关系

树型＼海拔	最高（m）	最低（m）	1600~2200m (%)	＜1600m (%)	＞2200m (%)	≥2500m (%)
乔木型	2683（双江大雪山1号）	1030（瑞丽弄岛野茶）	60.7	13.7	29.1	9.4
小乔木型	2460（宁洱干坝子大山茶）	870（临翔昔归藤条茶）	62.9	28.2	7.3	0.0
灌木型	2130（永德乌木龙丛茶）	890（盐津石缸茶）	50.0	42.3	0.0	0.0

由表 4-1 知：①三种树型茶树 50% 以上分布在海拔 1600~2000m 高度范围内；低于 1600m 的数量从乔木、小乔木型到灌木型依次增加，大于 2200m 的又依次减少，灌木型茶树在 2200m 以上已绝迹；②乔木型茶树都生长在 1000m 以上，在 2500m 以上的高海拔地区仍有 9.4% 的数量，小乔木型和灌木型在这一高度已不存在。表明，云南乔木型茶树是属于高海拔常绿阔叶树种。自然界植物的垂直分布从低海拔到高海拔依次是乔木、小乔木、灌木、高山草甸。而云南茶树正好相反，这可能与低纬度、高海拔所形成的特殊气候条件有关，尽管海拔高，仍适合乔木型茶树生长，再加上它们多处在封闭的原始林中，保留的数量相对较多，或与取样偏祖也有关系。

二、云南茶树叶片大小与海拔高度的关系

表 4-2　叶片大小与海拔高度分布

海拔高度组距（m）	乔木型				小乔木型				灌木型			
	特大叶	大叶	中叶	小叶	特大叶	大叶	中叶	小叶	特大叶	大叶	中叶	小叶
870~1020	1				1	2					1	1
1021~1170	3	2			2	6				1	0	1
1171~1320	1	2			0	4	2				0	1
1321~1470	2	1	1	1	5	5	6	1			3	1
1471~1620	4	0	0		3	4	1				1	2
1621~1770	7	7	3		6	12	2				0	1
1771~1920	9	7	2		10	6	5				1	6
1921~2070	7	13	0		6	12	4				2	2
2071~2220	6	8	1		5	8	3				1	
2221~2370	2	1	1			1	1					
2371~2520	5	8	3			5	1					
2521~2670	1	4										
合　计	48	53	11	1	38	65	25	1	0	1	9	15
占同一树型叶片 %	42.0	47.3	9.8	0.9	29.5	50.4	19.4	0.7	0.0	4.0	36.0	60.0

从表 4-2 中 267 份样本统计看：

（1）乔木型茶树特大叶和大叶接近 90%，其中特大叶占 42.0%，超过其他类型，但仍以大叶茶比例最高；小乔木型茶树半数以上是大叶，其次是特大叶和中叶；灌木型茶树几乎全是小叶和中叶，没有特大叶。

（2）乔木和小乔木型茶树各有 1 株小叶，灌木型仅 1 株大叶，表明从乔木、小乔木、灌木叶片也由大到小，期间存在着连续性变异。

表4-3 树型和叶片大小与海拔高度的关系

项目		乔木型				小乔木型				灌木型		
		特大叶	大叶	中叶	小叶	特大叶	大叶	中叶	小叶	大叶	中叶	小叶
≥60%植株分布高度		1700~2200m	1700~2200 m	无明显区域	1370 m（宁洱下岔河茶）	1700~2200 m	1400~2000m	1300~1900m	1418 m（勐腊曼拱小叶茶）	1140 m（广南底圩茶）	无明显区域	无明显区域
最高海拔	高度	2683 m（双江大雪山1号）	2683 m（双江大雪山2号）	2510 m（镇沅蓬藤箐头野茶）		2180 m（墨江牛角尖山野茶）	2409 m（大理单大人茶）	2450 m（富源鲁依茶）			2130 m（永德乌木龙丛茶）	2020 m（龙陵勐冒小叶茶）
最高海拔	所处纬度	23°42′ N	23°42′ N	23°51′ N	22°43′ N	23°39′ N	25°25′ N	25°24′ N	21°40′ N	24°12′ N	24°03′ N	24°02′ N
最低海拔	高度	982m（金平石头寨大茶树）	1045 m（瑞丽孟岛黑茶）	1450 m（勐腊落水洞大茶树）		1004 m（麻栗坡坝子白毛茶）	870 m（临翔普归藤条茶）	1302 m（西畴坪蒙白毛茶）			390 m（盐津石缸茶）	1070 m（大关翠华小叶茶）
最低海拔	所处纬度	22°67′ N	23°52′ N	21°36′ N		22°55′ N	23°91′ N	23°18′ N			28°1′ N	27°74′ N

从表4-2及表4-3可知：

（1）乔木型茶树：特大叶分布在海拔982~2683m范围，高差达1701m，多数分布高度在1700~2000m；大叶与特大叶接近，唯多数分布高度高于特大叶200m；中叶茶分布上限比特大叶、大叶低100多米，下限高400多米，分布范围相对较狭，多数分布高度比特大叶低100~200m、比大叶低300~400m。

（2）小乔木型茶树：特大叶分布范围1004~2180m，高差达1176m，小于乔木特大叶477m，多数分布高度同乔木特大叶；大叶茶分布范围870~2409m，高差1539m，多数分布高度也在1700~2200m，上限高于特大叶200m；中叶茶分布范围1302~2450m，高差达1148m，多数分布高度1700~2000m，上下限均高于特大叶和大叶。

（3）灌木型茶树：中叶分布范围890~2130m，高差达1240m，多数分布高度在1300~1500m，比乔木型中叶低300m、小乔木型中叶低400~500m；小叶分布范围1070~2020m，高差950m，是高差最小的，最多分布高度在1500~1900m。

（4）不论乔木、小乔木型特大叶、大叶、中叶都集中分布在北纬23°线左右，也正处于北回归线（23°28′）附近，这证实了张宏达的山茶属植物以云南、广西、广东横跨北回归线两侧为中心的论述。灌木小叶因耐寒性较强已扩散至北纬27°~28°。

上述表明，在云南北纬25°线以南，乔木、小乔木茶树的最适合生长的海拔高度是1400~2000m，也是目前商品茶的主要栽培地带。

第二节 形态特征和生物学特性多样性

一、树型与相关形态特征

就本书全国古茶树统计结果看（表4-4），乔木型占38.5%，小（半）乔木型占42.9%，灌木型占38.6%，表明小乔木型数量占多数，乔木型与灌木型数量相当。乔木型树姿直立的占43.0%、小乔木型树姿半开张的占53.2%，表明这两种树型与主体树姿吻合。灌木型树姿开张的只占11.5%，说明灌木型亦是以直立和半开张树姿为主。此外，乔木型数量及直立型树姿由云南依次向东南沿海递减，但小乔木型数量及半开张树姿没有规律。灌木型茶树数量及开张树姿由云南依次向东南沿海递增。树型与树姿关联性比较强的是云南茶树，即两者有着相同趋势。

就区域看，云贵川渝的茶树以乔木型为多数，其次是小乔木和灌木；粤桂虽有乔木型茶树，但以小乔木型占多数。长江中游以南地区处于茶树传播的过渡带，赣闽虽然3种树型都有，但已以灌木型为主，到了湘鄂两省已不见乔木型茶树，虽然小乔木仍占到46.7%，但也已以灌木型为主，到了苏浙皖已全部是灌木型茶树了。

表4-4 不同区域树型和树姿 （单位：%）

区 域	乔木		小乔木		灌木	
	乔木型	直立	小乔木型	半开张	灌木型	开张
云南	52.9	53.6	38.7	36.6	8.4	9.8
贵州、四川、重庆	48.5	48.5	30.3	48.5	21.2	3.0
广西、广东	31.3	46.9	62.5	40.6	6.3	12.5
江西、福建	21.2	22.9	36.4	60.0	42.4	17.1
湖南、湖北	0.0	40.0	46.7	46.7	53.3	13.3
安徽、浙江、江苏	0.0	0.0	0.0	86.7	100.0	13.3
综合	38.5	43.0	42.9	53.2	38.6	11.5

表4-5 树高和干径与叶片长度的关系

区 域	乔木型			小乔木型		灌木型	
	树高(m)	干径(cm)	叶长(cm)	树高(m)	叶长(cm)	树高(m)	叶长(cm)
云南	13.5	61.1	14.2±2.85	7.2	13.2±3.00	2.2	8.2±1.89
贵州、四川、重庆	10.1	38.2	14.4±2.80	6.3	12.5±1.70	3.0	9.8±1.80
广西、广东	10.8	34.4	15.5±1.41	5.2	13.7±1.17	2.8	
江西、福建	7.3	23.4	13.7±3.20	2.2	13.1±2.35	2.5	9.7±1.34
湖南、湖北				5.3	14.1±0.93	2.3	10.3±1.73
安徽、浙江、江苏						2.0	10.2±1.21
综合	10.4	39.3	14.5±2.57	5.2	13.3±1.96	2.5	9.6±1.59

从表 4-5 所统计的平均值知：

（1）乔木型茶树高度在 10.4m，小乔木型 5.2m，灌木型 2.5m，三者以 50% 的倍率下降。乔木和小乔木型茶树均以云贵川渝地区最高，其中以云南最大；灌木型茶树高差仅在 1m 范围内，以贵州、四川、重庆一带的最高，苏浙皖地区最低。目前树体最高的乔木型茶树是云南勐海巴达 2 号大茶树 32.1m、双江大雪山大茶树 2 号 30.8m，最低的乔木型茶树是云南瑞丽弄岛野茶 4.0m。干径最粗的乔木型茶树是云南龙陵镇安小田坝大树茶 123.0cm。灌木型茶树（自然生长状态下）高度都在 3m 以下，最低的是浙江龙井种和江苏宜兴种，树高 1m 左右。

（2）叶长是乔木型大于小乔木型、大于灌木型，但乔木和小乔木茶树平均叶长最大的不是在云南，而是在四川和两广地区；灌木型茶树叶长则以两湖和苏浙皖地区的最大，云南的最小，与树高正好相反，似乎中亚热带的气候条件更适合于灌木型茶树的生长。所以，江浙一带的灌木中小叶茶树种植在西双版纳的南亚热带季雨条件下不会逆转成大叶茶。

表 4-6　树高与干径和叶片长度的相关性

区　域	乔木型				小乔木型		灌木型	
	树高与干径		树高与叶长		树高与叶长		树高与叶长	
	r	相关程度	r	相关程度	r	相关程度	r	相关程度
云南	0.361	中正相关	-0.173	弱反相关	0.039	弱正相关	0.037	弱正相关
贵州、四川、重庆	0.271	弱正相关	0.001	近零相关				
广西、广东	0.874	强正相关	0.411	中正相关				

表 4-6 表明：

（1）云南乔木型茶树树高与主干直径为中等正相关，贵州、四川、重庆的为弱正相关，广西、广东的为强正相关。说明乔木型茶树树干随树高而增粗。但也并非树越高越粗，茶树的立地条件对两者的相关性影响很大，一般情况下，生长在原始林中的茶树（茶树为二线植物），为争夺生存空间，树高生长要大于树干，所以出现了勐海巴达 2 号大茶树高32.1 m、干径 83.0cm，双江大雪山 2 号大茶树高 30.8m、干径 76.8cm，不及生长在村寨边的宁洱罗东山大茶树高 14.8m、干径 108.3cm，龙陵镇安小田坝大树茶高 13.2m、干径123.0cm 的情况。广西广东的茶树多不在原始林中，所以两者呈强正相关性。

（2）乔木型茶树树高与叶片长度的相关性云贵川渝地区都不明显，也即树高与叶长没有关联性。常见到树高的叶长不及树矮的，如云南元江羊岔街野茶树高 4.4m，叶长 14.1cm，新平峨毛大叶茶树高 7.5m，叶长 18.3cm；金平标水涯大茶树高 27.0m，叶长11.9cm，镇沅千家寨大茶树高 25.6m，叶长 14.0cm。但广西、广东地区呈中等正相关，也即树高叶片亦长。

云南小乔木型茶树树高与叶片长度近零相关性，同样两者没有规律性，如双江勐库大户赛大茶树高 5.6m、绿春牛洪大茶树高 14.5m，叶长同是 14.2cm；威信马鞍 1 号大叶茶高 3.5m，云县白莺山二夏子茶高 10.5m，叶长同是 15.2cm。

云南灌木型茶树树高与叶片长度也无相关性。如广南底圩茶树高 1.8m，叶长 13.8cm，宜良宝洪茶树高 4.6m，叶长 7.7cm；同样树高 1.5m，龙陵勐冒小叶茶叶长 6.8cm，泸水片马小叶茶 8.5cm。

二、树型与叶片芽叶形态

（一）树型与叶片形态

表 4-7　叶片形态的变异

项目		乔木型			小乔木型			灌木型		
		云南	贵州四川重庆	广西广东	云南	贵州四川重庆	广西广东	云南	贵州四川重庆	安徽浙江江苏
叶片大小(cm)	叶长	14.2±2.85	15.6±2.53	15.5±1.41	13.2±3.00	12.5±1.70	13.7±1.17	8.2±1.89	9.8±1.80	10.2±1.21
	叶宽	5.9±0.95	6.6±0.97	6.1±0.68	5.2±1.15	5.4±0.39	5.2±0.82	3.7±0.89	3.8±0.77	4.3±0.88
叶形(%)	卵圆	6.3	6.3	9.1	1.7	0.0	0.0	15.4	0.0	0.0
	椭圆	**59.5**	**75.0**	36.4	**53.3**	**77.8**	42.1	**61.5**	**57.1**	**78.6**
	长椭圆	30.4	12.4	**45.4**	30.0	11.1	**52.6**	15.4	14.3	14.3
	披针形	3.8	6.3	9.1	14.9	0.0	5.3	0.0	28.6	7.1
	矩圆形	0.0	0.0	0.0	0.0	11.1	0.0	7.7	0.0	0.0
叶身(%)	平	**53.4**	**80.0**	50.0	40.0	**85.7**	14.3	30.8	14.3	**64.3**
	稍内折	32.9	13.3	**50.0**	**41.7**	0.0	42.9	**53.8**	**85.7**	21.4
	内折	2.7	6.7	0.0	10.0	0.0	35.7	15.4	0.0	14.3
	背卷	11.0	0.0	0.0	8.3	14.3	7.1	0.0	0.0	0.0
叶面隆起性(%)	平	**50.6**	**58.8**	36.4	18.3	22.2	**45.0**	15.4	14.3	7.1
	稍隆起	36.1	29.4	**54.5**	**56.7**	**44.4**	40.0	**69.2**	**85.7**	**78.6**
	隆起	12.0	11.8	9.1	23.3	33.4	10.0	15.4	0.0	14.3
	强隆起	1.2	0.0	0.0	1.7	0.0	5.0	0.0	0.0	0.0
叶尖(%)	圆尖	1.4	0.0	0.0	0.0	0.0	0.0	7.7	0.0	0.0
	钝尖	2.8	7.1	20.0	5.4	14.3	5.6	38.5	0.0	21.4
	渐尖	**72.9**	28.6	**50.0**	**75.0**	28.6	**72.2**	46.1	100	**78.6**
	尾尖	4.3	0.0	10.0	8.9	**57.1**	5.6	0.0	0.0	0.0
	急尖	18.6	**64.3**	20.0	10.7	0.0	16.6	7.7	0.0	0.0
叶脉(对)	范围	7~15	8~13	7~13	7~17	6~11	8~14	6~10	7~10	6~9
	中数	9~11	8~10	9~11	10~12	8~10	9~11	7~9	7~9	7~9
	最多	13~15（西盟大黑山腊）	11~13（晴隆半坡大茶树）	11~13（中东大茶树）	14~17（绿春玛玉茶）	9~11（夜郎大丛茶1号）	12~14（龙胜大茶树、贺州苦茶）			

从表 4-7 知：

（1）乔木型茶树叶长在 14~16cm，叶宽在 6cm 左右；小乔木型茶树叶长在 12~15cm，叶宽在 5cm 左右，灌木型茶树叶长在 8~10cm，叶宽在 4cm 左右。目前已知最大叶片是云南勐海布郎山的曼帮大叶茶，长 33.0cm，宽 13.6cm；最小的是福建福鼎瓜子金，长 3.3cm，宽 1.4cm（曼帮大叶茶和瓜子金均未编入本书）。30°N 线以北目前发现的最大叶片是四川崇州市文井江镇大坪 3 号大茶树，长 22.1cm，宽 9.8cm。

（2）3 种树型的茶树叶形均是以椭圆形为主，其中贵州、四川、重庆的乔木、小乔木型达到 75%~77.8%，安徽、浙江、江苏的灌木型茶树达到 78.6%；广东、广西的乔木和小乔木型茶树一半左右为长椭圆形；卵圆形叶形云南的 3 种树型均有，贵州、四川、重庆和广东、广西的仅在乔木型中出现，灌木型茶树除云南外，其他省区均未发现；披针形以贵州、四川、重庆的灌木型茶树出现最多，其次是云南的小乔木型，安徽、浙江、江苏的灌木型茶树也有少量的比例。矩圆形只是在小乔木和灌木型茶树中偶尔出现。但不论是哪种树型或哪个区域目前还没有发现 5 种叶形都具有的。

（3）云贵川渝乔木型茶树的叶身和叶面均以平为主，广西、广东的乔木型茶树则以平与稍内折和稍隆起为多，小乔木型茶树叶身则以稍内折和平为多数；叶面强隆起则出现在云南乔木和小乔木型和广东、广西的小乔木型中；灌木型茶树叶身以稍内折和平为主，叶面主要是稍隆起，没有强隆起；叶身背卷的主要出现在乔木型和小乔木型茶树中，灌木型茶树没有发现。

（4）叶尖形状除了贵州、四川和重庆的乔木型以急尖、小乔木型以尾尖为主外，其他区域各类型茶树均以渐尖占多数。未能发现叶尖与叶形的关联性。

（5）叶脉数随叶片大而增多，与树型无关。目前已知最多的是云南绿春玛玉茶 17 对。灌木型茶树多在 7~9 对间。

（二）茶组植物的叶片形态

表 4-8　茶组植物的叶片形态　　　　（单位：%）

种或变种	椭圆形	长椭圆形	披针形	卵圆形
大厂茶 C. tachangensis	50.0	30.0	20.0	0.0
老黑茶 C. atrothea	83.4	8.3	0.0	8.3
厚轴茶 C. crassicolumna	42.9	42.9	14.2	0.0
大理茶 C. taliensis	74.0	16.0	4.0	6.0
秃房茶 C. gymnogyna	80.0	10.0	10.0	0.0
普洱茶 C. sinensis var. assamica	43.3	46.7	10.0	0.0
白毛茶 C. sinensis var. pubilimba	48.4	41.3	3.4	6.9
茶 C. sinensis	63.2	28.9	2.6	5.3
苦茶 C. sinensis var. kucha	61.1	38.9	0.0	0.0

从表4-8的统计情况看：种间的叶片形态差异无规律可循，与种的系统进化程度也无关系，除普洱茶外均以椭圆形为主，其次是长椭圆形。大理茶椭圆形占74%，茶椭圆形占63.2%，普洱茶长椭圆形占46.7%。披针形在大厂茶和厚轴茶中所占比例较高。卵圆形只是在老黑茶、大理茶、白毛茶和茶中偶尔出现。

（三）树型与芽叶形态

据云南省农业科学院茶叶研究所观测，树型、叶片大小与一芽三叶长和一芽三叶百芽重有着一定的关系。

表4-9　云南不同类型茶树叶片大小与一芽三叶长和百芽重 *

树型	一芽三叶	特大叶		大叶		中叶	
		平均	c.v(%)	平均	c.v(%)	平均	c.v(%)
乔木	长（cm）	8.3±0.6	6.7	8.2±1.0	11.7	7.1±0.8	11.1
	百芽重（g）	104.2±28.7	27.5	89.6±15.6	17.4	76.7±21.2	27.6
小乔木	长（cm）	8.3±0.6	7.6	8.0±1.1	14.1	6.4±0.6	8.8
	百芽重（g）	87.6±8.9	10.1	86.5±22.0	25.4	64.0±17.4	27.2
灌木	长（cm）	8.2±1.8	22.2	7.2±1.4	19.7	6.2±0.8	12.9
	百芽重（g）	87.5±11.0	12.6	86.4±14.9	17.2	52.4±11.4	21.7

* 《云南作物种质资源》2007

从表4-9知，云南3种树型的茶树一芽三叶长和百芽重从特大叶到中叶都逐渐减小，其中从大叶到中叶尤为明显。变异系数普遍较大，这与资源的特性以及取样有较大关系。

目前已知的一芽三叶长最长的是勐海大叶茶16.8cm，最短是福鼎瓜子金长1.3cm；一芽三叶百芽重最重是元江糯茶380.1g，最轻是福鼎瓜子金11.0g。芽叶色泽有玉白、淡绿、黄、黄绿、绿、深绿、紫绿、紫红，70%左右是黄绿和绿色；芽叶茸毛有无毛、稀毛、中毛、多毛、特多等情况，80%左右是中毛和多毛。

三、树型与花器官果实和种子

尽管生殖器官是最保守的部分，但从现有样本看，不论是花、果实和种子同样有着众多的变异，且表现出明显的地域特点和与种的关联性。

表4-10 树型与花果种子形态

项目		乔木型			小乔木型			灌木型		
		云南	贵州四川重庆	广西广东	云南	贵州四川重庆	广西广东	云南	贵州四川重庆	安徽浙江江苏
萼片茸毛(%)	有	66.7	0.0	60.0	71.7	22.2	81.8	76.9	0.0	0.0
	无	33.3	100	40.0	28.3	77.8	18.2	23.1	100	100
花冠直径(cm)	平均	4.6~5.0	4.5~4.9	3.5~3.7	4.0~4.4	2.8~3.1	3.6~3.7	2.9~3.3	3.1~3.4	3.4~3.5
	最大	8.0~8.6（富源老厂茶）	6.4（晴隆半坡大茶树）	4.7~4.9（百色会朴大茶树）	8.1（麻栗坡下金厂大山茶1号）	5.7~6.2（普安马家坪大茶树）	5.5~5.6（那坡坡荷大茶树）	3.7~4.2（永平小叶茶）	4.6（木城青叶）	4.2（宜兴羡茶）
	最小	1.8~2.1（瑞丽弄岛青茶）		2.5（上思凤凰大茶树）	2.0~2.3（勐海贺开大茶树）	2.0~2.1（习水大大天湾大茶树1号）	1.2~2.7（凌云白毛茶）	1.8~2.0（梁河小丛茶）	1.6~1.7（长顺懂雾茶）	2.7~2.8（宣城尖叶）
花瓣数(枚)	平均	8~11	8~9	7~8	7~9	8~10	7~8	6~7	6~7	6~7
	最多	15（麻栗坡下金厂大树茶）	13（晴隆半坡大茶树）	13（百色会朴大茶树）	14（元阳胜村野茶）	13（普安马家坪大茶树）	13（那坡坡荷大茶树）			7（淳安鸠坑茶）
	最少	5（宁洱下岔河茶）			4~6（凤庆大叶茶）	5~6（桐梓夜郎大丛茶）	5~7（金秀白牛茶）		5~6（贵阳久安古茶）	5（黄山柿大茶）

第四章
古茶树种质资源的遗传多样性

续表

花瓣色泽(%)	白	77.0	100	100	71.2	100	66.7	23.1	33.3	100
	白现绿晕	18.1	0.0	0.0	26.9	0.0	33.3	76.9	66.7	0.0
	其他	4.9（红晕和黄晕）	0.0	0.0	1.9（红晕）	0.0	0.0	0.0	0.0	0.0
子房茸毛(%)	有	82.8	15.4	88.9	86.8	64.3	91.0	100	100	100
	无	17.2	84.6	11.1	13.2	35.7	9.0	0.0	0.0	0.0
柱头裂数(%)	3	38.5	41.0	66.7	60.7	88.9	91.7	100	100	100
	4	10.7	1.9	0.0	5.4	0.0	0.0	0.0	0.0	0.0
	5	49.7	57.1	33.3	32.1	11.1	8.3	0.0	0.0	0.0
	6~7	1.1	0.0	0.0	1.8	0.0	0.0	0.0	0.0	0.0
果径(cm)	平均	3.4~3.7	2.9~3.7	2.4~3.2	2.7~3.1		2.0~3.1	1.9~2.3	2.2~2.3	
	最大	5.4~5.9（金平标水涯大茶树）			5.0（麻栗坡中寨大茶树）					
	最小	2.2~2.6（镇雄大保大茶树）			1.6~2.0（勐腊曼庄大茶树）					
种径(cm)	平均	1.6~1.7	1.5~1.6	1.5~1.7	1.5	1.4~1.5	1.1~1.5	1.4	1.3	1.2~1.3
	最大	2.1~2.5（双江冒水大茶树）			2.0（麻栗坡铜塔白毛茶）			1.1~2.0（广南底圩茶）		
	最小	1.2（孟连东乃大茶树）			1.1~1.2（南涧酒拉箐大茶树等）					

57

表 4-11　茶组植物花果种子形态

项目		大厂茶 C. tachangensis	老黑茶 C. atrothea	厚轴茶 C. crassicolumna	大理茶 C. taliensis	秃房茶 C. gymnogyna	普洱茶 C. sinensis var. assamica	白毛茶 C. sinensis var. pubilimba	茶 C. sinensis	苦茶 C. assamica var. kucha
萼片茸毛(%)	有	0.0	100	100	3.3	0.0	7.4	100	2.6	0.0
	无	100	0.0	0.0	96.7	100	92.6	0.0	97.4	100
花冠直径(cm)	平均	5.5~5.8	5.5~5.9	5.1~5.6	4.9~5.7	4.1~4.2	3.3~3.8	3.2~3.9	3.2~3.6	3.4~3.8
	最大	8.0~8.6（富源老厂茶）	8.5~8.6（南华么喝宜大茶树）	7.6~7.9（西畴董有野茶）	7.1~7.3（凤庆群英大茶树）	4.5~5.3（盐津牛寨老林茶）	4.0~4.4（墨江羊八寨茶）	4.5~5.1（元江糯茶）	5.5~6.5（上饶大面白茶）	4.3~5.4（崇义聂都苦茶）
	最小	3.5~3.6（平塘翁岗大茶树）	4.9~5.0（楚雄洼尼么大茶树）	4.3~4.7（元阳胜村野茶）	3.4~3.7（芒市花拉场大茶树）	2.9~3.2（金沙清池大茶树）	2.0~2.3（勐海贺开大茶树）	1.2~2.7（凌云白毛茶）	1.8~2.0（梁河清丛茶）	2.6（宁都洋坑苦茶）
花瓣数(枚)	平均	10~12	10~12	10~12	9~11	7~8	6~8	6~7	6~7	6~7
	最多	10~13（晴隆半坡大茶树等）	11~14（屏边姑祖碑老黑叶）	13~16（文山老君山多瓣茶）	11~14（凤庆群英大茶树等）	8~9	6~9（勐腊易武大茶树）	8~9（麻栗坡坝子白毛茶）	8~9（易门小叶茶）	
	最少	8~10（兴义七舍大茶树）	7~10（双柏榨房大黑茶1号）	8~12（红河车古茶）	5~6（昌宁联席大茶树）		4~6（凤庆大叶茶）	5~6(广南底圩茶)	5~6（泸水片马小叶茶）	
花瓣色泽(%)	白	100	75.0	80.0	93.6	50.0	42.3	73.3	83.6	
	白现绿晕	0.0	8.3	20.0	3.2	25.0	53.8	26.7	16.4	
	其他	0.0	16.7（黄晕）	0.0	3.2（红晕）	25.0（红晕）	3.9（红晕）	0.0	0.0	

续表

性状	分级								
子房茸毛 (%)	有	0.0	100	100	100	0.0	100	100	100
	无	100	0.0	0.0	0.0	100	0.0	0.0	0.0
柱头裂数 (%)	2	0.0	0.0	0.0	0.0	3.0	0.0	0.0	0.0
	3	0.0	0.0	0.0	0.0	100	100	100	7.0
	4	22.7	41.7	0.0	11.8	0.0	0.0	0.0	93.0
	5	63.7	58.3	100	85.3	0.0	0.0	0.0	0.0
	6～7	13.6	0.0	0.0	2.9	0.0	0.0	0.0	0.0
果径 (cm)	平均	3.3~3.6	3.9~4.2	4.7~5.0	3.3~3.4	2.0~2.6	2.6~2.8	2.7~2.8	2.0~2.4
	最大		4.9~5.1	5.5~5.8	4.9~5.3	3.2	3.2~3.3	3.1~3.3	2.6~2.9
	最小		2.5~3.0	3.2~3.5	2.2~2.8	1.0~2.1	1.9~2.1	1.8~2.5	1.4~1.6
鲜果皮厚 (mm)		3.0	3.5	3.4	2.9	1.8	1.6	2.0	
种子形状 (%)	球形	20.0	100	50.0	61.5	75.0	93.3	100	62.5
	不规则	40.0	0.0	50.0	23.1	25.0	6.7	0.0	37.5
	锥形	40.0	0.0	0.0	15.4	0.0	0.0	0.0	0.0
种径 (cm)	平均	1.5~1.7	1.6~1.9	1.7~1.9	1.5~1.7	1.4~1.5	1.4~1.6	1.4~1.6	1.2~1.4
	最大		1.8~2.0	2.1~2.5	2.0~2.4	2.0~2.4	1.7~1.8	2.0	1.3~1.5
	最小		1.4~1.7	1.3	1.0~1.2	1.0~1.4	1.2	1.0~1.4	1.0~1.2
种子百粒重 (g)		268	308	267	132	193	158	122	

由表 4-10、表 4-11 分析和讨论：

1. **萼片茸毛** 乔木型和灌木型茶树除了贵州、四川、重庆及安徽、浙江、江苏以外，其他区域和类型均存在有茸毛；乔木及小乔木型茶树萼片有毛的云南和两广地区高达60%以上，即使灌木型茶树云南也高达 76.9%，这些区域正是老黑茶、白毛茶、厚轴茶和广南茶的聚居区；贵州、四川、重庆一带的除了小乔木型有 22.2% 的茶树有毛外，其他均无毛，这与这一区域是五室茶系大厂茶、疏齿茶和秃房茶系秃房茶等主要产地相吻合；灌木型茶树从贵州、四川、重庆到江浙一带都无茸毛。

2. **花冠直径** 乔木型依次大于小乔木型和灌木型；在区域分布上乔木和小乔木也是云南大于贵州、四川、重庆和广东、广西；灌木型茶树区域差异不大，与叶片长度一样，也是苏浙皖地区略大于云贵川高原。

3. **花瓣数** 以云贵川一带的最多，并向两广和东南沿海减少。花瓣在 13~15 枚（丛瓣花）的主要出现在云南、贵州和广西，这与该区域多野生型茶树有关。

4. **子房茸毛** 子房茸毛是茶树分类中的核心特征。除了灌木型茶树没有秃房（无毛）外，其他区域和类型都有秃房，其中尤以贵州、四川和重庆的最突出，乔木型高达 84.6%，小乔木型高达 35.7%，这一情况与萼片无毛是相对一致的。

5. **花柱裂数** 花柱开裂数同样是分类的核心特征之一。云贵川渝地区乔木型茶树 5 裂的占 50% 左右，所以这一带是五室茶系和五柱茶系的主要分布区；其他区域各类型茶树均以 3 裂占绝对多数，因属于茶系和秃房茶系各个种的茶树绝对数量是最多的；裂数最多的是云南富源十八连山茶（大厂茶）7 裂，但这是极个别的；出现 2 裂（但同一株树同时也存在 3 裂）的除了云南昌宁的潓水大茶树、四川崇州的大坪大茶树 3 号、4 号等，最多的是江西的思顺苦茶、南磨山大茶树、横溪大茶树和湖南的江华苦茶等一类苦茶。为什么 2 裂多出现在苦茶中，为什么 2 裂、4 裂和 6 裂的偶数开裂数很少，这是个有待研究的问题。

四、茶叶生物化学物质

茶树的主要生物化学成分有茶多酚、儿茶素、游离氨基酸、咖啡碱、维生素等。与成品茶香气有关的成分有的在鲜叶中已经存在，但大部分是在加工过程中形成的。如鲜叶中的香气成分只有 50 多种，较多的是青叶醛和青叶醇，具有青草气和酒精味。茶叶在加工过程中会发生复杂的生物化学变化，使绿茶香气成分增加到 100 多种，红茶增加到 300 多种。它们主要是醇类、醛类、酮类、酯类等物质（表 4-12）。

表 4-12 各茶类主要香气成分

茶类	香气成分
绿茶	香叶醇、芳樟醇、橙花叔醇、水杨酸甲酯、紫罗兰酮等
红茶	香叶醇、芳樟醇、茉莉酮甲酯、水杨酸甲酯等
乌龙茶	香叶醇、芳樟醇、橙花叔醇、茉莉酮、紫罗兰酮、苯甲酸甲酯、吲哚等
黑茶	香叶醇、芳樟醇、糠醛、二苯并呋喃等

（一）古茶树生物化学成分特点

总体是云南、广西、广东等南方乔木型、小乔木型茶树，水浸出物、茶多酚和咖啡碱含量高，氨基酸含量偏低，简单儿茶素在儿茶素总量中比率大；云南、广西茶树咖啡碱含量多在 4.0% 左右；长江流域一带的灌木型茶树氨基酸含量较高，茶多酚、儿茶素和咖啡碱含量偏低。表 4-15、表 4-16 是样本古茶树春茶一芽二叶生化成分测定结果。

1. 表 4-13 说明

（1）野生型与栽培型茶树各项成分平均值除水浸出物两者比较接近外，其他全是栽培型高于野生型，其中儿茶素含量栽培型要高于野生型 30.6%。这是茶树系统进化和长期人工选择的结果，是栽培型茶树总体品质优于野生型茶树的生化基础。

（2）从各项成分的变异系数（C.V）看，栽培型茶树也都低于野生型茶树，尤其是儿茶素野生型达到 57.67%，是栽培型的一倍之多，表明野生型茶树呈明显的离中状态，所以野生型茶的利用更要加强鉴定和选择。

（3）栽培型茶树各项成分中最高值全是白毛茶种（*C. sinensis* var. *pubilimba*），表明白毛茶在产品创新和品种选育中可作为重要材料或作育种亲本用。

（4）野生型茶树茶多酚最低含量为 9.73%、儿茶素最低含量为 2.98%、氨基酸最低含量为 0.51%，咖啡碱含量为 0.05%，都显著低于常规值，反映了野生型茶树系统进化上的原始性。栽培型茶树的最大值和最小值相差也很大，都超出了常规范围，这是茶树遗传多样性在生化机制上的表现。

（5）在数十份样本茶树中，麻栗坡董定大叶茶是高茶多酚和高儿茶素含量，都匀双新大茶树是低茶多酚和低儿茶素含量，因茶多酚中 70% 左右是儿茶素，所以两者的高低趋势是一致的。惠水抵马大茶树咖啡碱含量特高，勐海老曼峨大茶树氨基酸含量特低，都会影响到水浸出物的含量。

表 4-13　野生型与栽培型茶树生化成分　　（单位：%）

项　目		平　均	最　　大		最　　小	
			值	例（种）	值	例（种）
水浸出物	野生型	44.43±3.55 C.V=7.99	50.60	惠水抵马大茶树（大厂茶）	35.75	威信马鞍大叶茶 2 号（疏齿茶）
	栽培型	44.92±3.49 C.V=7.77	53.33	景谷秧塔大白茶（白毛茶）	35.87	勐海老曼峨大茶树（普洱茶）
茶多酚	野生型	23.49±5.09 C.V=21.72	33.17	瑞丽弄岛野茶（大理茶）	9.73	宁洱困鹿山野生大茶树（大理茶）
	栽培型	25.78±3.70 C.V=14.93	39.18	麻栗坡董定大叶茶（白毛茶）	14.00	都匀双新大茶树（大树茶）

续表

项目		平均	最 大		最 小	
			值	例（种）	值	例（种）
儿茶素	野生型	11.67±6.73 C.V=57.67	24.14	红河车古茶（厚轴茶）	2.98	兴义七舍大茶树（大厂茶）
	栽培型	15.23±4.24 C.V=26.50	27.12	麻栗坡董定大叶茶（白毛茶）	4.70	都匀双新大茶树（大树茶）
氨基酸	野生型	2.70±1.08 C.V=40.00	5.06	南涧木板箐大茶树（大理茶）	0.51	芒市勐稳野茶（大理茶）
	栽培型	2.87±1.09 C.V=37.98	9.15	富宁达孟茶（白毛茶）	1.10	勐海老曼峨大茶树（普洱茶）
咖啡碱	野生型	3.67±0.94 C.V=25.41	5.53	惠水抵马大茶树（大厂茶）	0.05	文山老君山野茶（厚轴茶）
	栽培型	3.92±0.88 C.V=21.68	5.70	乐昌白毛茶（白毛茶）	0.10	三都都江大茶树（秃房茶）

2. 表 4-14 是栽培型茶树不同树型与生化成分的关系

（1）水浸出物平均值小乔木型略大于乔木型和灌木型，但差距都不大。灌木型中亦有大于 50% 含量的，这解释了部分灌木型茶树茶叶品质醇厚耐泡的原因。

（2）茶多酚平均值和最大值亦是以小乔木型大于乔木型和灌木型，这符合适制红茶的栽培品种以小乔木型最多的特点。但灌木型中也不乏大于 30% 的高多酚茶树，所以灌木型中小叶茶中也有优质红茶品种。

（3）儿茶素平均值乔木型与小乔木型差异很小，但显著大于灌木型，趋势与茶多酚基本一致。

（4）氨基酸平均值灌木型稍大于乔木型和小乔木型，这是灌木型茶树多般更适合制绿茶的生化基础。但乔木型和小乔木型中亦有高氨基酸茶树，甚而最大值要明显高于灌木型，这是乔木型和小乔木型茶树适制多种优质茶的生化基础。

（5）咖啡碱是含氮化合物，受环境条件和栽培措施影响较大。平均值以小乔木型最大，乔木型和灌木型接近。不仅小乔木型中有高达 5.70% 的，灌木型中亦有高达 5.26% 的高咖啡碱茶。

表 4-14　栽培型茶树不同树型与生化成分　　　（单位：%）

项 目	乔木型			小乔木型			灌木型		
	平均	最大	最小	平均	最大	最小	平均	最大	最小
水浸出物	45.03±2.69	49.81	40.70	45.97±3.16	53.33	35.87	44.18±4.67	52.30	35.90
茶多酚	23.76±3.63	31.06	15.70	24.93±4.02	34.78	13.50	19.92±3.35	30.29	13.10
儿茶素	17.15±3.78	20.30	8.00	16.46±4.40	24.22	6.05	11.54±2.49	17.30	6.86
氨基酸	3.28±1.16	6.50	1.40	2.95±1.08	6.07	1.10	3.31±0.92	5.00	1.25
咖啡碱	3.90±0.78	4.90	1.63	4.18±0.80	5.70	2.30	3.84±0.65	5.26	2.20

3. 普洱茶与大理茶生化成分的比较

（1）普洱茶与大理茶是滇南、滇西南分布面最广、数量最多的两个种，它们混生在同一区域。从表 4-15 样本茶树测定平均值看，除儿茶素和茶氨酸含量普洱茶稍高于大理茶外，其他成分差异已不很明显。表明大理茶按标准采摘，规范加工，具有一定的"可饮性"。

表 4-15　普洱茶与大理茶生化成分的比较　　　（单位：%）

项 目		普洱茶		大理茶	
		值	C.V	值	C.V
水浸出物	平均	45.91±12.30	26.79	44.66±3.20	7.16
	最大值	53.33		49.60	
	最小值	35.87		36.10	
	≥60% 样本阈值	43.0~47.0		42.0~47.0	
茶多酚	平均	24.88±3.24	13.02	23.42±5.13	21.90
	最大值	32.17		33.17	
	最小值	17.50		9.73	
	≥60% 样本阈值	24.0~27.0		24.0~28.0	
儿茶素	平均	16.12±4.00	24.81	12.37±5.60	45.27
	最大值	23.73		22.84	
	最小值	6.05		4.75	
	≥60% 样本阈值	15.0~19.0		9.5~16.4	
氨基酸	平均	2.94±1.11	37.76	2.86±1.08	37.76
	最大值	6.07		5.06	
	最小值	1.10		0.51	
	≥60% 样本阈值	2.2~3.5		1.8~3.5	

续表

项　目		普洱茶		大理茶	
		值	C.V	值	C.V
咖啡碱	平均	4.12±0.81	19.66	3.52±0.95	26.99
	最大值	5.46		5.18	
	最小值	2.30		1.25	
	≥60%样本阈值	3.7~5.0		2.0~3.5	
茶氨酸	平均	2.32		1.83	
	最大值	3.85		2.44	
	最小值	1.23		0.94	

（2）普洱茶与大理茶儿茶素组分的比较

表4-16　双江普洱茶与大理茶儿茶素组分比较　（单位：%）

种	值	儿茶素总量	EGC	D，L-C	EGCG	EC	ECG
普洱茶	平均	16.75	0.66	7.33	4.65	1.24	2.87
	最高	21.52	1.28	11.13	5.79	1.78	5.68
	最低	12.36	0.42	4.49	3.64	0.85	0.11
大理茶	平均	10.00	0.34	2.34	3.45	1.05	2.82
	最高	12.24	0.69	3.63	7.33	1.74	4.83
	最低	6.55	0.00	0.79	2.12	0.79	0.07

注：普洱茶样本22份，大理茶样本12份，均为2014年或2015年云南双江生化样。

儿茶素属于黄烷醇类化合物，是茶树重要的次生代谢物质。茶叶中的儿茶素含量一般为12%~24%。从表4-16看，产于云南双江的普洱茶和大理茶儿茶素总量平均值都未达到较高标准含量（≥18%），但普洱茶的平均值高于大理茶6.75%，最高值和最低值分别高出75.8%和88.7%，大理茶的平均值未达到最低含量的12%；与红茶品质密切相关的EGCG和EGC，除EGCG最高值外，也都是普洱茶高于大理茶。这是普洱茶制红茶优于大理茶的生化基础。茶树越是进化，次生代谢机能越强，产生的次生代谢物越多，表明大理茶在系统进化上比普洱茶原始。

4. 大厂茶的生化特点

大厂茶是茶组植物中最原始的种之一。在生化成分上，最突出的是茶多酚含量偏低，尤其是儿茶素含量异常偏低，如富源鲁依大茶树茶多酚只有12.63%。师宗大茶树儿茶素含量为3.17%、兴义七舍大茶树儿茶素为2.98%（EGC、D，L-C均未检测到）、普白大茶树为7.43%，相当于正常值的16%~40%。这表明大厂茶在系统进化上处于更原始的阶段。

五、叶片解剖结构

茶组植物的叶片厚度在 120~600μm，栅栏组织在 1~3 层，南部大叶茶多在 1~2 层，北部中小叶茶多在 2~3 层，少数 3.5 层。南部大叶茶多有硬（石）化细胞，有短柱形、骨形、棒形、星形等，北部中小茶多数无硬化细胞，或有少量的短柱形细胞。海绵组织内多草酸钙结晶。

六、染色体

遗传的细胞学基础主要是染色体。染色体是由脱氧核糖核酸（DNA）和核糖核酸（RNA）所组成的线状物，在细胞有丝分裂时出现，呈丝状或棒状小体，它具有特定的形态结构和自我复制能力，参与细胞的代谢活动，染色体的数量或结构的变化会极大地影响生物的遗传或变异情况。所以，染色体的数目和形态，不同物种是不一样的，而且是恒定的。

（一）茶树染色体倍数性

染色体在体细胞中是成双的，在配子中是成单的，故一般称为二倍体和单倍体，分别以 2n 和 n 表示，n 表示配子中的染色体数。茶树 n=15，体细胞为 2n=30。x 是指同一个属中各个物种的染色体基数，如山茶属中的茶、红山茶、油茶、茶梅、金花茶等，x 都是 15。配子 n 可以等于 x，也可以是 x 的数倍。如二倍体茶树是 2n=2x=30，3 三倍体茶树是 2n=3x=45，四倍体茶树 2n=4x=60。各个物种的 n 与 x 是否相同，需要对染色体倍数性进行鉴定。

大理茶染色体的核型
1~2. 体细胞；   3. 核型模式图；
4~5. 核型

图 4-1 大理茶染色体的核型（李光涛）

从表 4-17 部分样本茶树染色体倍数性进行鉴定结果看，整二倍体出现频率为 85%~97%，这是保持茶树特征特性稳定的遗传基础，但同时也出现了 3%~15% 的非整二倍体，这就是造成茶树出现遗传多样性的原因。在非整二倍体中冰岛大叶茶、蓝山苦茶和狗牯脑茶还出现了 3%~5% 的三倍体。此外，在政和大白茶、福建水仙以及上梅洲中也存在有三倍体。三倍体茶树营养生长旺盛，树体高大，芽叶肥大，内含物丰富，产量高，但由于三倍体减数分裂时染色体不能正常配对，大多数配子中含有的染色体数是在 n 与 2n 之间，以致不能受精结实，故只能用营养体扦插、嫁接、压条、分株等无性方式繁殖。自然四倍体茶树极少，样本茶树中仅在昌宁的潞水大茶树和原头茶中出现 3% 的四倍体，这 2 份样本茶树实际上它们都是早先从勐库引入的大叶茶（原头子），这从染色体水平上证明它们是"同源"的。另外，从安远苦茶中也发现有四倍体植株。四倍体茶树在减数分裂时，染色体配对不规则，因而表现出不同程度的不育性，故同样需要采用无性繁殖。

表 4-17　部分茶树染色体倍数性　　（单位：%）

名　称	整二倍体频率	非整二倍体频率	非整二倍体中	
			三倍体	四倍体
文家塘大叶茶	89	11		
大折浪大茶树	90	10		
团田大叶茶	88	12		
漭水大茶树	92	8		3
原头茶	90	10		3
弄岛黑茶	94	6		
茶房大苞茶	95	5		
冰岛大叶茶	85	15	3	
景谷大白茶	93	7		
玛玉茶	97	3		
车古茶	90	10		
易武大茶树	93	7		
坝子白毛茶	92	8		
龙胜大茶树	94	6		
蓝山苦茶	85	15	4	
狗牯脑茶	89	11	5	

（二）茶树染色体核型

染色体核型主要由 m、sm 两类染色体或者 m、sm、st 三类染色体构成。据李光涛等研究，野生型茶树的核型为 $2n=2x=30=22\sim24m+8\sim6sm$，栽培型的云南大叶茶树的核型为 $2n=2x=30=20\sim22m+10\sim8sm$，中小叶茶的核型为 $2n=2x=30=18\sim16m+12\sim14sm$。由茶组植物的核型（表 4-18）知：

1. 五室茶系和五柱茶系（主要是野生型茶树）的核型多由 20~22 条 m 型染色体和 10~8 条 sm 型染色体构成，少数有 1~4 条 st 型染色体，核型为 22m+8sm；秃房茶系和茶系（主要是栽培型茶树）的核型多由 18~22 条 m 型染色体和 12~8 条 sm 型染色体构成，少数有 2~4 条 st 型染色体，核型为 20m+10sm，比野生型茶树具有较多的 sm 型染色体，此外。具 sat 的染色体数目野生型茶树 1~4 条，栽培型茶树 2~4 条，这种核型上的差异在一定程度上表示着茶树由五室茶系向茶系进化。

2. 在核型分类中，2A 型对称性高，表示在进化上比较原始，2B 型对称性低，表示较进化。

从表 4-18 看，五室茶系 4 个种和秃房茶系的 5 个种都是 2A 型，五柱茶系和茶系中都有 2A 型、2B 型和同一个种中具有 2A 型和 2B 型。这一状况，只能初步说明，茶系比较进化，但系间无明显的规律可循。这是由于茶树是异花授粉，生长环境又有很大的不同，在长期的进化中导致核型的复杂化，即存在着种内核型差异大于种间核型的状况。在生产上广为栽培的普洱茶和茶都同时有 2A 核型和 2B 核型，也说明了这一情况。

表 4-18　茶组植物的核型（李光涛）

种或变种	核　型					类　型
	2n	m	sm	st	sat	
五室茶系 Ser. 1 Quinquelocularis	30	22	8			
大苞茶 *C. grandibracteata*	30	24	6		2	2A
广南茶 *C. kwangnanica*	30	22	8		2	2A
南川茶 *C. nanchuannica*	30	20	8	2		2A
大厂茶 *C. tachangensis*	30	22	8			2A
五柱茶系 Ser. 2 Pentastylae	30	20	9	1		
老黑茶 *C. atrothea*	30	20	6	4	1	2A
厚轴茶 *C. crassicolumna*	30	22	9	3		2B
	30	18	9	3		2A
马关茶 *C. makuanica*	30	22	8			2A
	30	20	10			2A
圆基茶 *C. rotundata*	30	20	10		4	2B
大理茶 *C. taliensis*	30	22	8		2	2A
秃房茶系 Ser. 3 Gymnogynae	30	21	8	1		
突肋茶 *C. costata*	30	20	8	2		2A
德宏茶 *C. dehungensis*	30	20	10		2	2A
秃房茶 *C. gymnogyna*	30	20	8	2		2A
膜叶茶 *C. leptophylla*	30	24	4	2		2A
拟细萼茶 *C. parvisepaloides*	30	22	8			2A
茶系 Ser. 4 sinenses	30	20	9	1		
大树茶 *C. arborescens*	30	20	10			2A
普洱茶 *C. assamica*	30	22	8			2A, 2B
多脉普洱茶 *C. assamica* var. *polyneura*	30	22	4	4		2A
苦茶 *C. assamica* var. *kucha*	30	22	8		2	2A
毛叶茶 *C. ptilophylla*	30	22	8		4	2B
紫果茶 *C. purpurea*	30	22	4	4		2B
茶 *C. sinensis*	30	18	12		2	2A, 2B
白毛茶 *C. sinensis* var. *pubilimba*	30	20	10			2A
	30	18	10	2		2A

注：m 为中部着丝点染色体，sm 为亚（近）中部着丝点染色体，st 为亚（近）端部着丝点染色体，t 为端部着丝点染色体，sat 为随体。

第三节　栽培型茶树的特殊类型

苦茶 (*C. assamica* var. *kucha*) 是栽培型茶树中的特殊类型。苦茶又别称"瓜芦""过罗""果罗"等，主要分布在南岭山脉两侧的粤、赣、湘、桂毗邻区，如广东的乳源苦茶、龙山苦茶，江西的安远苦茶、寻乌苦茶、丰州苦茶、横坑苦茶、思顺苦茶、湖南的江华苦茶、蓝山苦茶、酃县苦茶、广西的贺县苦茶等。此外，在云南南部也有分布，如金平苦茶、勐海老曼峨苦茶、景洪勐宋曼加坡坎苦茶等。苦茶在形态特征上并无特殊，一般呈小乔木树型，大叶，芽叶黄绿色，味苦，"一杯中放叶数片，便苦似黄连"，湘南民间向有用苦茶治"积热、腹胀、肚泻"等习惯。据研究，苦茶的"苦"一是含有较多的酚酸物质，如黄酮类和花青素；二是构成茶叶苦涩味的重要成分如没食子儿茶素没食子酸酯（L-EGCG）、儿茶素没食子酸酯（L-ECG）含量较高；三是含有一种叫丁子香酚甙的特异苦味物质 [6-0（β-D-xyropyranosyl）-β-D-glucopyranosyl eugenol]（日本 Yamade 在茶梅 *C. sasanqua*×茶 *C. sinensis* 的杂交种中曾有发现），它具有很强的苦味。从表 4-19 知，苦茶的丁子香酚甙含量虽低于茶梅，但都含有。勐海老曼峨苦茶含有苦茶碱（1,3,7,9- 四甲基尿酸），含量 1.14%，非苦茶含量 0.77%，苦茶高出 48%。

表 4-19　苦茶与茶及非茶组植物丁子香酚甙含量　（单位：%）

名　称	苦　茶				茶		非茶组植物	
	中流苦茶	聂都苦茶	江华苦茶	乳源苦茶	龙胜龙脊茶	福建白牡丹	茶梅	油茶
丁子香酚甙	0.220	0.229	0.252	0.245	0.00	0.00	0.758	0.00

第五章

古茶树

本章共介绍我国18个省（自治区、市）603份古茶树的形态特征和利用情况。

第一节 云南省

云南省古茶树的数量、类型、树体大小、物种数均为全国之首。全省有 15 个州市 63 个县有古茶树分布，有茶组植物 26 个种，其中以云南模式标本定名的种和变种有疏齿茶、大苞茶、广南茶、大厂茶、厚轴茶、圆基茶、皱叶茶、老黑茶、马关茶、五柱茶、大理茶、德宏茶、拟细萼茶、大树茶、紫果茶、苦茶、多萼茶、细萼茶 18 个。本节共介绍 378 份古茶树。

一、保山市

保山市位于云南省西部、横断山脉南端，属低纬山地中亚热带季风气候。茶叶为主要经济作物之一。野生型茶树主要是大理茶（龙陵县镇安、龙山等地的滇缅茶 *Camellia irrawadiensis* Barua，1998 年张宏达并入大理茶），栽培型茶树则以普洱茶为主，间或有茶或德宏茶。大理茶主要分布在高黎贡山脉，形成高黎贡山大理茶区系，以龙陵、腾冲和昌宁等最多，20 世纪 50~60 年代制边销茶，后因品质差停止采制。栽培型茶树主要生产晒青茶和红茶。

滇 1. 大蒿坪大茶树 Dahaoping dachashu（大理茶 *Camellia taliensis* Melchior，以下缩写为 *C. taliensis*）

产腾冲市上营乡大蒿坪，海拔 2035m。野生型。乔木型，树姿直立。树高 7.7m，树幅 2.5m，干径 29.3cm，分枝较密。嫩枝无毛。芽叶绿带紫红色、无毛。特大叶，叶长宽 15.7cm×6.8cm，最大叶长宽 16.8cm×7.5cm，叶椭圆形，叶色深绿，叶身平，叶面平，叶尖渐尖或急尖，叶脉 10 对，叶齿锐、稀、浅，叶片无毛。萼片 5 片、绿色、无毛。花冠直径 4.6~4.8cm，花瓣 9~11 枚、白色，子房 5 室、多毛，花柱长 1.3~1.7cm、粗 0.15cm、先端 5 中裂，雌蕊高于雄蕊。果径 2.5~3.6cm，果柄长 1.5cm、粗 0.4cm。种子似油茶籽，种径 1.7~1.9cm，种皮棕褐色、粗糙。枝叶有腥臭味。 （1981.10）

图 5-1-1　大蒿坪大茶树

滇 2. 大蒿坪中叶茶 Dahaoping zhongyecha［茶 Camellia sinensis（L.）O. Kuntze，以下缩写为 C.sinensis］

产地同大蒿坪大茶树，海拔 1960m。栽培型。样株灌木型，树姿直立，树高 2.5m，树幅 2.0m，分枝密。芽叶绿色、中毛。中叶，叶长宽 8.2cm×3.5cm，叶椭圆形（似龙井种叶片），叶色深绿，叶身平，叶面稍隆起，叶尖渐尖，叶脉 7~10 对，叶齿锐、中、中。萼片 5 片、无毛。花冠直径 3.1~3.4cm，花瓣 7~9 枚、白色，子房 3（5）室、多毛，花柱长 0.7~1.2cm、先端 3（5）全裂，雌雄蕊等高。果有球形、肾形等，有棱角，有 1、3、4 室，果径 1.7~2.1cm。种子球形，种径 1.1cm。（1981.10）

滇 3. 古永大茶树 Guyong dachashu（C.taliensis）

产腾冲市固东镇黄心树，海拔 2030m。野生型。样株乔木型，树姿直立。树高约 17m，树幅 4.1m，干径 41.4cm，分枝较密。特大叶，叶长宽 15.4cm×6.7cm，最大叶长宽 17.9cm×7.3cm，叶椭圆形，叶色绿，叶身平，叶面稍隆起，叶尖渐尖或钝尖，叶脉 8~9 对，叶齿锐、稀、中。萼片 5 片，有睫毛。花冠直径 6.1~6.3cm，花瓣 12~13 枚、白色，子房 5 室、多毛，花柱先端 5 浅裂，雌雄蕊等高。制晒青茶。（1981.10）

滇 4. 文家塘大叶茶 Wenjiatang dayecha［普洱茶 Camellia sinensis var. assamica（Master）Kitamura，以下缩写为 C.sinensis var. assamica］

产腾冲市芒棒镇上营村，海拔 1785m。栽培型。样株小乔木型，树姿半开张，树高 6.0m，树幅 7.1m，干径 44.6cm，分枝较密。特大叶，叶长宽 21.5cm×8.6cm，最大叶长宽 25.0cm×9.8cm，叶椭圆形，叶色绿，叶身平，叶面隆起，叶尖急尖，叶脉 12~14 对，叶齿锐、稀、深。萼片 5 片、绿色、无毛。花冠直径 2.9~3.3cm，花瓣 5~6 枚、白现绿晕，子房 3 室、中毛，花柱先端 3 中裂，花柱弯曲，雌雄蕊等高。果球形，果径 3.0~3.2cm。种子球形，种径 1.4~1.6cm。花粉近扁球形，花粉平均轴径 30.5μm，属大粒型花粉。花粉外壁纹饰为网状，萌发孔为狭缝状。染色体倍数性是：整二倍体频率为 89%。1989 年干样含茶多酚 27.9%、儿茶素总量 17.86%（其中 EGCG11.33%）、氨基酸 1.59%、茶氨酸 1.11%、咖啡碱 4.89%。制红茶，香气鲜醇，味浓强。生化成分咖啡碱含量高。

图 5-1-2　文家塘大叶茶（1981.10）

滇 5. 劳家山大茶树 Laojiashan dachashu（*C.sinensis* var. *assamica*）

产腾冲市芒棒镇赵营村，海拔 1738m。栽培型。乔木型，树姿直立，树高 11.4m，树幅 4.3m×4.2m，干径 40cm，分枝中。芽叶少毛。特大叶，叶长宽 14.8cm×6.5cm，叶椭圆形，叶色绿，叶身内折，叶面稍隆起，叶尖渐尖，叶脉 11 对，叶背主脉多毛。花梗无毛，萼片 6 片、无毛。花冠直径 2.3~3.5cm，花瓣 6 枚，花瓣白带绿晕、长宽 2.0cm×1.7cm、质薄、无毛，子房 3 室、有毛，花柱先端 3 浅裂。2014 年干样含水浸出物 50.0%、儿茶素总量 17.9%、氨基酸 5.0%、咖啡碱 3.7%。制晒青茶。生化成分水浸出物和氨基酸含量高。（2016.2）

图 5-1-3　劳家山大茶树

滇 6. 大折浪大茶树 Dazhelang dachashu（*C.sinensis* var. *assamica*）

产腾冲市浦川乡坝外村，海拔 1650m。栽培型。同类型茶树多。样株小乔木型，树姿半开张，树高 7.2m，树幅 8.0m，分枝较密。大叶，叶长宽 13.6cm×5.7cm，叶椭圆形，叶色绿，叶身平，叶面平，叶尖渐尖，叶脉 9~11 对，叶齿锐、稀、深。萼片 5 片、无毛。花冠直径 3.1~3.7cm，花瓣 6~8 枚、白现绿晕，子房 3 室、多毛，花柱先端 3 浅裂，雌雄蕊等高。果扁球形、肾形等，果径 2.3~2.6cm，3 室。种子球形，种径 1.4cm。花粉圆球形，花粉平均轴径 32.2μm，属大粒型花粉。花粉外壁纹饰为网状，萌发孔为缝状。染色体倍数性是：整二倍体频率为 90%。1989 年干样含水浸出物 49.00%，茶多酚 30.49%、儿茶素总量 27.87%（其中 EGCG15.09%）、氨基酸 2.44%、茶氨酸 1.07%、咖啡碱 5.01%。制绿茶，显花香，味浓鲜；制红茶，香气高锐，味甜浓。生化成分茶多酚、咖啡碱含量高，儿茶素总量和 EGCG 含量特高。可作育种或创制产品材料。

滇 7. 团田大叶茶 Tuantian dayecha（*C.sinensis var. assamica*）

产腾冲市团田乡驻地，海拔 1250m。栽培型。样株小乔木型，树姿半开张，树高 4.2m，树幅 3.0m，分枝较密。大叶，叶长宽 14.5cm×5.6cm，叶长椭圆形，叶色绿，叶身平，叶面隆起，叶尖渐尖，叶脉 11 对，叶齿中、稀、浅。萼片 5 片、无毛。花冠直径 3.2~3.5cm，花瓣 5~7 枚、白现绿晕，子房 3 室、多毛，花柱先端 3 浅裂。种子球形，种径 1.5~1.6cm。花粉圆球形，花粉平均轴径 32.2μm，属大粒型花粉。花粉外壁纹饰为穴网状，萌发孔为带状，染色体倍数性是：整二倍体频率为 88%。1989 年干样含水浸出物 45.01%、茶多酚 24.8%、儿茶素总量 22.78%（其中 EGCG12.33%）、氨基酸 2.43%、茶氨酸 1.26%、咖啡碱 5.00%。生化成分儿茶素总量和咖啡碱含量高。制红茶，茶黄素含量高达 1.86%，香气鲜醇，味浓强。

滇 8. 猴桥大茶树 Houqiao dachashu（德宏茶 *Camellia dehungensis* Chang et Chen，以下缩写为 *C.dehungensis*）

产腾冲县猴桥镇猴桥村，海拔 1998m。栽培型。乔木型，树姿直立，树高 14.6m，树幅 4.1m×3.4m，干径 46cm，最低分枝高度 4.1m，分枝稀。芽叶无毛。特大叶，叶长宽 14.8cm×6.5cm，叶椭圆形，叶色深绿，叶身平，叶面稍隆起，叶尖急尖，叶脉 11~12 对，叶柄、叶背主脉无毛。花梗无毛，萼片无毛。花冠直径 3.0~3.7cm，花瓣 7 枚，花瓣白带绿晕、长宽 2.2cm×1.6cm，子房 3 室、无毛，花柱先端 3 浅裂。果径 2.5~3.5cm。种径 1.2cm，种皮棕褐色。2014 年干样含水浸出物 47.6%、儿茶素总量 11.2%、氨基酸 5.0%、咖啡碱 2.8%。生化成分儿茶素总量低，氨基酸含量高。制晒青茶。

（2016.2）

图 5-1-4　猴桥大茶树

滇9. 德昂老茶树 Deang laochashu（*C. taliensis*）

产保山市隆阳区潞江镇邦陇村，海拔1966m，同类型多株。野生型。样株小乔木型，树势半开张，树高7.2m，树幅6.0m×5.8cm，基部干径83.0cm，分枝密。嫩枝无毛。芽叶绿紫色，少毛。中叶，叶长宽9.8cm×3.9cm，叶长椭圆形，叶色绿，叶身平，叶面稍隆起，叶尖渐尖，叶脉8~10对，叶齿锐、中、浅，叶质中，叶柄和叶背主脉无毛。花梗无毛，萼片5片、无毛。花冠直径2.9~3.3cm，花瓣9枚、白色，子房有毛、4（5）室，花柱先端4（5）深裂，花柱长1.1cm。果径3.9cm，果皮厚2.0mm。种子球形，种径1.8~1.9cm。2014年干样含水浸出物49.63%、茶多酚31.40%、儿茶素总量15.19%（其中EGCG9.35%）、氨基酸3.19%、咖啡碱3.64%。生化成分水浸出物和茶多酚含量高。制晒青茶。（2015.8）

图 5-1-5　德昂老茶树（2010）

滇10. 挂峰岩大茶树 Guafengyan dachashu（*C.* sp.）

产保山市隆阳区高黎贡山。乔木型，树姿直立，树高20.7m，树幅5.6m，干径32.1cm，最低分枝高度0.55m。芽叶绿色、少毛。中叶，叶长宽10.0cm×4.3cm，叶椭圆形，叶色绿，叶身稍内折，叶面稍隆起，叶尖急尖，叶脉9~10对，叶齿钝、稀、浅，叶背主脉无毛。（1996）

图 5-1-6　挂峰岩大茶树

滇 11. 土官大茶树 Tuguan dachashu（*C.sinensis var. assamica*）

产隆阳区瓦渡乡土官村，海拔 1840m。栽培型。小乔木型，树姿半开张，树高 7.2m，树幅 4.3m×4.0m，基部干径 38cm，分枝密。嫩枝有毛。芽叶多毛。特大叶，叶长宽 14.2cm×6.2cm，最大叶长宽 23.8cm×9.6cm，叶椭圆形，叶色深绿，叶身内折，叶面稍隆起，叶尖渐尖，叶脉 10 对，叶质薄软，叶背主脉多毛。萼片 5 片、无毛。花冠直径 3.1~3.6cm，花瓣 7 枚，花瓣白色、长宽 1.7cm×1.6cm，子房 3 室、有毛，花柱先端 3 浅裂。果径 1.9~3.0cm。种径 1.5cm~1.7cm，种皮棕褐色。2014 年干样含水浸出物 50.7%、茶多酚 31.6%、儿茶素总量 15.4%、氨基酸 3.2%、咖啡碱 4.5%。制晒青茶和红茶。生化成分水浸出物和茶多酚含量特高。可作育种材料。（2016.2）

图 5-1-7　土官大茶树

滇 12. 百花林大茶树 Baihualin dachashu（*C.taliensis*）

产隆阳区芒宽乡百花林村，海拔 2212m。野生型。小乔木型，树姿半开张，树高 6.8m，树幅 6.4m×5.2m，基部干径 39cm，分枝密。嫩枝无毛。芽叶无毛。大叶，叶长宽 13.4cm×5.5cm，叶椭圆形，叶色深绿，叶身平，叶面稍隆起，叶尖急尖，叶脉 9 对，叶质中，叶背主脉无毛。萼片 5 片、无毛。花冠直径 4.1~5.5cm，花瓣 12 枚，花瓣白色、长宽 2.2cm×1.1cm，子房 5 室、有毛，花柱先端 5 浅裂。果径 1.6~2.1cm。种径 1.1~1.4cm，种皮棕褐色。2014 年干样含水浸出物 46.1%、茶多酚 26.8%、儿茶素总量 16.2%、氨基酸 7.8%、咖啡碱 3.2%。生化成分氨基酸含量特高。可作育种或创制产品材料。（2016.2）

滇 13. 柳叶青 Liuyeqing（*C. taliensis*）

又名石佛山大茶树。产昌宁县田园镇新华村，海拔2140m。野生型。乔木型，树姿直立，树高14.8m，树幅11.8m×10.6m，基部干径96.5cm，分枝较密。芽叶黄绿色、少毛。大叶。叶长宽13.0cm×4.7cm，叶长椭圆形，叶色深绿，叶身平，叶面平，叶尖渐尖，叶脉9~10对，叶齿钝、稀、浅，叶缘下部近1/2~1/3无齿，叶背主脉无毛。萼片5片、绿色、无毛。花冠直径4.4~4.8cm，花瓣9~11枚、花瓣呈覆瓦状3层排立、白色，子房5室、多毛，花柱弯曲、长1.2~1.7cm、先端5（4）中裂，雌蕊高于雄蕊。果柿形，果柄粗，果径2.8~3.1cm。种子球形，种径1.3cm，种皮棕褐色。枝叶有腥臭味。1982年干样含水浸出物43.38%、茶多酚23.09%、氨基酸3.12%、咖啡碱3.66%。制晒青茶。（1981.11）

图 5-1-8　柳叶青（2006）

滇 14. 新华老树茶 Xinhua laoshucha（*C. taliensis*）

产地同柳叶青，海拔2055m。野生型。小乔木型，树姿半开张，树高7.2m，树幅4.2m×3.5m，分枝密。中叶，叶长宽11.4cm×3.5cm，叶强披针形，叶色绿，叶身平，叶面稍隆起，叶尖渐尖，叶脉8~10对，叶齿锐、稀、浅，叶缘下部1/3无齿，叶质中。萼片5~6片、无毛。花冠直径5.2~5.8cm，花瓣9~11枚，花瓣白色，子房5（4）室、有毛，花柱先端5（4）中裂，花柱长1.2~1.7cm，花柱粗。果径2.8~3.1cm，果柄粗。种径1.3cm。（2016.2）

图 5-1-9　新华老树茶

滇 15. 联席大茶树 Lianxi dachashu（*C. taliensis*）

产昌宁县温泉镇联席村，海拔 2078m。野生型。同类型数量多。样株乔木型，树姿直立，树高 11.5m，树幅 5.1m×5.0m，基部干径 92.4cm，分枝较密。芽叶绿稍带紫色、无毛。大叶，叶长宽 12.3cm×4.6cm，叶长椭圆形，叶色深绿，叶身平，叶面稍隆起，叶尖渐尖，叶齿钝、稀、浅。花冠直径 3.4~3.9cm，花瓣 5~6 枚、白色、子房 5 室、多毛，花柱先端 5（4）浅裂。果柄粗，果皮厚，果径 2.2~2.8cm。种径 1.4~1.6cm。1989 年干样含水浸出物 45.55%、茶多酚 27.17%、氨基酸 3.55%、咖啡碱 4.79%。生化成分茶多酚含量高。（1981.11）

图 5-1-10　联席大茶树（2006）

滇 16. 原头茶 Yuantoucha（*C. dehungensis*）

又称原头子茶。茶种最初是从双江勐库引进的，至今昌宁、凤庆等地仍把最初引进的勐库种称作 "原头子"（原种），原头子的有性一代称"客子"（勐库客子），客子的有性一代称"客孙"（勐库客孙）。

产地同联席大茶树，海拔 1988m。栽培型。样株小乔木型，树姿直立，树高 6.3m，树幅 7.0m×5.5m，干径 50.0cm，分枝较密。特大叶，叶长宽 17.0cm×6.7cm，最大叶长宽 18.5cm×8.1cm，叶椭圆或长椭圆形，叶色深绿，叶身平，叶面隆起，叶尖渐尖，叶齿锐、中、中，叶背主脉有毛。萼片 5 片、无毛。花冠直径 3.4~3.9cm，花瓣 5~6 枚、白现绿晕，子房 3（4）室、无毛，花柱先端 3（4）微裂，花柱长 1.0~1.3cm，雌雄蕊等高或高。果四方状球形或肾形，果径 2.4~2.8cm，果皮厚。种子球形，种径 1.3~1.6cm。花粉圆球形，花粉平均轴径 30.05μm，属大粒型花粉。花粉外壁纹饰为细网状，萌发孔为狭缝状。染色体倍数性是：整二倍体频率为 90%，非二倍体频率为 10%（其中四倍体为 3%）。1989 年干样含茶多酚 25.44%、儿茶素总量 19.41%（其中 EGCG11.46%）、氨基酸 3.55%、茶氨酸 1.06%、咖啡碱 4.79%。生化成分 EGCG 含量高。制红茶，茶黄素含量高达 1.67%，香气鲜醇，味浓强。（1990.11）

滇 17. 茶山河大茶树 Chashanhe dachashu（*C. taliensis*）

产昌宁县漭水镇沿江村，海拔 2348m。野生型。小乔木型，树姿直立，树高 15.8m，树幅 8.0m×6.7m，干径 119cm，最低分枝高 1.5m，分枝密。嫩枝无毛。芽叶无毛。特大叶，叶长宽 14.1cm×6.6cm，叶椭圆形，叶色绿，叶身平，叶面稍隆起，叶尖渐尖，叶脉 7~10 对，叶齿锐、稀、浅，叶质中。花梗无毛，萼片 5 片、无毛。花冠直径 4.4~4.6cm，花瓣 8 枚，花瓣 2.0cm×1.3cm，花瓣白色、无毛、质地中，子房 5 室、有毛，花柱先端 5 浅裂，花柱长 1.1cm。果径 2.6~4.4cm，鲜果皮厚 0.3cm。种径 1.5cm，种皮棕褐色，种子百粒重 170g。2014 年干样含水浸出物 47.4%、茶多酚 31.7%、儿茶素总量 9.9%、氨基酸 3.2%、咖啡碱 3.1%。生化成分茶多酚含量高、儿茶素总量偏低。（2016.11）

图 5-1-11　茶山河大茶树

滇 18. 红裤茶 Hongkucha（*C. taliensis*）

产昌宁县漭水镇联福村，海拔 2348m。野生型。乔木型，树姿半开张，树高 15.8m，树幅 8.0m×6.7m，干径 71.1cm，分枝密度中等。芽叶绿色、无毛。大叶，叶长宽 12.9cm×5.1cm，叶长椭圆形，叶色深绿，叶身平，叶面稍隆起，叶尖渐尖，叶齿钝、稀、浅。（2006.5）

图 5-1-12　红裤茶（2006）

滇 19. 潹水大茶树 Mangshui dachashu（*C. sinensis* var. *assamica*）

产昌宁县潹水镇黄家寨，该寨茶园均是同类型茶树。海拔1808m。栽培型。样株小乔木型，树姿半开张，树高8.3m，树幅5.5m×4.9m，基部干径55.0cm，分枝密。芽叶绿色、多毛。特大叶，叶长宽18.9cm×7.4cm，最大叶长宽21.8cm×8.4cm，叶长椭圆形，叶色深绿，叶身平，叶面隆起，叶尖渐尖，叶脉10~12对，叶齿钝、中、中。萼片5（4，6）片、无毛。花冠直径2.6~3.7cm，花瓣5~7枚、

图 5-1-13　潹水大茶树（2006）

白现绿晕，子房3（2）室、中毛，花柱长1.2~1.3cm、先端3（2）浅裂。果径2.3~2.6cm。种径1.5~1.7cm。花粉圆球形，花粉平均轴径31.6μm，属大粒型花粉。花粉外壁纹饰为网状，萌发孔为梭型孔沟。染色体倍数性是：整二倍体频率为92%，非二倍体频率为8%（其中四倍体为3%）。1989年干样含水浸出物50.04%、茶多酚31.94%、儿茶素总量24.73%（其中EGCG14.58%）、氨基酸3.23%、咖啡碱4.91%、茶氨酸1.72%。制红茶，香气鲜醇，味醇厚。生化成分水浸出物、茶多酚、咖啡碱含量高，儿茶素总量和EGCG含量特高。（1990.11）

滇 20. 里松坡茶 Lisongpocha（*C. taliensis*）

产昌宁县大田坝镇湾港村，海拔2260m。野生型。小乔木型，树姿开张，树高约9m，树幅5.5m×5.0m，基部干径67cm，分枝密。嫩枝无毛。芽叶无毛。大叶，叶长宽13.2cm×5.8cm，叶椭圆形，叶色绿，叶身平，叶面稍隆起，叶尖渐尖，叶脉9~13对，叶齿锐、稀、浅，叶质中，叶背主脉无毛。花梗无毛，萼片5片、无毛。花冠直径3.2cm，花瓣9枚，花瓣2.1cm×1.4cm，花瓣白色、无毛、质地中，子房5室、有毛，花柱先端5浅裂，花柱长1.0cm。果径3.4~4.5cm，鲜果皮厚0.3cm。种径1.9cm，种皮棕褐色，种子百粒重330g。2014年干样含水浸出物43.3%、茶多酚25.3%、儿茶素总量12.4%、氨基酸3.7%、咖啡碱1.7%。（2016.2）

图 5-1-14　里松坡茶

滇21. 立木山茶树 Limushan chashu（*C.taliensis*？）

产昌宁县翁堵镇立木山村，海拔1920m。野生型。小乔木型，树姿半开张，树高8.5m，树幅4.6m×4.0m，基部干径70cm，分枝密。中叶，叶长宽11.1cm×4.7cm，叶椭圆形，叶色绿，叶身平，叶面稍隆起，叶尖渐尖，叶脉9~11对，叶齿锐、稀、浅，叶质中，叶背主脉无毛。花梗无毛，萼片5片、无毛。花瓣6枚，花瓣大小2.2cm×1.6cm，花瓣白色、无毛、质地中，子房5室、有毛，花柱先端5中裂，花柱长0.8cm。果径2.3~3.2cm。种径1.5cm，种皮棕褐色，种子百粒重180g。2014年干样含水浸出物48.6%、茶多酚30.9%、儿茶素总量18.8%、氨基酸4.7%、咖啡碱3.3%。生化成分茶多酚含量高。 （2016.2）

滇22. 黑条子茶 Heitiaozicha（*C.sinensis* var. *assamica*）

产昌宁县勐统镇长山村，海拔1210m。栽培型。小乔木型，树姿开张，树高2.6m，树幅1.2m，分枝密。大叶，叶长宽15.6cm×5.4cm，叶长椭圆形，叶色绿，叶身平，叶面稍隆起，叶尖渐尖或尾尖，叶脉10~12对，叶齿锐、稀、浅。花梗无毛，萼片5片、无毛。花冠直径2.6~3.2cm，花瓣5~6枚，花瓣白带绿晕、无毛，子房3室、多毛，花柱先端3中裂，花柱长1.1~1.3cm。果径1.8~2.2cm。制绿茶色泽暗褐。 （1981.11）

滇23. 耇街菜花茶 Goujie caihuacha（*C.sinensis*）

产昌宁县耇街乡水炉村，海拔2020m。栽培型。灌木型，树姿开张，树高2.6m，树幅2.9m，分枝密。嫩枝有毛。芽叶有毛。中（偏小）叶，叶长宽8.1cm×3.6cm，叶椭圆形，叶色绿，叶身平，叶面平，叶尖渐尖，叶脉7对，叶齿锐、中、浅。花梗无毛，萼片5片、无毛。花冠直径3.4~3.8cm，花瓣6~7枚，花瓣白带绿晕、无毛，子房3室、多毛，花柱先端3中裂，花柱长1.0~1.2cm。果径1.8~2.4cm。种径1.5~1.6cm，种皮棕褐色。制红茶、绿茶。 （1981.11）

滇 24. 小田坝大树茶 Xiaotianba dashucha（*C.taliensis*）

产龙陵县镇安镇小田坝村，海拔 1840m。野生型。乔木型，树姿直立，树高 13.2m，树幅 5.3m，干径 123.0cm，最低分枝高度 2.5m，1 级分枝有 5 个，2 级分枝 25 个。芽叶绿色、稀毛。大叶，叶长宽 13.9cm×6.6cm，叶椭圆形，叶色深绿有光泽，叶身平，叶面稍隆起，叶尖渐尖，叶齿钝、稀、浅，叶缘下部 1/2~1/3 无齿，叶背主脉无毛。花冠直径 5.3~5.8cm，花瓣 10~11 枚、白色，花瓣覆瓦状 3 层排列，子房 5 室、多毛，花柱长 1.2~2.2cm、先端 5 中裂，雌蕊比雄蕊高 0.6cm。果扁柿形，果径 2.3~3.0cm。种子近球形，种径 1.4~1.5cm。枝叶有腥臭味。1982 年干样含茶多酚 18.51%、儿茶素总量 11.95%、氨基酸 2.85%、咖啡碱 3.71%。生化成分儿茶素总量低。制晒青茶、黑茶。相同类型茶树该村寨有 385 株，山林中有 800 多株。（1981.10）

图 5-1-15　小田坝大树茶

滇 25. 小田坝黑尖叶 Xiaotianba heijianye（*C.taliensis*）

产地见小田坝大树茶，海拔 1920m。野生型。样株乔木型，树姿直立，树高 9.0m，树幅 4.8m，干径 41.4cm。特大叶，叶长宽 15.6cm×6.9cm，最大叶长宽 19.8cm×7.8cm，叶椭圆或长椭圆形，叶色深绿有光泽，叶身平，叶面平，叶尖渐尖，叶齿钝、中、浅。花冠直径 4.8~5.3cm，花瓣 11~12 枚、白色，子房 5 室、多毛，花柱长 1.2~1.5cm、先端 5 浅裂，雌蕊比雄蕊高或等高。枝叶有腥臭味。1982 年干样含水浸出物 45.74%、茶多酚 17.17%、儿茶素总量 6.64%、氨基酸 3.86%、咖啡碱 4.60%。生化成分儿茶素总量特低。制晒青茶，村民说，饮后易腹痛。可作物种生化代谢机制研究材料。（1981.10）

滇26. 范家坡大茶树 Fanjiapo dachashu（*C.taliensis*）

产龙陵县镇安镇镇北村，海拔1808m。野生型。小乔木型，树姿半开张，树高7.5m，树幅5.2m×4.8m，干径78cm，最低分枝高度1.7m，分枝密。嫩枝无毛。芽叶无毛。大叶，叶长宽13.9cm×5.8cm，叶椭圆形，叶色深绿，叶身背卷，叶面稍隆起，叶尖钝尖，叶脉13对，叶齿锐、稀、浅，叶质中，叶背主脉无毛。萼片5片、无毛。花冠直径5.8cm，花瓣12枚，花瓣白色，子房5室、有毛，花柱先端5浅裂，花柱长2.0cm。果径2.2~3.6cm。种皮褐色。2014年干样含水浸出物48.0%、茶多酚35.3%、儿茶素总量15.1%、氨基酸4.4%、咖啡碱3.5%。生化成分茶多酚含量高。（2016.2）

图 5-1-16 范家坡大茶树

滇27. 董华大山茶 Donghua dashancha（*C.taliensis*）

产龙陵县龙山镇董华村，海拔1850m。野生型。样株乔木型，树姿直立，树高6.1m，树幅4.9m×4.3m，干径40.0cm，分枝稀。中叶，叶长宽9.7cm×4.0cm，叶椭圆或长椭圆形，叶色深绿，叶基有红点，叶身平，叶面稍隆起，叶尖渐尖，叶脉8~9对，叶齿钝、稀、浅。萼片5片、无毛。花冠直径3.9~4.7cm，花瓣9~6枚、白色，子房5（3）室、多毛，花柱先端5（3）中裂，花柱长1.0~1.4cm。果形有球形、四方状球形、肾形等，果径1.8~2.4cm。种子球形，种径1.3~1.4cm。1982年干样含水浸出物47.70%、茶多酚25.16%、氨基酸2.56%、咖啡碱5.12%。制红茶，茶黄素含量高达1.73%。生化成分咖啡碱含量高。（1981.10）

滇 28. 香果林大山茶 Xiangguolin dashancha（*C.taliensis*）

产龙陵县象达乡香果林，海拔 1640m。野生型。样株小乔木型，树姿半开张，树高 12.0m，树幅 4.8m，基部干径 33.0cm。特大叶，叶长宽 15.1cm×6.7cm，叶长椭圆或椭圆形，叶身平，叶面稍隆起，叶尖渐尖，叶脉 9~11 对，叶齿锐、稀、浅，叶缘下部 1/4 无齿。萼片 5 片、无毛。花冠直径 4.6~4.8cm，花瓣 9~12 枚、白色，子房 5（4）室、多毛，花柱先端 5（4）浅裂，花柱长 1.2~1.9cm，雌雄蕊等高或高，雄蕊大。果形有球形、四方状球形、肾形等，果径 2.7~3.3cm。种子近球形等，种径 2.0~2.3cm，种皮粗糙似油茶籽。1982 年干样含茶多酚 26.16%、儿茶素总量 9.53%、氨基酸 1.48%、咖啡碱 4.52%。制晒青茶。生化成分儿茶素总量和氨基酸含量偏低。（1981.10）

滇 29. 硝塘大树茶 Xiaotang dashucha（*C.taliensis*）

产龙陵县龙江乡硝塘村，海拔 1890m。野生型。乔木型，树姿直立，树高 7.5m，树幅 4.7m，干径 64.0cm，分枝密。芽叶黄绿色、无毛。大叶，叶长宽 15.4cm×6.8cm，最大叶长宽 17.2cm×7.8cm，叶椭圆形，叶色深绿，叶身平，叶面平，叶尖渐尖，叶脉 8~9 对，叶齿钝、稀、浅。萼片 5 片、无毛。花冠直径 5.1~5.9cm，花瓣 9 枚、白色，子房 5 室、多毛，花柱先端 5 浅裂到 5 全裂。枝叶有腥臭味。制晒青茶、黑茶。（1981.10）

图 5-1-17 硝塘大树茶

滇 30. 龙新大茶树 Longxin dachashu（*C. taliensis*）

产龙陵县龙新乡雪山村，海拔 1980m。野生型。乔木型，树姿直立，树高 9.1m，树幅 3.5m×3.2m，干径 45cm，最低分枝高度 1.6m，分枝中等。芽叶无毛。大叶，叶长宽 10.7cm×5.4cm，叶卵圆形，叶色黄绿，叶身背卷，叶面稍隆起，叶尖钝尖，叶脉 11 对，叶齿锐、稀、浅，叶质中，叶背主脉无毛。萼片 5 片、无毛。花冠直径 4.5cm，花瓣 11 枚，花瓣白色、长宽 2.4cm×1.7cm，子房 5 室、有毛，花柱先端 5 浅裂。种皮褐色。2014 年干样含水浸出物 42.8%、茶多酚 31.4%、儿茶素总量 14.7%、氨基酸 6.4%、咖啡碱 3.1%。生化成分茶多酚、氨基酸含量高。（2016.2）

图 5-1-18 龙新大茶树

滇 31. 中岭岗大茶树 Zhonglinggang dachashu（老黑茶 *Camellia atrothea* Chang et Wang，以下缩写为 *C. atrothea*）

产龙陵县腊勐乡中岭岗村，海拔 2145m。野生型。小乔木型，树姿半开张，树高 12.9m，树幅 5.9m×5.8m，干径 57cm，分枝密。嫩枝有毛。芽叶少毛。大叶，叶长宽 12.6cm×5.0cm，叶椭圆形，叶色黄绿，叶身背卷，叶面稍隆起，叶尖钝尖，叶脉 13 对，叶齿锐、稀、浅，叶质中，叶背主脉无毛。萼片 5 片、有毛。花冠直径 5.8cm，花瓣 12 枚，花瓣白色、子房有毛、5 室，花柱先端 5 浅裂。果径 2.5~3.8cm。种皮褐色。2014 年干样含水浸出物 48.2%、茶多酚 33.2%、儿茶素总量 18.7%、氨基酸 3.9%、咖啡碱 2.2%。生化成分茶多酚含量高。（2016.2）

图 5-1-19 中岭岗大茶树

滇 32. 朝阳大叶茶 Chaoyang dayecha（*C.sinensis* var. *assamica*）

产龙陵县平达乡河尾村，附近有多株生长。海拔 1440m。栽培型。样株小乔木型，树姿开张，树高 6.0m，树幅 4.9m。芽叶黄绿色、多毛。特大叶，叶长宽 16.5cm×7.0cm，最大叶长宽 18.5cm×8.2cm，叶椭圆或矩圆形，叶色绿，叶身平，叶面隆起，叶尖渐尖，叶脉 8~9 对，叶齿锐、中、中。萼片 5 片、无毛。花冠直径 3.1~3.4cm，花瓣 5~7 枚、白现绿晕，子房 3（4）室、多毛，花柱长 0.8~1.2cm、先端 3 全裂，雌雄蕊等高或低，有香味。果形有扁球形、肾形、球形等，果径 2.1~2.9cm。种子球形，种径 1.3cm。1982 年干样含茶多酚 23.75%、儿茶素总量 13.13%、氨基酸 1.66%、咖啡碱 5.46%。生化成分咖啡碱含量高。制晒青茶。（1981.10）

滇 33. 勐冒小叶茶 Mengmao xiaoyecha（*C.sinensis*）

产龙陵县镇安镇勐冒村，海拔 2020m。栽培型。样株灌木型，树姿半开张，树高 1.5m，树幅 2.0m，分枝密。芽叶黄绿色、中毛。小叶，叶长宽 6.8cm×2.8cm，叶椭圆形，叶色绿，叶身平，叶面平，叶尖渐尖，叶脉 8~9 对，叶齿锐、中、中。萼片 5 片、无毛。花冠直径 2.6~3.1cm，花瓣 7 枚、白现绿晕，子房 3 室、多毛，花柱长 0.9~1.1cm、先端 3 全裂，雌雄蕊等高、高或低。果形有近球形、肾形等，果径 1.6~1.9cm。种子近球形，种径 1.2~1.4cm。（1981.10）

滇 34. 摆榔尖山茶 Bailangjianshancha（*C.sinensis* var. *assamica*？）

产施甸县摆榔乡尖山村，海拔 1905m。栽培型。小乔木型，树姿半开张，树高 8.5m，树幅 7.3m×4.6m，基部干径 66cm，分枝密。嫩枝有毛。芽叶有毛。中叶，叶长宽 10.0cm×3.9cm，叶长椭圆形，叶色深绿，叶身平，叶面平，叶尖渐尖，叶脉 10 对，叶背主脉有毛。萼片 5 片、无毛。花冠直径 1.3~2.8cm，花瓣 12 枚，花瓣白带绿晕，长宽 1.5cm×1.2cm，子房 4（5）室、有毛，花柱先端 4（5）浅裂。果径 2.0~2.6cm。种径 1.5~1.6cm，种皮棕褐色，种子百粒重 158g。2014 年干样含水浸出物 51.2%、茶多酚 36.0%、儿茶素总量 18.9%、氨基酸 8.2%、咖啡碱 2.9%。制红茶和晒青茶。生化成分氨基酸含量特高，水浸出物和茶多酚含量高。（2016.2）

图 5-1-20　摆榔尖山茶

滇 35．酒房茶 Jiufangcha（*C.dehungensis*）

产施甸县酒房乡酒房村，海拔 1987m。栽培型。小乔木型，树姿半开张，树高 5.0m，树幅 4.3m×3.7m，基部干径 31cm，分枝密。嫩枝有毛。芽叶有毛。中叶，叶长宽 9.2cm×4.3cm，叶椭圆形，叶色绿，叶身内折，叶面稍隆起，叶尖渐尖，叶脉 13 对，叶背主脉有毛。萼片 5 片、无毛。花冠直径 1.6~3.1cm，花瓣 6 枚，花瓣白带绿晕、长宽 1.6cm×1.4cm、质薄，子房 3 室、无毛，花柱先端 3 浅裂。果径 1.9~3.2cm。种径 1.1~1.3cm，种皮棕褐色，种子百粒重 145g。2014 年干样含水浸出物 52.3%、茶多酚 37.1%、儿茶素总量 10.0%、氨基酸 1.8%、咖啡碱 3.3%。制晒青茶。生化成分水浸出物和茶多酚含量高，儿茶素总量低。（2016.2）

图 5-1-21　酒房茶

滇 36．蒲草塘大茶树 Pucaotang dachashu（*C.dehungensis*）

产施甸县酒房乡梅子箐村，海拔 2036m。栽培型。小乔木型，树姿半开张，树高 7.7m，树幅 3.3m×3.2m，基部干径 33cm，分枝密。嫩枝有毛。芽叶有毛。特大叶，叶长宽 16.9cm×6.3cm，最大叶长宽 20.7cm×7.4cm，叶长椭圆形，叶色深绿，叶身内折，叶面稍隆起，叶尖渐尖，叶背主脉少毛。萼片 5 片、无毛。花冠直径 1.9~4.0cm，花瓣 7 枚，花瓣白带绿晕、长宽 2.0cm×1.7cm、质薄，子房 3 室、无毛，花柱先端 3 全裂。果径 1.8~3.2cm。种径 1.4~1.5cm，种皮棕褐色，种子百粒重 157g。2014 年干样含水浸出物 51.5%、儿茶素总量 15.2%、氨基酸 5.7%、咖啡碱 4.0%。制晒青茶。生化成分水浸出物和氨基酸含量高。（2016.2）

图 5-1-22　蒲草塘大茶树

滇 37. 万兴大茶树 Wanxing dachashu（*C. sinensis* var. *assamica*）

产施甸县万兴乡万兴村，海拔 1870m。栽培型。小乔木型，树姿半开张，树高 6.9m，树幅 4.8m×4.7m，基部干径 29cm，分枝中。嫩枝有毛。芽叶有毛。大叶，叶长宽 13.6cm×5.6cm，叶椭圆形，叶色绿，叶身内折，叶面稍隆起，叶尖渐尖，叶脉 13 对，叶背主脉少毛。萼片 5 片、无毛。花冠直径 1.4~2.4cm，花瓣 6 枚，花瓣白带绿晕、长宽 2.0cm×1.7cm、质薄，子房 3 室、有毛，花柱先端 3 浅裂。果径 1.9~2.6cm。种径 1.4cm，种皮棕褐色，种子百粒重 160g。2014 年干样含水浸出物 49.7%、儿茶素总量 16.7%、氨基酸 4.0%、咖啡碱 4.4%。生化成分水浸出物含量高。制晒青茶。（2016.2）

滇 38. 西山头大茶树 Xishantou dachashu（*C. sinensis* var. *assamica*）

产施甸县太平镇李山村，海拔 1874m。栽培型。小乔木型，树姿半开张，树高 7.9m，树幅 5.2m×4.5m，基部干径 25cm，分枝稀。嫩枝有毛。芽叶多毛。大叶，叶长宽 12.1cm×5.8cm，叶椭圆形，叶色绿，叶身内折，叶面稍隆起，叶尖渐尖，叶脉 10 对，叶背主脉多毛。萼片 5 片、无毛。花冠直径 1.7~3.6cm，花瓣 6 枚，花瓣白带绿晕、长宽 1.9cm×1.5cm、质薄，子房 3 室、有毛，花柱先端 3 浅裂。果径 1.5~2.7cm。2014 年干样含水浸出物 54.4%、儿茶素总量 16.7%、氨基酸 3.7%、咖啡碱 4.6%。生化成分水浸出物含量高。制晒青茶。（2016.2）

图 5-1-23 西山头大茶树

二、楚雄彝族自治州

楚雄彝族自治州位于云南省中北部，哀牢山呈西北东南走向横亘于中南部，属北亚热带季风气候。茶叶不是主产经济作物，但在南华、楚雄和双柏等地海拔1800~2000m的中高山地带遍布野生型茶树老黑茶。栽培茶园主要是普洱茶、茶和白毛茶。主产绿茶。

滇 39. 么喝苴大茶树 Meheju dachashu （*C.atrothea*）

产南华县兔街乡干龙潭，海拔 2100m。同类型茶树多。野生型。样株小乔木型，树姿半开张，树高 6.1m，树幅 4.6m×3.9m，干径 40.0cm，分枝密度中等。芽叶绿色、少毛。特大叶，叶长宽 14.2cm×6.1cm，叶椭圆形，叶色绿，叶身稍内折，叶面平或稍隆起，叶尖渐尖，叶脉 9~11 对，叶齿锐、稀、浅。萼片 5 片、多毛。花特大，花冠直径 6.9~7.1cm，最大花径 8.5~8.6cm，花瓣 11~13 枚、白色、质厚，子房 5 (4) 室、多毛，花柱长 1.7~2.2cm、粗 0.3cm、先端 5 (4) 浅裂，雌蕊高于雄蕊。1985 年干样含水浸出物 48.32%、茶多 24.33%、氨基酸 1.74%、咖啡碱 3.69%。制晒青茶。（1984.11）

图 5-1-24　么喝苴大茶树

滇 40. 兔街白芽口茶 Tujie baiyakoucha （*C.sinensis var. assamica*）

产地同么喝苴大茶树，海拔 2000m。同类型茶树甚多。栽培型。样株小乔木型，树姿半开张，树高 4.5m，树幅 3.3m×3.1m，干径 27.7cm，分枝密度中等。芽叶绿色、多毛。大叶，叶长宽 13.3cm×5.7cm，叶椭圆或长椭圆形，叶色绿，叶身稍内折，叶面平或稍隆起，叶尖渐尖或尾尖，叶脉 10~12 对，叶齿中、中、中。萼片 5 片、无毛。花冠直径 3.3~3.7cm，花瓣 7~9 枚、白现绿晕，子房 3 室、中毛，花柱长 1.6~1.1cm、先端 3 中裂，雌蕊高于雄蕊。果扁球形或肾形，果径 2.2~2.7cm。种子近球形，种径 1.4~1.6cm。1985 年干样含水浸出物 47.82%、茶多酚 29.55%、儿茶素总量 8.23%、氨基酸 2.78%、咖啡碱 4.62%。生化成分茶多酚含量高、儿茶素总量低。制晒青茶。（1984.11）

滇41. 威车大茶树 Weiche dachashu（*C.atrothea*）

产南华县兔街乡威车村，海拔1778m。野生型。小乔木型，树姿直立，树高7.7m，树幅3.5m×3.2m，干径51.0cm，分枝密度中等。芽叶黄绿色、少毛。特大叶，叶长宽15.5cm×6.7cm，叶椭圆或卵圆形，叶色深绿，叶身平，叶面稍隆起，叶尖渐尖，叶脉10~12对，叶齿锐、中、浅。萼片5~6片、多毛。花冠直径4.8~5.1cm，花瓣9~11枚、白色、质厚，子房5（4）室、多毛，花柱长1.8~2.1cm、先端5（4）中裂，雌蕊高于雄蕊。果球形，果柄带有苞片，稀见。制晒青茶，味苦。

（1984. 11）

图 5-1-25-1　威车大茶树　　　　图 5-1-25-2　威车大茶树果柄上带有苞片

滇42. 洼尼么大茶树 Wanime dachashu（*C.atrothea*）

产楚雄市西舍路乡闸上村，海拔2000m。野生型。乔木型，树姿直立，树高6.3m，树幅4.4m×3.8m，干径45.2cm，分枝密度中等。芽叶黄绿色、中毛。特大叶，叶长宽14.6cm×6.5cm，最大叶长宽16.1cm×7.5cm，叶椭圆形，叶色绿，叶身平，叶面稍隆起，叶尖渐尖或急尖，叶脉9~11对，叶齿锐、中、浅。萼片大、多毛、4~5片，少数萼片3片。花冠直径4.9~5.0cm，花瓣9~11枚、白色，子房5（4）室、多毛，花柱长1.3~1.5 cm、粗0.32cm、先端5（4）中裂，雌蕊高于或等高于雄蕊。制晒青茶。

（1984.11）

图 5-1-26　洼尼么大茶树

滇43. 羊厩房大黑茶 Yangjiufang daheicha（*C.atrothea*）

产楚雄市西舍路乡
安乐甸，海拔 1900m。
野生型。乔木型，树
姿直立，树高 10.3m，
树幅 7.7m×6.7m，干径
78.0cm，分枝密。芽叶
绿色、无毛。特大叶，
叶长宽 15.4cm×6.8cm，最
大叶长宽 17.7cm×7.8cm，
叶椭圆形，叶色绿，叶
身稍内折，叶面平或稍
隆起，叶尖渐尖，叶脉
9~11 对，叶齿锐、稀、
浅。萼片 5（4）片、

图 5-1-27　羊厩房大黑茶和花冠

多毛。花大，花冠直径 5.2~5.4cm，花瓣 7~11 枚、白色、质厚，子房 4（3）室、多毛，
花柱长 1.3~1.8 cm、先端 4（3）中裂，雌蕊高于或等高于雄蕊。种子大，种径 1.6~1.9cm。
制晒青茶。（1984.11）

滇44. 鲁大大茶树 Luda dachashu（*C.atrothea*）

产楚雄市西舍路乡清水河村，海拔 2075m。野生型。样株乔木型，树姿直立，树
高 9.6m，树幅 7.6m×7.3m，干径 81.2cm。特大叶，叶长宽 14.7cm×7.6cm，最大叶长宽
16.8cm×8.3cm，叶卵圆或椭圆形，叶色绿，叶身稍内折，叶面平或稍隆起，叶尖渐尖或钝
尖，叶脉 9~11 对，叶齿锐、稀、浅。萼片 5（6）片、多毛。花大，花冠直径 5.5~5.6cm，
花瓣 8~11 枚、白色，子房 4（5）室、多毛，花柱长 1.6~2.0 cm、先端 4（5）中裂，雌蕊
高于雄蕊。种径 1.5~1.7cm。制晒青茶，据村民说，香气差，苦涩味重。（1984.11）

滇 45. 新华白芽茶 Xinhua baiyacha（白毛茶 *C. Camellia sinensis var. pubilimba* Chang，以下缩写为 *C. sinensis var. pubilimba*）

产楚雄市西舍路乡新华村，海拔 2000m。栽培型。小乔木型，树姿直立，树高 5.0m，树幅 2.9m×2.5m，干径 14.3cm。大叶，叶长宽 11.4cm×4.7cm，叶长椭圆形，叶色绿，叶身稍内折，叶面稍隆起，叶尖渐尖或尾尖，叶脉 11~13 对，叶齿锐、中、浅。萼片 5 片、多毛。花小，花冠直径 2.6cm，花瓣 5~6 枚、白现绿晕，子房 3 室、多毛，花柱长 0.6~0.9cm、先端 3 中裂，雌雄蕊等高。果三角状球形、肾形等。果径 2.3~2.7cm。制晒青茶。（1984.11）

图 5-1-28　新华白芽茶

滇 46. 榨房大黑茶 1 号 Zhafang daheicha1（*C. atrothea*）

产双柏县碨嘉镇大红山村，海拔 2000m。野生型。小乔木型，树姿半开张，树高 9.7m，树幅 4.4m×3.6m，基部干径 52.5cm，分枝密度中等。芽叶黄绿色、中毛。特大叶，叶长宽 14.9cm×6.2cm，最大叶长宽 16.2cm×6.6cm，叶椭圆形，叶色绿，叶身稍背卷，叶面隆起，叶尖渐尖或急尖，叶脉 9~11 对，叶齿锐、稀、浅。萼片 5 片、多毛。花大，花冠直径 5.2~5.3cm，花瓣 7~10 枚、白色、质厚，子房多毛、4（3）室，花柱长 1.5~1.9cm、粗 0.29cm、先端 4（3）浅裂，雌蕊高于雄蕊。果不规则形，果径 2.5~3.0cm。种子近球形，种径 1.4~1.7cm。制晒青茶。（1984.11）

图 5-1-29 榨房大黑茶 1 号

滇 47. 榨房大黑茶 2 号 Zhafang daheicha2 （*C.atrothea*）

产地同榨房大黑茶 1 号。野生型。乔木型，树姿直立，树高 7.3m，树幅 5.6m×5.3m，干径 43.0cm，分枝密度中等。特大叶，叶长宽 15.1cm×6.4cm，最大叶长宽 16.8cm×6.8cm，叶椭圆形，叶色绿，叶身平，叶面隆起，叶尖渐尖或尾尖，叶脉 8~10 对，叶齿锐、中、深。萼片 6~7 片、有毛。花冠直径 4.1~4.2cm，花瓣 7~9 枚、白现绿晕，子房多毛、4（3、5）室，花柱长 1.3~1.5cm、先端 4（3.5）中裂，雌蕊高或等高于雄蕊。果不规则形或肾形，果径 2.2~2.7cm。种子球形，种径 1.4~1.5cm。1985 年干样含水浸出物 45.83%、茶多酚 31.93%、儿茶素总量 5.79%、氨基酸 2.84%、咖啡碱 4.48%。生化成分茶多酚含量高、儿茶素总量特低。制晒青茶。可作物种生化代谢机制研究材料。（1984.11）

滇 48. 梁子大黑茶 Liangzi daheicha （*C.atrothea*）

产双柏县碨嘉镇老厂村，海拔 1800m。小乔木型，树姿直立，树高 11.5m，树幅 9.7m×6.9m，基部干径 84.9cm，分枝密度中等。芽叶黄绿色、毛特多。特大叶，叶长宽 18.3cm×7.7cm，最大叶长宽 21.1cm×9.2cm，叶椭圆形，叶色绿，叶身平，叶面稍隆起，叶尖渐尖或尾尖，叶脉 9~10 对，叶齿锐、稀、浅。萼片 5（4）片、中毛。花大，花冠直径 5.1~5.4cm，花瓣 7~10 枚、白色，子房多毛、3（4）室，花柱长 1.4~1.9cm、先端 3（4）浅裂，雌蕊高于雄蕊。制晒青茶。（1984.11）

图 5-1-30 梁子大黑茶

滇 49. 梁子大叶茶 Liangzi dayecha （*C.sinensis var. assamica*）

产地同梁子大黑茶。栽培型。样株小乔木型，树姿半开张，树高 7.1m，树幅 4.0m×3.8m，干径 46.2cm。芽叶黄绿色、毛多。特大叶，叶长宽 15.1cm×7.1cm，叶椭圆形，叶色绿，叶身平，叶面稍隆起，叶尖渐尖，叶脉 8~10 对，叶齿锐、中、深。萼片 5 片，有睫毛。花冠直径 3.0~3.1cm，花瓣 5~7 枚、白现绿晕，花瓣下部连生，子房多毛、3 室，花柱长 0.9~1.1cm、先端 3 浅裂，雌蕊等高或低于雄蕊。果形不规则，果径 2.3~2.6cm。种子近球形，种径 1.4~1.7cm。1985 年干样含水浸出物 47.60%、茶多酚 29.84%、儿茶素总量 6.05%、氨基酸 2.64%、咖啡碱 4.81%。生化成分茶多酚、咖啡碱含量高、儿茶素总量特低。制晒青茶。可作育种材料。（1984.11）

滇50. 麻旺家茶 Mawang jiacha（*C.sinensis*）

产双柏县碙嘉镇麻旺村，海拔1760m。栽培型。样株小乔木型，树高8.7m，树幅6.8m×5.0m，干径52.9cm，分枝密。中叶，叶长宽8.5cm×3.9cm，叶椭圆形，叶色绿，叶身平，叶面稍隆起，叶尖渐尖，叶脉7~10对，叶齿钝、中、深，叶背主脉多毛。萼片6~7片，无毛。花冠直径2.9~3.2cm，花瓣5~6枚、白现绿晕，子房多毛，3室，花柱长0.6~0.9cm、先端3中裂，雌蕊低于雄蕊。果三角状球形或肾形，果径2.3~2.4cm。种子近球形，种径1.2~1.5cm。1985年干样含水浸出物43.96%、茶多酚29.92%、儿茶素总量8.23%、氨基酸1.82%、咖啡碱2.83%。制晒青茶。本树最大特点是高大小乔木中偏小叶；生化成分茶多酚含量高、儿茶素总量低。（1984.11）

滇51. 义隆红花茶 Yilong honghuacha（*C.sinensis*）

产双柏县碙嘉镇义隆村，海拔1450m。栽培型。小乔木型，树姿开张，树高4.9m，树幅4.4m×4.4m，干径26.8cm，分枝密。中叶，叶长宽8.5cm×3.5cm，叶椭圆形，叶色绿，叶身平，叶面平，叶尖渐尖，叶脉7~9对，叶齿锐、中、深。花梗红色，萼片5（4）片、中毛、红色。花冠直径2.8~3.2cm，花瓣4~5枚、红色，子房多毛，3室，花柱长1.0~1.2cm、先端3微裂，雌蕊高或低于雄蕊。1985年干样含水浸出物50.65%、茶多酚31.47%、氨基酸2.40%、咖啡碱4.99%。制晒青茶。本树最大特点是花梗、萼片、花蕾、花瓣均是红色；生化成分水浸出物、茶多酚、咖啡碱含量高。该树因采摘过度和管理不善，2010年死亡。（1984.11）

图 5-1-31　义隆红花茶花

三、德宏傣族景颇族自治州

德宏傣族景颇族自治州位于云南省西南，横断山脉南部、高黎贡山以西。属南亚热带雨林季风气候。野生型茶树主要是大理茶，是高黎贡山大理茶区系的南延部分，最南端到达中缅边境的瑞丽弄岛。栽培型茶树主要有德宏茶、拟细萼茶、普洱茶和茶。德宏茶、拟细萼茶是1981年同时在芒市勐戛发现的新种。主产晒青茶和红茶。

滇 52. 赵老地大山茶 Zhaolaodi dashancha（*C.taliensis*）

产梁河县大厂乡赵老地荷花村，海拔 2040m。野生型。样株小乔木型，树姿半开张，树高约 10m，树幅 6.0m，干径 70.0cm。芽叶绿带微紫色、无毛。大叶，叶长宽 14.3cm×4.9cm，叶长椭圆或披针形，叶色绿，叶身稍内折，叶面稍隆起，叶尖急尖，叶脉 8~9 对，叶齿中、稀、浅，叶缘下部无齿。萼片 5 片、无毛。花冠直径 5.0~5.1cm，花瓣 11 枚、白色，子房中毛、5 室，花柱长 2.6cm、先端 5 浅裂，雌蕊高于雄蕊。果不规则形，果径 3.1~3.4cm，果高 1.6cm。种子不规则形，种径 1.4cm，种皮粗糙。枝叶有腥臭味。1982 年干样含茶多酚 16.45%、儿茶素总量 7.81%、氨基酸 2.16%、咖啡碱 2.24%。生化成分儿茶素总量特低。制晒青茶。附近有干径在 80~60cm 的茶树数株。（1981.11）

图 5-1-32　赵老地大山茶

滇 53. 缅甸大山茶 Miandian dashancha（*C.sinensis* var. *assamica*）

产梁河县勐养乡卡子村，海拔 1580m。同类型多株。据传是二次大战时梁河、龙陵等地从缅甸引入的茶种，故名。栽培型。样株乔木型，树姿半开张，树高约 6m，树幅 4.3×4.1m。芽叶绿色、多毛。中叶，叶长宽 8.7cm×4.6cm，叶椭圆形，叶色绿，叶身稍内折，叶面隆起，叶尖钝尖，叶脉 7~9 对，叶齿钝、稀、浅。萼片 5 片、少毛。花冠直径 2.6~3.0cm，花瓣 7~8 枚、白色，子房中毛、3 室，花柱长 1.1cm、先端 3 微裂，雌蕊高于雄蕊。果不规则形，果径 2.4~2.9cm，种子近肾形，种径 1.4~1.6cm。1982 年干样含茶多酚 19.95%、儿茶素总量 15.60%、氨基酸 2.44%、咖啡碱 3.98%。制晒青茶。（1981.11）

滇 54. 梁河丛茶 Lianghe congcha（*C.sinensis*）

产地同缅甸大山茶，海拔 1570m。栽培型。样株灌木型，树姿半开张，树高 2.0m，树幅 2.5m。芽叶绿色、多毛。小叶，叶长宽 8.0cm×3.4cm，叶椭圆形，叶色绿，叶身稍内折，叶面稍隆起，叶尖渐尖，叶脉 9~10 对，叶齿锐、稀、浅。萼片 5 片、无毛。花冠直径 1.8~2.0cm，花瓣 7 枚、白色，子房中毛、3 室，花柱长 0.7cm、先端 3 浅裂，雌蕊低于雄蕊。果球形，果径 1.4~2.1cm，种子近球形，种径 1.2cm。1982 年干样含茶多酚 19.03%、儿茶素总量 16.64%、氨基酸 1.59%、咖啡碱 3.46%。制晒青茶。（1981.11）

滇 55. 梁河大厂茶 Lianghe dachangcha（*C.sinensis var. assamica*）

产梁河县大厂茶场，海拔2040m。当地主栽品种。栽培型。样株乔木型，树姿半开张，树高2.8m，树幅2.0m。芽叶黄绿色、多毛。特大叶，叶长宽16.6cm×6.5cm，叶椭圆形，叶色深绿，叶身平，叶面隆起，叶缘平，叶尖渐尖，叶脉13对，叶齿钝、中、浅。萼片5片、无毛。花冠直径4.9~5.2cm，花瓣6~8枚、白色，子房中毛、3室，花柱先端3浅裂。种子近球形，种子大，种径1.5~1.7cm。1982年干样含水浸出物46.61%、茶多酚25.40%、氨基酸3.23%、咖啡碱4.89%。制红茶，茶黄素含量达1.41%。生化成分咖啡碱含量高。（1981.11）

滇 56. 小寨子大茶树 Xiaozhaizi dachashu（*C.taliensis*）

产梁河县芒东乡小寨子村，海拔2094m。同类型多株。野生型。样株乔木型，树姿直立，分枝稀，长势健壮。树高约18m，树幅5.1m×4.5m，最低分枝高0.2m，基部干径74.8cm，嫩枝无毛。大叶，叶长宽11.4cm×5.7cm，叶椭圆形，叶色绿，身内折，叶面稍隆起，叶尖渐尖，叶脉8~10对，叶齿钝、稀、浅，叶质硬，叶柄、叶背主脉无毛。萼片数5片、绿色、无毛。花冠直径4.4~4.8cm，花瓣14枚、白色，子房有毛、5室，花柱5裂。2014干样含水浸出物48.39%、茶多酚23.28%、儿茶素总量12.57%（其中EGCG5.23%）、氨基酸3.04%、咖啡碱3.03%。（2014）

图 5-1-33　小寨子大茶树

滇 57. 从干寨大茶树 Congganzhai dachashu（*C.sinensis* var. *assamica*）

产梁河县九保乡安乐村，海拔1635m。同类型多株。栽培型。样株小乔木型，树姿开张，分枝稀，长势强。树高 6.3 m，树幅 6.2m×5.4m，基部干径 38.0cm，最低分枝高 0.53m，嫩枝有毛。叶芽多毛。大叶，叶长宽14.5cm×5.7cm，叶长椭圆形，叶色绿，叶身平，叶面稍隆起，叶尖渐尖，叶脉9~12对，叶质柔软，叶柄、叶背主脉有毛。萼片 5 枚、绿色、无毛。花瓣 6 枚、白现绿晕，花冠直径2.3~3.5cm，子房有毛、

图 5-1-34　从干寨大茶树

3 室，花柱 3 浅裂。2014 年干样含水浸出物 49.99%、茶多酚 27.00%、儿茶素总量 24.67%（其中 EGCG10.35%）、氨基酸 4.36%、咖啡碱 4.08%。生化成分茶多酚和儿茶素总量高。适制红茶、绿茶。（2014）

滇 58. 花拉场大茶树 Hualachang dachashu（*C. taliensis*）

产芒市江东乡花拉场，海拔 1725m。野生型。小乔木型，树姿半开张，树高约 9m，树幅 4.7m，基部干径 65.0cm。芽叶深绿带紫红色、无毛。大叶，叶长宽 13.1cm×5.4cm，叶椭圆形，叶色绿，叶身稍内折，叶面稍隆起，叶尖渐尖，叶脉 9~11 对，叶齿锐、稀、中。萼片 5 片、无毛。花冠直径 3.4~3.7cm，花瓣 8~9 枚、白色，子房有毛、4（3）室，花柱长1.3cm、先端 4（3）微裂，雌雄蕊等高。果扁球形，果径 2.7~3.0cm，种子近球形，种径 1.3cm。1982 年干样含水浸出物 48.14%、茶多酚 28.58%、儿茶素总量 21.12%、氨基酸 2.45%、咖啡碱 5.18%、茶氨酸0.94%。生化成分茶多酚、儿茶素总量和咖啡碱含量高。制晒青茶。可作育种材料。（1981.10）

图 5-1-35　花拉场大茶树（2013）

滇 59. 勐稳野茶 Mengwen yecha（*C.taliensis*）

产芒市勐戛镇勐稳村，海拔 1940m。野生型。样株乔木型，树姿直立，树高约 17m，树幅 4.0m，干径 33.1cm。特大叶，叶长宽 15.6cm×7.5cm，叶椭圆形，叶色绿，叶身稍内折，叶面平，叶尖渐尖，叶脉 10~13 对，叶齿锐、稀、浅。萼片 5 片、无毛。花冠直径 3.8~4.1cm，花瓣 10~12 枚、白色、无毛，子房多毛、5 室，化柱长 1.8cm、先端 5 中裂，雌蕊高于雄蕊。果四方状球形，5 室，果径 4.3~4.7cm，果高 2.1cm，果皮厚 4.0mm。种子球形，种径 1.8cm。1982 年干样含茶多酚 30.24%、儿茶素总量 4.75%、氨基酸 0.51%。生化成分是茶多酚含量高，儿茶素和氨基酸含量特低。（1981.10）

滇 60. 三角岩茶 Sanjiaoyancha（*C.dehungensis*）

产芒市勐戛镇三角岩，海拔 1630m。栽培型。乔木型，树姿半开张，树高 6.0m，树幅 3.9m×3.8m，干径 29.7cm。嫩枝有毛。芽叶绿色、有毛。中叶，叶长宽 12.5cm×4.3cm，叶长椭圆形，叶色绿，叶身稍内折，叶面平，叶尖渐尖，叶脉 10~12 对，叶齿锐、密、浅。萼片 5 片、无毛。花冠直径 2.1~2.5cm，花瓣 8 枚、白色、无毛，子房无毛、3 室，花柱长 1.0cm、先端 3 微裂，雌雄蕊等高。果三角状球形，果径 2.4~3.0cm，果高 1.6cm。种子球形，种径 1.4cm。1982 年干样含水浸出物 41.65%、茶多酚 22.80%、氨基酸 2.89%、咖啡碱 3.61%。制晒青茶。该树是德宏茶 *Camellia dehungensis* Chang et Chen 的模式标本。（1981.10）

图 5-1-36　三角岩茶（2014）

滇 61. 竹叶青 Zhuyeqing（拟细萼茶 *C.camellia parvisepaloides* Chang et Wang）

产地同三角岩茶，海拔 1630m。栽培型。乔木型，树姿半开张，树高 9m，树幅 8.5m×7.4m，干径 57.3cm。芽叶绿色、无毛。中叶，叶长宽 11.2cm×4.3cm，叶长椭圆形，叶色绿，叶身稍内折，叶面稍隆起，叶尖渐尖，叶脉 9~11 对，叶齿钝、中、中。萼片 5 片、长 0.2~0.3cm、无毛。花小，花冠直径 2.1~2.3cm，花瓣 9~11 枚、白色、子房无毛、3 室，花柱长 0.9cm、先端 3 微裂，雌雄蕊等高。果三角形，果径 2.5~2.8cm，果高 1.7cm，果皮粗糙。种子球形，种径 1.4cm。1982 年干样含水浸出物 49.24%、茶多酚 26.09%、儿茶素总量 21.12%、氨基酸 2.91%、咖啡碱 5.00%、茶氨酸 1.26%。制红茶，茶黄素含量达 1.39%。生化成分儿茶素和咖啡碱含量高。该树是拟细萼茶 *Camellia parvisepaloides* Chang et Wang 的模式标本。（1981.10）

滇 62. 蚂蟥沟大叶茶 Mahuanggou dachashu（*C.sinensis* var. *assamica*）

产芒市勐戛镇杨家场，海拔 1784m。同类型多株。栽培型。样株小乔木型，树姿直立，树高约 10m，树幅 4.1m×3.8m，基部干径 45.0cm，最低分支高 0.7m，分枝密度中等，长势强。嫩枝有毛。芽叶有毛。大叶，叶长宽 13.5cm×6.0cm，叶椭圆形，叶色绿，叶身背卷，叶面隆起，叶脉 10~13 对，叶尖渐尖，叶基近圆形，叶质软，叶柄、叶背主脉少毛。萼片 6 片、无毛。花冠直径 2.2~2.5cm，花瓣 5 枚、白现绿晕，子房有毛、3 室，花柱 3 浅裂，花柱长 0.9cm。种子球形或肾形，种径 2.3~2.9cm。（2014）

图 5-1-37　蚂蟥沟大叶茶

滇 63. 官寨茶 Guanzhai cha（*C.sinensis* var. *assamica*）

产芒市中山乡官寨，海拔 1590m。同类型茶树甚多。栽培型。样株小乔木型，树姿半开张，树高 2.8m，树幅 2.3m×1.5m，干径 19.1cm。芽叶绿色、有毛。特大叶，叶长宽 19.5cm×7.9cm，最大叶长宽 23.5cm×9.1cm，叶椭圆形，叶色绿，叶身平，叶面隆起，叶尖渐尖或急尖，叶脉 11~13 对，叶齿钝、稀、浅，叶背主脉多毛。萼片 5 片、无毛。花冠直径 2.9~3.2cm，花瓣 6~7 枚、白色、无毛，子房中毛、3 室，花柱长 1.2cm、先端 3 浅裂，雌雄蕊等高。果三角状球形，果径 2.5~2.8cm，果高 1.6cm。种子球形，种径 1.4cm。1989 年干样含水浸出物 47.14%、茶多酚 23.77%、儿茶素总量 20.16%（其中 EGCG9.84%）、氨基酸 3.08%、茶氨酸 1.36%、咖啡碱 4.89%。生化成分儿茶素总量和咖啡碱含量高。制烘青茶和红茶。（1981.10）

滇64. 一碗水茶 Yiwanshuicha（*C. taliensis*）

产芒市芒市镇一碗水村，海拔1748m。同类型多株。野生型。样株乔木型，树姿直立，分枝较密，长势强。树高9.5m，树幅5.3m×4.5m，最大分枝干径43.3cm，最低分枝高0.4m。芽叶黄绿色、无毛。中叶，叶长宽11.8cm×4.5cm，叶长椭圆形，叶色绿，叶身平，叶面平，叶尖渐尖，叶脉7~8对，叶齿重锯齿，叶质硬，叶柄、叶背主脉无毛。萼片5片、紫红色、

图 5-1-38 一碗水茶

边缘有睫毛。花冠直径4.8~5.1cm，花瓣7枚、白色、无毛，子房有毛，花柱4浅裂。（2014）

滇65. 仙人洞大叶茶 Xianrendong dayecha（*C. sinensis* var. *assamica*）

产芒市江东乡仙人洞村，海拔1759m。同类型多株。栽培型。样株小乔木型，树姿开张，分枝密，长势强。芽叶黄绿色、少毛。树高10.7m，树幅5.8m×5.2m，基部干径82.8cm。大叶，叶长宽12.4cm×4.8cm，叶长椭圆形，叶色绿，叶身稍背卷，叶面平，叶尖渐尖，叶脉8~9对，叶质软，叶柄、叶背主脉无毛。花柄无毛，萼片5枚、绿色、无毛。花冠直径

图 5-1-39 仙人洞大叶茶

4.1~4.8cm，花瓣5枚、白色、无毛，子房有毛，花柱4深裂。（2014）

滇 66. 拱母山大叶茶 Gongmushan dayecha（*C.sinensis var. assamica*）

产芒市遮放镇拱岭村，海拔
2114m。栽培型。样株小乔木型，
树姿半开张，树高约 9m，树幅
7.2m×6.6m，基部干径 72.0cm，
最低分枝高 1.1m，分枝密。嫩枝
有毛。芽叶多毛。特大叶，叶长
宽 16.7cm×5.2cm，最大叶长宽
18.6cm×5cm，叶色绿，叶披针形，
叶身平，叶面稍隆起，叶尖渐尖，
叶脉 13~17 对，叶质硬，叶柄、叶
背主脉茸毛中等。萼片 5 片、绿色。

图 5-1-40　拱母山大叶茶

花冠直径 3.0~3.5cm，花瓣 5 枚、白色，子房有毛，花柱 4 浅裂，花柱长 1.4 cm。种子
三角形、肾形，种径 1.0~1.2cm。　（2014）

滇 67. 护国野茶 Huguo yecha（*C.taliensis*）

产陇川县护国乡护国村，海拔 1690m。野生型。
乔木型，树姿半开张，树高 5.0m，树幅 2.5m，干
径 36.6cm，特大叶，叶长宽 14.7cm×6.6cm，叶椭
圆形，叶色绿，叶身平，叶面平，叶尖渐尖，叶
脉 9~11 对，叶齿钝、稀、浅。萼片 5 片、无毛。
花大，花冠直径 5.8~6.4cm，花瓣 11~12 枚、白色，
子房多毛、6（3）室，花柱长 1.6cm、先端 6（3）
浅裂，雌蕊高于雄蕊。果四方状球形。种径 1.6cm。
制晒青茶。本树特点是子房有 6 室。（1981.11）

图 5-1-41　护国野茶

滇 68. 野油坝大茶树 Yeyouba dachashu（*C.taliensis*？）

产陇川县护国乡边河村，海拔 2228 m。同类型多株。野生型？样株乔木型，树姿直立，树高约 16m，树幅约 7m×6m，基部干径 47.0cm，最低分枝高 1.5m，分枝稀，长势强。嫩枝无毛。叶芽无毛。叶色深绿，特大叶，叶片长宽 17.5cm×7.0cm，最大叶长宽 18.0cm×7.0cm，叶椭圆形，叶身背卷，叶面稍隆起，叶尖渐尖，叶脉 13~14 对，叶齿钝、稀、浅，叶质硬，叶柄、叶背主脉无毛。（2014）

图 5-1-42　野油坝大茶树

滇 69. 曼面大茶树 Manmian dachashu（*C.taliensis*）

产陇川县景罕镇曼面村，海拔 1967m。同类型多株。野生型。样株乔木型，树姿直立，分枝稀，长势强。树高 10.2m，树幅 6.3m×5.6m，基部干径 51.3cm。芽叶紫绿色、无毛。大叶，叶长宽 14.8cm×5.5cm，叶长椭圆形，叶色绿，叶身平，叶面平，叶尖渐尖，叶脉 10~11 对，叶齿钝、稀、浅，叶质硬，叶柄、叶背主脉无毛。花柄无毛，萼片 5 片、紫红色、边缘有睫毛。花冠直径 5.4~5.8cm，花瓣 11 枚、白色、质地厚、无毛，子房有毛、5 室，花柱 5 深裂。（2014）

图 5-1-43　曼面大茶树

滇 70．邦瓦大茶树 Bangwa dachashu（*C.dehungensis*）

产陇川县邦瓦乡邦瓦村，海拔1300m。栽培型。样株小乔木型，树姿直立，树高2.2m，树幅1.0m，基部干径22.0cm。芽叶黄绿色、中毛。大叶，叶长宽12.4cm×5.9cm，叶椭圆形，叶色绿，叶身内折，叶面稍隆起，叶尖渐尖，叶脉10~11对，叶齿钝、中、浅。萼片5片、无毛。花冠直径3.9~4.1cm，花瓣6~8枚、白色，子房无毛、3室，花柱长1.6cm、先端3浅裂，雌蕊高于雄蕊。果三角状球形，果径2.4~2.8cm，果高2.0cm。种子近球形、种径1.5cm。1982年干样含水浸出物49.50%、茶多酚30.73%、氨基酸3.54%、咖啡碱4.90%。生化成分水浸出物、茶多酚、咖啡碱含量高。制晒青茶。　（1981.11）

滇 71．观音山红叶茶 Guanyinshan hongyecha（*C.dehungensis*）

产陇川县邦瓦乡观音山，海拔1300m。同类型多株。栽培型。样株小乔木型，树姿半开张，分枝密。树高2.0m，树幅1.2m，基部干径25cm。嫩枝有茸毛。叶芽黄绿色、少毛。特大叶，叶片长宽16.7cm×6.8cm，最大叶长宽19.1cm×8.0cm，叶椭圆形，叶色绿，叶身稍内折，叶面隆起，叶尖急尖，叶脉10~11对，叶齿中、中、深。花冠直径3.8~4.2cm，花瓣7枚、白色，子房无毛、3（4）室，花柱先端3裂。果径2.4~2.8cm。种径1.5cm。花粉圆球形，花粉平均轴径31.0μm，属大粒型花粉。花粉外壁纹饰为穴网状，萌发孔带状。染色体倍数性：整二倍体出现频率为85%。1989年干样含水浸出物48.26%、茶多酚31.81%、儿茶素总量27.79%（其中EGCG14.08%）、氨基酸3.15%、茶氨酸1.34%、咖啡碱4.87%。生化成分茶多酚、儿茶素总量、EGCG和咖啡碱含量高。制红茶，滋味浓醇。　（1990.11）

滇 72．邦东野生大茶树 Bangdong yeshengdachashu（*C.taliensis*？）

产陇川县王子树乡邦东村，海拔2029m。同类型多株。野生型？样株乔木型，树姿直立，分枝密。树高约15m，树幅约4m×3m，有4个分枝，基部干径86cm。嫩枝无毛。芽叶无毛。特大叶，叶长宽15.6cm×5.9cm，叶长椭圆形，叶色绿，叶身内折，叶面稍隆起，叶尖渐尖，叶脉12~14对，叶齿钝、稀、浅，叶质中等，叶柄、叶背主脉无毛。花瓣6枚，白现绿晕。2014年干样含水浸出物43.71%、茶多酚20.80%、儿茶素总量16.27%（其中EGCG4.68%）、氨基酸5.18%、咖啡碱1.15%。生化成分氨基酸含量高、咖啡碱含量低。可作创制产品材料。　（2014）

图 5-1-44　邦东野生大茶树

滇73. 邦东大叶茶 Bangdong dayecha（*C.sinensis* var. *assamica*）

产陇川县王子树乡邦东村，海拔1854m。同类型多株。栽培型。样株小乔木型，树姿开张，分枝密，长势强。树高4.5m，树幅6.0m×4.8m 基部干径49.0cm，最低分枝高0.35m。嫩枝有茸毛。芽叶多毛。中叶，叶片长宽11.3cm×4.7cm，叶椭圆形，叶色绿，叶身内折，叶面隆起，叶尖渐尖，叶脉14~16对，叶齿锐、密，叶质中等，叶柄、叶背主脉多毛。花瓣6枚，白色。2014年干样含水浸出物48.17%、茶多酚24.35%、儿茶素总量14.86%（其中EGCG3.97%）、氨基酸5.55%、咖啡碱3.99%。生化成分氨基酸含量高。适制绿茶。（2014）

图5-1-45　邦东大叶茶

滇74. 岗巴细叶茶 Gangba xiyecha（*C.sinensis*）

产陇川县王子树乡岗巴村，海拔2020m。栽培型。样株灌木型，树姿开张，树高1.5m，树幅2.0m。芽叶绿色、中毛。小叶，叶长宽7.4cm×3.0cm，叶椭圆形，叶色绿，叶身内折，叶面平，叶尖钝尖，叶脉7~9对，叶齿钝、稀、中。萼片5片、无毛。花小，花冠直径1.7~2.2cm，花瓣6~7枚、白色，子房多毛、3室，花柱长0.7cm、先端3全裂，雌蕊低于雄蕊。果多为球形，果径1.4~1.6cm，果高1.7cm。1982年春茶一芽二叶干样含水浸出物42.51%、茶多酚23.70%、氨基酸1.81%、咖啡碱4.54%。制晒青茶。（1981.11）

滇75. 昔马山茶 Xima shancha（*C.taliensis*）

产盈江县昔马镇胜利山，海拔1650m。野生型。样株乔木型，树姿半开张，树高5.0m，树幅2.5m，干径17.2cm。芽叶黄绿色、多毛。大叶，叶长宽13.4cm×5.2cm，叶椭圆形，叶色深绿，叶身平，叶面平，叶尖急尖，叶脉10对，叶齿钝、稀、浅。萼片无毛。花大，花冠直径5.2~5.5cm，花瓣9~10枚、白色，雄蕊147枚，子房多毛、5室，花柱长1.7cm、先端5微裂，雌雄蕊等高。果梅花形，果径3.4~3.7cm，果高1.8cm。种子近球形，种径1.4cm。1982年干样含茶多酚26.54%、氨基酸3.51%、咖啡碱4.69%。制晒青茶。（1981.10）

滇 76. 油松岭大茶树 Yousonglin dachashu（*C. sinensi. var. assamica*）

产盈江县油松岭乡椿头塘村，海拔 2348m。野生型？同类型多株。样株乔木型，树姿直立。树高约 11m，树幅 2.0m×1.5m，基部干径 36.0cm，分枝较密，长势强。嫩枝无毛。叶色深绿，大叶，叶长宽 11.7cm×5.1cm，叶椭圆形，叶身平，叶面稍隆起，叶尖渐尖，叶脉 8~10 对，叶齿钝、稀、浅，叶质中，叶柄、叶背主脉无毛，花瓣 5 枚、白现绿晕或红晕。(2014)

图 5-1-46　油松岭大茶树

滇 77. 苏典大茶树 Sudian dachashu（*C. taliensis*？）

产盈江县苏典乡茅草村，海拔 1754m。野生型？乔木型，树姿直立，树高 7.2m，树幅 2.0m ×2.0m，基部干径 36.6cm，最低分枝高 1.9m，分枝中等，长势强。嫩枝无毛。芽叶无毛。中叶，叶长宽 9.4cm×4.8cm，卵圆形，叶色深绿，叶身内折，叶面稍隆起，叶尖渐尖，叶脉 7~11 对，叶齿钝、稀、浅，叶质硬，叶背主脉无毛。花瓣 10 枚、白色。(2014)

图 5-1-47　苏典大茶树

滇 78. 勐弄大茶树 Menglong dachashu（*C.taliensis*）

产盈江县勐弄乡勐典村，海拔 1810m。同类型多株。野生型。样株乔木型，树姿直立，树高 14.5m，树幅 3.5m×3.0m，基部干径 60.0cm，最低分枝高 0.6m，分枝稀，长势强。嫩枝无毛。芽叶无毛。中叶，叶片长宽 9.9cm×4.6cm，叶椭圆形，叶色深绿，叶身内折，叶面稍隆起，叶尖渐尖，叶脉 7~9 对，叶齿钝、稀、浅，叶质硬，叶柄、叶背主脉无毛。花瓣 10 枚、白色。2014 年干样含水浸出物 43.03%、茶多酚 20.33%、儿茶素总量 9.54%（其中 EGCG3.37%）、氨基酸 3.16%、咖啡碱 2.57%。生化成分儿茶素总量低。（2014）

图 5-1-48　勐弄大茶树

滇 79. 太平茶 Taipingcha（*C.taliensis*？）

产盈江县太平镇卡牙村，海拔 2022m。野生型? 乔木型，树姿直立，树高约 20m，树幅 5.6 m×5.5m，基部干径 67.0cm，最低分枝高 2.0m，分枝稀，长势强。嫩枝无毛。芽叶无毛。大叶，叶片长宽 14.0cm×5.6cm，叶椭圆形，叶色深绿，叶身内折，叶面稍隆起，叶尖渐尖，叶脉 9~12 对，叶齿钝、稀、浅，叶质硬，叶柄、叶背主脉无毛。2014 年干样含水浸出物 50.30%、茶多酚 20.12%、儿茶素总量 9.62%（其中 EGCG3.91%）、氨基酸 3.39%、咖啡碱 2.72%。生化成分水浸出物含量高、儿茶素总量低。

图 5-1-49　太平茶

滇80. 银河大茶树 Yinhe dachashu（*C. taliensis*）

产盈江县芒章乡银河村，海拔2042m。同类型多株。野生型。样株乔木型，树姿直立，树高6.5m，树幅4.5m×3.0m，基部干径60.8cm，分枝密，长势强。嫩枝无毛。芽叶无毛。特大叶，叶片长宽15.3cm×8.2cm，最大叶长宽17.1cm×9.0cm，叶卵圆形，叶色深绿，叶身内折，叶面平，叶尖渐尖，叶脉9~11对，叶齿钝、稀、浅，叶质硬，叶柄、叶背主脉无毛。萼片5片、白色。花冠直径4.9cm，子房有毛、5室，花柱5浅裂。

图 5-1-50　银河大茶树

滇81. 盏西大叶茶 Zhanxi dayecha（*C. sinensis* var. *assamica*）

产盈江县盏西镇团坡村，海拔1024m。同类型多株。栽培型。样株乔木型，树姿直立，树高约11m，树幅5.5m×5.0m，基部干径48.0cm，最低分枝高0.9m，分枝密度中等，长势强。嫩枝有毛。芽叶有毛。大叶，叶长宽12.3cm×5.0cm，叶椭圆形，叶色绿，叶身内折，叶面稍隆起，叶尖渐尖，叶脉8~10对，叶质中等，叶柄、叶背主脉无毛。萼片6片、绿色。花冠直径2.5~2.7cm，花瓣6枚、白现绿晕，子房有毛、3室，花柱3浅裂，花柱长1.5cm。种子三角状球形。（2014）

图 5-1-51　盏西大叶茶

滇 82．弄岛野茶 Nongdao yecha（*C.taliensis*）

产瑞丽市弄岛镇等夏村。海拔 1030m。野生型。样株乔木型，树姿开张，树高 4.0m，树幅 3.0m，干径 22.0cm。芽叶黄绿微紫色、少毛。特大叶，叶长宽 17.6cm×6.7cm，最大叶片长宽 19.8cm×7.5cm，叶长椭圆形，叶色深绿，叶身平，叶面平，叶尖渐尖，叶脉 11 对，叶齿钝、稀、浅。萼片无毛（内多毛）。花冠直径 4.6~4.8cm，花瓣 7~8 枚、白色，呈伞形，子房多毛、5 室，花柱长 1.1cm、有少量茸毛，花柱先端 5 中裂，雌雄蕊等高，雄蕊多。果梅花形，果大，果径 4.9~5.3cm，果高 2.8cm，果皮厚 2.0mm。种子近球形，种径 1.9cm。1982 年干样含水浸出物 46.83%、茶多酚 33.17%、氨基酸 2.93%、咖啡碱 3.73%。生化成分茶多酚含量高。制晒青茶、红茶。（1981.10）

滇 83．弄岛黑茶 Nongdao heicha（*C.dehungensis*）

产地同弄岛野茶，同类型茶树甚多。海拔 1050m。栽培型。样株小乔木型，树姿直立，树高 4.2m，树幅 2.4m，干径 12.7cm。芽叶绿色、少毛。大叶，叶长宽 14.0cm×5.1cm，叶长椭圆形，叶色深绿，叶身稍内折，叶面隆起，叶尖渐尖或骤尖，叶脉 10~11 对，叶齿锐、中、深。萼片 5 片、无毛。花冠直径 2.4~2.6cm，花瓣 6~7 枚、白色，呈倒三角形，子房无毛、3 室，花柱长 0.9cm、先端 3 中裂，雌雄蕊等高或低。果三角形，果径 3.0~3.4cm，果高 1.9cm。种子近球形，种径 1.5cm。花粉圆球形，花粉平均轴径 28.90μm，属小粒型花粉。花粉外壁纹饰为细网状，萌发孔为狭缝状。染色体倍数性是：整二倍体频率为 94%。1989 年干样含水浸出物 48.19%、茶多酚 23.67%、儿茶素总量 21.22%、氨基酸 2.77%、咖啡碱 5.11%、茶氨酸 1.31%。制红茶，茶黄素含量高达 2.21%，香味尚浓醇。（在该树附近有长 31cm 的特大叶片茶树。）生化成分儿茶素总量和咖啡碱含量高。可作育种材料。（1990.11）

滇 84．弄岛青茶 Nongdao qingcha（*C.dehungensis*）

产地同弄岛野茶，海拔 1100m。同类型茶树多。栽培型。样株乔木型，树姿开张，树高 5.1m，树幅 4.0m，干径 43.0cm。大叶，叶长宽 14.1cm×5.7cm，叶椭圆形，叶色绿，叶身平，叶面隆起，叶尖渐尖，叶脉 10~12 对，叶齿钝、稀、浅。萼片无毛（内多毛）。花冠直径 1.8~2.1cm，花瓣 6~8 枚、白色，子房无毛、3 室，花柱长 1.0cm、先端 3 浅裂，雌雄蕊等高。果三角形，果径 2.9~3.2cm，果高 1.8cm。种子近球形，种径 1.5cm。1982 年干样含茶多酚 18.70%、儿茶素总量 16.21%、氨基酸 2.76%、咖啡碱 1.63%。制晒青茶。（1981.10）

滇 85. 武甸大叶茶 Wudian dayecha（*C.sinensis* var. *assamica*）

产瑞丽市弄岛镇武甸村，海拔1065m。栽培型。小乔木型，树姿半开张。树高约5m，树幅约6m×5m，基部干径25.2cm，最低分枝高0.4m，分枝稀，长势强。嫩枝多毛。芽叶多毛。特大叶，叶长宽16.0cm×6.8cm，最大叶长宽18.0cm×7.7cm，叶椭圆形，叶色绿，叶身背卷，叶面隆起，叶尖渐尖，叶脉15~17对，叶质中，叶柄、叶背主脉茸毛中等。花冠直径3.4~3.8cm，花瓣5枚、白色，子房有毛，花柱4浅裂。种

图 5-1-52　武甸大叶茶

子三角状球形，种径2.5cm。2014年干样含水浸出物49.78%、茶多酚21.46%、儿茶素总量14.30%（其中EGCG6.36%）、氨基酸5.59%、咖啡碱4.01%。生化成分氨基酸含量高。适制红茶、绿茶。（2014）

滇 86. 户育大茶树 Huyu dachashu（*C.taliensis*）

产瑞丽市户育乡芒海村，海拔1434m。同类型多株。野生型。样株乔木型，树姿直立，树高8.2m，树幅6.3m×4.8m，基部干径38.2cm，分枝稀，长势强。芽叶紫绿色、无毛。大叶，叶长宽13.4cm×5.4cm，叶椭圆形，叶色绿，叶身平，叶面平，叶尖渐尖，叶脉7~8对，叶齿钝、稀、浅，叶质硬，叶柄、叶背主脉无毛。花柄无毛，萼片5枚、紫红色、边缘有睫毛。花冠直径5.4cm，花瓣10枚、白色、无毛、质地厚，子房有毛、5室，花柱5深裂。（2014）

图 5-1-53　户育大茶树

滇 87. 畹町大叶茶 Wanding dayecha (*C.dehungensis*)

产瑞丽市畹町镇芒棒村，海拔 985m。栽培型。小乔木型，树姿半开张，树高 3.5m，树幅 2.0m×1.4m，基部干径 15.0cm，最低分枝高 1m，分枝较密，长势强。嫩枝多毛。芽叶多毛。大叶，叶长宽 13.4cm×5.5cm，叶椭圆形，叶色绿，叶身内折，叶面平，叶尖渐尖，叶脉 7~10 对，叶柄、叶背主脉茸毛中等。花小，花冠直径 1.6~1.8cm，花瓣 6 枚、白色，子房无毛、3 室，花柱 3 深裂，花柱长 1cm。(2014)

图 5-1-54　畹町大叶茶

四、大理白族自治州

大理白族自治州位于云南省西部，大部分处在滇西纵谷区，属北亚热带季风气候，是云南最北部的茶区之一。古茶树主要是分布在永平、南涧、大理等县市。大理茶的模式标本取自大理感通寺。栽培型茶树主要有德宏茶、普洱茶和茶等。

滇 88. 金光寺大茶树 Jinguangsi dachashu (*C.taliensis*)

产永平县杉阳镇金光寺，海拔 2589m。野生型。乔木型，树姿直立，树高约 16m，树幅 6.5 m×6.1m，基部干径 41.0cm，分枝中。芽叶少毛。大叶，叶长宽 13.9cm×5.3cm，叶长椭圆形，叶色绿，叶身平，叶面平，叶尖渐尖，叶脉 8~9 对，叶齿锐、中、浅，叶缘 1/3 无齿，叶柄和叶背主脉无毛。萼片 5 (4) 片、无毛。花冠直径 3.7~4.2cm，花瓣 10~12 枚、白色、质中，花瓣长宽 2.0cm×1.4cm，子房有毛、4 室，花柱先端 4 裂。干果皮厚 2.0mm。种径 1.4~1.5cm，种皮褐色。(2014.10)

图 5-1-55　金光寺大茶树

滇89. 阿古寨大茶树 Aguzhai dachashu（*C.taliensis*）

产永平县杉阳镇阿古寨，海拔2460m。野生型。乔木型，树姿直立，树高约7m，树幅4.5 m×4.1m，基部干径47.0cm，分枝中。嫩枝、芽叶无毛。大叶，叶长宽13.0cm×5.0cm，叶长椭圆形，叶色绿，叶身平，叶面平或稍隆起，叶尖渐尖，叶脉8~10对，叶齿锐、稀、浅不明，叶柄和叶背主脉无毛。萼片5片、无毛。花梗无毛。花冠直径3.6~3.8cm，花瓣9~12枚，花瓣白色、质薄、无毛，花瓣长宽2.0cm×1.4cm，子房有毛、4室，花柱先端4裂。（2014.10）

图 5-1-56　阿古寨大茶树

滇90. 大河沟大茶树 Dahegou dachashu（*C.taliensis*）

产永平县水泄乡大河沟村，海拔2100m。野生型。小乔木型，树姿半开张，树高6.5m，树幅4.4 m×3.0m，基部干径41.3cm，分枝密。芽叶无毛。大叶，叶长宽12.4cm×5.3cm，叶椭圆形，叶色绿，叶身平，叶面平或稍内折，叶尖渐尖或尾尖，叶脉7~8对，叶齿锐、稀、浅，叶缘下部1/3无齿，叶柄和叶背主脉无毛。萼片5片、无毛。花梗无毛。花冠直径3.8~4.0cm，花瓣10~11枚，花瓣白色、质薄、无毛，花瓣长宽2.1cm×1.5cm，子房有毛、5室，花柱先端5裂。果径2.8~3.1cm。种径1.3~1.4cm。（2014.10）

图 5-1-57　大河沟大茶树

滇91. 马拉羊社大茶树 Malayangshe dachashu（*C.taliensis*?）

产永平县水泄乡狮子窝，海拔2100m。野生型？小乔木型，树姿半开张，分枝密。树高6.8m，树幅3.4 m×2.8m，基部干径49.2cm。芽叶无毛。大叶，叶长宽12.6cm×5.8cm，叶椭圆形，叶色绿，叶身平，叶面平，叶尖渐尖，叶脉7~9对，叶齿锐、稀、浅，叶缘下部1/3无齿，叶柄和叶背主脉无毛。萼片5片、无毛。花梗无毛。花冠直径3.7cm，花瓣9~12枚，花瓣白色、质薄、无毛，花瓣长宽1.7cm×1.4cm，子房有毛、5（4，3）室，花柱先端5（4，3）裂。果径2.5~3.0cm。（2014.10）

图 5-1-58　马拉羊社大茶树

滇 92. 瓦厂大茶树 Wachang dachashu（*C. taliensis*）

产永平县水泄乡瓦厂村，海拔 2090m。野生型。乔木型，树姿直立，树高 9.9m，树幅 4.2 m×3.7m，基部干径 86.0cm，分枝中。芽叶无毛。大叶，叶长宽 13.7cm×5.1cm，叶长椭圆形，叶色绿，叶身平，叶面平，叶尖渐尖，叶脉 9~11 对，叶齿锐、稀、浅，叶缘下部 1/3 无齿，叶柄和叶背主脉无毛。萼片 5~6 片、无毛。花冠直径 4.6~5.2cm，花瓣 8~12 枚、白色，子房多毛、5 室，花柱长 1.3~1.9cm、先端 5 浅裂或深裂，雌蕊高于雄蕊。果四方状球形或不规则形，果径 3.3~3.7cm。种子球形，种径 1.6~1.7cm。（2014.10）

图 5-1-59 瓦厂大茶树及树根

滇 93. 水泄矮脚茶 Shuixie aijiaocha（*C. sinensis* var. *assamica*）

产地同瓦厂大茶树，海拔 1940m。同类型茶树多。栽培型。样株小乔木型，树姿半开张，树高 4.1m，树幅 4.4m×3.6m，分枝密。中叶，叶长宽 10.3cm×4.3cm，叶椭圆形，叶色绿，叶身平，叶面平，叶尖渐尖，叶脉 10~12 对，叶齿中、中、中。萼片 5 片、无毛。花冠直径 3.1~3.8cm，花瓣 6~7 枚、白现绿晕，子房多毛、3（4）室，花柱长 1.1~1.5cm、先端 3（4）浅裂或中裂，雌雄蕊等高。果三角状球形，果径 2.8~3.0cm。1985 年干样含水浸出物 42.80%、茶多酚 22.32%、儿茶素总量 8.63%、氨基酸 1.99%、咖啡碱 3.92%。生化成分儿茶素总量低。制晒青茶。（1984.11）

图 5-1-60 水泄矮脚茶

滇 94. 永平小叶茶 Yongping xiaoyecha（*C.sinensis*）

产永平县龙街镇上村，海拔 1800m。栽培型。样株灌木型，树姿半开张，树高 2.0m，树幅 2.7m。小叶，叶长宽 7.7cm×3.6cm，叶椭圆形，叶色绿，叶身平，叶面平，叶尖钝尖，叶脉 7~9 对，叶齿中、稀、浅。萼片 5~6 片、无毛。花冠直径 3.7~4.2cm，花瓣 6~8 枚、白现绿晕，子房多毛、3（4）室，花柱长 0.8~1.1cm、先端 3 浅裂或深裂，雌蕊等高或低于雄蕊。果三角状球形。1985 年干样含水浸出物 45.30%、茶多酚 24.11%、儿茶素总量 9.27%、氨基酸 2.22%、咖啡碱 4.81%。生化成分儿茶素总量低、咖啡碱含量高。制晒青茶。（1984.11）

滇 95. 感通茶 Gantongcha（*C.taliensis*）

产大理市感通寺。感通寺位于点苍山山麓，海拔 2320m，地处 25°36′ N。野生型。小乔木型，树姿直立，树高 4.2m，树幅 1.5m×1.4m，基部干径 25.2cm，最低分枝高 1.1m，分枝较稀。鳞片紫红色。芽叶黄绿色、少毛。中叶，叶长宽 10.0cm×4.8cm，叶椭圆形，叶色绿，叶身稍内折，叶面平，叶尖渐尖，叶脉 9~11 对，叶齿钝、稀、中，叶背主脉无毛，叶柄紫红色。萼片 5（4）片、无毛。花冠直径

图 5-1-61　感通茶

3.9~4.3cm，花瓣 9~12 枚、白色，子房多毛、5（4）室，花柱长 1.3~1.6cm、先端 5（4）浅裂或深裂，雌蕊高于雄蕊。1985 年干样含水浸出物 47.83%、茶多酚 25.33%、儿茶素总量 20.64%、氨基酸 2.91%、咖啡碱 4.68%、茶氨酸 1.65%。（1984.11）

感通茶树的重要价值还在于它是大理茶（*C. taliensis*）的模式标本。1917 年植物学家 W.W.Smith 根据感通寺茶树的形态特征，定名为茶属大理茶，1925 年德国人 Melchior 修订为山茶属大理茶，从此大理茶成为山茶属中的一个种。

"大理感通茶"是云南历史名茶，创制于明代前，据明景泰六年（1455 年）《云南图经志书》载："大理府，感通茶。产于感通寺，其味胜于他处所产者"；明万历十九年（1591 年）黄一正在《事物绀珠》云："感通茶，出点苍山"。感通茶在清末民初时已消失，1949 年后由下关茶厂研制恢复生产，用感通寺附近茶园（大叶茶，属 *C. sinensis* var. *assamica*）一芽二叶鲜叶按烘青茶工艺制作，特点是，色泽墨绿润亮显毫，香气馥郁持久，滋味醇爽回甘。

滇 96. 单大人茶 1 号 Shandarencha1（*C. taliensis*）

产大理市下关单大人村，海拔 2405m。单大人村，原称单家庄，位于苍山斜阳峰与马耳峰之间的阳南溪，系清朝廷武官单玉林当年隐居地。现干径二十多厘米的茶树有 60 多株。野生型。样株小乔木型，树姿半开张，树高 5.1m，树幅 4.3m×3.7m，基部干径 72.0cm，最低分枝高 0.3m。芽叶紫绿色、无毛。大叶，叶长宽13.2cm×6.1cm，叶椭圆形，叶色黄绿，叶身平或稍内折，叶面平，叶尖渐尖，叶脉 10~11 对，叶齿锐、稀、浅，叶柄和叶背主脉无毛。萼片 5 片、无毛。花梗无毛。花冠直径 4.3~4.7cm，花瓣 11 枚，花瓣白色、无毛、质中，子房多毛，5 室，花柱先端 5 裂。果扁球形，果径 3.1~3.2cm，果皮紫或绿色。1985 年干样含水浸出物 46.71%、茶多酚 27.68%、氨基酸 1.75%、咖啡碱4.10%。生化成分茶多酚含量高。制绿茶。（1984.11）

图 5-1-62　单大人茶 1 号
（《大理古茶树》，2014）

滇 97. 单大人茶 2 号 Shandarencha2（*C. taliensis*）

产地同单大人 1 号。野生型。样株小乔木型，树姿半开张，树高 5.1m，树幅 4.2m×3.0m，基部干径 42.0cm。芽叶紫绿色、无毛。大叶，叶长宽11.9cm×5.8cm，叶椭圆形，叶色绿，叶身平或稍内折，叶面平，叶尖渐尖，叶脉 9 对，叶齿锐、稀、浅，叶柄、叶背主脉无毛。萼片 5 片、无毛。花梗无毛。花冠直径 4.2~4.4cm，花瓣 10 枚，花瓣白色、无毛、质中，子房多毛，5 室，花柱先端 5 裂。（1984.11）

图 5-1-63　单大人茶 2 号

滇 98. 栏杆箐野茶 Langanqing yecha（*C. taliensis*）

产南涧彝族自治县（以下简称南涧县）无量山镇新镇村，海拔 2070m。野生型。乔木型，树姿直立，树高 6.8m，树幅 4.2m，干径 24.2cm，最低分枝高 1.97m，分枝稀。芽叶绿色、多毛。大叶，叶长宽 13.0cm×5.5cm，叶椭圆形，叶色深绿，叶身平，叶面稍隆起，叶尖渐尖或急尖，叶质硬。萼片 5 片、无毛。花大，花冠直径 7.0cm，花瓣 9 枚、白色、质厚，子房多毛、4 室，花柱长 2.0~2.1cm、先端 4 中裂。2011 年干样含水浸出物 44.23%、茶多酚 27.94%、氨基酸 1.81%、咖啡碱 4.49%。生化成分茶多酚含量高。

（2010.11）

图 5-1-64　栏杆箐野茶

滇 99. 摆夷茶 Baiyicha（*C. taliensis*）

据传是二百多年前摆夷人所种（摆夷人为旧时对傣族的他称），故名。产南涧县无量山镇，海拔 2445m。野生型。样株乔木型，树姿直立，分枝稀。树高约 17m，树幅 6.0m，干径 37.0cm。大叶，叶长宽 12.3cm×5.0cm，叶椭圆形，叶色深绿，叶身平，叶面平，叶尖渐尖，叶齿锐、中、中，叶脉 12~14 对。萼片 5 片、无毛。花冠直径 4.1~4.4cm，花瓣 8~11 枚、白现黄晕，子房多毛、5 室，花柱长 1.1~1.6cm、先端 5 中裂，雌蕊雄蕊等高。

（1984.11）

滇100. 小古德大茶树1号 Xiaogude dachashu1（*C.* sp.）

产南涧县无量山镇小古德茶场，海拔1926m。小乔木型，树姿半开张，树高10.4m，树幅9.9m×9.0m，基部干径64.0cm，最低分枝高1.0m，分枝密。嫩枝尤毛。芽叶绿色、多毛。大叶，叶长宽12.2cm×4.5cm，叶长椭圆形，叶色深绿，叶身稍内折，叶面稍隆起，叶尖渐尖，叶脉12~14对，叶齿稀、中、浅，叶背主脉多毛。萼片无毛。花冠直径4.6cm，花瓣6~8枚、白色，花瓣质地中等，子房中毛、5（4）室，花柱长1.1~1.4cm、先端5（4）浅裂，雌蕊低于或等高于雄蕊。果径2.5~2.6cm，干果皮厚1.5mm。种子球形，种径1.6~1.7cm、种皮光滑、棕褐色，种子百粒重170g。2014年干样含水浸出物42.60%、茶多酚20.16%、儿茶素总量13.32%、氨基酸3.24%、咖啡碱2.49%。采制绿茶。（2008.11）

图5-1-65　小古德大茶树1号

滇101. 小古德大茶树2号 Xiaogude dachashu2（*C. sinensis* var. *assamica*）

产地同小古德大茶树1号，海拔1925m。栽培型。乔木型，树姿直立，树高7.0m，树幅5.2m×5.1m，基部干径35.0cm，最低分枝高1.7m，分枝密。嫩枝稀毛。芽叶绿色、多毛。大叶，叶长宽13.3cm×4.4cm，叶披针形，叶色深绿有光泽，叶身平，叶面平，叶尖渐尖或急尖，叶脉13~14对，叶齿锐、中、浅，叶背主脉中毛。萼片无毛。花冠直径4.1~4.2cm，花瓣5~7枚、白现绿晕，花瓣质地薄，子房多毛、3室，花柱先端3浅裂，雌蕊高于雄蕊。干果皮厚1.6mm。种子球形，种径1.6~1.7cm、种皮光滑、褐色，种子百粒重170g。2014年干样含水浸出物47.54%、茶多酚22.08%、儿茶素总量14.59%、氨基酸3.62%、咖啡碱3.07%。采制绿茶。（2008.11）

图5-1-66　小古德大茶树2号

滇 102. 木板箐大茶树 Mubanqing dachashu（*C. taliensis*）

产南涧县无量山镇新镇村，海拔 2046m。野生型。小乔木型，树姿半开张，树高 6.2m，树幅 5.5m×5.6m，基部干径 53.2cm，分枝密。嫩枝无毛。芽叶黄绿色、多毛。大叶，叶长宽 11.5cm×5.0cm，叶椭圆形，叶色绿、叶身平、稍内折，叶面平，叶尖渐尖，叶脉 8~11 对，叶齿锐、浅、稀、不明，叶缘下部 1/2 无齿。叶柄和叶背主脉无毛。萼片 5 片。花梗无毛。花冠直径 3.6~3.8cm，花瓣 9~10 枚、白色、花瓣无毛、质地薄，花瓣长宽 2.1cm×1.5cm，子房有毛、5（4、3）室，花柱先端 5（4、3）裂，雌蕊高于雄蕊。2014 年干样含水浸出物 44.61%、茶多酚 18.71%、儿茶素总量 8.95%、氨基酸 5.06%、咖啡碱 2.37%。生化成分儿茶素总量低、氨基酸含量高。采制绿茶。（2014.10）

图 5-1-67　木板箐大茶树

滇 103. 福利大茶树 Fuli dachashu（*C. sinensis* var. *assamica*）

产南涧县宝华镇拥政村，海拔 1520m。栽培型。小乔木型，树姿半开张，树高 6.1m，树幅 4.3m×3.9m，基部干径 49.0cm，最低分枝高 0.25m，分枝密。嫩枝少毛。芽叶黄绿色、毛特多。大叶，叶长宽 13.5cm×5.7cm，叶椭圆形，叶色绿，叶身平，叶面隆起，叶尖渐尖，叶脉 9~12 对，叶齿中、浅、中，叶柄和叶背主脉有毛，叶质厚软。萼片无毛、5 片。花梗无毛。花冠直径 1.7~1.8cm，花瓣 6 枚、白带黄晕、花瓣无毛、质地薄，花瓣长宽 1.5cm×1.1cm，子房有毛、3 室，花柱先端 3 裂，雌蕊低于雄蕊。果球形，果径 1.9~2.0cm，种径 1.3cm，种子百粒重 233g，种皮光滑、棕褐色。2014 年干样含水浸出物 48.50%、茶多酚 24.98%、儿茶素总量 14.87%、氨基酸 2.41%、咖啡碱 3.59%。采制绿茶。（2014.10）

图 5-1-68　福利大茶树

滇 104. 洒拉箐大茶树 Salaqing dachashu（*C.dehungensis*）

产地同福利大茶树。海拔 1967m。栽培型。小乔木型，树姿开张，树高 9.4m，树幅 8.0m×6.8m，基部干径 39.5cm，最低分枝高 0.5m，分枝稀。嫩枝中毛。芽叶黄绿色、毛特多。大叶，叶长宽 11.5cm×4.7cm，叶椭圆形，叶色绿，叶身平、内折，叶面隆起，叶尖渐尖，叶脉 8~11 对，叶齿锐、中、浅，叶背主脉多毛，叶柄中毛，叶质中。萼片无毛、5 片。花梗无毛。花冠直径 2.0cm，花瓣 6~7 枚、白带绿晕，花瓣无毛、质地薄，花瓣长宽 1.2cm×1.0cm，子房无毛、3 室，花柱先端 3 深裂，雌蕊低于或高于雄蕊。果球形，果径 1.9~2.0cm。种径 1.1~1.2cm，种子百粒重 190g，种皮光滑、褐色。采制绿茶。

（2014.10）

图 5-1-69　洒拉箐大茶树

滇 105. 子宜乐大茶树 Ziyile dachashu（*C.sinensis* var. *assamica*）

产南涧县公郎镇新合村，海拔 2118m。栽培型。小乔木型，树姿直立，树高 6.5m，树幅 6.8m×6.4m，干径 49.7cm，分枝中。嫩枝无毛。芽叶黄绿色、多毛。中叶，叶长宽 9.5cm×4.0cm，叶椭圆形，叶色绿，叶身平，叶面平，叶尖渐尖，叶脉 8~10 对，叶齿锐、中、中，叶柄和叶背主脉无毛，叶质中。萼片无毛、5 片。花梗无毛。花小，花冠直径 1.9~2.1cm，花瓣 6~7 枚、白带黄晕，花瓣无毛、质地薄，花瓣长宽 1.4cm×0.9cm，子房有毛、3 室，花柱细、先端 3 裂，雌蕊等高或低于雄蕊。果球形，果径 2~2.3cm。种径 1.7~1.8cm，种子百粒重 550g，种皮光滑、棕褐色。采制绿茶。2014 年干样含水浸出物 48.46%、茶多酚 27.05%、儿茶素总量 16.59%、氨基酸 4.19%、咖啡碱 3.42%。生化成分茶多酚含量高。采制绿茶。 （2014.10）

图 5-1-70　子宜乐大茶树

滇106. 大岔路大茶树 Dachalu dachashu（C.dehungensis）

产南涧县公郎镇中山村。海拔2153m。栽培型。小乔木型，树姿半开张，树高7.2m，树幅5.7m×5.3m，基部干径38.2cm，最低分枝高0.7m，分枝中。嫩枝稀毛。芽叶绿色、毛特多。大叶，叶长宽11.5cm×5.1cm，叶椭圆形，叶色绿偏黄，叶身平，叶面隆起，叶尖渐尖，叶脉9~12对，叶齿锐、浅、中，叶柄和叶背主脉无毛，叶质较软。萼片无毛、5片。花梗无毛。花冠直径2.1~2.2cm，花瓣6枚、白带绿晕，花瓣无毛、质地薄，花瓣长宽1.3cm×1.0cm，子房无毛、3（4）室，花柱先端3（4）微裂，雌蕊低于雄蕊。果三角形、肾形，果径2.3~2.6cm。种径1.1~1.2cm，种子百粒重155g，种皮光滑、褐色。采制绿茶。（2014.10）

图 5-1-71 大岔路大茶树

滇107. 龙华大茶树 Longhua dachashu（C.sinensis var. assamica）

产南涧县小湾东镇龙门村，海拔2021m。栽培型。小乔木型，树姿半开张，树高6.2m，树幅5.4m×4.3m，基部干径46.5cm，最低分枝高0.7m，分枝中。嫩枝无毛。芽叶绿色、无毛。大叶，叶长宽11.8cm×5.6cm，叶椭圆形，叶色绿有光泽，叶身平，叶面隆起，叶尖渐尖或钝尖，叶脉8~10对，叶齿锐、浅、中，叶柄无毛，叶背主脉稀毛。萼片无毛、5片。花梗无毛。花冠直径2.3~2.4cm，花瓣6~7枚、白带绿晕，花瓣无毛、质地薄，花瓣长宽1.7cm×1.4cm，子房有毛、3（2）室，花柱先端3（2）裂，雌蕊高于雄蕊。果肾形、三角形，果径3.0~4.8cm。种径1.2~1.3cm，种子百粒重230g，种皮光滑、棕褐色。2014年干样含水浸出物44.37%、茶多酚17.50%、儿茶素总量14.77%、氨基酸6.07%、咖啡碱3.91%。生化成分是氨基酸含量高。采制绿茶。（2014.10）

图 5-1-72 龙华大茶树

滇 108．新地基大茶树 Xindiji dachashu（*C.dehungensis*）

产南涧县拥翠乡龙凤村，海拔 2020m。栽培型。小乔木型，树姿直立，树高 5m，树幅 4.0m×3.5m，基部干径 33.1cm，最低分枝高 0.5m，分枝中。嫩枝中毛。芽叶绿色、毛特多，叶基部泛红。特大叶，叶长宽 16.9cm×7.6cm，最大叶片长宽 19.0cm×8.6cm。叶椭圆形，叶色绿，叶身平，叶面隆起，叶尖渐尖，叶脉 9~11 对，叶齿钝、中、稀，叶柄和叶背主脉中毛，叶质厚。萼片无毛、5 片。花梗无毛。花冠直径 2.2~2.3cm，花瓣 5~6 枚、白带黄晕，花瓣无毛、质地薄，花瓣长宽 1.6cm×1.4cm，子房无毛、3 室，花柱先端 3 裂，雌蕊等高于雄蕊。果肾形、三角形，果径 2.4~2.7cm。种径 1.1~1.2cm，种子百粒重 130g，种皮光滑、褐色。采制绿茶。（2014.10）

图 5-1-73　新地基大茶树

滇 109．斯须乐大茶树 Sixule dachashu（*C.dehungensis*）

又名阿伟茶。产南涧县公郎镇龙平村，海拔 1996m。同类型茶树多株。栽培型。样株小乔木型，树姿半开张，树高 8.7m，树幅 7.4m×7.2m，基部干径 41.2cm，最低分枝高 0.45m，分枝较密。鳞片中毛。芽叶绿色、多毛。特大叶，叶长宽 14.6cm×5.8cm，最大叶长宽 16.9cm×7.2cm，叶椭圆形，叶色绿，叶身平，叶面平，叶尖渐尖或钝尖，叶齿钝、稀、浅，叶脉 9 对，最多 11 对，叶质中，叶柄和叶背主脉有毛。萼片 5 片、无毛。花梗无毛。花冠直径 3.8~4.0cm，花瓣 6~8 枚、白现绿晕，花瓣质薄、无毛，子房无毛、3 室，先端 3 中裂。（2008.11）

图 5-1-74　斯须乐大茶树

滇110. 大核桃箐1号 Dahetaoqing1（*C.sinensis* var. *assamica*）

产弥渡县牛街乡荣华村。海拔2201m。栽培型。小乔木型，树姿开张，树高4.7m，树幅6.8m×6.4m，基部干径42.0cm，最低分枝高0.45m，分枝较密。嫩枝有毛。芽叶黄绿色、毛多。特大叶，叶长宽14.8cm×6.5cm，叶椭圆形，叶色绿，叶身平或稍内折，叶面平或隆起，叶尖渐尖或尾尖，叶齿锐、中、浅，叶脉10~13对，叶质中，叶柄中毛，叶背主脉多毛。萼片5片、无毛。花梗无毛。花冠直径2.8~3.0cm，花瓣5枚、白现绿晕，花瓣长宽1.8cm×1.4cm，花瓣质薄、无毛，子房有毛、3室，花柱先端3裂，雌蕊高于或低于雄蕊。果三角状球形，果径2.8~2.9cm。种径1.6cm，种子百粒重227g。制绿茶。（2014.10）

图 5-1-75 大核桃箐1号

滇111. 大核桃箐2号 Dahetaoqing2（*C.taliensis*）

产地同大核桃箐1号。野生型。小乔木型，树姿半开张，树高3.7m，树幅3.1m×2.6m，基部干径60.1cm，最低分枝高0.45m，分枝较密。嫩枝无毛。芽叶绿紫色、无毛。中叶，叶长宽11.2cm×4.8cm，叶椭圆形，叶色绿，叶身平，叶面平，叶尖渐尖，叶齿锐、中、浅，叶脉7~8对，叶质中，叶柄和叶背主脉无毛。萼片5片、无毛。花梗无毛。花冠直径6.0~6.2cm，花瓣9~12枚、白色，花瓣质中、无毛，子房有毛、5室，花柱先端5裂，雌蕊高于雄蕊。制绿茶。（2014.10）

图 5-1-76 大核桃箐2号

滇112. 大核桃箐3号 Dahetaoqing3（*C.taliensis*？）

产地同大核桃箐1号。野生型？乔木型，树姿直立，树高8.9m，树幅6.8m×5.9m，分枝密。芽叶绿紫色、少毛。大叶，叶长宽11.9cm×5.8cm，叶椭圆形，叶色绿，叶身内折，叶面平，叶尖渐尖或钝尖，叶齿锐、密、浅，叶脉8~9对，叶质较厚脆，叶柄和叶背主脉无毛。子房5室。果四方状球形，果轴粗0.6~0.8cm。制绿茶。（2014.10）

图 5-1-77　大核桃箐 3 号

滇113. 大核桃箐4号 Dahetaoqing4（*C.taliensis*）

产地同大核桃箐1号。野生型。小乔木型，树姿半开张，树高6.4m，树幅4.3m×4.1m，基部干径60.5cm，最低分枝高1.6m，分枝较密。嫩枝无毛。芽叶紫绿色、多毛。大叶，叶长宽10.4cm×5.6cm，叶卵圆形，叶色绿，叶身平或稍内折，叶面稍隆起，叶尖钝尖，叶齿钝、稀、浅，叶脉6~8对，叶质厚脆，叶柄和叶背主脉无毛，叶基泛红色。萼片5片、无毛。花梗无毛。花冠直径5.5cm，花瓣10~12枚、白色，花瓣质薄、无毛，子房有毛、5室，花柱先端5裂，花柱粗1.3mm，雌蕊高于雄蕊。果梅花形，果径3.4~3.6cm，果轴粗0.8~1.0cm。种径1.7~1.9cm，种子百粒重348g。制绿茶。（2014.10）

图 5-1-78　大核桃箐 4 号

滇114. 祥云大叶茶 Xiangyun dayecha（*C.sinensis* var. *assamica*）

产祥云县马街桂花亭，海拔2300m。栽培型。样株乔木型，树姿直立，树高5.0m，树幅3.2m×2.1m，干径22.0cm。芽叶绿色、多毛。特大叶，叶长宽17.6cm×7.3cm，最大叶长宽21.5cm×8.0cm，叶椭圆或长卵圆形，叶身平，叶面隆起，叶尖渐尖或急尖，叶脉12~15对，叶齿锐、密、中。萼片无毛。花冠直径2.7~2.8cm，花瓣7枚、白现绿晕，花瓣质地薄，子房多毛、3室，花柱先端3中裂，花柱长0.8~1.0cm，雌雄蕊等高。制绿茶。（1984.11）

五、红河哈尼族彝族自治州

红河哈尼族彝族自治州位于云南省南部，南与越南紧邻。以元江为界，以东是滇东高原区，以西是横断山脉纵谷区的哀牢山脉南延部分。全境高差悬殊，河口瑶族自治县的南溪河口海拔76m，是全省最低点，茶区多处在南、中亚热带。本州茶叶不是主产区和销区，但物种丰富，野生型茶树有老黑茶、圆基茶、皱叶茶、马关茶、厚轴茶、大理茶等6个种，连同栽培型茶树共有12个种，是云南茶种最多的一个州，其中老黑茶、圆基茶、皱叶茶、紫果茶、多脉普洱茶和苦茶的模式标本均产于本州。红河州与文山州被学术界认为是茶树原产地中心。主产晒青绿茶（以下缺榕江茶和茶样株）。

滇 115. 哈尼田大山茶 Hanitian dashancha（厚轴茶 *Camellia crassicolumna* Chang，以下缩写为 *C.crassicolumna*）

产金平苗族瑶族傣族自治县（以下简称金平县）金河镇哈尼田，海拔2220m。野生型。乔木型，树姿直立，树高17.2m，树幅4.2m，干径77.0cm，分枝较稀。芽叶绿色、多毛。特大叶，叶长宽15.9cm×6.6cm，最大叶长宽18.1cm×8.0cm，叶椭圆形，叶色绿，叶身稍内折，叶面稍隆起，叶尖渐尖，叶脉10对，叶齿锐、稀、浅。萼片5片、少毛。花冠直径4.6~5.4cm，花瓣10~11枚、白色，子房多毛、5室，花柱长1.7~1.8cm、先端5中裂，雌蕊高于雄蕊。果大，扁球形，果径5.5~5.8cm，少数果顶生。种子球形或肾形，种皮褐色，种径1.6~1.8cm。1983年干样含水浸出物42.61%、茶多酚26.50%、氨基酸2.67%、咖啡碱4.82%。制晒青茶。（1982.11）

图 5-1-79 哈尼田大山茶（2008）

滇 116. 哈尼田大叶茶 Hanitian dayecha（*C.sinensis* var. *assamica*）

产地同哈尼田大山茶，同类型多株。海拔1600m。栽培型。样株乔木型，树姿直立。树高约10m，树幅5.7m，干径40.0cm，分枝较稀。特大叶，叶长宽17.2cm×6.7cm，最大叶长宽19.4cm×7.4cm，叶椭圆形，叶色绿，叶身平，叶面隆起，叶尖渐尖，叶脉12~13对，叶齿中、中、中。萼片5片、少毛。花冠直径2.2~3.0cm，花瓣6枚、白色，子房多毛、3室，花柱长1.2cm、先端3中裂，雌蕊高于雄蕊。果大，三角状球形，果径3.8~4.2cm。种子近球形，种径1.9~2.1cm。1983年干样含水浸出物45.11%、茶多酚24.51%、氨基酸2.98%、咖啡碱4.66%。制晒青茶。（1982.11）

滇 117. 标水涯大茶树 Biaoshuiya dachashu（*C.crassicolumna*）

产金平县马鞍底乡中寨村,海拔1340m。野生型。乔木型,树姿直立,树高约27m,树幅约12m,干径 64.0cm,分枝稀。大叶,叶长宽 11.9cm×5.1cm,叶椭圆形,叶色深绿,叶身平,叶面稍隆起,叶尖渐尖,叶脉 9~11 对,叶质硬,叶齿中、稀、浅,叶柄和叶背主脉无毛。萼片 5 片、少毛。花冠直径 4.9~5.2cm,花瓣 11~12 枚、白色,子房中毛、5 室,花柱先端 5 中裂。果四方状球形,果径 5.4~5.9cm,果柄长粗 1.4cm×0.8cm,果轴长 1.7cm。种子不规则形,种径 1.7~2.1cm,种子百粒重 308g。（1992.11）

图 5-1-80　标水涯大茶树（2011）

滇 118. 石头寨大茶树 Shitouzhai dachashu（*C.sinensis var. assamica*）

产金平县马鞍底乡地西北村,海拔 982m。同类型多株。栽培型。样株乔木型,树姿半开张,树高 9.0m,树幅 4.5m×3.5m,干径 47.8cm,分枝较密。嫩枝有毛。芽叶黄绿色,茸毛特多。特大叶,叶长宽 16.7cm×6.2cm,最大叶长宽 29.1cm×10.8cm（如图）,叶长椭圆形,叶色绿,叶身平或稍内折,叶面强隆起,叶尖渐尖,叶脉 11~14 对,叶质中,叶齿中、密、浅。萼片 5 片,无毛。花冠直径 4.6~5.3cm,花瓣 6~8 枚、白现绿晕,花瓣质地中,子房多毛、3 室,花柱先端 3 浅裂,雌蕊等高于雄蕊,有花香。同类型茶树最大叶片长宽 29.2cm×11.0cm（2015.11）

图 5-1-81　石头寨大茶树

滇 119. 金平苦茶 Jinping kucha（苦茶 *Camellia assamica* var. *kucha* Chang et Wang，以下缩写为 *C.assamica* var. *kucha*）

产金平县铜厂乡瑶山哈尼寨，海拔 1371m。栽培型。乔木型，树姿直立，树高 8.6m，树幅 3.4m×3.0m，干径 32.0cm。特大叶，叶长宽 23.4cm×8.9cm，最大叶长宽 25.1cm×9.4cm，叶长椭圆形，叶色深绿，叶身平，叶面隆起，叶尖渐尖，叶脉 12~14 对，叶齿中、中、浅。萼片 5 片、无毛。花冠直径 3.1~4.1cm，花瓣 5 枚、白现绿晕，子房多毛、3 室，花柱先端 3 浅裂，雌蕊高于雄蕊。果三角形，果径 3.3~3.8cm，果皮粗糙。种子近球形，种径 1.8cm。1989 年干样含水浸出物 45.00%、茶多酚 26.82%、儿茶素总量 24.22%（其中 EGCG14.56%）、氨基酸 2.48%、茶氨酸 0.77%、咖啡碱 4.72%。生化成分儿茶素总量和 EGCG 含量高。制茶味苦。该树是苦茶 *Camellia assamica* var. *kucha* Chang et Wang 的模式标本。（1990.11）

图 5-1-82　金平苦茶（2013）

滇 120. 胜村野茶 Shengcun yecha（*C.crassicolumna*）

产元阳县胜村乡多依树村，海拔 1730m。野生型。小乔木型，树姿半开张，树高 5.9m，树幅 2.4m×2.2m，分枝密。中叶，叶长宽 10.2cm×3.3cm，叶披针形，叶色绿，叶身平，叶面平，叶尖渐尖或急尖，叶脉 9~11 对，叶齿锐、稀、深。萼片 5 片、中毛。花冠直径 4.3~4.7cm，花瓣 11~14 枚、白现绿晕，子房多毛、5（4）室，花柱长 1.2~1.7cm、先端 5（4）全裂、柱头有毛，雌雄蕊等高。（1982.11）

图 5-1-83　胜村野茶（2008）

滇 121. 麻栗寨野茶 Malizhai yecha（皱叶茶 *Camellia crispula* Chang）

产元阳县胜村乡麻栗寨，海拔 1848m。野生型。乔木型，树姿直立，树高约 10m，树幅 4.5m。大叶，叶长宽 13.9cm×4.8cm，叶长椭圆形，叶色绿，叶身平，叶面平，叶尖渐尖或尾尖，叶脉 9~11 对，叶齿钝、稀、浅，叶基部红色。萼片 5 片、中毛。花特大，花冠直径 6.7~7.1cm，最大花冠直径 7.5~8.0cm，花瓣 11~14 枚、白色，子房多毛、6（4）室，花柱长 2.2~2.5cm、先端 6（4）深裂，雌蕊高于雄蕊。果扁球形，果柄长 1.5cm、粗 0.4cm，果径 3.6~4.0cm，果皮红褐色、厚 7.0mm。种子不规则形，最大种径 1.7~1.8cm。本树特点是子房有 6 室。该树是皱叶茶 *Camellia crispula* Chang 的模式标本。 （1982.11）

图 5-1-84　麻栗寨野茶（2013）

滇 122. 牛洪大茶树 Niuhong dachashu（*C. taliensis*）

产绿春县大兴镇牛洪村，海拔 1980m。野生型。小乔木型，树姿半开张，树高 14.5m，树幅 6.8m×6.5m，基部干径 38.2cm，分枝密度中。芽叶绿色、有毛。大叶，叶长宽 14.2cm×5.7cm，叶椭圆形，叶色绿，叶身平，叶面平，叶尖渐尖，叶脉 11~14 对，叶齿锐、稀、浅。萼片 5 片、无毛。花冠直径 4.0~4.9cm，花瓣 9 枚、白色，子房多毛、4 室，花柱长 1.6cm、先端 4 中裂，柱头有毛，雌蕊高于雄蕊，雄蕊 106 枚。果扁球形，果径 2.6~2.9cm，果柄长 1.4cm，果柄粗 0.6cm。种子近球形，种径 1.6~1.9cm。 （1982.11）

图 5-1-85　牛洪大茶树（2010）

滇 123. 玛玉茶 Mayucha（多脉普洱茶 *Camellia assamica* var. *polyneura* Chang）

产绿春县骑马坝乡玛玉村，是栽培茶园主体。海拔 1400m。栽培型。样株小乔木型，树姿直立，树高 6.3m，树幅 4.0m×3.5m，干径 22.6cm，分枝密度中。芽叶黄绿色、多毛。特大叶，叶长宽 17.4cm×6.1cm，最大叶长宽 19.0cm×6.6cm，叶长椭圆形，叶色绿、少光泽，叶身平，叶面隆起，叶尖渐尖，叶脉 14~17 对，叶齿锐、密、中，齿大小相间，叶背主脉有微毛。萼片 5 片、长 0.4~0.5cm、少毛。花冠直径 4.8~5.1cm，花瓣 6~8 枚、白色、长宽 2.4cm×2.3cm，子房有毛、3（4）室，花柱长 1.0~1.4cm、有微毛、先端 3（4）深裂，雌蕊低于雄蕊。果径 3.0~3.5cm。花粉圆球形，花粉平均轴径 31.8μm，属大粒型花粉。花粉外壁纹饰为细网状，萌发孔为狭缝状。染色体倍数性是：整倍体

图 5-1-86 玛玉茶（2010）

频率为 97%。1989 年干样含水浸出物 48.99%、茶多酚 26.66%、儿茶素总量 23.06%（其中 EGCG12.79%）、氨基酸 2.51%、咖啡碱 4.67%、茶氨酸 1.18%。1728 年"玛玉茶"已作为商品交易。当地哈尼族按紧压茶加工，又称"竹筒香茶"。20 世纪 70 年代创制的"绿春玛玉茶"，碧绿似玉，银毫密披，香气馥郁，滋味浓醇。制红茶，香味尚浓醇。该树是多脉普洱茶 *Camellia assamica* var. *polyneura* Chang 的模式标本。（1990.11）

滇 124. 车古茶 Chegucha（*C. crassicolumna*）

产红河县车古乡车古村，海拔 2430m。野生型。乔木型，树姿直立，树高约 16m，树幅 14.2m×8.3m，基部干径 55.1cm，分枝稀。特大叶，叶长宽 15.6cm×6.9cm，最大叶长宽 18.5cm×7.8cm，叶椭圆形，叶色深绿，叶身平，叶面平，叶尖急尖，叶脉 9~11 对，叶齿中、稀、浅。萼片 5 片、多毛。花顶生，花冠直径 4.9~5.4cm，花瓣 8~12 枚、白色，子房多毛、5 室，花柱长 1.2~1.5cm、先端 5 中裂，柱头有毛，雌蕊高于雄蕊。果四方状球形，果径 4.7~4.8cm，果柄长粗 1.2cm×0.7cm。花粉圆球形，花粉平均轴径 31.0μm，属大粒型花粉。花粉外壁纹饰为网状，萌发孔为狭缝状。染色体倍数性是：整二倍体频率为 90%。1983 年干样含水浸出物 47.19%、茶多

图 5-1-87 车古茶

酚 31.67%、儿茶素总量 24.14%、氨基酸 2.77%、咖啡碱 4.82%、茶氨酸 1.13%。生化成分茶多酚含量和儿茶素总量高。制红茶，香气较高，味浓强。（1990.11）

滇 125. 尼美茶 Nimeicha（*C. crassicolumna*）

产红河县乐育乡尼美村，海拔 1870m。野生型。小乔木型，树姿直立，树高约 16m，树幅 4.3m。大叶，叶长宽12.3cm×4.6cm，叶长椭圆形，叶色绿，叶身平，叶面平，叶尖渐尖，叶脉 10~11 对，叶齿中、稀、浅。萼片 5 片、中毛。花顶生，花冠直径 5.0~5.2cm，花瓣 8~12 枚、白色，子房多毛、5 室，花柱长 1.5~1.7cm、先端 5 深裂，柱头有毛，雌蕊高于雄蕊。果四方状球形，果柄长粗 1.2cm×0.7cm，果大，最大果径 4.7~4.8cm。（1982.11）

图 5-1-88　尼美茶（2013）

滇 126. 浪堤茶 Langticha（圆基茶 *Camellia rotundata* Chang et Yu）

产红河县浪堤乡浪堤村，海拔 1850m。野生型。小乔木型，树姿直立，树高 7.8m，树幅 3.8m×3.8m，基部干径 42.0cm。嫩枝有毛。芽叶绿色，有毛。大叶，叶长宽 14.7cm×6.8cm，叶椭圆形，叶色绿，叶身平，叶面稍隆起，叶尖渐尖或骤尖，叶脉 10~11 对，叶齿锐、稀、浅，叶基圆形，叶柄长 0.5cm、有毛。萼片 5 片、中毛。花大，花冠直径 5.3~5.7cm，最大花冠直径 6.0~6.1cm，花瓣 9~10 枚、长 2.0~2.5cm、白色、有微毛，子房多毛、5（4）室，花柱长 1.2~1.5cm、有毛、先端 5（4）全裂，

图 5-1-89　浪堤茶（2013）

雌雄蕊等高。果四方状球形、三角形等，果径 2.8~3.0cm，果柄长粗 1.5cm×0.5cm，果皮厚 2.5mm。种径 1.5cm。1983 年干样含水浸出物 45.43%、茶多酚 24.00%、氨基酸 2.89%、咖啡碱 4.54%。该树是圆基茶 *Camellia rotundata* Chang et Yu 的模式标本。（1982.11）

滇 127. 姑祖碑老黑叶 Guzubei laoheiye（*C. atrothea*）

又名老黑茶。产屏边苗族自治县(以下简称屏边县)玉屏镇姑祖碑，海拔1900m。野生型。乔木型，树姿直立，树高约 13m，树幅 8.4m×6.8m，基部干径 56.0cm，分枝较密。嫩枝无毛。芽叶绿色、有毛。特大叶，叶长宽 17.2cm×6.0cm，最大叶长宽 18.1cm×6.1cm，叶长椭圆形，叶色深绿，叶身平，叶面平或稍隆起，叶尖渐尖，叶脉 10~12 对，叶齿中、稀、浅。萼片 5 片、多毛。花大，花冠直径 5.7~6.3cm，最大花冠直径 7.0~7.3cm，花瓣 11~14 枚、白色、长 2.5~3.0cm，子房多毛、5 室，花柱长 1.8~1.9cm、先端 5 微裂，雌蕊高于雄蕊。果扁球形，果径 4.4cm。种子球形，种径 1.6~1.8cm。该树是老黑茶 *Camellia atrothea* Chang et Wang 的模式标本。（1982.11）

滇128.大围山大茶树 Daweishan dachashu（*C.crassicoluma*）

产屏边县大围山自然保护区，海拔2060m。同类型多株。野生型。样株小乔木型，树姿直立，树高7m，树幅4.6m×4.4m，基部干径35.0cm，最低分枝高0.45m，分枝较密。嫩枝无毛。芽叶绿色、多毛。大叶，叶长宽12.2cm×4.5cm，叶长椭圆形，叶色深绿，叶身平，叶面隆起，叶尖渐尖，叶脉9~11对，叶齿钝、稀、浅，叶背主脉无毛。萼片5片、多毛。花冠直径5.3~5.6cm，花瓣12枚、白色，子房多毛、5室，花柱先端5浅裂。果径3.2~3.5cm，干果皮厚3.4mm。种皮棕褐色，种径1.2~1.3cm，种子百粒重128g。（2008.11）

图 5-1-90　大围山大茶树

滇129.紫果茶 Ziguocha（紫果茶 *Camellia purpurea* Chang et Chen）

产屏边县大围山自然保护区，海拔1639m。乔木型，树姿直立，树高8.4m，树幅7.5m，基部干径61.0cm，最低分枝高1.7m，分枝较密。嫩枝无毛。芽叶绿色、多毛。特大叶，叶长宽15.5cm×6.8cm，最大叶长宽17.1cm×7.8cm，叶椭圆形，叶色深绿，叶身平，叶面平，叶尖渐尖，叶脉10~11对，叶齿钝、稀、浅。叶背主脉无毛。

图 5-1-91　紫果茶树体、花和果实（2008）

萼片多毛、长0.4~0.5cm。花冠直径5.3~5.6cm，花瓣12枚、白色、少毛，子房多毛、3室，花柱长1.5~1.7cm、有毛、先端3中裂。果扁球形，果皮红紫色，果径3.2~3.5cm，干果皮厚3.4mm。种子形状不规则，种皮棕褐色，种径1.2~1.3cm，种子百粒重128g。该树是紫果茶 *Camellia purpurea* Chang et Chen 的模式标本。（1982.11）

滇130. 白沙野茶 Baisha yecha （马关茶 *Camellia makuanica* Chang et Tang ，以下缩写为 *C.makuanica*）

产屏边县和平乡白沙村，海拔1900m。野生型。样株乔木型，树姿直立，树高约17m，树幅6.0m×5.4m，基部干径66.0cm。特大叶，叶长宽15.3cm×6.2cm，最大叶长宽18.3cm×7.0cm，叶椭圆形，叶色深绿，叶身平，叶面稍隆起，叶尖渐尖，叶脉9~10对，叶齿中、稀、浅。萼片5片、无毛。花冠直径5.7~6.0cm，花瓣11~13枚、白色，子房多毛、5室，花柱长1.2~1.7cm、先端5中裂，雌雄蕊等高，雄蕊251枚，花药大。果四方状球形，果径3.7cm，果柄长0.9cm、粗0.6cm，果皮厚7.0mm。种子肾形、有棱角，种径1.3~1.9cm。制晒青茶。
（1982.11）

图 5-1-92　白沙野茶

滇131. 云龙山大叶茶 Yunlongshan dayecha （*C.sinensis* var.*assamica*）

产建水县云龙山茶场，海拔2000m。栽培型。样株小乔木型，树姿半开张。嫩枝有毛。芽叶黄绿色、茸毛多。大叶，叶长宽12.0cm×5.0cm，叶椭圆形，叶色绿，叶身背卷，叶面稍隆起，叶尖渐尖，叶脉11对。萼片5片、无毛。花冠直径3.6~4.1cm，花瓣7枚，花瓣白带绿晕，子房3室、多毛，花柱先端3裂。果径2.0cm。种径1.4cm。花粉圆球形，花粉平均轴径31.4μm，属大粒型花粉。花粉外壁纹饰网状，萌发孔狭缝状。染色体倍数性：整二倍体出现频率为94%。1989年干样含水浸出物44.56%、茶多酚32.45%、儿茶素总量29.34%（其中EGCG15.82%）、氨基酸3.23%、咖啡碱5.20%、茶氨酸1.54%。生化成分茶多酚、咖啡碱含量高，儿茶素总量特高。制红茶，滋味浓强鲜爽。　（1990.11）

滇132. 云龙山中叶茶 Yunlongshan zhongyecha （*C.sinensis*）

产地同云龙山大叶茶，海拔1785m。栽培型。灌木型，树姿半开张。嫩枝有毛。芽叶绿色、茸毛多。中叶，叶长宽10.2cm×4.5cm，叶椭圆或卵圆形，叶色绿，叶身稍内折，叶面平，叶尖渐尖，叶脉10对，叶齿钝、稀、浅。萼片5片、无毛。花冠直径3.3~3.6cm，花瓣7枚，花瓣白带绿晕，子房3室、多毛，花柱先端3裂。花柱长1.1cm。果径2.0cm。种径1.4cm。制红茶、绿茶。 （1983.11）

六、昆明市

昆明市位于云南省中偏北部，属于干湿分明的北亚热带高原季风气候。由于冬季干冷，茶树多以灌木型中小叶茶为主。所产"宝洪茶"和"十里香茶"为云南历史名茶。

滇 133. 宝洪小叶茶 Baohong xiaoyecha（*C. sinensis*）

产宜良县匡远宝洪寺，是"宝洪茶"的主栽品种。海拔 1880m。据乾隆三十二年（1767年）《宜良县志》载："北乐山在县北二十里。上有古刹，产茶"。据传，宝洪小叶茶在唐代建宝洪寺时由开山和尚从福建引进茶种种植，至今已有一千二百多年。

栽培型。灌木型，树姿半开张，树高 4.6m，树幅 3.2m×2.8m，分枝密。芽叶绿色、多毛。小叶，叶长宽 7.7cm×3.7cm，叶椭圆形，叶色绿，叶身稍内折，叶面稍隆起，叶尖渐尖或钝尖，叶脉 7~8 对，叶齿锐、密、中。萼片 5 片、无毛。花小，花冠直径 2.6~2.9cm，花瓣 5~7 枚、白现绿晕，子房多毛、3 室，花柱长短不一、长 0.5~1.8cm，花柱先端 3 浅裂，雌雄蕊等高或低。果径 1.7~2.0cm。种径 1.3~1.4cm。1989 年干样

图 5-1-93　宝洪小叶茶（2011）

含水浸出物 39.93%、茶多酚 17.13%、氨基酸 2.85%、咖啡碱 3.93%。制绿茶。创制于明清年间的"宝洪茶"为云南历史名茶，外形扁平光滑，苗峰挺秀，味浓香郁。此外，用"宝洪茶"品种一芽一叶采用烘青法制的"宜良春"，是云南现代名茶。　（1990.11）

滇 134. 十里香茶 Shilixiangcha（*C.sinensis*）

产昆明市金马街道十里铺、归化寺、两面寺一带，海拔 1850m。唐时已有栽培，明清时期为贡茶。栽培型。灌木型，树姿半开张，分枝较密，树高 1.8m，树幅 1.3m×1.0m。芽叶绿色、多毛。中叶，叶长宽 8.2cm×3.5cm，叶椭圆形、少数披针形，叶色绿，叶身稍内折，叶面稍隆起，叶尖渐尖或钝尖，叶脉 7~9 对，叶齿锐、中、深。萼片 5 片、有睫毛。花小，花冠直径 2.2~2.4cm，花瓣 6~7 枚、白现绿晕，子房多毛、3

图 5-1-94　十里香茶

室，花柱长短不一，长 0.6~1.5cm，花柱先端 3 中裂。1989 年干样含水浸出物 38.93%、茶多酚 17.66%、氨基酸 2.57%、咖啡碱 4.07%。制绿茶。"十里香"为云南历史名茶，条紧色润，香气清鲜，滋味甘醇。据《昆明县志》载："仅距城十里之外及其附近所产，名为十里香茶"。2008 年已在昆明石林建有十里香茶基地。（1990.11）

滇 135. 路南中叶茶 Lunan zhongyecha（*C.sinensis*）

产石林彝族自治县。栽培型。样株小乔木型，树姿开张，树高 1.7m，树幅 1.3m×1.2m，分枝较密。芽叶深绿色、少毛。中叶，叶长宽 10.3cm×4.1cm，叶椭圆形，叶色深绿，叶身平，叶面隆起，叶尖渐尖，叶脉 11 对，叶齿锐、密、中。萼片 5 片。花冠直径 4.0cm，花瓣 6~7 枚、白现绿晕，子房中毛、3(4) 室，花柱先端 3（4）裂。果四方状球形或三角状球形，果径 3.2~3.5cm。种子球形，种径 1.6~1.7cm，种皮褐色。1990 年干样含水浸出物 46.17%、茶多酚 22.70%、氨基酸 2.98%、咖啡碱 4.40%。制红茶，茶黄素含量达 1.36%。（1983.11）

七、临沧市

临沧市位于云南省西南部、横断山脉纵谷区南部，属南、中亚热带山地季风气候。本市是云南产茶最多的市（州）之一，有茶园 9.5 万 hm²，所产滇红驰名中外。古茶树遍布各县，是云南物种最多的市（州）之一。位于双江和耿马之间的大雪山有目前最大的大理茶居群，云县的白莺山是多个种的聚居区。野生型茶树有大苞茶、五柱茶、大理茶，栽培型茶树有德宏茶、普洱茶、细萼茶、茶和白毛茶等，其中大苞茶和五柱茶是以云县和凤庆的模式标本定名的。此外还有多个自然杂交类型。主产红茶和晒青绿茶。（以下缺五柱茶样株。）

滇 136. 凤山大山茶 Fengshan dashancha（*C. taliensis*）

产凤庆县凤山镇安石村，海拔 1920m。野生型。样株乔木型，树姿直立，树高 6.9m，树幅 3.3m×2.6m，基部干径 50.0cm。特大叶，叶长宽 13.9cm×6.6cm，叶倒卵圆或椭圆形，叶色绿、叶身平、叶面平、叶尖渐尖，叶脉 8~10 对，叶齿锐、稀、浅。萼片 5 片、无毛。花大，花冠直径 6.6~7.2cm，最大花冠直径 7.7~8.0cm，花瓣 9~11 枚、白色，子房多毛、5 室，花柱长 2.1~2.3cm、先端 5 浅裂。果五方状扁球形，果径 2.3~2.8cm，种子似油茶籽。1982 年干样含水浸出物 43.70%、茶多酚 26.01%、氨基酸 2.83%、咖啡碱 4.09%。（1981.11）

滇 137. 群英大茶树 Qunying dachashu（*C. taliensis*）

产凤庆县郭大寨乡群（琼）英村，海拔 2020m。野生型。乔木型，树姿直立，树高 7.9m，树幅 2.7m×2.6m，干径 47.0cm，最低分枝高 0.65m，分枝较密。嫩枝无毛。芽叶绿色、无毛。大叶，叶长宽 12.3cm×7.5cm，叶卵圆形，叶色绿，叶基红色，叶身平，叶面隆起，叶尖渐尖，叶脉 8~10 对，叶齿锐、稀、深，叶柄和叶背主脉无毛，叶柄呈紫红色。萼片 5 片、无毛。花冠直径 6.3~6.8cm，最大花冠直径 7.1~7.3cm，花瓣 11~14 枚、白色，子房多毛、5 室，花柱长 1.8~2.1cm、先端 5 中裂，雌蕊高于雄蕊。果呈球形或扁球形，果柄粗长，果皮粗糙。种子形状如油茶籽，种径 1.4~1.7cm，种皮黑褐色、粗糙。枝叶有腥臭味。1982 年干样含水浸出物 46.43%、茶多酚 25.60%、儿茶素总量 22.84%、氨基酸 2.41%、咖啡碱 4.68%、茶氨酸 1.03%。2013 年因修公路被砍伐。（1981.11）

图 5-1-95　群英大茶树

滇 138. 香竹箐大茶树 Xiangzhuqing dachashu （*C. taliensis*）

产凤庆县小湾镇锦秀村，海拔 1980m。野生型。小乔木型，树姿开张，树高 9.3m，树幅 8.1m，根颈处干径 185.0cm，最低分枝高 0.35m，无明显主干，从基部形成 12 个分枝。嫩枝无毛。芽叶绿色、无毛。中叶，叶长宽 8.3cm×3.7cm，叶椭圆形，叶色绿（稍淡），叶身平，叶面稍隆起，叶尖渐尖或钝尖，叶脉 7~9 对，叶齿锐、稀、中，叶柄和叶背主脉无毛，叶柄呈紫红色。萼片 5 片、无毛。花冠直径 5.5cm，花瓣 7~9 枚、白色，子房多毛、5 室，花柱先端 5 裂。果呈四方状球形，果柄长 1.7~2.0cm。种皮黑褐色、粗糙。2000 年干样含水浸出物 41.52%、茶多酚 20.72%、氨基酸 0.99%、咖啡碱 2.15%。生化成分氨基酸含量特低。（2010.11）

图 5-1-96　香竹箐大茶树及叶片

滇 139. 凤庆大叶茶 Fengqing dayecha（*C. sinensis var. assamica*）

产凤庆县大寺、凤山等地，是"滇红工夫"主栽品种之一，又称"原头子"。海拔1960~2000m。以大寺乡岔河原头子茶为例，栽培型。小乔木型，树姿直立，树高7.1m，树幅5.4m×3.5m，基部干径50.0cm，分枝密。芽叶绿色、多毛。特大叶，叶长宽18.5cm×7.1cm，最大叶长宽20.5cm×8.1cm，叶长椭圆形，叶色绿，叶身平，叶面稍隆起，叶尖渐尖，叶脉7~8对，叶齿锐、稀、深，大小齿相间。萼片5片、无毛。花冠直径3.7~4.5cm，花瓣4~6枚、白现绿晕，子房多毛、3（2）室，花柱长1.3~1.4cm、先端3（2）深裂，雌蕊高于雄蕊。果扁球形或棉桃形，果径2.2~2.7cm。种子近球形，种径1.3~1.4cm。1989年干样含水浸出物43.70%、茶多酚26.01%、氨基酸2.83%、咖啡碱4.09%。制红茶、绿茶。所制"滇红工夫"是著名现代名茶，金毫满披，汤色红艳，甜香高长，滋味浓厚鲜爽。（1981.11）

图 5-1-97　凤庆大叶茶（2010）

滇 140. 奶油香茶 Naiyouxiangcha（*C. sinensis var. assamica*）

产凤庆县大寺乡清水塘村。海拔1980m。栽培型。样株小乔木型，树姿半开张，树高6.3m，树幅3.7m×4.0m，干径28.0cm。特大叶，叶长宽16.8cm×5.8cm，最大叶长宽18.8cm×6.4cm，叶长椭圆或披针形，叶色绿，叶身平，叶面隆起，叶尖急尖，叶脉10~12对，叶齿锐、中、中。萼片5片、无毛。花冠直径3.2~3.6cm，花瓣5~6枚、白现绿晕，子房多毛、3（4）室，花柱长1.1~1.2cm、先端3（4）中裂，雌雄蕊等高。果扁球形或棉桃形、有1~4室，果径1.9~2.4cm。种子近球形，种径1.3~1.4cm。1989年干样含水浸出物43.73%、茶多酚22.65%、儿茶素总量13.42%、氨基酸2.90%、咖啡碱3.56%。制红茶，据村民说有奶油香。（1981.11）

滇141. 忙丙大茶树 Mangbing dachashu（*C.taliensis*）

产镇康县忙丙乡义路寨，海拔1830m。野生型。乔木型，树姿直立，树高9.5m，树幅4.0m×3.0m，干径60.0cm，分枝密。嫩枝无毛。芽叶黄绿色、无毛。大叶，叶长宽13.0cm×5.3cm，叶椭圆形，叶色绿，叶身稍内折，叶面平，叶尖渐尖或急尖，叶脉10~12对，叶齿锐、稀、中，叶缘下部无齿。叶背主脉无毛。萼片无毛。花冠直径4.5~4.8cm，花瓣9枚、白色，子房多毛、5（4）室，花柱长1.9cm、先端5（4）浅裂，雌蕊高于雄蕊。果径3.8cm，果高2.2cm。种子形状不规则，种径1.5cm，种皮棕红色、粗糙。枝叶有腥臭味。1982年干样含水浸出物44.67%、茶多酚26.78%、氨基酸3.02%、咖啡碱4.47%。适制红茶、晒青茶。（1981.12）

图 5-1-98　忙丙大茶树

滇142. 忙丙丛茶 Mangbing congcha（*C.sinensis*）

产镇康县忙丙乡忙丙村，海拔1805m。栽培型。样株灌木型，树姿开张，树高1.7m，树幅1.8m×1.6m，分枝密。鳞片多毛，芽叶绿色、多毛。小叶，叶长宽7.6cm×2.8cm，叶长椭圆形，叶色绿，叶身稍内折，叶面稍隆起，叶尖急尖，叶脉8~9对，叶齿锐、密、中。萼片5片、少毛。花梗长1.5cm，花冠直径2.4~2.6cm，花瓣7枚、白色，子房中毛、3室，花柱长1.1cm、先端3浅裂，雌雄蕊等高。（1981.12）

滇143. 勐堆大山茶 Mengdui dashancha（*C.dehungensis*）

产镇康县勐堆乡勐堆村，海拔1530m。栽培型。样株乔木型，树姿半开张，树高4.0m，树幅3.7m，干径26.0cm。特大叶，叶长宽16.1cm×6.6cm，叶长椭圆形，叶色绿，叶身稍内折，叶面稍隆起，叶尖急尖，叶脉10~12对，叶齿锐、中、中，叶背主脉多毛。萼片5片、无毛。花冠直径3.2~3.8cm，花瓣7枚、白现绿晕，子房无毛、3室，花柱长1.0cm、先端3中裂，雌雄蕊等高。果三角状球形，果径2.9~3.3cm，果高1.6cm。种子球形，种径1.5cm。制晒青茶。（1981.11）

滇144. 勐堆大叶茶 Mengdui dayecha（*C.sinensis* var. *assamica*）

产地同勐堆大山茶，海拔1530m。栽培型。样株乔木型，树姿半开张，树高6.0m，树幅4.3m，干径42.0cm。特大叶，叶长宽15.9cm×6.9cm，最大叶长宽18.9cm×8.1cm，叶椭圆形，叶色绿，叶身稍内折，叶面隆起，叶尖渐尖或钝尖，叶脉11~13对，叶齿锐、中、中，叶背主脉多毛。萼片5片、无毛。花冠直径2.4~2.8cm，花瓣6枚、白色，子房中毛、3室，花柱长0.8cm、先端3中裂，雌雄蕊等高。果三角状球形，果径3.0~3.2cm，果高1.6cm。种子球形，种径1.5cm。制晒青茶。（1981.11）

滇145. 帕迫大茶树 Papo dachashu（*C.dehungensis*）

产沧源佤族自治县糯良乡帕迫村。栽培型。小乔木型，树姿开张，分枝密，树高8.4m，树幅6.3m，基部干径48.8cm。芽叶黄绿色、毛多。中叶，叶长宽11.3cm×4.7cm，叶椭圆形，叶色绿，叶身内折，叶面微隆起，叶缘微波，叶尖渐尖，叶脉9~13对，叶齿钝、稀、浅，叶质硬。花冠直径3.0~3.8cm，花瓣6~7枚、白带绿晕，子房无毛、3（4）室，花柱先端3（4）裂。2012年干样含水浸出物46.00%、茶多酚27.08%、氨基酸3.30%、咖啡碱3.73%。生化成分茶多酚含量高。适制红茶、晒青茶。（2011.11）

图 5-1-99　帕迫大茶树

滇146. 芒洪大茶树 Manghong dachashu（*C.sinensis* var. *assamica*）

产耿马傣族佤族自治县芒洪乡。海拔1330m。栽培型。小乔木型，树姿开张，树高6.7m，树幅7.3 m×6.1m，基部干径32.0cm。大叶，叶长宽11.9cm×5.4cm，叶椭圆形，叶色绿，叶身稍内折，叶面隆起，叶尖渐尖，叶脉10~13对，叶齿锐、密、中，叶质中。萼片5片、无毛。花冠直径2.9~3.1cm，花瓣6~8枚、白色，子房多毛、3室，花柱先端3浅裂。果三角状球形和肾形，果径3.0~3.7cm。种子球形，种径1.4cm。制晒青茶。（2011.11）

图 5-1-100　芒洪大茶树

位于云南省双江拉祜族佤族布朗族傣族自治县（以下简称双江县）和耿马傣族佤族自治县交界的大雪山是原始森林区（双江这边属勐库镇管辖），主峰海拔 3233.5m，境内古树林木遮天蔽日，直径一二米的大树随处可见，低层长有大片箭竹，人迹罕至。据勐库镇大户赛村现任支部书记李荣林讲述，1992 年后，竹子自然死亡，世代靠打猎为生的大户赛村大中山杨正权进山狩猎，发现有野生茶树，并向豆腐寨王家村的张大贵诉说，张向县政府做了报告。1997 年 10 月时任双江县长的俸国兴亲自率队前往考察。2002 年 12 月 5~8 日县政府组织了近百人的省内外专家和科技人员进入到深山的大平掌考察论证（作者时与中国科学院昆明植物研究所闵天禄研究员任考察组组长），进山的向导便是现年（2013年）68 岁的大户赛村民字正权。现将 2002 年考察鉴定意见摘录如下：

（1）勐库野生古茶树居群位于大雪山中上部，分布面积约 800hm^2，茶树生长的海拔高度在 2200~2750m。茶树所处环境条件和植被主要特点是：①植被类型属于南亚热带山地季雨林，主要标志是植物板状根较发达（如樟科、壳斗科），木质藤冠群落十分显著（如南五味子属），附生植物丰富（如兰科、杜鹃科、蕨类等）。②群落结构主要建群树种为木兰科、樟科、壳斗科，并构成一级乔木层。二级乔木层以野生古茶树为优势，此外还有五加科、茜草科、桑科等。林下大面积箭竹枯死。草本层主要有荨麻科等。

（2）在调查地域内古茶树居群是原生的自然植被，且保存完好，未受人为破坏，自然更新力强，生物多样性极为丰富。在云南保存如此完好的原始植被实属少见，具有极为重要的科学价值和保存价值，是珍贵的自然遗产和生物多样性的活基因库。

（3）对大平掌近 2km^2 地域内有代表性的 25 株茶树进行了调查，茶树的生长密度为 62m^2 样方内有 19 株，其中树干直径大于 25cm 的有 8 株，小于 10cm 的有 11 株，达到构成植物自然群落的要求。茶树多为直立状，最低分枝高度在 0.8~5.8m，是典型的乔木型茶树。茶树属于大理茶种（*Camellia taliensis* Melchior），在进化上比普洱茶种（*Camellia sinensis* var. *assamica*）原始。

（4）大雪山古茶树是目前国内外已发现的海拔最高、密度最大、数量最多的大理茶种群落，它对研究茶树的起源、演变、分类和进行种质创新都有重要价值。双江县是茶树起源中心之一。

根据考察的部分茶树主要形态特征（表 5-1、表 5-2），还表明大雪山茶树是目前树体最高大（最高 30.8m）、树幅最宽（最宽 15.6m×15.4m）、离地 80cm 处直径最粗（最大 98.7cm）、平均最低分枝高度最高（2.9m）的野生型大茶树。从表 5-2 的叶片和花器官看，具有大理茶的典型特征。

表 5-1　双江大雪山野生大茶树形态特征（1）

考察编号	海拔（m）	树型	树高（m）	树幅（m）	离地 80cm 处直径（cm）	最低分枝高度（m）	以该树为中心 20m 样方内株数
1	2683	乔木	25.8	12.6×10.5	98.7（最大分枝直径47.8）	0.8	直径 10cm 1 株
2	2652	乔木	30.8	12.9×9.5	76.8		
3	2650	乔木	24.6	15.6×12.0	83.4	1.2	直径 8cm 6 株
5	2710	乔木	18.4	16.2×12.9	92.4	3.1	
7	2605	乔木	25.0	14.8×11.6	60.5	3.6	直径 8cm 4 株, 直径 3.2cm 8 株
8	2652	乔木	17.5	13.0×9.6	49.4	5.7	直径 8cm 1 株, 直径 3.2cm 13 株
17	2684	乔木	19.0	15.6×15.4	70.1	1.7	直径 8cm 6 株, 直径 3.2cm 29 株
18	2650	乔木	15.6	15.1×12.9	84.4	1.1	直径 8cm 2 株, 直径 3.2cm 9 株
19	2600	乔木	25.0	16.2×11.9	55.7	5.8	直径 8cm 6 株, 直径 3.2cm 27 株
20	2605	乔木	18.5	12.6×10.2	57.3	3.4	直径 8cm 8 株, 直径 3.2cm 12 株
21	2674	乔木	15.3	12.7×9.2	72.3	1.0	直径 8cm 3 株, 直径 3.2cm20 株
22	2678	乔木	19.2	14.5×12.7	83.4	1.2	直径 8cm 以上有 1 8 株
23	2691	乔木	17.9	13.1×12.2	63.7	2.1	
24	2640	乔木	20.5	12.5×10.1	42.3	3.8	直径 8cm 1 株, 直径 3.2cm 40 株
综评	最高 2710, 平均 2655	乔木	最高 30.8, 平均 20.9	平均 14.1×11.5	最大 98.7, 平均 70.74	最高 5.8, 平均 2.7	直径 8cm 及以上有 56 株；直径 3.2cm 有 158 株

表 5-2 双江大雪山野生大茶树形态特征（2）

考察编号	叶 片				花 器 官					
	长×宽 (cm)	叶色	叶面	叶齿	萼片茸毛	花冠直径 (cm)	花瓣数	花瓣色泽	子房茸毛	柱头裂数
1	13.7×6.3	深绿有光泽	平	锐、密、中	无	4.0~4.5	11	白	特多	5(6)
2	13.6×6.0	绿有光泽	平	锐、稀、中，叶缘1/3无齿	无	4.2~4.5	10~12	白	特多	5
3	12.5×5.7	绿有光泽	平	锐、稀、浅，叶缘1/2~1/4无齿	无	3.8~4.5	10	白	特多	5
5	12.9×5.7	绿有光泽	平	锐、稀、浅，叶缘1/3无齿	无	4.5~4.7	12	白	多	5
8	13.1×5.7	深绿有光泽	隆起	锐、稀、浅，叶缘1/3无齿						
18	13.7×5.8	深绿有光泽	平	锐、稀、浅，叶缘1/2无齿						
20	12.2×5.1	绿有光泽	平	锐、稀、浅，叶缘1/2无齿	无	4.3~4.4	9	白	特多	5
22	12.7×5.7	绿有光泽	平	锐、稀、浅，叶缘1/2无齿	无	3.8~4.5	10	白	特多	5
23	12.5×5.7	深绿有光泽	平	锐、中、中，叶缘1/3无齿	无	4.6~5.3	9	白	多	5
综评	平均13.0×5.7	绿或深绿有光泽	平	锐、稀、浅，叶缘1/2~1/3无齿	无	平均4.2~4.6	9~12	白	特多或多	5

说明：1.编号7、17、19、21、24无叶片和花，8、18编号无花；2.考察的主要茶学和植物学科技工作者有虞富莲、闵天禄、王平盛、张俊、蔡新、江鸿键等。

图 5-1-101 远眺大雪山

图 5-1-102 作者与字正权（左）（2013）

滇 147. 大雪山大茶树 1 号 Daxueshan dachashu1 （*C.taliensis*）

产双江县勐库镇大雪山大平掌，海拔 2683m。野生型。乔木型，树姿直立，分枝中，树高 25.8m，树幅 12.6m×10.5m，离地 80cm 处干径 98.7cm，最低分枝高 0.8m。嫩枝无毛。鳞片紫红色，芽叶绿紫色、无毛。特大叶，叶长宽 13.7cm×6.3cm，叶椭圆形，叶色深绿有光泽，叶身平，叶面平，叶尖渐尖，叶脉 9~10 对，叶齿锐、稀、中，

图 5-1-103　大雪山大茶树 1 号及 6 裂花柱（2014）

叶缘近 1/2 无齿，叶柄和叶背主脉无毛，叶质较硬脆。萼片 5 片、无毛、绿色。花冠直径 4.0~4.5cm，最大花冠直径 5.0~5.8cm，花瓣 11 枚、白色，花瓣长宽 2.5cm×1.9cm，花瓣质厚，子房多毛、5（6）室，花柱长 0.7~1.0cm、粗 1.1mm、先端 5（6）中裂，雌蕊低于雄蕊。2014 年干样含水浸出物 43.4%、茶多酚 17.7%、儿茶素总量 9.1%（其中 EGCG1.63%）、氨基酸 4.6%、咖啡碱 2.71%、茶氨酸 2.412%。本树特点是子房有 6 室；儿茶素总量和 EGCG 含量特低。（2002.12）

滇 148. 大雪山大茶树 2 号 Daxueshan dachashu2 （*C.taliensis*）

产双江县勐库镇大雪山大平掌，海拔 2652m。野生型。乔木型，树姿直立，树高 30.8m，树幅 12.9m×9.5m，离地 80cm 处干径 76.8cm，分枝密度中，长势强。嫩枝无毛。芽叶基部紫红色、无毛。大叶，叶长宽 13.6cm×6.0cm，最大叶长宽 19.4cm×7.1cm，叶椭圆形，叶色绿有光泽，叶身平，叶面平，叶尖渐尖，叶脉 9~11 对，叶齿锐、稀、中，叶缘 1/3 无齿，叶质较厚脆。萼片 5 片、无毛。花冠直径 4.2~4.5cm，花瓣 10~12 枚、白色，子房毛特多、5 室，花柱先端 5 中裂，柱长 0.7cm。2015 年干样含水浸出物 49.4%、茶多酚 21.0%、儿茶素总量 10.8%（其中 EGCG2.45%）、氨基酸 5.0%、咖啡碱 3.08%、茶氨酸 2.44%。枝叶有腥臭味。生化成分儿茶素总量低、氨基酸和茶氨酸含量高。（2002.12）

图 5-1-104　大雪山大茶树 2 号

滇 149. 大雪山大茶树 3 号 Daxueshan dachashu3 （*C. taliensis*）

产双江县勐库镇大雪山大平掌，海拔 2650m。野生型。乔木型，树姿直立，树高 24.6m，树幅 15.6m×12.0m，基部干径 83.4cm，最低分枝高度 1.2m，分枝密度中，长势强。嫩枝无毛。芽叶基部紫红色、无毛。大叶，叶长宽 12.7cm×5.7cm，叶椭圆形，叶色绿有光泽，叶面平，叶身稍内折，叶尖渐尖，叶脉 9~10 对，叶齿锐、稀、浅，叶缘 1/2~1/4 无齿，叶质较厚脆。萼片 5 片、无毛。花冠直径 3.8~4.5cm，花瓣 10 枚、白色，子房毛特多、5 室，花柱先端 5 中裂，柱长 1.7cm，雌雄蕊等高。2014 年干样含水浸出物 43.8%、茶多酚 20.6%、儿茶素总量 10.3%（其中 EGCG2.39%）、氨基酸 3.5%、咖啡碱 2.73%。生化成分儿茶素总量低。枝叶有腥臭味。生化成分儿茶素总量低。（2002.12）

图 5-1-105 大雪山大茶树 3 号

滇 150. 冒水大茶树 Maoshui dachashu （*C. taliensis*）

产双江县邦丙乡仙人山，海拔 2481m。野生型。乔木型，树姿直立，树高 7.7m，树幅 3.5m×3.0m，干径 30.1cm，最低分枝高度 1.0m，长势强。芽叶绿色、无毛。特大叶，叶长宽 19.2cm×7.7cm，最大叶长宽 22.0cm×8.0cm，叶椭圆形，叶色绿黄，叶身稍内折，叶面平，叶尖钝尖，叶脉 8~11 对，叶齿锐、稀、浅，叶缘 1/2 无齿，叶质较厚脆。萼片 5 片、绿色、无毛。花冠直径 4.6~5.0cm，花瓣 9 枚、白色、质厚，花瓣长宽 2.8cm×1.7cm，子房多毛、5（4）室，花柱先端 5（4）中裂，柱长 1.6cm，雌蕊高于雄蕊。种径 2.1~2.5cm，种皮棕色。2015 年干样含水浸出物 49.3%、茶多酚 23.4%、儿茶素总量 18.3%（其中 EGCG3.59%）、氨基酸 4.3%、咖啡碱 2.51%、茶氨酸 2.068%。本树特点种子特大。(2014.10)

图 5-1-106 冒水大茶树

滇 151. 羊圈房大茶树 Yangjuanfang dachashu（*C. taliensis*）

产双江县邦丙乡仙人山，海拔 2483m。野生型。乔木型，树姿直立，树高 7.9m，树幅 3.5m×3.2m，干径 55.0cm，最低分枝高度 0.4m，长势强。芽叶绿色、无毛。特大叶，叶长宽 15.5cm×6.7cm，叶椭圆形，叶色深绿，叶身内折，叶面平，叶尖渐尖，叶脉 8~9 对，叶齿锐、稀、浅，叶质厚脆，叶背

图 5-1-107 羊圈房大茶树及芽叶

主脉无毛。萼片 5 片、绿色、无毛。花冠直径 4.6~5.4cm，花瓣 10 枚、白色，花瓣长宽 2.8cm×1.5cm，子房毛多、5 室，花柱先端 5 中裂，柱长 1.4cm，雌蕊高于雄蕊。2015 年干样含水浸出物 49.4%、茶多酚 25.2%、儿茶素总量 10.6%（其中 EGCG4.95%）、氨基酸 4.2%、咖啡碱 3.17%、茶氨酸 2.277%。生化成分儿茶素总量低。（2014.10）

勐库镇位于双江县境北部，是云南古茶园最集中成片的乡镇之一，全镇有 21 个村寨产茶，产量占全县 90% 以上，其中以西半山的冰岛、地界、坝卡、坝歪、懂过、坝气山、大户赛、豆腐寨、营盘、公弄、邦改、帮骂等最多，东半山有坝糯、那焦、小村、章外、东来、亥公、东弄等村寨。

冰岛因所产茶品质优享誉茶界。冰岛老寨距双江县城 30.5km，与临沧市临翔区南美乡接壤。由于在这崇山峻岭有了"冰岛""南美"两个南北半球的世界地名，所以，近年来的游客络绎不绝，不过，他们中有一半是冲着神秘感来的。实际上处在北回归线上（23°26′N）的冰岛村（23°47′N）很少结冰。据现任（2014 年）村长张世祥说，"冰岛"地名有一个演绎过程。原来该村名傣族叫"干岛洼"，意思是流水长苔藓的地方，后慢慢谐音为"丙岛"，好事者将其改为"冰岛"，官方也就默认了，从此"冰岛"名声在外。2017 年全村有 62 户 231 人，以傣族、拉祜族和汉族为主。有古茶园 23hm²，年产晒青茶 7.8t。

图 5-1-108 冰岛古茶园（2008）

滇 152. 冰岛大叶 Bingdao daye（*C.sinensis* var. *assamica*）

产双江县勐库镇冰岛村，海拔 1696m。冰岛大叶是群体中主要类型之一。栽培型。样株乔木型，树姿直立，树高 9.1m，树幅 5.3m×4.8m，干径 46.2cm，最低分枝高 3.2m，分枝较密。嫩枝稀毛。鳞片多毛。芽叶黄绿色、多毛。特大叶，叶长宽 16.8cm×6.4cm，最大叶长宽 19.4cm×7.1cm，叶长椭圆形，叶色绿有光泽，叶身平，叶面隆起，叶尖渐尖和尾尖，叶脉 10~12 对，叶齿中、稀、浅，叶柄有毛，叶背主脉多毛，叶质较厚软。萼片 5 片、无毛、色绿。花梗无毛，花冠直径 3.0~3.5cm，花瓣 7~8 枚、白现绿晕、质薄、无毛、子房多毛、3 室，花柱先端 3 中裂，雌雄蕊高或等高。果三角状球形、肾形等，干果皮厚 0.9mm。种子球形、

图 5-1-109　冰岛大叶茶

不规则形等，种径 1.4~1.5cm，种皮棕褐带灰色，种子百粒重 163.0g。花粉圆球形，花粉平均轴径 31.2μm，属大粒型花粉。花粉外壁纹饰为网状，萌发孔为梭形孔沟。染色体倍数性是：整二倍体频率为 85%，非二倍体频率为 15%（其中三倍体为 3%）。2014 年干样含水浸出物 46.6%、茶多酚 20.2%、儿茶素总量 19.3%（其中 EGCG3.01%）、氨基酸 4.8%、茶氨酸 3.349%、咖啡碱 3.52%。生化成分茶氨酸含量高。适制红茶、绿茶。制"滇红工夫"，条索肥硕重实，汤色红艳富金圈，香气高长，滋味浓强鲜；制绿茶，香气嫩浓，味浓厚。　　（2013.11）

滇 153. 冰岛特大叶 Bingdao tedaye（*C.sinensis* var. *assamica*）

产地同冰岛大叶，海拔 1675m。冰岛特大叶是群体中主要类型之一。栽培型。样株小乔木型，树姿半开张，树高 8.0m，树幅 5.7m×4.4m，干径 54.0cm，最低分枝高 1.0m，分枝密。嫩枝有毛。芽叶黄绿色、多毛。特大叶，叶长宽 19.1 cm×8.4cm，最大叶长宽 21.3cm×9.4cm，叶椭圆形，叶色绿，叶身平，叶面隆起，叶尖渐尖和钝尖，叶脉 10~13 对，主脉突显，叶齿中、中、中或锐、中、深，叶背主脉多毛，叶背淡绿色，叶质软。萼片 5 片、无毛、色绿。花冠直径 3.2~3.8cm，花瓣 6~8 枚、白现绿晕、质薄、无毛、子房多毛、3 室，花柱长 1.1~1.3cm、先端 3 中裂或深裂，雌雄蕊高或等高。果三角状球形、肾形等，果径 2.0~2.4cm。

图 5-1-110　冰岛特大叶

种子球形、不规则形等，种径 1.2~1.4cm，种皮棕褐色，种子百粒重 111.0g。2014 年干样含水浸出物 43.40%、茶多酚 20.70%、儿茶素总量 16.50%（其中 EGCG5.29%）、氨基酸 3.20%、茶氨酸 1.25%、咖啡碱 3.46%。适制红茶、晒青茶。　　（2013.11）

滇 154. 冰岛绿大叶 Bingdao ludaye（*C.dehungensis*）

产地同冰岛大叶，海拔 1675m。是群体类型之一。栽培型。样株小乔木型，树姿半开张，树高 7.2m，树幅 5.1m×4.9m，干径 52.0cm，最低分枝高 0.8m，分枝密。嫩枝有毛。芽叶黄绿色、多毛。特大叶，叶长宽 16.2cm×6.5cm，最大叶长宽 18.6cm×7.1cm，叶椭圆形，叶色绿，叶身平，叶面隆起，叶缘微波，叶尖渐尖，叶脉 11~12 对，叶齿中、中、深，叶背主脉多毛，叶质软。萼片 4~5 片、无毛、色绿。花冠直径 3.2~3.6cm，花瓣 8 枚、白色，花瓣长宽 2.1cm×1.4cm，花瓣质中，子房无毛、3 室，花柱长 1.0~1.4cm，先端 3 浅裂，雌雄蕊等高。果三角状球形、肾形等，果径 2.5~3.1cm。种子球形、不规则形等，种子大，种径 1.5~1.7cm，种皮棕褐色，种子百粒重 253.0g。2014 年干样含水浸出物 45.4%、茶多酚 22.3%、儿茶素总量 18.4%（其中 EGCG4.48%）、氨基酸 3.2%、咖啡碱 3.5%、茶氨酸 1.533%、天冬氨酸 0.140%、谷氨酸 0.211%、赖氨酸 0.008%、精氨酸 0.015%、没食子酸 1.22%。生化成分天冬氨酸、谷氨酸、赖氨酸和精氨酸含量低，没食子酸含量高。适制红茶、晒青茶。（2013.11）

滇 155. 冰岛黑大叶 Bingdao heidaye（*C.sinensis var. assamica*）

产地同冰岛大叶，海拔 1675m。是群体类型之一。栽培型。样株小乔木型，树姿半开张，树高 8.3m，树幅 5.2m×4.9m，干径 54.0cm，最低分枝高 0.8m，分枝密。嫩枝多毛。芽叶绿色、多毛。特大叶，叶长宽 18.7cm×6.6cm，最大叶长宽 23.0cm×8.5cm，叶椭圆形，叶色深绿有光泽，叶身平，叶面稍隆起，叶缘平，叶尖渐尖和尾尖，叶脉 11~14 对，叶齿中、中、中，叶背主脉多毛，叶质软。萼片 5 片、无毛、色绿。花冠直径 2.9~3.5cm，花瓣 6 枚、白色，花瓣长宽 2.0cm×1.8cm，花瓣质中，子房多毛、3 室，花柱长 1.3~1.4cm、先端 3 浅裂，雌雄蕊等高。果三角状球形、肾形等，果径 1.8~2.2cm。种子球形、不规则形等，种径 1.5~1.7cm，种皮棕褐色，种子百

图 5-1-111　冰岛黑大叶

粒重 205.0g。2014 年干样含水浸出物 43.6%、茶多酚 24.4%、儿茶素总量 19.0%（其中 EGCG3.56%）、氨基酸 3.8%、咖啡碱 3.78%、茶氨酸 2.049%、天冬氨酸 0.176%、谷氨酸 0.223%、赖氨酸 0.01%、精氨酸 0.037%、没食子酸 1.12%。生化成分谷氨酸、赖氨酸、精氨酸含量低，没食子酸含量高。适制红茶、晒青茶。（2013.11）

滇 156. 冰岛筒状大叶 Bingdao tongzhuangdaye（*C. sinensis* var. *assamica*）

图 5-1-112　冰岛筒状大叶

产地同冰岛大叶，海拔 1675m。是群体类型之一。栽培型。样株小乔木型，树姿半开张，树高 6.6m，树幅 4.1m×3.5m，干径 36.0cm，最低分枝高 1.4m，分枝中。嫩枝有毛。芽叶绿色、毛特多。特大叶，叶长宽 14.9cm×7.3cm，叶椭圆形，叶色绿，叶身内折，叶面稍隆起，叶尖渐尖，叶脉 12~13 对，叶齿钝、稀、中，叶背主脉有毛，叶质软。萼片 5 片、无毛、色绿。花小，花冠直径 1.9~2.6cm，花瓣 6~8 枚、白色，花瓣长宽 1.5cm×1.1cm，花瓣质中，子房多毛、3 室，花柱长 0.9~1.0cm、先端 3 浅裂，雌雄蕊等高。果三角状球形、肾形等，果径 2.0~2.5cm。种子球形、不规则形等，种径 1.6cm，种皮棕褐色，种子百粒重 225.0g。2014 年干样含水浸出物 45.8%、茶多酚 26.0%、儿茶素总量 17.3%（其中 EGCG3.78%）、氨基酸 4.1%、咖啡碱 3.85%、茶氨酸 3.149%、天冬氨酸 0.108%、谷氨酸 0.208%、苯丙氨酸 0.036%、赖氨酸 0.023%、精氨酸 0.029%、没食子酸 1.29%。生化成分茶氨酸、没食子酸含量高，天冬氨酸、谷氨酸、赖氨酸、精氨酸含量低。适制红茶、晒青茶。（2013.11）

滇 157. 冰岛黄大叶 Bingdao huangdaye（*C. sinensis* var. *assamica*）

图 5-1-113　冰岛黄大叶

产地同冰岛大叶，海拔 1675m。是群体类型之一。栽培型。样株小乔木型，树姿半开张，树高 4.6m，树幅 2.9m×2.7m，干径 26.0cm，最低分枝高 0.3m，分枝中。嫩枝有毛。芽叶黄绿色、毛多。大叶，叶长宽 15.3cm×5.5cm，叶长椭圆形，叶色黄绿，叶身稍内折，叶面隆起，叶尖渐尖，叶脉 12~13 对，叶齿锐、中、中，叶背主脉有毛，叶质软。萼片 5 片、无毛、色绿。花冠直径 2.6~3.0cm，花瓣 6~7 枚、白色，花瓣长宽 1.7cm×1.3cm，花瓣质薄，子房多毛、3（4）室，花柱长 1.0~1.3cm、先端 3（4）中裂，雌雄蕊高或等高。果三角状球形、肾形等，果径 1.4~2.0cm。种子球形、不规则形等，种径 1.6cm，种皮棕褐色，种子百粒重 225.0g。2014 年干样含水浸出物 45.8%、茶多酚 24.0%、儿茶素总量 16.3%（其中 EGCG4.92%）、氨基酸 3.3%、咖啡碱 3.63%、茶氨酸 1.537%、天冬氨酸 0.129%、谷氨酸 0.227%、苯丙氨酸 0.045%、赖氨酸 0.022%、精氨酸 0.017%、没食子酸 1.08%。生化成分没食子酸含量高，天冬氨酸、谷氨酸、赖氨酸和精氨酸含量低。适制红茶、晒青茶。（2013.11）

滇158. 南迫大茶树 Nanpo dachashu（*C.taliensis*）

产双江县勐库镇冰岛村委会南迫村，海拔1827m。野生型。乔木型，树姿直立，树高10.5m，树幅4.0m×3.9m，干径77.0cm，最低分枝高度1.4m，分枝较密。嫩枝无毛。芽叶绿色、无毛。大叶，叶长宽11.6cm×5.4cm，叶椭圆形，叶色绿，叶身平，叶面稍隆起，叶尖渐尖，叶脉8~9对，叶齿锐、稀、浅，叶缘近2/3无齿，叶背主脉无毛，叶质中。萼片5~7片、无毛、色绿。花较大，花冠直径4.6~5.2cm，花瓣9~11枚、白色，花瓣长宽2.9cm×2.2cm，花瓣质中，子房有毛、5室，花柱长1.5~2.8cm、先端5深裂，雌雄蕊等高或高，雄蕊粗大。果四方状球形，果径4.9~5.3cm，果柄长1.5~1.8cm、粗0.6~0.7cm。种子球形或不规则形，

图 5-1-114　南迫大茶树

种径1.6~1.7cm，种皮棕褐色，种子百粒重241.0g。2015年干样含水浸出物49.6%、茶多酚25.0%、儿茶素总量12.2%（其中EGCG7.33%）、氨基酸3.5%、咖啡碱3.31%、茶氨酸1.731%、天冬氨酸0.157%、谷氨酸0.242%、赖氨酸0.018%、精氨酸0.013%、没食子酸1.15%。生化成分儿茶素总量偏低，谷氨酸、赖氨酸、精氨酸含量低，没食子酸含量高。（冰岛南迫村栽培古茶树为普洱茶种。）（2013.11）

滇159. 大户赛大茶树 Dahusai dachashu（*C.sinensis var. assamica*）

产双江县勐库镇大户赛，海拔1810m。同类型多株。栽培型。样株乔木型，树姿半开张，树高5.6m，树幅5.3m×4.8m，干径38.0cm，最低分枝高度1.6m，分枝中。嫩枝有毛。芽叶黄绿色、多毛。特大叶，叶长宽14.2cm×6.8cm，叶椭圆形，叶色黄绿，叶身平，叶面隆起，叶尖渐尖，叶脉10~13对，叶齿锐、密、深，叶背主脉多毛，叶质中。萼片5~7片、无毛、绿色。花冠直径3.1~3.3cm，花瓣6~8枚、白现绿晕，花瓣长宽1.7cm×1.5cm，花瓣质薄，子房多毛、3室，花柱长1.0~1.2cm、先端3浅裂，雌雄蕊等高。果球形、肾形等，果径2.1~2.5cm。种子球形，种径1.4~1.6cm，种皮棕褐色，种子百粒重188.0g。2014年干样含水浸出物

图 5-1-115　大户赛大茶树

44.0%、茶多酚23.0%、儿茶素总量19.3%（其中EGCG4.55%）、氨基酸3.8%、咖啡碱3.72%。适制红茶、晒青茶。制"滇红工夫"，香气高长，味浓强。（2013.11）

滇160. 公弄大叶茶 Gongnong dayecha (*C.sinensis* var. *assamica*)

产双江县勐库镇公弄村，海拔1430m。同类型多株。栽培型。样株小乔木型，树姿半开张，树高5.4m，树幅6.1m×4.2m，干径34.0cm，最低分枝高度0.8m，分枝密。嫩枝有毛。芽叶黄绿色、多毛。特大叶，叶长宽15.7cm×6.7cm，最大叶长宽18.3cm×7.4cm，叶椭圆形，叶色绿，叶身平或背卷，叶面稍隆起，叶尖渐尖或钝尖，叶脉13~16对，叶齿锐、密、深，叶背主脉多毛，叶质中。萼片5片、无毛、绿色。花冠直径3.9~4.5cm，花瓣7~8枚，白色，花瓣长宽2.1cm×1.8cm，花瓣质薄，子房有毛、3（4）室，花柱长1.2~1.3cm、先端3（4）浅裂，雌雄蕊高或等高。果球形、肾形、三角状球形等，果径2.0~2.5cm。种子球形等，种径1.6cm，种皮棕褐色，种

图 5-1-116　公弄大叶茶

子百粒重184.0g。2014年干样含水浸出物43.6%、茶多酚19.7%、儿茶素总量17.2%（其中EGCG4.51%）、氨基酸4.6%、咖啡碱4.00%、茶氨酸2.881%、天冬氨酸0.169%、谷氨酸0.310%、苯丙氨酸0.025%、赖氨酸0.014%、精氨酸0.451%、没食子酸0.91%。生化成分茶氨酸、精氨酸和没食子酸含量高。适制红茶、晒青茶。　（2013.11）

滇161. 懂过大树茶 Dongguo dashucha (*C.*sp.)

产双江县勐库镇懂过村，海拔1771m。同类型多株。样株小乔木型，树姿半开张，树高8.4m，树幅5.4m×5.1m，干径50.0cm，最低分枝高度1.0m，分枝密。嫩枝有毛。芽叶绿色、多毛。特大叶，叶长宽17.7cm×7.4cm，最大叶长宽19.7cm×7.4cm，叶椭圆形，叶色深绿，叶身平，叶面平或稍隆起，叶尖渐尖或钝尖，叶脉11~12对，叶齿锐、中、浅，叶缘1/3无齿，叶背主脉稀毛，叶质硬。萼片5片、

图 5-1-117　懂过大树茶

无毛、绿色。花冠直径3.9~4.5cm，花瓣7~8枚、白色，花瓣长宽2.2cm×1.9cm，花瓣质薄，子房多毛、3（4、5）室，花柱长1.6~1.9cm、先端3（4、5）浅裂，雌雄蕊有低、高、等高。果球形等，果径1.0~2.5cm。种子球形等，种子百粒重210.0g。2014年干样含水浸出物45.2%、茶多酚20.9%、儿茶素总量15.5%（其中EGCG4.26%）、氨基酸5.2%、咖啡碱3.45%、茶氨酸4.259%、天冬氨酸0.241%、谷氨酸0.423%、赖氨酸0.014%、精氨酸0.110%、没食子酸1.320%。生化成分氨基酸、茶氨酸、天冬氨酸、谷氨酸、没食子酸含量高。制晒青茶。可作育种或创制产品材料。　（2013.11）

滇 162. 帮骂大茶树 Bangma dachashu（*C.dehungensis*）

产双江县勐库镇帮骂村，海拔 1676m。同类型多株。栽培型。样株乔木型，树姿直立，树高 6.5m，树幅 4.9m×4.4m，干径 46.0cm，最低分枝高度 1.3m，分枝密。嫩枝有毛。芽叶黄绿色、多毛。大叶，叶长宽 14.0cm×5.2cm，叶长椭圆形，叶色绿，叶身平，叶面平，叶尖渐尖，叶脉 11~12 对，叶齿锐、中、浅，叶背主脉多毛，叶质软。萼片 5 片、无毛、绿色。花冠直径 3.5~3.7cm，花瓣 6 枚、白带绿晕，花瓣长宽 1.9cm×1.6cm，花瓣质薄，子房无毛、3 室，花柱长 1.0~1.3cm、先端 3 浅裂，雌雄蕊等高。果球形等，果径 2.2~3.1cm。2014 年干样含水浸出物 45.8%、茶多酚 27.2%、儿茶素总量 20.3%（其中 EGCG4.03%）、氨基酸 3.5%、咖啡碱 3.34%、茶氨酸 1.825%、天冬氨酸 0.135%、谷氨酸 0.279%、赖氨酸 0.016%、精氨酸 0.033%、没食子酸 1.19%。生化成分茶多酚、儿茶素总量和没食子酸含量高，天冬氨酸、谷氨酸、赖氨酸和精氨酸含量低。适制红茶、晒青茶。（2013.11）

滇 163. 坝糯藤条茶 Banuo tengtiaocha（*C.sinensis* var. *assamica*）

产双江县勐库镇坝糯村。海拔 1930m。同类型多株。栽培型。样株小乔木型，树姿开张，树高 6.1m，树幅 8.0m×7.2m，干径 50.0cm，最低分枝高度 0.4m，分枝中。嫩枝有毛。芽叶黄绿色、多毛。特大叶，叶长宽 17.2cm×7.6cm，最大叶长宽 23.0cm×7.8cm，叶椭圆形，叶色绿，叶身内折，叶面稍隆起，叶尖渐尖，叶脉 11~12 对，叶齿钝、稀、浅，叶背主脉有毛，叶质中。萼片 5 片、无毛、绿色。花冠直径 3.3~3.4cm，花瓣 6 枚、白带绿晕，花瓣长宽 2.5cm×1.8cm，花瓣质中，子房多毛、3（4）室，花柱长 1.2~1.5cm、先端 3（4）中裂，雌雄蕊低。2014 年干样含水浸出物 44.8%、茶多酚 20.0%、儿茶素总量 15.3%（其中 EGCG4.15%）、氨基酸 5.9%、咖啡碱 3.76%、茶氨酸 3.845%、天冬氨酸 0.200%、

图 5-1-118 坝糯藤条茶

谷氨酸 0.373%、赖氨酸 0.015%、精氨酸 0.404%、没食子酸 0.97%。生化成分氨基酸、茶氨酸和精氨酸含量高，赖氨酸含量低。适制红茶、晒青茶。可作育种材料。（2013.11）

滇 164. 那焦藤条茶 Najiao tengtiaocha（*C. assamica* var. *assamica*）

产双江县勐库镇那焦村，海拔 1786m。同类型多株。栽培型。样株小乔木型，树姿直立，树高 5.7m，树幅 4.5m×3.3m，分枝密。嫩枝有毛。芽叶黄绿色、多毛。特大叶，叶长宽 19.5cm×8.1cm，最大叶长宽 22.1cm×8.2cm，叶椭圆形，叶色绿，叶身平，叶面平，叶尖渐尖，叶脉 15~17 对，叶齿钝、稀、浅，叶背主脉多毛，叶质中。萼片 5 片、无毛、绿色。花冠直径 3.8~4.2cm，花瓣 7 枚、白色，花瓣长宽 2.1cm×1.6cm，花瓣质薄，子房有毛、3（4）室，花柱长 0.9~1.2cm、先端 3（4）浅裂，雌雄蕊高或等高。2014 年干样含水浸出物 46.6%、茶多酚 23.0%、儿茶素总量 18.7%（其中 EGCG5.09%）、氨基酸 5.2%、咖啡碱 3.73%、茶氨酸 3.739%、天冬氨酸

图 5-1-119 那焦藤条茶

0.210%、谷氨酸 0.380%、赖氨酸 0.011%、精氨酸 0.200%、没食子酸 1.29%。生化成分氨基酸、茶氨酸、没食子酸含量高，赖氨酸含量低。适制红茶、晒青茶。可作育种材料。（2013.11）

滇 165. 章外大叶茶 Zhangwai dayecha（*C. sinensis* var. *assamica*）

产双江县勐库镇章外村，海拔 1778m。同类型多株。栽培型。样株小乔木型，树姿半开张，树高 6.9m，树幅 6.2m×4.5m，干径 35.0cm，最低分枝高度 0.4m，分枝中。嫩枝有毛。芽叶绿色、多毛。特大叶，叶长宽 19.6cm×8.3cm，最大叶长宽 22.4cm×8.4cm，叶椭圆形，叶色绿，叶身平，叶面稍隆起，叶尖渐尖，叶脉 9~14 对，叶齿锐、中、中，叶背主脉少毛，叶质中。萼片 5 片、无毛、绿色。花冠直径 3.8~4.2cm，花瓣 6~7 枚、白带绿晕，花瓣长宽 2.3cm×2.0cm，花瓣质中，子房有毛、3 室，花柱长 1.4~1.5cm、先端 3 中裂，雌雄蕊等高。果球形、肾形等，果径 2.5~3.0cm。种子球形、不规则形，种径 1.5~1.7cm，种子百粒重 216.0g。2014 年干样含水浸出物

图 5-1-120 章外大叶茶

44.5%、茶多酚 23.5%、儿茶素总量 18.3%（其中 EGCG4.31%）、氨基酸 3.7%、咖啡碱 3.01%、茶氨酸 2.564%、天冬氨酸 0.110%、谷氨酸 0.149%、赖氨酸 0.006%、精氨酸 0.027%、没食子酸 1.38%。生化成分茶氨酸、没食子酸含量高，天冬氨酸、谷氨酸、赖氨酸、精氨酸含量低。适制红茶、晒青茶。（2013.11）

滇 166. 岔箐大叶茶 Chaqing dayecha（*C.sinensis var. assamica*）

产双江县邦丙乡岔箐村，海拔 1791m。同类型多株。栽培型。样株小乔木型，树姿直立，树高 6.5m，树幅 3.2m×2.5m，干径 27.0cm，最低分枝高度 0.9m，分枝中。嫩枝有毛。芽叶黄绿色、多毛。特大叶，叶长宽 17.0cm×7.5cm，最大叶长宽 19.2cm×8.6cm，叶椭圆形，叶色绿，叶身平，叶面平，叶尖渐尖，叶脉 11~13 对，叶齿钝、密、浅，叶背主脉多毛，叶质中。萼片 5 片、无毛、绿色。花冠直径 3.8~4.1cm，花瓣 6~7 枚、白带绿晕，花瓣长宽 1.8cm×1.6cm，花瓣质薄，子房有毛、3 室，花柱长 1.1~1.3cm、先端 3 中裂，雌雄蕊等高。果球形、肾形等，果径 1.8~2.5cm。种子球形、不规则形，种径 1.5~1.6cm，种皮棕褐色，种子百粒重 227.0g。2014

图 5-1-121 岔箐大叶茶

年干样含水浸出物 45.3%、茶多酚 26.8%、儿茶素总量 19.0%（其中 EGCG4.46%）、氨基酸 3.0%、咖啡碱 3.30%、茶氨酸 1.233%、天冬氨酸 0.119%、谷氨酸 0.174%、赖氨酸 0.007%、精氨酸 0.011%、没食子酸 1.19%。生化成分茶多酚和没食子酸含量高，天冬氨酸、谷氨酸、赖氨酸、精氨酸含量低。适制红茶、晒青茶。可作育种材料。 （2013.11）

滇 167. 户那大茶树 Huna dachashu（*C.sinensis var. assamica*）

产双江县大文乡户那村，海拔 1743m。同类型多株。栽培型。样株乔木型，树姿半开张，树高 6.4m，树幅 6.6m×6.5m，干径 22.9cm，最低分枝高 1.15m，分枝密。芽叶绿色、多毛。大叶，叶长宽 16.7cm×6.1cm，最大叶长宽 18.5cm×6.5cm，叶长椭圆形，叶色绿，叶身稍内折，叶面隆起，叶尖渐尖，叶脉 10~13 对，叶齿中、中、深，叶柄少毛，叶背主脉中毛，叶质中。萼片 5 片、无毛、色绿。花冠直径 2.1~2.5cm，花瓣 7（5、8）枚、白色，花瓣长宽 1.7cm×1.2cm，花瓣质薄，子房有毛、3 室，花柱长 0.6~0.9cm、先端 3 裂，雌雄蕊等高或低。果三角状球形、肾形，果径 2.3~3.0cm。种子球形，种皮棕褐色，种径 1.3~1.7cm。2015 年干样含水浸出物

图 5-1-122 户那大茶树

49.7%、茶多酚 23.8%、儿茶素总量 19.0%（其中 EGCG5.98%）、氨基酸 3.7%、咖啡碱 3.85%。适制红茶、晒青茶。 （2014.11）

滇 168. 上滚岗大茶树 Shanggungang dachashu（*C.sinensis* var. *assamica*）

产双江县忙糯乡上滚岗村，海拔 2050m。同类型多株。栽培型。样株小乔木型，树姿半开张，树高 6.3m，树幅 5.8m×4.7m，干径 45.0cm，最低分枝高 1.0m，分枝中。嫩枝有毛。芽叶绿色、多毛。大叶，叶长宽 13.9cm×6.0cm，叶椭圆形，叶色绿，叶身平，叶面稍隆起，叶尖渐尖，叶脉 8~11 对，叶齿中、中、中，叶柄中毛，叶背主脉多毛，叶质较厚软。萼片 5 片、无毛、色绿。花冠直径 2.8~3.5cm，花瓣 5~7 枚、白色，花瓣长宽 2.0cm×1.4cm，花瓣质薄，子房有毛、3（4）室，花柱长 1.0~1.3cm、先端 3（4）中裂，雌雄蕊高或等高。果球形、肾形，果径 2.3~3.2cm。种子球形，种皮棕褐色，种径 1.6~1.9cm，最大种径 2.2~1.9cm，种子百粒重 250g。制晒青绿茶。（2014.11）

图 5-1-123　上滚岗大茶树

滇 169. 大必地大茶树 Dabidi dachashu（*C.sinensis* var. *assamica*）

产双江县忙糯乡大必地村。海拔 1855m。同类型多株。栽培型。样株小乔木型，树姿半开张，树高 8.7m，树幅 8.0m×7.6m，干径 48.0cm，最低分枝高 0.5m，分枝密。嫩枝多毛。芽叶绿色、多毛。特大叶，叶长宽 16.4cm×6.3cm，最大叶长宽 19.6cm×8.0cm，叶长椭圆形，叶色深绿，叶身平，叶面隆起，叶尖渐尖，叶脉 11~14 对，叶齿锐、稀、中，叶柄稀毛，叶背主脉少毛，叶质中。萼片 5~6 片、无毛、色绿。花冠直径 2.7~3.0cm，花瓣 5~6 枚、白色，花瓣长宽 1.9cm×1.5cm，花瓣质薄，子房有毛、3 室，花柱长 0.8~1.1cm、先端 3 浅裂，雌雄蕊等高或低。果球形、肾形，果径 2.2~2.5cm。种子球形，种皮棕褐色，种脐大、直径 0.6~0.7cm，种径 1.7cm，种子百粒重 270g。2015 年干样含水浸出物 49.4%、茶多酚 30.5%、儿茶素总量 13.9%（其中 EGCG3.85%）、氨基酸 3.6%、咖啡碱 4.08%、茶氨酸 1.777%。生化成分茶多酚含量高，儿茶素总量偏低。适制红茶、晒青茶。（2014.11）

图 5-1-124　大必地大茶树

滇170. 乌木龙大野茶 Wumulong dayecha（*C.taliensis*）

产永德县乌木龙乡蕨坝村，海拔2150m。野生型。样株乔木型，树姿直立，树高约12m，树幅4.0m，干径50.0cm。嫩枝无毛。大叶，叶长宽12.7cm×5.9cm，叶椭圆形，叶身稍内折，叶面平，叶尖渐尖或尾尖，叶脉10~12对，叶齿锐、中、深。花冠直径4.0~4.2cm，花瓣10~11枚、白色，子房有毛、4室，花柱长1.7cm、先端4浅裂，雌雄蕊等高。果四方状球形、4室。制晒青茶。 （1981.11）

滇171. 乌木龙丛茶 Wumulong congcha（*C.sinensis*）

产地同乌木龙大野茶，海拔2130m。栽培型。样株灌木型，树高1.8m，树幅1.8m。中叶，叶长宽9.1cm×4.0cm，叶倒卵圆或倒椭圆形，叶身稍内折，叶面稍隆起，叶尖钝尖，叶脉7~9对，叶齿钝、稀、浅。花冠直径3.1cm，花瓣6枚、白色，子房有毛、3室，花柱长1.2cm、先端3全裂，雌雄蕊等高。果球形，果径2.4~2.7cm。种子球形，种径1.5cm。制晒青茶。 （1981.11）

滇172. 武家寨大茶树 Wujiazhai dachashu（*C.taliensis*）

产永德县明朗镇武家寨，海拔1855m。野生型。乔木型，树姿直立，树高8.7m，树幅4.9m×4.7m，干径70.0cm，分枝较稀。嫩枝无毛。芽叶黄绿色、无毛。中叶，叶长宽13.1cm×4.3cm，叶披针形，叶色黄绿，叶身稍内折，叶面平，叶尖渐尖，叶脉11~13对，叶齿锐、稀、浅。花冠直径5.0~5.2cm，花瓣11枚、白色，子房有毛、5（4）室，花柱长1.9cm、先端5（4）浅裂，雌蕊高于雄蕊。果四方状球形，果径3.4~3.7cm，果高2.1cm。种子近球形，种径1.6cm。枝叶有腥臭味。制晒青茶。 （1981.11）

图 5-1-125　武家寨大茶树

滇 173. 勐板大叶茶 Mengban dayecha（*C.sinensis var. assamica*）

产永德县勐板乡忙肺村，海拔 1150m。栽培型。小乔木型，树姿直立，树高 4.5m，树幅 3.5m×2.8m，分枝较密。嫩枝无毛。芽叶黄绿色、多毛。大叶，叶长宽 13.5cm×6.3cm，叶椭圆形，叶色绿，叶身平，叶面稍隆起，叶尖渐尖，叶脉 11~13 对，叶齿中、中、中，叶质软。花冠直径 3.5~3.7cm，花瓣 6~8 枚，白现绿晕，子房多毛，3（4）室，花柱先端 3（4）浅裂，雌蕊高于雄蕊。果球形，果径 1.9~2.1cm。种子近球形或锥形，种径 1.5~1.6cm，种皮棕褐色。1982 年干样含水浸出物 46.92%、茶多酚 25.88%、氨基酸 3.24%、咖啡碱 4.53%。适制红茶、晒青茶。（1981.11）

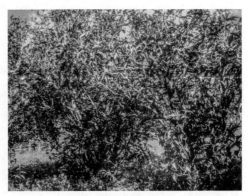

图 5-1-126　勐板大叶茶（2010）

滇 174. 茶房大苞茶 Chafang dabaocha（大苞茶 *Camellia grandibracteata* Chang et Yu）

产云县茶房乡马街，海拔 1805m。野生型。乔木型，树姿直立，树高 12.1m，树幅 5.0m×4.9m，干径 67.0cm，分枝中。鳞片红色，芽叶黄绿色。大叶，叶长宽 14.0cm×5.4cm，叶椭圆形，叶色绿，叶身稍内折，叶面隆起，叶齿锐、稀、浅，叶脉 7~9 对，叶片似桂花叶。苞片大。萼片 5 片、无毛。花冠直径 4.3~4.7cm，花瓣 7~9 枚、白色，子房无毛，5 室，花柱长 1.4~1.6cm、先端 5（2）浅裂，雌雄蕊高或等高。果柄粗，果径 3.0cm，果高 2.1cm。种径 1.6~1.7cm，种皮粗糙。花粉近扁球形，花粉平均轴径 30.9μm，属大粒型花粉。花粉外壁纹饰为网状，萌发孔为缝状。染色体倍数性是：整二倍体频率为 95%。1989 年干样含水浸出物 48.36%、茶多酚 27.41%、儿茶素总量 22.76%、氨基酸 2.65%、咖啡碱 4.93%、茶氨酸 1.05%。制绿茶，花香高，滋味鲜浓；制红茶，香高，味浓强鲜。该树是大苞茶 *Camellia grandibracteata* Chang et Yu 的模式标本。1998 年因地坎坍塌死亡。（1990.11）

图 5-1-127　茶房大苞茶

位于云县漫湾大丙山（主峰海拔 2834m）中部的白莺山，是布朗族、彝族和汉族的混居区，原住民向以种茶、狩猎为生。茶树多分布在海拔 1800～2300m 之间的中高山，现有古茶园 830hm²，分属于白莺山和核桃林村。由于长期的自然杂交和人为引种，茶树类型多样化，当地俗称有本山茶、白芽口茶、红芽口茶、二嘎子茶（杂交类型）、黑条子茶、豆蔻茶、柳叶茶、藤子茶、贺庆茶、勐库茶等。但在分类上属于大理茶、普洱茶、茶、秃房茶及变型。

图 5-1-128　白莺山古茶园（2008）

滇 175. 白莺山本山茶 Baiyingshan benshancha（*C. taliensis*）

产云县漫湾镇白莺山村，海拔 2200m。野生型。乔木型，树姿直立，树高 9.9m，树幅 6.2m×5.3m，基部干径 66.9cm，分枝密。嫩枝无毛。芽叶无毛。大叶，叶长宽 12.6cm×4.6cm，叶长椭圆形，叶色绿，叶身平，叶面稍隆起，叶尖渐尖，叶脉 9~11 对，叶齿钝、稀、浅，叶柄和叶背主脉无毛。萼片无毛。花冠直径 5.0~5.6cm，花瓣 11~13 枚，花瓣白色、质厚，子房中毛，5 室，花柱先端 5 中裂。制晒青茶。同类型茶树甚多。（2008.11）

图 5-1-129　白莺山本山茶

图 5-1-130　最大的本山茶
树高 10.5m，树幅 8.4m×8.6m
基部干径 1.35m，有 11 个分枝

滇 176. 白莺山白芽口茶 Baiyingshan baiyakoucha（*C. sinensis* var. *assamica*）

产云县漫湾镇白莺山村，海拔 2230m。同类型多株。栽培型。样株小乔木型，树姿半开张，树高 10.8m，树幅 9.0m×6.4m，基部干径 99.0cm，分枝密。嫩枝有毛。芽叶淡绿色、多毛。大叶，叶长宽 10.8cm×4.2cm，叶椭圆形，叶色绿（稍黄），叶身稍内折，叶面隆起，叶尖渐尖，叶脉 8~10 对，叶齿锐、密、中。萼片 5 片、无毛。花冠直径 3.2~3.3cm，花瓣 6~8 枚，子房中毛、3 室，花柱先端 3 浅裂。果径 3.2cm，果高 2.8cm。制晒青茶。（2008.11）

图 5-1-131　白莺山白芽口茶

滇 177. 白莺山二嘎子茶 Baiyingshan ergazicha（*C. sp.*）

产云县漫湾镇白莺山村，海拔 2200m。可能是 *C. taliensis* 与 *C. sinensis* var. *assamica* 的自然杂交后代。同类型多株。样株小乔木型，树姿半开张，树高 10.5m，树幅 8.6m×8.4m，基部干径 124.2cm，无明显主干，从基部形成 11 个分枝。芽叶黄绿色、少毛。特大叶，叶长宽 15.2cm×6.9cm，叶椭圆形，叶色绿，叶身平，叶面稍隆起，叶齿钝、稀、浅，叶背主脉少毛。花冠直径 5.6~5.8cm，花瓣 8~9 枚，子房有毛、4（5）室，花柱先端 4（5）浅裂。果径 3.7cm，果高 3.5cm。种径 1.4~1.7cm。制晒青茶。（2008.11）

图 5-1-132　白莺山二嘎子茶

滇178. 菖蒲塘大茶树 Changputang dachashu（细萼茶 *Camellia parvisepala* Chang）

产云县大朝山西镇菖蒲塘，海拔 1650m。栽培型。乔木型，树姿开张，树高 11.0m，树幅 10.0m×8.5m，干径 75.0cm。特大叶，叶长宽 17.8cm×8.2cm，最大叶长宽 20.3cm×9.3cm，叶椭圆或卵圆形，叶色绿，叶身平或稍背卷，叶面稍隆起，叶齿锐、稀、中，叶尖渐尖，叶脉 11~14 对。萼片 5 片、细小、无毛。花冠直径 3.5~4.1cm，花瓣 6~8 枚、白现绿晕，子房多毛、3 室，花柱长 1.1~1.5cm、先端 3 浅裂，雌雄蕊高或等高。1982 年干样含茶多酚 26.27%、儿茶素总量 16.73%、氨基酸 2.26%、咖啡碱 3.28%。制红茶、黑茶。该树特点是萼片细小。（1981.12）

邦东乡是临沧市临翔区主产茶区之一，有散生栽培的大茶树近 1500hm^2，树龄多在百年以内。主产红茶和晒青绿茶。其中以"昔归茶"最为著名。但全乡未发现大理茶等野生型茶树。

滇179. 昔归大茶树 Xigui dachashu（*C. sinensis* var. *assamica*）

产临沧市临翔区邦东乡昔归村，海拔 873m。同类型多株。栽培型。样株小乔木型，树姿半开张，树高 8.0m，树幅 5.7m×4.6m，基部干径 35.0cm，最低分枝高 0.86m，分枝密。嫩枝有毛。芽叶绿色、多毛。大叶，叶长宽 14.7cm×5.4cm，叶长椭圆形，叶色绿黄，叶身稍内折，叶面平，叶尖渐尖，叶脉 8~10 对，叶齿锐、中、浅，叶柄少毛，叶背主脉中毛，叶质中。萼片 5 片、无毛、色绿。花冠直径 2.8~3.5cm，花瓣 7（6）枚、白色，花瓣长宽 1.8cm×1.5cm，花瓣质中，子房有毛、3（4）室，花柱长 1.0~1.2cm、先端 3（4）中裂，雌雄蕊等高。制晒青绿茶。（2014.11）

图 5-1-133　昔归大茶树

滇180. 昔归藤条茶 Xigui tengtiaocha (*C.sinensis* var. *assamica*)

产地同昔归大茶树。海拔870m。同
类型多株。栽培型。样株小乔木型，树姿
开张，分枝密。因常年攀摘枝条中下部芽
叶，造成枝条成藤条状下垂，并非茶树枝
软如藤。在双江县勐库东半山多个村寨
也有藤条茶名称。样株树高3.2m，树幅
3.4m×2.6m。芽叶绿色、多毛。大叶，叶长
宽13.7cm×5.4cm，叶长椭圆形，叶色绿黄，
叶身平，叶面平，叶尖渐尖，叶脉8~10
对，叶齿锐、中、中，叶背主脉少毛，叶
质中。萼片5片、无毛、色绿。花冠直径
3.0~3.4cm，花瓣7（6）枚、白色，花瓣长
宽1.9cm×1.6cm，花瓣质中，子房有毛、3
室，花柱长1.0~1.3cm、先端3中裂，雌雄
蕊等高。制晒青绿茶。 （2014.11）

图 5-1-134 昔归藤条茶

滇181. 那罕大茶树 Nahan dachashu (*C.sinensis* var. *pubilimba*)

产临沧市临翔区邦东乡那罕村。海拔1475m。同
类型多株。栽培型。样株小乔木型，树姿直立，树高
6.1m，树幅4.5m×3.9m，干径40.0cm，最低分枝高
0.5m，分枝密。嫩枝有毛。芽叶绿色、多毛。大叶，
叶长宽13.1 cm×5.3cm，叶椭圆形，叶色绿，叶身稍
内折，叶面隆起，叶尖渐尖，叶脉7~9对，叶齿锐、
中、中，叶柄少毛，叶背主脉中毛，叶质中。萼片5片、
有毛、色绿。花冠直径2.5~3.0cm，花瓣7枚、白色，
花瓣长宽1.9cm×1.5cm，花瓣质薄，子房有毛、3室，
花柱长0.8cm、先端3裂，雌雄蕊等高。制晒青绿茶。
（2014.11）

图 5-1-135 那罕大茶树

滇 182. 曼岗大箐茶 Mangang daqingcha（*C.sinensis* var. *pubilimba*）

产临沧市临翔区邦东乡曼岗村。海拔 1856m。同类型多株。栽培型。样株小乔木型，树姿半开张，树高 10.3m，树幅 4.0m×3.8m，干径 30.0cm，最低分枝高 1.1m，分枝密。嫩枝多毛。芽叶绿色、毛特多。特大叶，叶长宽 16.3 cm×7.8cm，最大叶长宽 17.5cm×9.0cm，叶椭圆形或近卵圆形，叶色绿、有光泽，叶身稍内折，叶面强隆起，叶尖渐尖或钝尖，叶脉 9~11 对，叶齿锐、稀、中，叶柄中毛，叶背主脉多毛，叶质中。萼片 5 片、有毛、色绿。花小，花冠直径 1.7~2.4cm，花瓣 5~6 枚、白色，花瓣长宽 1.5cm×1.2cm，花瓣质薄，子房有毛、3 室，花柱长 0.5cm、先端 3 浅裂，雌雄蕊等高。果球形、肾形，果径 2.3~3.0cm。种子球形，种皮棕褐色，种径 1.4~1.6cm，种子百粒重 298g。制晒青绿茶。（2014.11）

图 5-1-136　曼岗大箐茶

滇 183. 李家村大茶树 Lijiacun dachashu（*C.dehungensis*）

产临沧市临翔区邦东乡李家村。海拔 1741m。同类型多株。栽培型。样株小乔木型，树姿半开张，树高 6.3m，树幅 4.0m×3.8m，干径 30.0cm，最低分枝高 1.1m，分枝密。嫩枝有毛。芽叶绿色、多毛。大叶，叶长宽 12.4cm×5.1cm，叶椭圆形，叶色绿，叶身稍内折，叶面稍隆起，叶缘平，叶尖渐尖，叶脉 8~11 对，叶齿锐、密、浅，叶柄中毛，叶背主脉多毛，叶质中。萼片 5 片、无毛、色绿。花冠直径 2.4~3.3cm，花瓣 6~7 枚、白色，花瓣长宽 2.1cm×1.5cm，花瓣质薄，子房无毛、3 室，花柱长 0.5cm、先端 3 中裂，雌雄蕊等高或低。果球形、肾形，果径 2.1~2.6cm。种子球形，种皮棕褐色，种径 1.5~1.7cm，种子百粒重 262g。制晒青绿茶。（2014.11）

图 5-1-137　李家村大茶树

滇 184. 小广扎大茶树 Xiaoguangza dachashu（*C.sinensis* var. *assamica*）

产临沧市临翔区邦东乡小广扎。海拔 1800m。同类型多株。栽培型。样株小乔木型，树姿半开张，树高 4.6m，树幅 4.8m×4.1m，干径 25.0cm，最低分枝高 0.8m，分枝密。嫩枝有毛。芽叶绿色、多毛。大叶，叶长宽 14.4cm×5.5cm，叶椭圆形，叶色绿，叶身稍内折，叶面隆起，叶尖渐尖，叶脉 9~12 对，叶齿锐、中、中，叶柄中毛，叶背主脉多毛，叶质中。萼片 5 片、无毛、色绿。花冠直径 2.5~3.1cm，花瓣 6（7）枚、白色，花瓣长宽 1.7cm×1.3cm，花瓣质中，子房有毛、3 室，花柱长 0.7cm、先端 3 浅裂，雌雄蕊等高。果球形、肾形，果径 2.2~2.7cm。种子球形，种皮棕褐色，种径 1.5~1.6cm，种子百粒重 268g。制晒青绿茶。
（2014.11）

滇 185. 璋珍大茶树 Zhangzhen dachashu（*C.sinensis* var. *assamica*）

产临沧市临翔区邦东乡璋珍村，海拔 1570m。同类型多株。栽培型。样株小乔木型，树姿半开张。树高 8.1m，树幅 7.8m×6.1m，基部干径 35.0cm。芽叶黄绿色、多毛。特大叶，叶长宽 17.1cm×5.9cm，最大叶长宽 19.6cm×6.8cm，叶披针形，叶色绿，叶面稍隆起，叶齿锐、稀、深，叶脉 10~12 对。萼片 5 片、无毛。花冠直径 2.9~3.9cm，花瓣 5~6 枚、白现绿晕，子房多毛、3 室，花柱长 1.1~1.3cm、先端 3 中裂，雌雄蕊等高、少数高或低。1989 年干样含水浸出物 49.40%、茶多酚 27.78%、儿茶素总量 18.49%、氨基酸 2.47%、咖啡碱 4.77%、茶氨酸 1.31%。生化成分水浸出物和茶多酚含量高。制红茶、晒青茶。（1981.12）

图 5-1-138　璋珍大茶树

滇186. 打本老苦茶 Daben laokucha（*C.taliensis*）

产临沧市临翔区忙畔乡打本村，海拔2060m。同类型茶树有300多株。野生型。样株小乔木型，树姿直立，树高6.8m，树幅4.5m×4.1m，基部干径17.8cm。大叶，叶长宽13.9cm×6.4cm，叶椭圆形，叶色绿，叶身平，叶面稍隆起，叶尖急尖，叶齿锐、稀、浅，叶缘1/3~1/4无齿，叶脉8~10对。萼片5（4）片、无毛。花大，花冠直径6.2~6.8cm，最大花冠直径6.7~7.2cm，花瓣8~13枚、白色，子房多毛、5（4）室，花柱长1.5~1.8cm、先端5（4）中裂，雌蕊高于雄蕊。制红茶、晒青茶。（1981.12）

图5-1-139 打本老苦茶

八、普洱市

普洱市位于云南省西南部、横断山脉南端，南与越南、老挝、缅甸三国接壤。无量山和哀牢山从西北向东南呈平行走向，属南、中亚热带山地季风气候。本市是云南产茶最多的市，有茶园约12万hm²，主产晒青茶和红茶。古茶树10个县区均有分布，野生型茶树有老黑茶、大理茶等，栽培型有德宏茶、普洱茶、茶和白毛茶等。此外还有一些自然杂交类型。

滇187. 腊福大茶树 Lafu dachashu（*C.taliensis*）

产孟连傣族拉祜族佤族自治县（以下简称孟连县）勐马镇腊福村，海拔2509m。野生型。乔木型，树姿直立，树高约22m，树幅9.4m×9.3m，干径76.8cm，最低分枝高度4.1m，分枝密。嫩枝无毛。芽叶红色、无毛。大叶，叶长宽13.2cm×5.6cm，叶椭圆形，叶色深绿，叶身平，叶面平，叶尖渐尖，叶脉11对，叶齿钝、稀、深，叶背主脉无毛。萼片5片、绿色、无毛。花大，花冠直径5.7~6.4cm，花瓣8枚，花瓣长宽3.0cm×2.8cm，花瓣白色、质厚，子房有毛、5室，花柱5裂，花柱长1.3cm。果径3.4cm，果高2.4cm，鲜果皮厚3.0mm。种子球形，种径1.7cm，种皮褐色，种子百粒重103.8g。2007年干样含茶多酚29.4%、氨基酸2.8%、咖啡碱3.3%。生化成分茶多酚含量高。制晒青茶。（2006.11）

图5-1-140 腊福大茶树

160

滇 188. 东乃大茶树 Dongnai dachashu（*C.* sp.）

产孟连县勐马镇东乃村，海拔 2449m。乔木型，树姿
直立，树高约 21m，树幅 9.7m×9.4m，基部干径 76.6cm。
嫩枝无毛。大叶，叶长宽 12.9cm×4.9cm，叶长椭圆形，叶
色绿，叶身平，叶面平，叶尖渐尖，叶脉 12 对，叶齿钝、稀、
中，叶背主脉无毛。萼片 5 片、无毛。花冠直径 5.5~5.9cm，
花瓣 9 枚，花瓣长宽 2.9cm×2.7cm，花瓣白色、质薄，子
房有毛、3 室，花柱 3 裂，花柱长 1.2cm。果径 3.1cm，
果高 1.9cm，鲜果皮厚 2.7mm。种径 1.2cm，种皮棕褐色，
种子百粒重 200.0g。（2006.11）

图 5-1-141 东乃大茶树

滇 189. 千家寨大茶树 1 号 Qianjiazhai dachashu1（*C. atrothea*）

哀牢山国家自然保护区位
于镇沅彝族哈尼族拉祜族自治县
（以下简称镇沅县）、双柏县和
新平县等地域，保护区内全为原
始森林所覆盖。在镇沅县千家寨
海拔 2100~2500m 的上坝、古炮
台、大空树、大吊水（瀑布）、
小吊水等地多有野生大茶树生
长。1982 年村民罗忠祥在小吊水
发现一株树高 19.5m，基部干径
1.02m 的大茶树，1991 年罗忠甲
等又在上坝发现了现今著名的千
家寨 1 号大茶树。1996 年思茅地区（今普洱市）和镇沅县组织了专业考察（作者时任考
察组副组长），表明保护区内的野生大茶树数量和树体的高大与双江大雪山大茶树同为国
内外所罕见。

图 5-1-142 千家寨大茶树 1 号（1996）及茶籽苗（2010）

1 号树所产地海拔 2450m。野生型。乔木型，树姿直立，树高 25.6m，树幅
22.0m×20.0m，干径 89.8cm，最低分枝高度 3.6 m，分枝中。嫩枝无毛。芽叶绿色、少毛。大叶，
叶长宽 14.0cm×5.8cm，叶椭圆形，叶色深绿，叶身稍内折，叶面稍隆起，叶缘微波，叶质硬，
叶尖渐尖，叶脉 10 对，叶齿钝、稀、浅，叶背主脉无毛。萼片 5 片、绿色、中毛。花冠直
径 5.7~5.9cm，花瓣 12 枚，花瓣长宽 2.8cm×2.5cm，花瓣白色、质地中，子房中毛、4 室，花
柱长 1.2cm、先端 4 中裂，雌蕊低于雄蕊。果扁球形或四方状球形，果径 4.5cm，果高 3.0cm，
鲜果皮厚 3.5mm。种子球形，种径 1.8~2.0cm，种皮棕褐色，种子百粒重 264.0g。（1996.11）

滇190. 大茶房老野茶 Dachafang laoyecha（*C.atrothea*）

产镇沅县九甲乡果吉村，海拔 2510m。野生型。乔木型，树姿直立，树高约 15m，树幅 11.0m×8.4m，有 3 个分枝，平均枝干直径 53.0cm，基部干径（包括 3 个分枝）86.0cm，最低分枝高度 0.3m，分枝中。嫩枝无毛。芽叶紫绿色、无毛。大叶，叶长宽 11.0cm×6.1cm，叶卵圆形，叶色深绿，叶身稍内折，叶面稍隆起，叶尖渐尖，叶脉 9 对，叶齿锐、中、中，叶背主脉无毛。萼片 5 片、绿色、中毛。花冠直径 5.6~5.8cm，花瓣 11 枚，花瓣长宽 2.9cm×2.6cm，花瓣白色、质地中，子房中毛、5 室，花柱长 1.1cm、先端 5 中裂，雌蕊低于雄蕊。果扁球形或四方状球形，果径 4.2cm，果高 3.1cm，鲜果皮厚 3.7mm。种子球形，种径 1.8~1.9cm，种皮棕褐色，种子百粒重 270.0g。制晒青茶。（2006.11）

图 5-1-143　大茶房老野茶

滇191. 芹菜塘老野茶 Qincaitang laoyecha（*C.atrothea*）

产镇沅县勐大镇文况村，海拔 2150m。野生型。样株乔木型，树姿直立，树高 19.5m，树幅 10.3m×8.9m，有 8 个分枝，平均枝干直径 20.9cm，基部干径 81.2cm，最低分枝高度 0.8m，分枝中。嫩枝无毛。芽叶绿色、茸毛中等。大叶，叶长宽 12.4cm×4.7cm，叶长椭圆形，叶色深绿，叶身稍内折，叶面稍隆起，叶质中，叶尖渐尖，叶脉 9 对，叶齿钝、中、中，叶背主脉无毛。萼片 5 片、绿色、中毛。花冠直径 5.3~5.5cm，花瓣 11 枚，花瓣长宽 2.9cm×2.5cm，花瓣白色、质地中，子房中毛、5 室，花柱长 1.3cm、先端 5 中裂，雌蕊低于雄蕊。果扁球形，果径 4.3cm，果高 3.0cm，鲜果皮厚 3.2mm。种子球形，种径 1.8~2.0cm，种皮棕褐色，种子百粒重 268.0g。2007 年干样含水浸出物 44.71%、茶多酚 23.78%、氨基酸 2.14%、咖啡碱 2.70%。制晒青茶。在 20m×20m 样方内有同类型茶树 144 株。（2006.11）

图 5-1-144　芹菜塘老野茶

滇 192. 蓬藤箐头老野茶 Pengtengqingtou laoyecha（*C.atrothea*？）

产镇沅县和平乡麻洋村，海拔 2510m。野生型？乔木型，树姿半开张，树高约 12m，树幅 8.7m×5.1m，基部干径 100.0cm，最低分枝高度 2.2 m，分枝密。嫩枝无毛。芽叶紫绿色、少毛。中叶，叶长宽 11.3cm×4.8cm，叶椭圆形，叶色深绿，叶身背卷，叶面稍隆起，叶质中，叶尖渐尖，叶脉 8 对，叶齿钝、稀、中，叶背主脉无毛。制晒青茶。（2006.5）

图 5-1-145　蓬藤箐头老野茶

滇 193. 文立大茶树 Wenli dachashu（*C.sinensis var. assamica*）

产镇沅县按板镇文立村，海拔 2057m。栽培型。样株小乔木型，树姿开张，树高 5.5m，树幅 8.6m×8.0m，干径 35.7cm，最低分枝高度 0.6m，分枝密。嫩枝有毛。芽叶紫绿色、多毛。大叶，叶长宽 13.1cm×4.8cm，叶长椭圆形，叶色绿，叶身背卷，叶面稍隆起，叶尖渐尖，叶脉 9 对，叶齿锐、密、中，叶背主脉多毛。萼片 5 片、色绿、无毛。花冠直径 3.1~3.2cm，花瓣 8 枚，花瓣长宽 1.5cm×1.2cm，花瓣白色、质薄，子房中毛、3（4）室，花柱长 1.2cm，

图 5-1-146　文立大茶树

先端头 3（4）浅裂，雌蕊低于雄蕊。果球形或三角状球形，果径 2.6cm，果高 1.6cm，鲜果皮厚 1.9mm。种子球形，种径 1.2~1.3cm，种皮棕褐色，种子百粒重 218.0g。制晒青茶。同类型茶树甚多。（2006.11）

滇194. 马邓大叶茶 Madeng dayecha（*C. sinensis* var. *assamica*）

产镇沅县者东乡马邓村，海拔1760m。栽培型。样株小乔木型，树姿开张，树高7.5m，树幅6.1m×6.0m，有3个分枝，基部干径（包括3个分枝）47.5cm，分枝密。嫩枝有毛。芽叶紫绿色、多毛。大叶，叶长宽13.0cm×5.7cm，最大叶长宽18.9cm×7.0cm，叶椭圆形，叶色绿，叶身背卷，叶面隆起，叶尖渐尖，叶脉10对，叶齿锐、密、浅，叶背主脉多毛。萼片5片、色绿、无毛。花冠直径3.8~4.2cm，花瓣7枚，花瓣长宽2.2cm×1.7cm，花瓣现红晕、质薄，子房中毛、3室，花柱长1.0cm，先端3浅裂，雌蕊高于雄蕊。果球形或三角状球形，果径2.3cm，果高1.2cm，鲜果皮厚2.0mm。种子球形，种径1.2cm，种皮棕褐色，种子百粒重220g。2007年干样含水浸出物41.40%、茶多酚24.68%、氨基酸2.44%、咖啡碱4.81%。生化成分咖啡碱含量高。创制于20世纪80年代初的"马邓茶"为云南名茶。同类型茶树甚多。　（2006.11）

图 5-1-147　马邓大叶茶

滇195. 石婆婆野茶 Shipopo yecha（*C. taliensis*？）

产景东彝族自治县（以下简称景东县）花山乡芦山村，海拔2400m。野生型？乔木型，树姿直立，树高26.5m，树幅7.7m×7.2m，基部干径99.0cm，最低分枝高度2.0m，分枝稀。嫩枝无毛。芽叶紫红色、多毛。大叶，叶长宽13.7cm×6.0cm，最大叶长宽16.2cm×6.0cm，叶长椭圆形，叶色深绿，叶身平，叶面平，叶脉11对，叶齿锐、稀、深，叶缘下部无齿，叶背主脉无毛。2007年干样含水浸出物44.64%、茶多酚27.54%、氨基酸1.62%、咖啡碱3.20%。生化成分茶多酚含量高。（2006.5）

图 5-1-148　石婆婆野茶

滇 196. 槽子头大茶树 Caozitou dachashu（*C.taliensis*？）

产景东县景福乡岔河村，海拔
2495m。野生型？样株乔木型，树姿直
立，树高约 15m，树幅 14.0m×11.0m，
干径 55.1cm，最低分枝高度 2.0m，分
枝中。嫩枝无毛。芽叶绿色、无毛。特
大叶，叶长宽 14.2cm×6.7cm，叶椭圆形，
叶色深绿，叶身平，叶面平，叶脉 9 对，
叶齿钝、稀、深，叶背主脉无毛。制绿
茶。在 40m×40m 样方内同一类型直
径≥10cm 的植株有 65 株。（2006.5）

图 5-1-149　槽子头大茶树

滇 197. 箐门口野茶 Qingmenkou yecha（*C.taliensis*）

产景东县大街乡气力村，海拔
2090m。野生型。样株小乔木型，树姿
半开张，树高约 8m，树幅约 6m×6m，
基部干径 50.6cm，最低分枝高 0.3m，
分枝密。嫩枝有毛。芽叶绿色、多毛。
中叶，叶长宽 11.4cm×3.6cm，叶披针形，
叶色绿，叶身背卷，叶面平，叶尖渐尖，
叶脉 12~14 对，叶齿钝、稀、中，重锯
齿，叶背主脉无毛。萼片 5 片、绿色、
无毛。花冠直径 5.0~6.7cm，花瓣 9 枚，
花瓣长宽 2.4cm×2.1cm，花瓣白色、质

图 5-1-150　箐门口野茶

地中，子房中毛、5 室，花柱长 2.0cm、先端 5 浅裂，雌蕊高于雄蕊。果四方状球形，
果径 3.9cm，果高 2.8cm，鲜果皮厚 2.2mm。种子不规则形，种径 1.7cm，种皮棕褐色。
2007 年干样含水浸出物 41.66%、茶多酚 26.30%、氨基酸 2.22%、咖啡碱 2.95%。生化成
分茶多酚含量高。制晒青茶。（2006.10）

滇198. 秧草塘大山茶 Yangcaotang dashancha（*C.taliensis*）

产景东县锦屏镇磨腊村，海拔2420m。野生型。乔木型，树姿直立，树高24.5m，树幅15.5m×13.9m，基部干径111.5cm，最低分枝高度1.1m。嫩枝无毛。芽叶黄绿色、无毛。大叶，叶长宽11.5cm×5.7cm，叶椭圆形，叶色深绿，叶身平，叶面平，叶脉7~10对，叶齿钝、稀、深，叶缘下部无齿，叶背主脉无毛。果三角状或四方状球形，鲜果皮厚1.6mm。种子球形，种径1.5~1.6cm，种皮棕色。2007年干样含水浸出物41.24%、茶多酚17.34%、氨基酸1.97%、咖啡碱2.57%。（2006.10）

图 5-1-151　秧草塘大山茶

滇199. 凹路箐大茶树 Waluqing dachashu（*C.taliensis*）

产景东县锦屏镇龙树村，海拔2400m。野生型。乔木型，树姿直立，树高约19m，树幅6.2m×6.1m，基部干径74.8cm，最低分枝高度1.8m。芽叶黄绿色、少毛。中叶，叶长宽10.6cm×5.0cm，叶椭圆形，叶色深绿，叶身稍内折，叶面平，叶尖急尖，叶脉9对，叶齿钝、稀、深，叶缘下部无齿，叶背主脉无毛。果三角状或四方状球形，果径2.7cm，果高2.1cm，鲜果皮厚5.0mm。种子球形，种径1.4~1.5cm，种皮棕色。制晒青茶。（2006.10）

图 5-1-152　凹路箐大茶树

滇 200. 凹路箐三杈大茶树 Waluqing sanchadachashu（*C. taliensis*）

产地同凹路箐大茶树，海拔 2470m。野生型。乔木型，树姿直立，分枝中等，3 个主干分杈成"山"字形。树高 14.0m，树幅 7.2m×4.0m，最大干径（包括 3 个分枝）249.4cm，最低分枝高度 0.3 m。芽叶黄绿色、少毛。中叶，叶长宽 11.1cm×4.6cm，叶椭圆形，叶色深绿，叶身背卷，叶面平，叶质硬，叶尖急尖，叶脉 11 对，叶齿钝、稀、深，叶缘下部无齿，叶背主脉无毛。果球形或四方状球形，果径 3.2cm，果高 2.3cm，鲜果皮厚 5.0mm。种子球形，种径 1.4~1.5cm，种皮棕色。（2006.10）

图 5-1-153　凹路箐三杈大茶树

滇 201. 温卜大茶树 Wenbu dachashu（*C. taliensis*？）

产景东县锦屏镇温卜村，海拔 2580m。野生型？乔木型，树姿直立，树高约 24m，树幅 7.3m×4.0m，基部干径 95.5cm，最低分枝高度 3.1m，分枝稀。嫩枝无毛。芽叶绿色、少毛。大叶，叶长宽 12.6cm×6.5cm，叶卵圆形，叶色深绿，叶身平，叶面平，叶尖渐尖，叶脉 9 对，叶齿钝、稀、中，叶缘下部无齿，叶背主脉无毛，叶质中等。制晒青茶。（2006.5）

图 5-1-154　温卜大茶树

滇 202．大卢山大茶树 Dalushan dachashu（*C.taliensis*？）

产景东县林街乡岩头村，海拔 2474m。野生型？乔木型，树姿半开张，树高 18.5m，树幅 16.8m×15.0m，基部干径 82.8cm，最低分枝高度 4.6m。嫩枝无毛。芽叶紫绿色、无毛。特大叶，叶长宽 14.2cm×6.2cm，最大叶长宽 16.3cm×6.9cm，叶椭圆形，叶色绿，叶身平，叶面平，叶尖渐尖，叶脉 10 对，叶齿钝、稀、中，叶缘下部无齿，叶背主脉无毛，叶质中等。制晒青茶。（2006.5）

图 5-1-155　大卢山大茶树

滇 203．民福茶 Minfucha（*C.sinensis var. pubilimba*）

产景东县安定乡民福村，是当地主栽品种。海拔 2000m。栽培型。样株乔木型，树姿直立，树高 8.5m，树幅 5.5m×4.8m，基部干径 45.2cm，分枝密。嫩枝有毛。芽叶黄绿色、多毛。大叶，叶长宽 12.3cm×5.4cm，叶长椭圆形，叶色绿，叶身内折，叶面隆起，叶尖急尖，叶脉 10 对，叶齿锐、中、深，重锯齿，叶背主脉多毛。萼片 5 片、色绿、有毛。花冠直径 2.8~3.3cm，花瓣 7 枚，花瓣长宽 1.5cm×1.4cm，花瓣白色，子房中毛、3（4）室，花柱长 1.1cm、先端 3（4）浅裂，雌蕊比雄蕊低或等高。果实三角状球形，果径 2.3cm，果高 1.5cm，鲜果皮厚 1.4mm。种子球形，种径 1.4~1.5cm，种皮棕褐色。2007 年干样含水浸出物 46.08%、茶多酚 26.31%、氨基酸 1.83%、咖啡碱 4.93%。生化成分茶多酚、咖啡碱含量高。制晒青茶。（2006.11）

图 5-1-156　民福茶

滇 204. 花山大茶树 Huashan dachashu（*C.sinensis* var. *pubilimba*？）

产景东县花山乡文岔村，海拔 1860m。栽培型？小乔木型，树姿半开张，树高 11.5m，树幅 8.0m×6.0m，基部干径 105.1cm，最低分枝高度 1.2m，分枝稀。嫩枝有毛。芽叶绿白色、毛特多。中叶，叶长宽 12.6cm×4.3cm，叶长椭圆形，叶色深绿，叶身稍内折，叶面稍隆起，叶尖渐尖，叶脉 7 对，叶齿锐、密、深，叶背主脉无毛。萼片 5 片、绿色、中毛。花冠直径 4.5~5.0cm，花瓣 7 枚，花瓣长宽 2.1cm×1.9cm，花瓣白色、质薄，子房中毛、3 室，花柱长 1.4cm、先端 3 浅裂，雌蕊高于雄蕊。果四方状球形，果径 2.1cm，果高 1.6cm，鲜果皮厚 1.9mm。种子球形，种径 1.7cm，种皮棕褐色。2007 年干样含水浸出物 46.33%、茶多酚 26.14%、氨基酸 1.63%、咖啡碱 4.16%。制绿茶。（2006.11）

图 5-1-157　花山大茶树

滇 205. 灵官庙大茶树 Lingguanmiao dachashu（*C.*sp.）

产景东县大街乡气力村，海拔 1940m。乔木型，树姿直立，树高 14.8m，树幅 7.6m×6.6m，基部干径 67.5cm，最低分枝高度 1.5m，分枝密。嫩枝有毛。芽叶黄绿色、多毛。大叶，叶长宽 12.0cm×4.9cm，叶椭圆形，叶色绿，叶身背卷，叶面稍隆起，叶尖渐尖，叶脉 10 对，叶齿锐、中、深，叶背主脉少毛，叶质中等。萼片 5 片、绿色、中毛。花冠直径 4.3~4.4cm，花瓣 10 枚，花瓣长宽 2.3cm×1.9cm，花瓣白色、质地中，子房中毛、3（4，5）室，花柱长 1.5cm，先端 3（4，5）浅裂，雌蕊高于雄蕊。果球形或三角状球形，果径 2.5cm，果高 1.9cm，鲜果皮厚 2.6mm。种子球形，种径 1.6~1.7cm，种皮褐色。制晒青茶。（2006.11）

图 5-1-158　灵官庙大茶树

滇 206. 垭口大茶树 Yakou dachashu（*C.sp.*）

产景东县太忠乡大柏树村，海拔 1940m。小乔木型，树姿半开张，树高 8.9m，树幅 7.0m×6.6m，基部干径 90.8cm，分枝中。嫩枝无毛。芽叶绿色、少毛。中叶，叶长宽 11.0cm×4.2cm，叶长椭圆形，叶色绿，叶身稍内折，叶面稍隆起，叶尖渐尖，叶脉 9 对，叶齿锐、中、深，重锯齿，叶背主脉无毛，叶质中等。萼片 5 片、绿色、中毛。花冠直径 3.8~4.0cm，花瓣 11 枚，花瓣长宽 1.6cm×1.3cm，花瓣白色、质地中，子房中毛、3（4）室，花柱长 1.6cm、先端 3（4）浅裂，雌雄蕊等高。果四方状球形，果径 3.3cm，果高 1.9cm，鲜果皮厚 2.4mm。种子球形，种径 1.3~1.4cm，种皮褐色。2007 年干样含水浸出物 41.33%、茶多酚 30.02%、氨基酸 1.84%、咖啡碱 3.11%。生化成分茶多酚含量高。制晒青茶。（2006.11）

图 5-1-159　垭口大茶树

滇 207. 龙街小叶茶 Longjie xiaoyecha（*C.sinensis*）

产景东县龙街乡多依树村，海拔 1910m。栽培型。样株灌木型，树姿半开张，树高 1.5m，树幅 2.0m×1.5m，分枝密。嫩枝有毛。芽叶绿色、多毛。小叶，叶长宽 6.9cm×4.2cm，叶卵圆形，叶色绿，叶身内折，叶面稍隆起，叶尖渐尖，叶脉 9 对，叶齿锐、密、浅，叶背主脉少毛，叶质中等。萼片 5 片、绿色、中毛。花冠直径 2.8~3.2cm，花瓣 7~8 枚，花瓣长宽 1.8cm×1.5cm，瓣白色、质薄，子房中毛、3 室，花柱长 1.5cm、先端 3 深裂，雌蕊低于雄蕊。制绿茶。（2006.11）

滇 208. 大黑山腊大茶树 Daheishanla dachashu（*C. taliensis*）

产西盟佤族自治县（以下简称西盟县）西盟镇马散村，海拔 2107m。野生型。乔木型，树姿直立，长势弱。树高约 23m，树幅 5.5m×4.5m，基部干径 90.8cm，最低分枝高度 5.7m，分枝稀。嫩枝无毛。芽叶黄绿色、无毛。大叶，叶长宽 14.2cm×5.8cm，最大叶长宽 17.0cm×6.8cm，叶椭圆形，叶色深绿，叶身稍内折，叶面稍隆起，叶脉 13~15 对，叶齿钝、稀、浅，叶背主脉无毛。萼片 5 片、有睫毛。花大，花冠直径 6.3~6.9cm，花瓣 14 枚，花瓣长宽 2.9cm×1.8cm，花瓣白色、质厚，子房中毛、5 室，花柱长 2.1cm、先端 5 中裂，雌蕊高于雄蕊。果扁球形，果径 3.8cm，果高 2.1cm，鲜果皮厚 4.4mm。种子锥形，种径 1.5cm，种皮棕色。2007 年干样含水浸出物 39.62%、茶多酚 20.04%、氨基酸 1.85%、咖啡碱 2.61%。制晒青茶。（2006.10）

图 5-1-160　大黑山腊大茶树

滇 209. 班母野茶 Banmu yecha（*C. taliensis*）

产西盟县勐梭镇班母村，海拔 1860m。野生型。乔木型，树姿直立，树高 9.2m，树幅 5.0m×5.0m，干径 75.8cm，最低分枝高度 1.0m。嫩枝无毛。芽叶绿色、无毛。特大叶，叶长宽 15.4cm×5.9cm，最大叶长宽 18.5cm×7.3cm，叶长椭圆形，叶色深绿，叶身背卷，叶面稍隆起，叶脉 9 对，叶齿钝、稀、浅，叶缘下部无齿，叶背主脉无毛。萼片 5 片、有睫毛。花冠直径 5.8~6.3cm，花瓣 14 枚，花瓣长宽 3.0cm×2.1cm，花瓣白色、质厚，子房中毛、5 室，花柱长 2.3cm、先端 5 中裂，雌蕊高于雄蕊。果扁球形，果径 4.3cm，果高 2.4cm，鲜果皮厚 3.4mm。种径 1.8cm。制晒青茶。（2006.10）

图 5-1-161　班母野茶

滇 210. 班母家茶 Banmu jiacha（*C.sinensis var. assamica*）

产地同班母野茶，是当地主栽品种。海拔 1400m。栽培型。样株小乔木型，树姿半开张，树高 5.4m，树幅 3.0m×3.0m，基部干径 19.4cm。嫩枝有毛。芽叶绿色、少毛，中叶，叶长宽 10.2cm×4.1cm，叶椭圆形，叶色深绿，叶身内折，叶面隆起，叶脉 13~14 对，叶齿锐、密、浅，叶背主脉少毛。萼片 5 片、无毛。花冠直径 3.2~3.6cm，花瓣 7 枚，花瓣长宽 1.8cm×1.4cm，花瓣白色、质薄，子房中毛、3 室，花柱长 0.9cm、先端 3 中裂，雌蕊低于雄蕊。果三角状球形，果径 2.6cm，果高 1.9cm，鲜果皮厚 2.2mm。种径 1.4cm。制晒青茶。 （2006.10）

滇 211. 罗东山大茶树 Luodongshan dachashu（*C.taliensis*）

产宁洱哈尼族彝族自治县（以下简称宁洱县）梅子乡永胜村，海拔 2370m。野生型。乔木型，树姿直立，树高 14.8m，树幅 14.0m×12.8m，干径 108.3cm，最低分枝高度 0.4m。嫩枝无毛。芽叶绿色、无毛。特大叶，叶长宽 14.7cm×6.8cm，最大叶长宽 17.0cm×6.8cm，叶椭圆形，叶色绿，叶身稍内折，叶面稍隆起，叶脉 10 对，叶齿锐、稀、浅，叶背主脉无毛，叶质中等。萼片 5 片、无毛。花冠直径 5.0~5.9cm，花瓣 11 枚，花瓣长宽 2.4cm×1.5cm，花瓣白现绿晕、质中，子房中毛、5 室，花柱先端 5 中裂，雌雄蕊等高。果径 2.7cm，果高 1.9cm，鲜果皮厚 1.5mm。种子不规则形，种径 1.3cm，种皮棕褐色，种子百粒重 215g。制晒青茶。 （2006.10）

图 5-1-162 罗东山大茶树

滇 212 干坝子大山茶 Ganbazi dashancha（*C. taliensis*？）

产地同罗东山大茶树，海拔 2460m。野生型？小乔木型，树姿半开张，树高约 15m，树幅 10.6m×10.6m，干径 84.4cm，最低分枝高度 1.0m，分枝稀。嫩枝有毛。芽叶绿色、少毛。大叶，叶片长宽 12.7cm×6.2cm，叶椭圆形，叶色绿，叶身稍内折，叶面平，叶脉 7 对，叶齿锐、稀、浅，叶背主脉无毛，叶质中等。制晒青茶。（2006.5）

图 5-1-163　干坝子大山茶

滇 213. 丙龙山大叶茶 Binglongshan dayecha（*C. taliensis*？）

产宁洱县德安乡兰庆村，海拔 2150m。野生型？乔木型，树姿直立，树高 19.5m，树幅 12.1m×9.8m，干径 63.7cm，最低分枝高度 3.7m，分枝稀。嫩枝无毛。芽叶绿色、无毛。大叶，叶长宽 12.1cm×5.3cm，叶椭圆形，叶色绿，叶身稍内折，叶面稍隆起，叶脉 8 对，叶齿锐、稀、中，叶背主脉无毛，叶质软。2007 年干样含水浸出物 43.74%、茶多酚 11.91%、氨基酸 1.86%、咖啡碱 2.49%。生化成分茶多酚含量低。制晒青茶。（2006.5）

图 5-1-164　丙龙山大叶茶

滇214. 困鹿山野生大茶树 Kunlushan yeshengdachashu（*C.taliensis*）

产宁洱县宁洱镇宽宏村，海拔2050m。野生型。乔木型，树姿直立，树高4.8m，树幅3.5m×3.2m，基部干径55.7cm，最低分枝高度0.8m，分枝稀。嫩枝无毛。芽叶绿色、无毛。大叶，叶长宽13.7cm×5.3cm，叶长椭圆形，叶色绿，叶身稍内折，叶面平，叶脉7对，叶齿钝、稀、浅，叶缘下部无齿，叶背主脉无毛，叶质中等。花冠直径3.6~3.8cm，花瓣10枚，花瓣长宽1.5cm×1.5cm，花瓣白色、质薄，子房有毛、5室，花柱先端5中裂。果五角状球形，果径3.5cm，果高1.9cm，鲜果皮厚2.8mm。种子球形，种径1.8cm，种皮棕褐色，种子百粒重250g。2007年干样含水浸出物36.10%、茶多酚9.73%、氨基酸3.37%、咖啡碱2.04%。生化成分茶多酚含量特低。制晒青茶。（2006.10）

图 5-1-165　困鹿山野生大茶树

滇215. 困鹿山茶 Kunlushancha（*C.sinensis* var. *assamica*）

产地同困鹿山野生大茶树，海拔1640m。同类型多株。栽培型。样株小乔木型，树姿半开张，树高约8m，树幅8.3m×7.2m，基部干径61.1cm，最低分枝高度0.4m，分枝密。嫩枝有毛。芽叶黄绿色、多毛。大叶，叶长宽13.1cm×5.0cm，叶长椭圆形，叶色深绿，叶身背卷，叶面稍隆起，叶尖钝尖，叶脉9对，叶齿锐、中、深，叶背主脉多毛，叶质硬。萼片5片、绿色、无毛。花冠直径3.4~4.1cm，花瓣6枚，花瓣长宽

图 5-1-166　困鹿山茶（2008）

2.3cm×1.6cm，花瓣白色、质中，子房中毛、3室，花柱长1.2cm、先端3中裂，雌雄蕊等高。果实三角状球形或球形，果径3.4cm，果高2.1cm，鲜果皮厚1.4mm。种子球形，种径1.7cm，种皮棕色，种子百粒重210g。2007年干样含水浸出物50.80%、茶多酚29.66%、氨基酸1.91%、咖啡碱4.85%。生化成分水浸出物、茶多酚和咖啡碱含量高。制晒青茶。（2006.5）

滇 216. 困鹿山小叶茶 Kunlushan xiaoyecha（*C.sinensis？*）

产地同困鹿山野生大茶树，海拔 1630m。同类型多株。栽培型。样株小乔木型，树姿半开张，树高约 8.5m，树幅 4.8m×4.4m，干径 47.8cm，最低分枝高度 0.3m，分枝密。嫩枝有毛。芽叶白绿色、毛多。特小叶，叶长宽 5.8cm×2.4cm，叶椭圆形，叶色深绿，叶身背卷，叶面稍隆起，叶尖渐尖，叶脉 8 对，叶齿锐、密、浅，叶背主脉多毛，叶质硬。萼片 5 片、绿色、有毛。花冠直径 2.5~4.2cm，花瓣 5~6 枚，花瓣长宽 1.1cm×0.5cm，花瓣白色、质中，子房中毛、3 室，花柱长 1.3cm，先端 3 浅裂，雌蕊低于雄蕊。果实三角状球形，果径 2.8cm，果高 1.7cm，鲜果皮厚 1.5mm。种子球形，种径 1.3cm，种皮棕褐色，种子百粒重 205g。2006 年干样含水浸出物 46.66%、茶多酚 30.46%、氨基酸 2.40%、咖啡碱 3.88%。耐寒性

图 5-1-167　困鹿山小叶茶（2008）

和耐旱性均强。生化成分茶多酚含量高。制晒青茶。可作育种和生化代谢机制研究材料。
（2006.11）

滇 217. 扎罗山大叶茶 Zaluoshan dayecha（*C.sinensis var. assamica*）

产宁洱县磨黑镇团结村，海拔 1670m。栽培型。乔木型，树姿直立，树高约 8m，树幅 4.6m×4.2m，干径 38.2cm，分枝中，长势弱。嫩枝有毛。芽叶绿白色、多毛。大叶，叶长宽 14.1cm×5.4cm，叶长椭圆形，叶色绿，叶身稍内折，叶面稍隆起，叶尖钝尖，叶脉 12~15 对，叶齿锐、密、中，叶背主脉多毛，叶质中等。萼片 5 片、绿色、无毛。花冠直径 3.5~4.0cm，花瓣 6 枚，花瓣长宽 2.4cm×1.8cm，花瓣白色、质中，子房有毛、3 室，花柱长 1.4cm、先端 3 中裂，雌雄蕊等高。果三角状球形或球形，果径 3.4cm，果高 1.9cm，鲜果皮厚 1.3mm。种子不规则形，种径 1.4cm，种皮棕褐色，种子百粒重 205g。制晒青茶。（2006.11）

图 5-1-168　扎罗山大叶茶

滇 218. 茶源山野生大茶树 Chayuanshan yeshengdachashu（*C. taliensis*）

产宁洱县黎明乡茶源山，海拔 2040m。野生型。乔木型，树姿直立，树高 21.3m，树幅 10.0m，基部干径 98.0cm，最低分枝高度 6.8m，分枝稀。嫩枝无毛。芽叶绿色、无毛。大叶，叶长宽 14.6cm×5.8cm，叶长椭圆形，叶色深绿，叶身平，叶面平，叶脉 7~9 对，叶齿钝、稀、浅，叶缘下部无齿，叶背主脉无毛，叶柄微紫色，叶质中等。花冠直径 3.8~4.3cm，花瓣 9 枚，花瓣长宽 1.7cm×1.5cm，花瓣白色、质中，子房有毛、5 室，花柱先端 5 深裂。果五角状球形，果径 3.1cm，果高 1.5cm，鲜果皮厚 2.1mm。种子球形，种径 1.5~1.6cm，种皮褐色。（2004.11）

图 5-1-169　茶源山野生大茶树

滇 219. 下岔河茶 Xiachahecha（*C. sinensis*？）

产宁洱县黎明乡岔河村，海拔 1370m。栽培型。乔木型，树姿直立，树高 13.8m，树幅 7.2m×5.6m，干径 75.0cm，最低分枝高度 3.7m，分枝稀。嫩枝有毛。芽叶绿白色、多毛。小叶，叶片长宽 7.2cm×3.3cm，叶椭圆形，叶色绿，叶身稍内折，叶面稍隆起，叶尖渐尖，叶脉 8 对，叶齿锐、密、深，叶背主脉少毛。萼片 5 片、紫绿色、无毛。花冠直径 3.0~3.5cm，花瓣 5 枚，花瓣长宽 1.3cm×0.7cm，花瓣白色、质中，子房中毛、3 室，花柱长 0.8cm、先端 3 中裂，雌蕊高于雄蕊。果三角状球形，果径 3.2cm，果高 2.4cm，鲜果皮厚 1.2mm。种子不规则形，种径 1.3cm，种皮棕褐色，种子百粒重 190g。制晒青茶。（2006.11）

图 5-1-170　下岔河茶

滇 220. 须立贡茶 Xuligongcha （ *C. sinensis* var.*assamica* ）

产墨江哈尼族自治县(以下简称墨江县)联珠镇栖马村小水井组。海拔1790m。栽培型。样株小乔木型，树姿开张，树高1.4m，树幅1.9m×1.5m，最大干径43cm，分枝中。嫩枝有毛。芽叶绿白色、多毛。特大叶，叶长宽14.7cm×6.3cm，叶椭圆形，叶色绿，叶身稍内折，叶面稍隆起，叶尖渐尖，叶齿细、锐、浅，叶脉9~11对，叶背主脉多毛。萼片6片、无毛。花冠直径4.1cm×3.3cm、花瓣6枚、白现绿晕、无毛，子房多毛、3室，花柱长1.4cm、先端3浅裂，雌雄蕊比高。果三角状球形，果径3.5cm×1.9cm，果皮厚1.6cm。种皮褐色，种子百粒重267g。2006年4月一芽二叶干样含水浸出物49.03%、茶多酚27.88%、氨基酸3.70%、咖啡碱4.94%。制晒青茶，清香含花香，味鲜醇微苦。抗寒和抗旱性均强。

滇 221. 羊神庙野茶 Yangshenmiao yecha （*C. taliensis*）

产墨江县鱼塘乡景平村，海拔 2090m。野生型。小乔木型，树姿半开张，树高 6.6m，树幅 4.9m×4.5m，干径 39.5cm，最低分枝高度 0.3m。嫩枝无毛。芽叶绿色、无毛。特大叶，叶长宽 15.5cm×6.4cm，最大叶长宽 17.6cm×7.5cm，叶椭圆形，叶色深绿，叶身稍内折，叶面稍隆起，叶脉 9 对，叶齿锐、稀、浅，叶背主脉无毛，叶质中等。萼片无毛。花冠直径4.0~5.1cm，花瓣 7 枚，花瓣长宽 2.1cm×1.8cm，花瓣白色、质中，子房有毛、5 室，花柱长 1.9cm、先端5 中裂，雌蕊低于雄蕊。果扁球形，果大，果径 4.5cm，果高 2.0cm，鲜果皮厚 2.5mm。种子球形，种径 1.8cm，种皮褐色，种子百粒重 206g。2007 年干样含水浸出物 44.16%、茶多酚 24.58%、氨基酸 2.26%、咖啡碱2.89%。制晒青茶。（2006.10）

图 5-1-171　羊神庙野茶

滇 222. 羊八寨茶 Yangbazhaicha（*C.sinensis var. assamica*）

产墨江县坝留乡联珠村，海拔 1630m。同类型多株。栽培型。样株小乔木型，树姿直立，树高 4.9m，树幅 3.3m×2.8m，基部干径 43.3cm，分枝稀。嫩枝有毛。芽叶绿白色、多毛。中叶，叶长宽 10.6cm×5.3cm，叶椭圆形，叶色绿，叶身平，叶面稍隆起，叶尖钝尖，叶脉 8 对，叶齿锐、中、中，叶背主脉多毛，叶质软。萼片 5 片、绿色、无毛。花冠直径 4.0~4.4cm，花瓣 8 枚，花瓣长宽 2.2cm×1.9cm，花瓣白现绿晕、质薄，子房中毛、3 室，花柱长 1.5cm、先端 3 中裂。果球形或三角状球形，果径 3.3cm，果高 1.9cm，鲜果皮厚 1.6mm。种子球形，种径 1.7~1.8cm，种皮褐色，种子百粒重 167g。2007 年干样含水浸出物 48.82%、茶多酚 26.39%、氨基酸 3.00%、咖啡碱 5.29%。生化成分茶多酚、咖啡碱含量高。用一芽一叶制的炒青茶"墨江云针"是云南现代名优绿茶。（2006.10）

图 5-1-172　羊八寨茶

滇 223. 老围柳叶茶 Laowei liuyecha（*C.sinensis var. pubilimba*）

产墨江县团田乡老围村，海拔 1910m。同类型多株。栽培型。样株小乔木型，树姿半开张，树高 5.9m，树幅 4.3m×3.5m，基部干径 29.9cm，分枝密。嫩枝有毛。中叶，叶长宽 12.7cm×3.8cm，叶披针形，叶色绿，叶身稍内折，叶面稍隆起，叶尖渐尖，叶脉 9 对，叶齿锐、密、深，叶背主脉多毛，叶质软。萼片 5 片、绿色、有毛。花冠直径 3.0~3.9cm，花瓣 7 枚，花瓣长宽 1.9cm×1.4cm，花瓣白现绿晕、质薄，子房有毛、3 室，花柱长 1.1cm、先端 3 浅裂，雌蕊高于雄蕊。果球形或三角状球形，果径 3.2cm，果高 2.3cm，鲜果皮厚 1.4mm。种子球形，种径 1.7cm，种皮褐色，种子百粒重 208g。制晒青茶。（2006.10）

图 5-1-173　老围柳叶茶

滇 224. 迷帝茶 Midicha（*C. sinensis* var.*assamica*）

产墨江县新抚镇界牌村迷帝茶场。海拔1360m。栽培型。样株小乔木型，树姿开张，树高4.0m，树幅4.1m×4.0m，基部干径34.1cm，分枝中。嫩枝有毛。芽叶绿白色、多毛。大叶，叶长宽11.5cm×4.7cm，叶椭圆形，叶色绿，叶身稍内折，叶面稍隆起，叶尖渐尖，叶齿细、锐、浅，叶脉8~10对，叶背主脉多毛。萼片5片、无毛。花冠直径4.1cm×3.6cm，花瓣6枚、白现绿晕、无毛，子房多毛、3室，花柱长1.1cm、先端3浅裂，雌雄蕊等高。果三角状球形，果径3.5cm×2.2cm，果皮厚1.8cm。种皮褐色，种子大小1.8cm×1.8cm。2006年秋茶一芽二叶干样含水浸出物47.81%、茶多酚37.26%、氨基酸1.71%、咖啡碱4.40%。制晒青茶，有花蜜香，滋味浓醇回甘。抗寒和抗旱性均强。

滇 225. 梁子寨野茶 Liangzizhai yecha（*C.taliensis*？）

产江城哈尼族彝族自治县（以下简称江城县）嘉禾乡联合村，海拔1827m。野生型？乔木型，树姿直，树高约14m，树幅6.5m×6.0m，基部干径43.6cm，最枝高度0.4m，分枝稀，长势弱。嫩枝无毛。芽叶黄绿色、无毛。大叶，叶长宽11.8cm×5.4cm，叶椭圆形，深绿，叶身背卷，叶面稍隆起，叶尖渐尖，叶脉9对，钝、稀、浅，叶缘下部无齿，叶背主脉无毛，叶质中。2007年干样含水浸出物41.13%、茶多酚24.92%、氨2.92%、咖啡碱3.74%。制晒青茶。（2006.5）

图 5-1-174　梁子寨野茶

滇 226. 嘉禾白芽茶 Jiahe baiyacha（*C.sinensis* var. *assamica*）

产地同梁子寨野茶，海拔1800m。栽培型。小乔木型，树姿开张。芽叶黄绿色、多毛。大叶，叶长宽13.6cm×5.2cm，叶椭圆形，叶色绿，叶身内折，叶面稍隆起，叶缘微波，叶尖渐尖，叶脉11~13对，叶齿中、中、中，叶质软。花冠直径3.4~3.5cm，花瓣6枚，白带绿晕，子房有毛、3室，花柱先端3中裂。果球形或三角状球形，果径3.5~3.9cm。种子近球形，种径1.9~2.0cm，种皮褐色。2007年干样含水浸出物42.98%、茶多酚19.40%、氨基酸2.79%、咖啡碱2.30%。制红茶，茶黄素含量达1.56%。（2006.5）

滇 227. 芭蕉林箐苦茶 Bajiaolinqing kucha（*C. dehungensis*）

产江城县曲水乡拉珠村，海拔 1430m。栽培型。乔木型，树姿直立，树高约 19m，树幅 8.0m×7.6m，基部干径 43.3cm，最低分枝高度 0.2m。嫩枝有毛。芽叶绿色、茸毛中等。特大叶，叶长宽 19.4cm×8.5cm，最大叶长宽 25.2cm×9.7cm，叶椭圆形，叶色黄绿，叶身背卷，叶面稍隆起，叶尖渐尖，叶脉 12~14 对，叶齿锐、中、中，叶背主脉无毛，叶质中。萼片绿色、无毛。花冠直径 3.1~3.3cm，花瓣 7 枚，花瓣长宽 1.7cm×1.2cm，花瓣白现绿晕、质中，子房无毛、3 室，花柱长 0.7cm、先端 3 浅裂，雌蕊低于雄蕊。制晒青茶。 （2006.11）

图 5-1-175　芭蕉林箐苦茶

滇 228. 拉马冲大茶树 Lamachong dachashu（*C. sinersis* var. *assamica*）

产地同芭蕉林箐苦茶，海拔 1143m。栽培型。乔木型，树姿直立，树高约 16m，树幅约 7m×6m，干径 40.4cm，最低分枝高度 1.6m，分枝稀。嫩枝有毛。芽叶绿色、茸毛中等。特大叶，叶长宽 22.7cm×8.4cm，最大叶长宽 27.8cm×10.0cm，叶长椭圆形，叶色绿，叶身平，叶面稍隆起，叶尖渐尖，叶脉 15~17 对，叶齿锐、密、中，叶背主脉少毛，叶质中。2007 年干样含水浸出物 49.81%、茶多酚 31.06%、氨基酸 2.55%、咖啡碱 4.13%。生化成分水浸出物、茶多酚含量高。制晒青茶。 （2006.5）

图 5-1-176　拉马冲大茶树

滇 229. 安知别野茶 Anzhibie yecha（*C. taliensis*）

产澜沧拉祜族自治县（以下简称澜沧县）拉巴乡音同村，海拔 1940m。野生型。乔木型，树姿直立，树高约 25m，树幅 12.7m×8.0m，干径 70.1cm，最低分枝高度 16.0m，分枝稀，长势弱。嫩枝有毛。芽叶绿色、无毛。大叶，叶长宽 13.4cm×5.9cm，叶椭圆形，叶色深绿，叶身平，叶面平，叶尖渐尖，叶脉 9~11 对，叶齿钝、稀、浅，叶缘下部无齿，叶质硬，叶背主脉无毛。果扁球形，果径 2.6cm，果高 1.9cm，鲜果皮厚 2.3mm。种子肾形，种径 1.6~2.1cm，种皮褐色。制晒青茶。（2006.11）

图 5-1-177 安知别野茶

滇 230. 营盘大尖山野茶 Yingpandajianshan yecha（*C. taliensis*）

产澜沧县发展河乡发展河村，海拔 2250m。野生型。乔木型，树姿直立，树高约 19m，干径 55.4cm，最低分枝高度 6.8m，分枝稀，长势弱。嫩枝无毛。芽叶绿色、无毛。中叶，叶长宽 10.4cm×4.5cm，叶椭圆形，叶色深绿，叶身平，叶面平，叶尖渐尖，叶脉 10 对，叶齿钝、稀、浅，叶缘下部无齿，叶背主脉无毛，叶质中等。萼片 6 片、绿色、无毛。花冠直径 4.2~5.0cm，花瓣 8 枚，花瓣长宽 2.7cm×2.2cm，花瓣白色、质厚，子房中毛、5 室，花柱长 1.4cm、先端 5 深裂，雌蕊高于雄蕊。果四方状球形，果径 3.6cm，果高 3.1cm，鲜果皮厚 2.8mm。种子不规则形，种径 1.8~2.0cm，种皮褐色。制晒青茶。（2006.11）

图 5-1-178 营盘大尖山野茶

滇 231. 怕令大茶树 Paling dachashu（*C.taliensis*）

产澜沧县谦迈乡谦迈村，海拔 2190m。野生型。乔木型，树姿直立，树高 26.5m，树幅 10.1m×8.0m，基部干径 57.3cm。嫩枝有毛。特大叶，叶长宽 16.4cm×7.7cm，最大叶长宽 18.2cm×8.9cm，叶椭圆形，叶色深绿，叶身内折，叶面平，叶尖渐尖，叶脉 6~8 对，叶齿锐、稀、浅，叶缘下部 1/3 无齿。萼片 5 片、绿色、无毛。花冠直径 4.0~4.5cm，花瓣 11~13 枚，花瓣白色，子房多毛、5 室，花柱长 1.3~1.6cm、先端 5 中裂，雌蕊低于雄蕊，雄蕊 160 枚。（1982.11）

滇 232. 邦崴大茶树 Bangwei dachashu（*C.sp.*）

产澜沧县富东乡邦崴村，海拔 1900m。野生型、小乔木型，树姿半开张，树高 11.8m，树幅 9.0m×8.2m，根颈处干径 114.0cm，最低分枝高度 0.7m，分枝密。嫩枝有毛。芽叶黄绿色、多毛。大叶，叶长宽 12.6cm×5.1cm，叶椭圆形，叶色深绿，叶身平，叶面稍隆起，叶尖渐尖，叶脉 12 对，叶齿钝、中、中，叶背主脉多毛，叶质中。萼片 5 片、绿色、无毛。花冠直径 4.7~5.0cm，花瓣 11 枚，花瓣长宽 1.8cm×1.5cm，花瓣白色、质薄，子房中毛、5 室，花柱长 1.8cm、先端 5 浅裂，雌蕊高于雄蕊。果三角状球形，果径 3.8cm，果高 1.5cm，鲜果皮厚 2.4mm。种子球形，种径 1.7cm，种皮褐色。2007 年干样含水浸出物 47.07%、茶多酚 29.39%、氨基酸 2.10%、咖啡碱 3.56%。生化成分茶多酚含量高。（1992.10）

由于邦崴大茶树既具有栽培型茶树枝叶、芽梢的形态，又有野生型茶树花、果的特征，1992 年 10 月有多名专家（作者参与）参加考察论证的会上定为"过渡型茶树"。但花粉形态和染色体鉴定表明，由于花粉粒大，花粉外壁纹饰为细网状，花粉 Ca 含量高达 16.9%，染色体核型对称性较高，故仍属于野生型茶树。

图 5-1-179　邦崴大茶树及 1992 年的考察论证会

滇 233. 看马山野茶 Kanmashan yecha（*C. taliensis*？）

产澜沧县勐朗镇看马山村，海拔 2130m。野生型？小乔木型，树姿直立，树高 11.7m，干径 82.8cm，最低分枝高度 0.50m，分枝中。嫩枝无毛。芽叶绿色、无毛。大叶，叶长宽 11.8cm×5.6cm，叶椭圆形，叶色绿，叶身平，叶面平，叶尖渐尖，叶脉 12~13 对，叶齿钝、稀、浅，叶缘下部无齿，叶背主脉无毛，叶质软。果四方状球形，果径 4.0cm，果高 2.5cm，鲜果皮厚 3.6mm。种子不规则形，种径 1.8~2.2cm，种皮褐色。制晒青茶。（2006.11）

图 5-1-180　看马山野茶

滇 234. 糯波大箐老茶 Nuobodaqing laocha（*C. sinensis* var. *assamica*）

产澜沧县安康乡糯波村，海拔 1900m。栽培型。小乔木型，树姿开张，树高 7.8m，树幅 9.3m×9.1m，基部干径 78.7cm，最低分枝高度 0.36m，分枝密。嫩枝有毛。芽叶黄绿色、茸毛中等。大叶，叶长宽 13.3cm×5.7cm，叶椭圆形，叶色深绿，叶身稍内折，叶面稍隆起，叶尖渐尖，叶脉 11 对，叶齿锐、密、中，叶背主脉少毛，叶质中。萼片 5 片、绿色、无毛。花冠直径 3.9~4.2cm，花瓣 8 枚，花瓣长宽 1.8cm×1.6cm，花瓣白色、质薄，子房中毛、3 室，花柱长 1.3cm、先端 3 浅裂，雌蕊高于雄蕊。果三角状球形，果径 3.0cm，果高 1.7cm，鲜果皮厚 1.9mm。种子球形，种径 1.5cm，种皮褐色。2007 年干样含水浸出物 43.99%、茶多酚 26.47%、氨基酸 1.65%、咖啡碱 4.74%。生化成分茶多酚含量高。制晒青茶。同类型茶树多。（2006.11）

图 5-1-181　糯波大箐老茶

滇 235. 莫乃老茶 Monai laocha （*C.sinensis var. assamica*）

产澜沧县竹塘乡莫乃村，海拔1520m。是当地主栽品种。栽培型。样株小乔木型，树姿开张，树高5.8m，树幅7.6m×7.1m，基部干径46.2cm，最低分枝高度0.7m，分枝密。嫩枝有毛。芽叶绿白色、多毛。大叶，叶长宽12.7cm×5.1cm，叶椭圆形，叶色深绿，叶身稍内折，叶面稍隆起，叶尖渐尖，叶脉12~14对，叶齿锐、中、中，叶背主脉多毛，叶质中。萼片5片、绿色、无毛。花冠直径3.2~4.2cm，花瓣6枚，花瓣长宽1.5cm×1.3cm，花瓣白色、质薄，子房多毛，3室，花柱长1.0cm、先端3浅裂，雌雄蕊等高。果三角状球形，果径3.1cm，果高1.6cm，鲜果皮厚1.8mm。种子球形，种径1.5cm，种皮褐色。2007年干样含水浸出物43.88%、茶多酚28.17%、氨基酸1.42%、咖啡碱4.49%。生化成分茶多酚含量高。制晒青茶。 （2006.11）

滇 236. 景迈大茶树 Jingmai dachashu （*C.sinensis var. assamica*）

澜沧县惠民镇景迈山是布朗族傣族聚居区，主要村寨有芒洪大寨、芒景上寨、芒景下寨、景迈大寨、糯岗老寨、芒埂、翁洼、翁基、勐本等。海拔1390~1400m。由5片典型的人工栽培古茶林、9个布朗族傣族村寨以及3片分隔防护林共同构成的"普洱景迈山古茶林文化景观"，被2023年9月17日联合国教科文组织第45届世界遗产大会列入《世界遗产名录》，成为全球首个以茶为主题的世界文化遗产。

景迈大叶茶是当地主栽品种。栽培型。样株小乔木型，树姿半开张，树高4.8m，树幅3.0m×2.2m，基部干径24.0cm，分枝中。嫩枝有毛。芽叶黄绿色、多毛。大叶，叶长宽12.3cm×5.2cm，叶椭圆形，叶色深绿，叶身平，叶面隆起，叶尖渐尖，叶脉9~12对，叶齿锐、中、中，叶背主脉多毛。萼片5片、绿色、无毛。花冠直径3.5cm×3.1cm，花瓣6~8枚，花瓣长宽1.7cm×1.3cm，花瓣白色、质薄，子房多毛、3室，花柱长1.1cm、先端3浅裂，雌蕊高于雄蕊。果球形，果径2.2cm，果高1.8cm，鲜果皮厚1.4mm。种子球形，种径1.4cm，种皮棕褐色。2007年干样含水浸出物45.09%、茶多酚25.37%、氨基酸2.32%、咖啡碱4.55%。制绿茶、红茶。

图 5-1-182　景迈大茶树及茶树上寄生的"螃蟹脚"

茶树树干常寄生桑寄生植物扁枝槲（Viscum articulatum Burm.f.），俗称"螃蟹脚"，民间常用作止咳祛痰。

图 5-1-183　景迈山布朗族末代公主在采茶

滇 237. 大水缸绿茶 1 号 Dashuigang lvcha1（*C. taliensis*？）

产景谷傣族彝族自治县（以下简称景谷县）正兴镇黄草坝村，海拔 2220m。野生型？乔木型，树姿直立，树高约 21m，树幅 4.8m×3.9m，基部干径 101.9cm，最低分枝高度 1.0m，分枝稀。嫩枝无毛。芽叶绿色、少毛。大叶，叶长宽 11.6cm×5.1cm，叶椭圆形，叶色绿，叶身平，叶面平，叶尖渐尖，叶脉 9 对，叶齿钝、中、浅，叶背主脉无毛，叶质中。（2006.5）

图 5-1-184　大水缸绿茶 1 号

滇 238. 大水缸绿茶 2 号 Dashuigang lvcha2（*C. taliensis*？）

产地同大水缸绿茶 1 号。野生型？ 乔木型，树姿直立，树高 17.5m，树幅 8.2m×7.8m，基部干径 52.9cm，最低分枝高度 2.8m，分枝稀。嫩枝无毛。芽叶绿色、少毛。特大叶，叶长宽 14.2cm×6.1cm，叶椭圆形，叶色绿，叶身平，叶面平，叶尖渐尖，叶脉 9 对，叶齿钝、中、浅，叶背主脉无毛，叶质中。（2006.5）

图 5-1-185　大水缸绿茶 2 号

滇 239. 秧塔大白茶 Yangta dabaicha（*C. sinensis var. pubilimba*）

又名景谷大白茶。产景谷县民乐镇大村村，海拔 1740m。是当地主栽品种。栽培型。样株小乔木型，树姿半开张，树高 6.1m，树幅 4.8m×4.6m，基部干径 45.9cm，最低分枝高度 1.0m，分枝中。嫩枝有毛。芽叶绿白色、毛特多。大叶，叶长宽 12.6cm×5.0cm，叶长椭圆形，叶色绿，叶身稍内折，叶面稍隆起，叶尖渐尖，叶脉 8 对，叶齿锐、中、浅，叶背主脉多毛，叶质中。萼片 5 片、多毛。花冠直径 3.4~3.6cm，花瓣 8 枚、白带绿晕，子房多毛、3 室，花柱 3 裂。花粉圆球形，花粉平均轴径 30.3μm，属大粒型花粉。花粉外壁纹饰为穴网状，萌发孔为带状。染色体倍数性是：整二倍体频率为 93%。2007 年干样含水浸出物 53.33%、茶多酚 31.08%、儿茶素总量 15.38%、氨基酸 3.44%、咖啡碱 5.00%、茶氨酸 1.75%。生化成分水

图 5-1-186　秧塔大白茶

浸出物、茶多酚和咖啡碱含量高。"景谷大白茶"是云南历史名茶，创制于清代，产于秧塔村，采一芽二三叶按烘青法制作，外形条索壮实，银毫密披，香气鲜浓，滋味醇厚。历史上用秧塔大白茶制成的绿茶，再用红丝线扎成呈谷穗状的茶称"景谷白龙须贡茶"。制红茶，香气尚高，味较浓醇。可作育种或创制产品材料。（1990.11）

滇 240. 苦竹山茶 Kuzhushancha （*C.sinensis* var. *pubilimba*）

产景谷县景谷乡文山村，海拔 1940m。是当地主栽品种。栽培型。样株小乔木型，树姿半开张，树高 9.6m，树幅 7.5m×7.3m，基部干径 46.8cm，最低分枝高 1.1m，分枝密。嫩枝有毛。芽叶黄绿色、多毛。中叶，叶长宽 9.5cm×4.0cm，叶椭圆形，叶色深绿，叶身内折，叶面稍隆起，叶尖渐尖，叶脉 8 对，叶齿锐、中、浅，叶背主脉多毛，叶质中。萼片 5 片、绿色、有毛。花冠直径 3.5~3.7cm，花瓣 6 枚，花瓣长宽 1.6cm×1.4cm，花瓣白色、质中，子房多毛、3 室，花柱长 0.9cm、先端 3 中裂，雌雄蕊等高。果径 3.1cm，果高 1.9cm，鲜果皮厚 3.5mm。种径 1.6cm。制晒青茶。（2006.11）

图 5-1-187　苦竹山茶

滇 241. 谢家大茶树 Xiejia dachashu （*C.sinensis* var. *pubilimba*）

产景谷县永平镇新本上村，海拔 1730m。是当地主栽品种。栽培型。样株小乔木型，树姿半开张，树高 8.1m，树幅 5.3m×4.9m，基部干径 40.8cm，最低分枝高 0.4m，分枝中。嫩枝有毛。芽叶紫绿色、多毛。大叶，叶长宽 13.0cm×5.8cm，叶椭圆形，叶色深绿，叶身内折，叶面稍隆起，叶尖渐尖，叶脉 8 对，叶齿锐、中、浅，叶背主脉多毛，叶质中。萼片 5 片、绿色、有毛。花冠直径 2.3~2.4cm，花瓣 6 枚，花瓣长宽 1.8cm×1.3cm，花瓣白色、质中，子房多毛、3 室，花柱长 1.3cm、先端 3 中裂，雌雄蕊等高。果三角状球形，果径 3.3cm，果高 1.6cm，鲜果皮厚 1.0mm。种径 1.6cm，种皮棕褐色。制晒青茶。（2006.11）

图 5-1-188　谢家大茶树

九、曲靖市

曲靖市位于云南省东部、滇东高原的主体部分，平均海拔 2000m 左右，属亚热带高原季风气候，冬季干寒。茶叶不是主要经济作物。在师宗、富源等地有在进化上最原始的野生型茶树大厂茶和广南茶，栽培型茶树主要是茶。

滇 242. 师宗大茶树 Shizong dachashu（大厂茶 Camellia tachangensis Zhang，以下缩写为 C.tachangensis）

产师宗县五龙乡大厂村，海拔 1650m。同类型多株。野生型。乔木型，树姿直立，分枝较稀。树高 11.2m，树幅 6.1m×5.9m，干径 63.1cm。嫩枝无毛。芽叶绿色、无毛。大叶，叶长宽 12.7cm×4.8cm，叶长椭圆形，叶色绿、有光泽，叶身稍内折，叶面平或稍隆起，叶尖渐尖，叶脉 8~10 对，叶齿锐、中、浅，叶质厚。花大，花冠直径 5.0~5.4cm，花瓣 10~12 枚、白色，子房无毛，5（4）室，子房直径 3.3mm，花柱长 1.6~2.2cm、粗 1.4mm、先端 5（4）浅裂，雌蕊高于雄蕊。果扁球形、三角状球形等，果径 3.3~3.6cm，种子不规则形，似油茶籽，种径 1.7~1.9cm，种皮粗糙、褐色。1984 年干样含水浸出物 41.93%、茶多酚 22.46%、儿茶素总量 3.17%、氨基酸 2.94%、咖啡碱 3.98%。大厂茶在茶组植物进化中处于较原始位置，儿茶素总量特低，制绿茶，味淡薄。该

图 5-1-189　师宗大茶树

树是大厂茶 Camellia tachangensis Zhang 的模式标本。因采摘过度 1995 年死亡。　（1983.11）

滇 243. 秃杉箐茶 Tushanqingcha（广南茶 Camellia kwangnanica Chang et Chen，以下缩写为 C.kwangnanica）

产师宗县高良乡秃杉箐，海拔 1950m。同类型茶树甚多。野生型。样株小乔木型，树姿半开张，分枝中等，树高 2.0m，树幅 1.5m×1.0m（伐而再生枝），基部干径 20.0cm。芽叶绿色、中毛。大叶，叶长宽 13.7cm×6.2cm，叶椭圆形，叶色绿，叶身稍内折，叶面稍隆起，叶尖渐尖或骤尖，叶脉 9~11 对，叶齿锐、稀、中。萼片 5 片、多毛。花冠直径 5.2~5.6cm，花瓣 10~12 枚、白色，质较厚，子房无毛，5（4）室，花柱先端 5（4）浅裂，雌蕊高于雄蕊。果三角状和橘形等，果径 3.3~3.7cm。种子球形、不规则形等，种径 1.2~1.7cm。　（1983.11）

滇 244. 高良小茶 Gaoliang xiaocha（*C. sinensis*）

产地同秃杉箐茶，海拔 2010m。栽培型。灌木型，树姿半开张，分枝密。样株树高 2.0m，树幅 2.5m×2.0m。芽叶绿色、多毛。中叶，叶长宽 8.5cm×3.9cm，叶椭圆形，叶色绿，叶身稍内折，叶面平或稍隆起，叶尖渐尖，叶脉 8~9 对，叶齿锐、中、中。萼片 5 片、无毛。花冠直径 2.6~2.8cm，花瓣 7~8 枚，白现绿晕，子房多毛，3（4）室，花柱先端 3（4）中裂，雌雄蕊等高。果球形、三角状和肾形，果径 1.6~1.8cm。 (1983.11)

滇 245. 鲁依大茶树 Luyi dachashu（*C. tachangensis*）

产富源县十八连山乡岔河村，海拔 2450m。野生型。样株小乔木型，树姿半开张，分枝较稀。树高 5.9m，树幅 6.0m×5.8m，基部干径 28.7cm。嫩枝无毛。芽叶绿色、多毛。中叶，叶长宽 12.5cm×4.1cm，叶披针形，叶色绿、有光泽，叶身内折，叶面平，叶尖渐尖或尾尖，叶脉 8~10 对，叶齿锐、稀、中，叶质厚。萼片 5~6 片、绿色、外无毛、内有绢毛。花大，花冠直径 5.8~5.9cm，花瓣 9~10 枚，白色，子房无毛、5 室，花柱长 2.0~2.3cm、粗 1.2mm、先端 5 中裂，雌蕊高于雄蕊。果扁球形，果径 3.3~3.8cm，种子不规则形，种径 1.3~1.5cm，种皮粗糙、褐色。1984 年干样含水浸出物 45.04%、茶多酚 12.63%、氨基酸 4.37%、咖

图 5-1-190　鲁依大茶树基部和叶片花果

啡碱 4.34%。生化成分茶多酚含量低。制绿茶。可作育种或物种系统进化研究材料。同类型茶树甚多。 (1983.10)

滇 246. 富源老厂茶 Fuyuan laochangcha (*C. tachangensis*)

产富源县老厂乡老厂村，海拔 2080m。野生型。样株乔木型，树姿半开张，分枝较稀。树高 7.5m，树幅 7.6m×7.5m，基部干径 51.3cm。嫩枝无毛。芽叶绿色、少毛。特大叶，叶长宽 17.5cm×6.6cm，最大叶长宽 19.2cm×8.5cm，叶长椭圆形，叶色绿、有光泽，叶身平，叶面平，叶质厚，叶尖渐尖或急尖，叶脉 8~10 对，叶齿锐、稀、中。萼片 5~6 片、绿色、外无毛、内有绢毛。花特大，花冠直径 7.4~8.0cm，最大花冠直径 8.0~8.6cm，花瓣 10~11 枚、白色，子房无毛、5 室、子房直径 3.3mm，花柱长 1.8~2.3cm、粗 2.0mm、先端 5 中裂，雌雄蕊等高或低。果扁球形、肾形等，果径 2.9~3.8cm。制绿茶。同类型茶树多。可作物种系统进化研究材料。（1983.10）

图 5-1-191　富源老厂茶

滇 247. 十八连山茶 Shibalianshancha (*C. tachangensis*)

产富源县十八连山乡阿南村，同类型茶树甚多。海拔 2400m。野生型。样株小乔木型，树姿半开张。树高 5.5m，树幅 5.9m×3.7m，干径 16.2cm。嫩枝无毛。芽叶无毛。大叶，叶长宽 15.2cm×5.6cm，叶长椭圆形，叶色绿、有光泽，叶身平，叶面平，叶质厚，叶尖渐尖，叶脉 8~10 对，叶齿锐、稀、深。萼片 5~7 片、绿色、外无毛、内有绢毛。花大，花冠直径 6.0~6.2cm，最大花冠直径 7.2cm，花瓣 11~13 枚、白色，子房无毛、5（6）室、子房直径 3.3mm，花柱长 1.5~2.0cm、粗 1.6mm、先端有 5、6 中裂，最多 7 裂。雌蕊高于雄蕊。果扁球形等，果大，果径 4.2~4.7cm，果高 2.4cm。种子不规则形，种径 1.3~1.6cm，种皮粗糙，似油茶籽。制绿茶。本树最大特点是花柱有 7 裂。可作育种或物种系统进化研究材料。（1983.10）

图 5-1-192　十八连山茶个别柱头 7 裂

滇 248. 松毛茶 Songmaocha (*C. sinensis*)

产罗平县罗雄镇罗雄村，是当地主栽品种。海拔 1500m。栽培型。样株灌木型，树姿半开张，分枝较密，树高 3.0m，树幅 3.5m×2.9m。芽叶绿稍紫色、多毛。小叶，叶长宽 7.9cm×3.3cm，叶椭圆形，叶色绿，叶身平，叶面稍隆起，叶尖钝尖，叶脉 6~8 对，叶齿锐、中、中。萼片 5 片、绿色、无毛。花冠直径 3.0~3.6cm，花瓣 6~8 枚、白现绿晕，子房多毛、3 室，花柱长 1.0~1.4cm、先端 3 深裂，雌雄蕊等高或高。果径 1.8~2.4cm。种子不规则形，种径 1.3~1.5cm。1984 年干样含水浸出物 41.54%、茶多酚 21.75%、氨基酸 1.25%、咖啡碱 3.85%。制绿茶。（1983.10）

滇 249. 观云山茶 Guanyunshancha（*C.sinensis*）

产宣威市榕城镇。海拔 1700m。栽培型。灌木型，树姿开张，分枝密。芽叶黄绿稍紫色、多毛。小叶，叶长宽 7.3cm×3.4cm，叶椭圆形，叶色深绿，叶身稍内折，叶面稍隆起，叶尖渐尖，叶脉 8~10 对，叶齿锐、密、浅。萼片 5 片、无毛。花冠直径 3.0~4.1cm，花瓣 5~7 枚、白现绿晕，子房中毛、3 室，花柱先端 3 中裂，雌雄蕊等高或高。果径 2.0~2.4cm。种子球形，种径 1.4~1.5cm。1984 年干样含水浸出物 39.03%、茶多酚 20.16%、氨基酸 3.76%、咖啡碱 2.85%。制绿茶。（1983.10）

十、文山壮族苗族自治州

文山壮族苗族自治州位于云南省东南部，东接广西壮族自治区，地处滇东南岩溶高原区，多喀斯特地貌，属中亚热带气候。本州被植物学家认为"亚热带石灰岩地区是茶组植物原始种最集中的区域"。西畴、广南、马关和麻栗坡等县多野生型茶树分布，如广西茶、广南茶、厚轴茶、马关茶等，栽培型茶树有普洱茶、茶和白毛茶。广南、麻栗坡等县主产晒青茶和绿茶。（以下缺西畴县简竹坡厚轴茶模式标本、广西茶和茶样株。）

滇 250. 下金厂大山茶 1 号 Xiajinchang dashancha1（*C.kwangnanica*）

产麻栗坡县下金厂乡中寨，海拔 1838m。野生型。小乔木型，树姿半开张，分枝密。树高 10.4m，树幅 9.0m，基部干径 86.0cm，根颈部分枝 5 个。嫩枝无毛。芽叶绿色、多毛。大叶，叶长宽 12.6cm×4.4cm，叶披针形，叶色绿，叶身平，叶面平，叶尖渐尖，叶脉 9~11 对，叶齿锐、稀、浅。叶背主脉无毛。萼片 5 片、有毛。花特大，花冠直径 8.1cm，花瓣 11 枚、白色、有中毛、质地中，子房无毛、5(4) 室，花柱先端 5(4) 中裂。(2008.11)

图 5-1-193　下金厂大山茶 1 号

滇251. 下金厂大山茶2号 Xiajinchang dashancha2（*C.kwangnanica*）

产地同下金厂大山茶1号，海拔1838m。野生型。小乔木型，树姿半开张，分枝密。树高5.0m，树幅5.6m×3.7m，基部干径25.0cm，最低分枝高0.3m。嫩枝多毛。芽叶绿色、多毛。中叶，叶长宽10.8cm×4.2cm，叶长椭圆形，叶色深绿，叶身内折，叶面平，叶尖渐尖，叶脉8~9对，叶齿中、稀、中。叶柄和叶背主脉稀毛。萼片5片、有毛。花瓣11~12枚、白色，花瓣多毛，子房无毛、5（4）室，花柱先端5（4）中裂。（2008.11）

图 5-1-194　下金厂大山茶2号

滇252. 下金厂大茶树 Xiajinchang dachashu（*C.crassicolumna*）

产地同下金厂大山茶1号，海拔1745m。野生型。小乔木型，树姿半开张，分枝密。树高6.5m，树幅4.4m×3.2m，基部干径36.0cm。大叶，叶长宽14.2cm×5.3cm，叶长椭圆或椭圆形，叶色绿，叶身稍内折，叶面微隆起，叶尖渐尖或钝尖，叶脉10~12对，叶齿钝、稀、浅，叶背主脉粗显。萼片5片、有毛。花顶生，花梗粗0.55cm，花瓣10~15枚、白现黄晕，花瓣多毛，子房多毛、5室，花柱先端5中裂，雌蕊高于雄蕊，雄蕊多毛。果呈橘形，果柄长1.2cm，果柄粗0.6~0.7cm，果径4.8~6.5cm，干果皮厚0.9cm。种子不规则形，种径1.4~1.9cm。不利用。据村民说，饮此茶会腹痛。（1982.10）

图 5-1-195　下金厂大茶树及果实（2015）

滇253. 中寨大茶树 Zhongzhai dachashu（*C. tachangensis*）

产地同下金厂大山茶1号，海拔1858m。同类型多株。野生型。样株小乔木型，树姿半开张，有3个分枝。长势强。树高11.5m，树幅10.5m×9.8m，干径90.8cm。嫩枝无毛。芽叶绿色、毛少。大叶，叶长宽13.6cm×5.3cm，叶长椭圆形，叶色绿，叶身内折，叶面稍隆起，叶尖渐尖，叶脉9对，叶齿钝、密、浅，叶质中，叶柄、叶背主脉无毛。萼片5片、无毛。花冠直径5.8~6.1cm，花瓣7~8枚、白色、质地中，子房无毛，5室，花柱先端5深裂。果径5.0cm，鲜果皮厚11.0mm。种径1.9cm，种子球形，种皮棕褐色。2014年干样含水浸出物41.13%、茶多酚18.06%、儿茶素总量13.40%（其中EGCG1.89%）、氨基酸2.40%、咖啡碱2.43%。本树特点果皮特厚；儿茶素总量和EGCG含量偏低。（2015.6）

滇254. 水沙坝大茶树 Shuishaba dachashu（*C. kwangnanica*）

产麻栗坡县下金厂乡水沙坝，海拔1941m。野生型。小乔木型，树姿直立，分枝密。树高5.8m，树幅4.6m×3.7m，无主干。大叶，叶长宽14.5cm×4.5cm，叶披针形，叶色深绿，叶身内折，叶面平，叶尖渐尖，叶脉8~9对，叶齿中、稀、中。萼片5片、有毛。花瓣11~12枚、白色、质厚，子房无毛、5室，花柱先端5中裂，雌蕊高于雄蕊。（2008.11）

图5-1-196　水沙坝大茶树（2015）

滇 255. 云岭大茶树 Yunling dachashu（*C.sinensis* var. *assamica*）

产麻栗坡县下金厂乡云岭村，海拔 1451m。同类型多株。栽培型。样株乔木型，树姿直立，分枝稀。长势良。树高约 9m，树幅 3.4m×3.2m，干径 27.0cm，最低分枝高 1.6m。嫩枝有毛。芽叶黄绿色、多毛。特大叶，叶长宽 16.0cm×6.2cm，叶长椭圆形，叶色深绿，叶身内折，叶面隆起，叶尖渐尖，叶脉 12~14 对，叶齿锐、密、中，叶质中。萼片 5 片、无毛。花冠直径 2.4~3.1cm，花瓣 7 枚、白现绿晕、质薄，花瓣长宽 1.8cm×1.1cm，子房有毛、3 室，花柱长 0.8cm、先端 3 中裂，雌雄蕊等高。果径 2.3~2.5cm，鲜果皮厚 2.0mm。种子球形，种皮棕褐色。制晒青绿茶。（2015.6）

图 5-1-197　云岭大茶树

滇 256. 铜塔白毛茶 Tongta baimaocha（*C.sinensis* var. *pubilimba*）

产麻栗坡县猛硐乡铜塔村，是当地主栽品种。海拔 1190m。栽培型。样株小乔木型，树姿开张，分枝密。树高 4.4m，树幅 6.7m×5.7m，基部干径 36.0cm。芽叶绿色、多毛。大叶，叶长宽 11.9cm×4.9cm，叶椭圆形，叶身稍内折，叶面隆起，叶色绿，叶尖渐尖或尾尖，叶脉 10~12 对，叶齿锐、中、中。萼片 5 片、有毛。花冠直径 2.8~3.0cm，花瓣 6 枚、白色、质地中、有毛，子房多毛、3 室，花柱长 1.0cm、先端 3 浅裂，雌雄蕊

图 5-1-198　铜塔白毛茶（2008）

等高。果三角状球形，果径 2.2~3.4cm，种子近球形，种径 2.0cm。1989 年干样含水浸出物 45.00%、茶多酚 26.82%、儿茶素总量 24.22%、氨基酸 2.48%、咖啡碱 4.72%、茶氨酸 0.77%。本树特点是种子大；茶多酚、儿茶素总量和咖啡碱含量高。制绿茶。（1982.10）

滇 257. 坝子白毛茶 Bazi baimaocha（*C.sinensis* var. *pubilimba*）

产麻栗坡县猛硐乡坝子，是当地主栽品种。海拔1004m。栽培型。样株小乔木型，树姿半开张，分枝较密。样株树高3.4m，树幅3.2m×3.1m，基部干径16.0cm。嫩枝无毛。芽叶绿（偏淡）色、多毛。特大叶，叶长宽14.5cm×6.0cm，最大叶长宽19.2cm×7.6cm，叶椭圆形，叶色绿，叶身稍内折，叶面稍隆起，叶尖渐尖，叶脉10~12对，叶齿锐、稀、中，叶背主脉无毛。萼片5片、有毛。花梗多毛，花冠直径4.1~4.2cm，花瓣8~9枚、

图 5-1-199 坝子白毛茶

白色、有毛，子房多毛、3室，花柱先端3中裂，雌蕊高于雄蕊。干果皮厚1.1mm。种皮棕褐色，种径1.8~1.9cm。花粉圆球形，花粉平均轴径30.3μm，属大粒型花粉。花粉外壁纹饰为网状，萌发孔为狭缝状。染色体倍数性是：整二倍体频率为92%。1989年干样含水浸出物48.50%、茶多酚27.33%、儿茶素总量21.96%、氨基酸3.89%、咖啡碱4.79%、茶氨酸1.81%。生化成分茶多酚和儿茶素总量高。制绿茶，香气尚浓醇，味鲜爽。（2008.11）

滇 258. 哪灯大茶树 Nadeng dachashu（*C.sinensis* var.*assamica*）

产麻栗坡县八布乡哪灯村，海拔996m。同类型多株。栽培型。样株小乔木型，树姿直立，分枝密。长势强。树高约11m，树幅8.3m×8.2m，干径47.5cm。嫩枝有毛。大叶，叶长宽11.1cm×5.4cm，叶长椭圆形，叶色绿，叶身内折，叶面稍隆起，叶尖渐尖，叶脉9对，叶齿锐、密、中，叶质中。萼片5片、无毛。花冠直径2.8~3.0cm，花瓣7枚、白现绿晕、质薄，花瓣长宽2.2cm×1.5cm，子房有毛、3室，花柱长1.9cm、先端3深裂，雌蕊比雄蕊高。果径2.0cm，鲜果皮厚2.0mm。种子球形，种径1.6cm，种皮棕褐色。制晒青绿茶。（2015.6）

图 5-1-200 哪灯大茶树

滇 259. 董定大叶茶 Dongding dayecha（*C.sinensis* var. *pubilimba*）

产麻栗坡县杨万乡董定村，海拔 1354m。同类型多株。栽培型。样株小乔木型，树姿开张，分枝密。长势强。树高 8.5m，树幅 9.2m×8.0m，干径 51.6cm。嫩枝有毛。芽叶绿色、多毛。大叶，叶长宽 13.5cm×5.5cm，叶椭圆形，叶色深绿，叶身内折，叶面隆起，叶尖渐尖，叶脉 14 对，叶齿锐、密、中，叶质中，叶背主脉有毛。萼片 5 片、有毛。花冠直径 3.5~5.0cm，花瓣 6 枚、白色、质地薄、花瓣长宽 1.5cm×1.3cm，子房有毛、3 室，花柱先端 3 浅裂。果径 3.0~3.8cm。种径 1.2~1.5cm，种子球形，种皮褐色。2014 年干样含水浸出物 49.57%、茶多酚 39.18%、儿茶素总量 27.12%（其中 EGCG14.36%）、氨基酸 2.75%、咖啡碱 5.29%。生化成分茶多酚、儿茶素总量、EGCG 含量特高，咖啡碱含量高。适制红茶。可作育种或创制产品材料。（2015.6）

滇 260. 董渡白毛茶 Dongdu baimaocha（*C.sinensis* var. *pubilimba*）

产麻栗坡县铁厂乡董渡村，海拔 1525m。同类型多株。栽培型。样株小乔木型，树姿直立，分枝密。长势中等。树高 6.5m，树幅 4.9m×4.3m，干径 47.7cm。嫩枝有毛。芽叶绿色、有毛。大叶，叶长宽 16.0cm×4.7cm，叶强披针形，叶色深绿，叶身内折，叶面稍隆起，叶尖渐尖，叶脉 10~12 对，叶齿钝、密、浅，叶质中。萼片 5 片、有毛。花冠直径 3.8~4.5cm，花瓣 6 枚、白色、质地薄，子房有毛、3 室，花柱先端 3 浅裂。2014 年干样含水浸出物 49.87%、茶多酚 38.25%、儿茶素总量 25.21%（其中 EGCG10.73%）、氨基酸 2.12%、咖啡碱 4.59%。生化成分茶多酚含量特高、儿茶素总量和 EGCG 含量高。适制红茶。可作育种或创制产品材料。（2015.6）

滇 261. 茨竹坝大叶茶 Cizhuba dayecha（*C.sinensis* var. *pubilimba*）

产麻栗坡县麻栗坡镇茨竹坝村，海拔 1458m。同类型多株。栽培型。样株小乔木型，树姿半开张，分枝密。长势良。树高 5.6m，树幅 5.6m×5.3m，干径 41.7cm。嫩枝有毛。芽叶黄绿色、有毛。大叶，叶长宽 12.5cm×6.0cm，叶椭圆形，叶色深绿，叶身内折，叶面稍隆起，叶尖渐尖，叶脉 10~14 对，叶齿钝、密、中，叶质中。萼片 5 片、有毛。花冠直径 2.2~3.2cm，花瓣 6 枚、白色、质地薄，花瓣长宽 1.5cm×1.0cm，子房有毛、3 室，花柱先端 3 浅裂。果径 2.1~2.5cm，种径 1.1~1.5cm，种皮褐色。2014 年干样含水浸出物 49.04%、茶多酚 35.97%、儿茶素总量 26.05%（其中 EGCG11.78%）、氨基酸 4.23%、咖啡碱 5.27%。生化成分茶多酚、儿茶素总量、EGCG 和咖啡碱含量高。适制红茶。可作育种或创制产品材料。（2015.6）

滇 262. 天保大叶茶 Tianbao dayecha（*C.sinensis* var. *assamica*）

产麻栗坡县天保镇天保村，海拔 1344m。同类型多株。栽培型。样株小乔木型，树姿半开张，分枝密。长势中等。树高约 5m，树幅 5.3m×5.1m，干径 62.4cm。嫩枝有毛。芽叶黄绿色、多毛。大叶，叶长宽 14.0cm×5.3cm，叶长椭圆形，叶色绿，叶身内折，叶面稍隆起，叶尖渐尖，叶脉 13 对，叶齿锐、密、中，叶质中。萼片 5 片、无毛。

图 5-1-201　天保大叶茶

花冠直径 2.5~3.0cm，花瓣 6 枚、白带绿晕、质地薄，花瓣长宽 2.0cm×1.5cm，子房有毛、3 室，花柱先端 3 浅裂。果径 2.1~3.0cm，种径 1.2~1.4cm，种皮棕褐色。制晒青绿茶。（2015.6）

滇 263. 小桥沟茶 1 号 Xiaoqiaogoucha1（广西茶 *Camellia kwangsiensis* Chang，以下缩写为 *C.kwangsiensis*）

产西畴县蚌谷乡法古村，海拔 1572m。野生型。小乔木型，树姿半开张，分枝密，长势中等。树高 4.2m，树幅 4.2m×2.7m，基部干径 70.0cm。嫩枝无毛。芽叶黄绿色、毛少。中叶，叶长宽 11.7cm×4.3cm，叶长椭圆形，叶色绿，叶身平，叶面稍隆起，叶尖渐尖，叶脉 10~11 对，叶齿钝、密、浅，叶质硬。萼片 5 片、无毛。子房无毛、4 室，花柱长 2.0cm、先端 4 中裂。（2015.6）

滇 264. 小桥沟茶 2 号 Xiaoqiaogoucha2（秃房茶 *Camellia gymnogyna* Chang，以下缩写为 *C.gymnogyna*）

产地同小桥沟茶 1 号，海拔 1650m。栽培型。小乔木型，树姿开张，分枝密，长势中等。树高约 10m，树幅 7.3m×6.1m，基部干径 38.8cm，最低分枝高 0.3m。嫩枝无毛。芽叶黄绿色、有毛。大叶，叶长宽 12.0cm×4.8cm，叶椭圆形，叶色深绿，叶身平，叶面隆起，叶尖急尖，叶脉 10 对，叶齿钝、密、浅，叶质中，叶背主脉无毛。萼片 5

图 5-1-202　小桥沟茶 2 号

片、无毛。花冠直径 5.4~5.5cm，花瓣 10 枚、白色、质厚，花瓣长宽 2.9cm×2.5cm，子房无毛、3 室，花柱长 1.9cm、先端 3 中裂，雌雄蕊等高。果径 2.2~2.5cm，果球形，鲜果皮厚 2.5mm。种径 1.2cm，种子肾形，种皮褐色。2014 年干样含水浸出物 46.97%、茶多酚 24.53%、儿茶素总量 20.79%（其中 EGCG8.3%）、氨基酸 3.53%、咖啡碱 1.92%。（2015.6）

滇 265. 法古山箐茶 Fagushanqingcha（*C.crassicolumna*）

产西畴县蚌谷乡法古村，海拔 1580m。野生型。样株小乔木型，树姿直立。树高 3.3m，树幅 2.2m。大叶，叶长宽 15.5cm×6.0cm，叶长椭圆形，叶色绿，叶身稍内折，叶面稍隆起，叶尖渐尖或尾尖，叶脉 12 对，叶齿中、中、浅。萼片 5 片、有毛。花大，花冠直径 6.2~7.0cm，花瓣 13 枚、白色、有绢毛，花瓣大小 2.9cm×2.2cm，子房有毛、5 室，花柱先端 5 深裂、有稀毛，花柱长 2.7cm，

图 5-1-203　法古山箐茶（厚轴茶）果壳

雌蕊高于雄蕊，雄蕊多毛。果四方状球形，果径 3.4~4.1cm，果柄长 1.9cm，果柄粗 0.8cm，果轴呈星形，干果皮厚 2.3cm。制茶味苦。可作物种系统进化研究材料。（1982.11）

滇 266. 董有野茶 Dongyou yecha（*C.crassicolumna*）

产西畴县法斗乡董有村，海拔 1609m。同类型多株。野生型。样株乔木型，树姿半开张，分枝中。长势良。树高约 8m，树幅 5.5m×3.2m，干径 25.5cm。嫩枝无毛。芽叶黄绿色、有毛。特大叶，叶长宽 19.0cm×6.6cm，叶长椭圆形，叶色深绿，叶身稍内折，叶面隆起，叶尖渐尖，叶脉 14 对，叶齿锐、密、浅，叶背主脉少毛，叶质硬。萼片 5 片、有毛。花冠直径 7.6~7.9cm，花瓣 10 枚、白色、质厚，花瓣特大、长宽 4.1cm×3.2cm，子房有毛、4 室，花柱长 2.5cm、先端 4 浅裂，雌蕊比雄蕊低。果径 5.1cm，果球形，鲜果皮厚 4.0mm。种子大、种径 2.1~2.3cm，种皮褐色。（2015.6）

图 5-1-204 董有野茶

滇 267. 坪寨白毛茶 Pingzhai baimaocha（*C.sinensis* var. *pubilimba*）

产西畴县法斗乡坪寨村，海拔 1302m。栽培型。样株小乔木型，树姿半开张，分枝密。树高约 11m，树幅 9.6m×9.5m，基部干径 59.0cm。嫩枝稀毛。芽叶绿色、多毛。中叶，叶长宽 10.9cm×4.3cm，叶椭圆形，叶色深绿，叶身平，叶面隆起，叶尖渐尖，叶脉 9~10 对，叶齿锐、稀、中，叶背主脉少毛。花梗中毛，萼片 5 片、多毛。花冠直径 3.4~3.8cm，花瓣 8 枚、白色、无毛，子房中毛、3 室，花柱先端 3 浅裂。同类型茶树多。（2008.11）

图 5-1-205 坪寨白毛茶

滇 268. 坪寨大叶茶 Pingzhai dayecha (*C.sinensis* var. *assamica*)

产地同坪寨白毛茶，海拔 1360m。栽培型。小乔木型，树姿半开张，分枝密。树高 14.2m，树幅 10.5m，基部干径 49.4cm，最低分枝高度 0.4m。嫩枝无毛。鳞片有毛。芽叶绿色、毛多。中叶，叶长宽 10.9cm×4.3cm，叶长椭圆形，叶色绿，叶身平，叶面隆起，叶缘平，叶尖渐尖，叶脉 9~10 对，叶齿中、稀、浅，叶柄和叶背主脉稀毛，叶质中。萼片 5 片、无毛。花梗无毛，花冠直径 3.4cm，花瓣 8 枚、白色、无毛，子房有毛、3 室，花柱先端 3 中裂。(2008.11)

图 5-1-206　坪寨大叶茶

滇 269. 坪寨老厂茶 Pingzhailaochangcha (*C.sinensis* var. *pubilimba*)

产西畴县法斗乡老厂，海拔 1434m。栽培型。小乔木型，树姿半开张，分枝密。树高 6.2m，树幅 6.5m，基部干径 39.4cm，最低分枝高度 0.5m。中叶，叶长宽 10.7cm×4.4cm，叶长椭圆形，叶色深绿，叶身内折，叶面平，叶尖渐尖，叶脉 11~12 对，叶齿中、密、中，叶质硬。萼片 5 片、有毛。花冠直径 3.5~4.0cm，花瓣 5 枚、白色、质薄，子房有毛、3 室，花柱先端 3 浅裂，雌蕊低于雄蕊。(2008.11)

图 5-1-207　坪寨老厂茶

滇 270. 兴隆大茶树 Xinglong dachashu（*C.sinensis* var. *pubilimba*）

产西畴县兴街镇兴隆村，海拔 1303m。栽培型。小乔木型，树姿开张，分枝密。长势强。树高约 11m，树幅 7.8m×5.3m，基部干径 77.0cm，最低分枝高 0.6m。嫩枝有毛。芽叶黄绿色、有毛。大叶，叶长宽 11.2cm×5.3cm，叶椭圆形，叶色深绿，叶身背卷，叶面隆起，叶尖渐尖，叶脉 11~12 对，叶齿锐、密、浅，叶背主脉有毛。萼片 5 片、有毛。子房有毛、3 室。制晒青绿茶。（2015.6）

图 5-1-208　兴隆大茶树

滇 271. 牛塘子大茶树 Niutangzi dachashu（*C.sinensis* var. *pubilimba*）

产西畴县兴街镇牛塘子村，海拔 1407m。栽培型。乔木型，树姿直立，分枝中。树高约 13m，树幅 4.5m×4.5m，基部干径 71.0cm。嫩枝有毛。芽叶紫绿色、有毛。大叶，叶长宽 12.0cm×5.3cm，叶椭圆形，叶身背卷，叶面隆起，叶尖渐尖，叶脉 11~12 对，叶齿锐、密、浅，叶背主脉少毛。萼片 5 片、有毛。子房有毛、3 室。果三角状球形。制晒青绿茶。（2017.5）。

图 5-1-209　牛塘子大茶树

滇 272. 猴子冲大茶树 Houzichong dachashu（*C.sinensis* var. *assamica*）

产西畴县兴街镇龙坪村，海拔 1199m。栽培型。小乔木型，树姿半开张，分枝中。树高 5.0m，树幅 6.0m×4.3m，基部干径 41.4cm。嫩枝有毛。芽叶黄绿色、有毛。大叶，叶长宽 12.9cm×6.1cm，叶椭圆形，叶色深绿，叶身背卷，叶面隆起，叶尖钝尖，叶基近圆形，叶脉 10 对，叶背主脉多毛，叶质软。萼片 5 片、无毛。花冠直径 2.8~3.3cm，花瓣 6 枚、白色、质中，花瓣长宽 1.9cm×1.6cm，子房有毛、3 室，花柱长 1.4cm、先端 3 深裂，雌雄蕊等高。果径 1.8~2.3cm，果球形，鲜果皮厚 1.1mm。种径 1.1cm，种皮褐色。2014 年干样含水浸出物 48.99%、茶多酚 19.25%、儿茶素总量 10.22%（其中 EGCG4.33%）、氨基酸 8.20%、咖啡碱 3.40%。生化成分氨基酸含量特高，儿茶素总量偏低。适制绿茶。可作育种材料。

滇 273. 香坪山野茶 Xiangpingshan yecha（*C.crassicolumna*）

产西畴县莲花塘乡香坪山村，海拔 1728m。野生型。小乔木型，树姿半开张，分枝稀。长势强。树高 9.6m，树幅 2.8m×2.6m，干径 38.9cm，最低分枝高度 0.6m。嫩枝无毛。芽叶绿色、有毛。大叶，叶长宽 13.5cm×6.2cm，叶椭圆形，叶色深绿，叶身平，叶面隆起，叶尖急尖，叶脉 13 对，叶齿锐、密、中，叶背主脉少毛，叶质中。萼片 5 片、有毛。花冠直径 6.6~7.0cm，花瓣 10 枚、白色、质厚，花瓣特大、长宽 3.9cm×3.8cm，子房有毛、4 室，花柱长 2.5cm、先端 4 中裂，雌雄蕊等高。果径 4.7~5.0cm，果球形，鲜果皮厚 8.0mm。种子大、肾形，种径 2.1~2.4cm，种皮褐色。（2015.6）

图 5-1-210　香坪山野茶

滇 274. 八寨涩茶 Bazhai secha （*C.crassicolumna*）

产马关县八寨镇八寨村，海拔 1727m。野生型。乔木型，树姿半开张。树高 10.8m，树幅 5.6m×5.2m，基部干径 51.3cm。大叶，叶长宽 14.6cm×6.1cm，叶椭圆形，叶身平，叶面稍隆起，叶尖急尖或尾尖，叶齿锐、稀、浅，叶脉 10 对。萼片有毛。花大，花冠直径 6.5~6.6cm，花瓣 8~13 枚、白色，花瓣特大，长宽 4.1cm×3.6cm，子房有毛、5 室，花柱长 2.5~2.7cm、先端 5 深裂，柱头有毛，雌蕊高于雄蕊，雄蕊有花丝 217 枚。果卵球形，果径 3.5~3.8cm。种子肾形，种径 1.4~1.5cm，种皮深褐色。制晒青茶。（1982.10）

图 5-1-211　八寨涩茶（2013）

滇 275. 喜主野茶 Xizhu yecha （*C.crassicolumna*）

产马关县八寨镇喜主村、务路者村等。样株产喜主村，海拔 1835m。野生型。乔木型，树姿直立，分枝稀。长势中等。树高 7.5m，树幅 4.0m×3.0m，干径 20.0cm。嫩枝无毛。芽叶黄绿色、多毛。特大叶，叶长宽 17.4cm×7.1cm，叶椭圆形，叶色绿，叶身内折，叶面稍隆起，叶尖渐尖，叶脉 10~11 对，叶齿钝、密、浅，叶背主脉无毛，叶质中。萼片 5 片、有毛。花冠直径 5.9~7.2cm，花瓣 8 枚、白色、质地中，花瓣大、长宽 3.1cm×2.8cm，子房有毛、4 室，花柱长 2.5cm、先端 4 裂，雌雄蕊等高。果径 3.5~3.7cm，鲜果皮厚 3.5mm。种径 1.1~1.5cm，种皮褐色。（2015.6）

图 5-1-212　喜主野茶

滇 276. 达豹箐大茶树 Dabaoqing dachashu（*C. crassicolumna*？）

产马关县夹寒箐镇达布斯村，海拔 1885m。同类型多株。野生型？样株乔木型，树姿直立，分枝密。长势良。树高 13.5m，树幅 4.0m×3.5m，最低分枝高 2.5m，干径 70.1cm。嫩枝无毛。芽叶黄绿色、多毛。特大叶，叶长宽 19.5cm×7.5cm，叶长椭圆形，叶色深绿，叶身内折，叶面稍隆起，叶尖急尖，叶脉 11 对，叶齿钝、密、浅，叶背主脉无毛，叶质硬。果径 5.7~5.8cm、球形，鲜果皮厚 7~9mm。种径 2.2~2.4cm，种皮褐色。2014 年干样含水浸出物 44.44%、茶多酚 18.66%、儿茶素总量 7.22%（其中 EGCG1.14%）、氨基酸 2.72%，咖啡碱 0.06%。生化成分儿茶素总量、EGCG 和咖啡碱含量低。可试制低咖啡因茶。（2015.6）

图 5-1-213　达豹箐大茶树

滇 277. 尖山大茶树 Jianshan dachashu（*C. crassicolumna*）

产马关县夹寒箐镇尖山村，海拔 1691m。野生型。乔木型，树姿直立，2 株并立。最大株树高 13.5m，树幅 6.5m×6.5m，干径 42.0cm。嫩枝无毛。芽叶黄绿色、多毛。中叶，叶长宽 13.0cm×4.0cm，叶披针形，叶色绿，叶身内折，叶面稍隆起，叶尖急尖，叶脉 8~10 对，叶齿中、中、浅，叶背主脉有毛，叶质硬。萼片 5 片、有毛。花冠直径 4.0~4.6cm，花瓣 8 枚，花瓣白色、质地中，花瓣长宽 2.8cm×2.2cm，子房有毛、4 室，花柱长 1.5cm、先端 4 深裂，雌蕊高于雄蕊。果径 5.5~5.8cm，果球形，鲜果皮厚 7.0~9.0mm。种径 2.2~2.4cm，种皮褐色。2014 年干样含水浸出物 39.71%、茶多酚 15.31%、儿茶素总量 10.00%（其中 EGCG1.36%）、氨基酸 4.90%，咖啡碱 0.17%。生化成分儿茶素总量、EGCG 和咖啡碱含量低，氨基酸含量高。可试制低咖啡因茶。（2015.6）

图 5-1-214　尖山大茶树

滇 278. 大吉大茶树 Daji dachashu（*C.makuanica*）

产马关县篾厂乡大吉厂村，海拔 1820m。同类型多株。野生型。样株乔木型，树姿直立，2 个分枝。最大枝树高 9.2m，树幅 5.0m×4.0m，干径 35.4cm。嫩枝无毛。芽叶绿紫色、多毛。大叶，叶长宽 15.5cm×5.0cm，叶披针形，叶色绿，叶身内折，叶面稍隆起，叶尖急尖，叶脉 9~11 对，叶齿钝、密、浅，叶背主脉有毛，叶质硬。萼片 5 片、无毛。花冠直径 4.0~4.2cm，花瓣白色、质地中，花瓣长宽 1.7cm×1.3cm，子房有毛、4 室，花柱长 2.0cm、先端 4 中裂，雌蕊高于雄蕊。果径 4.5cm，球形，鲜果皮厚 4.0~7.0mm。种径 1.5~2.5cm，种皮褐色。
（2015.6）

图 5-1-215　大吉大茶树

滇 279. 倮洒大茶树 Luosa dachashu（*C.makuanica*）

产马关县大栗树乡倮洒村，海拔 1823m。同类型多株。野生型。样株乔木型，树姿直立，分枝中。长势良。树高约 14m，树幅约 9m×8m，干径 29.6cm。嫩枝无毛。芽叶绿紫色、多毛。特大叶，叶长宽 16.0cm×6.1cm，叶长椭圆形，叶色深绿，叶身内折，叶面稍隆起，叶尖渐尖，叶脉 9~10 对，叶齿钝、中、浅，叶质硬。萼片 5 片、无毛。花冠直径 5.0cm，花瓣白色、质地中，花瓣长宽 2.5cm×2.1cm，子房有毛、4 室，花柱长 1.6cm、先端 4 中裂，雌雄蕊等高。果径 4.0~4.2cm，球形，鲜果皮厚 3.5mm。种径 1.1~1.5cm，种皮褐色。　（2015.6）

图 5-1-216　倮洒大茶树

滇 280. 古林箐大茶树 Gulinqing dachashu（*C.makuanica*）

产马关县古林箐乡卡上村，海拔 1825m。野生型。乔木型，树姿半开张，分枝密。树高 9.2m，树幅 5.2m×4.6m，基部干径 72.1cm。芽叶绿稍紫色、多毛。大叶，叶长宽 13.3cm×4.9cm，叶长椭圆或披针形，叶色绿，叶身稍内折或平，叶面稍隆起或隆起，叶尖渐尖或尾尖，叶齿中、密、浅，叶脉 7~9 对，叶背主脉有毛。萼片外无毛、内多毛。花大，花冠直径 6.6~7.1cm，最大花冠直径 8.2~8.4cm，花瓣 12~15 枚、白色，花瓣大、长宽 3.2cm×2.7cm，最大花瓣 3.9cm×3.2cm，花瓣质地中，子房多毛、5 室，花柱长 2.2cm、先端 5 裂，雌雄蕊等高，雄蕊有花丝 207 枚。果卵球形，果径 3.7~3.9cm，干果皮厚 0.4~0.7cm，同一果中有种子 5~7 粒。种子肾形，种径 1.5cm，种皮深褐色。1983 年干样含水浸出物 45.44%、茶多酚 26.82%、氨基酸 1.81%、咖啡碱 4.27%。该树是马关茶 *Camellia makuanica* Chang et Tang 的模式标本。茶树沿箐沟两边分布，密度大，可能是早期人工栽培。（1982.10）

图 5-1-217　古林箐大茶树
（2015.11）

滇 281. 古林箐白尖茶 Gulinqing baijiancha（*C.sinensis* var. *pubilimba*）

产地同古林箐大茶树，海拔 1500m。栽培型。小乔木型，树姿半开张，分枝密。树高 5.2m，树幅 4.1m。芽叶绿色、多毛。中叶，叶长宽 9.9cm×4.0cm，叶椭圆形，叶身稍内折，叶面稍隆起，叶尖渐尖，叶齿锐、中、中，叶脉 10 对。萼片多毛。花冠直径 2.8~3.5cm，花瓣 6~7 枚、白色，子房多毛、3 室，花柱长 0.4~1.1cm，先端 3 浅裂，雌雄蕊等高或高，雄蕊 143 枚。果三角状球形，果径 2.1~2.9cm。种子球形，种径 1.5cm。制晒青茶。（1982.10）

图 5-1-218　古林箐白尖茶

滇282. 广南大茶树 Guangnan dachashu（*C.kwangnanica*）

产广南县黑支果乡牡宜，海拔1730m。野生型。乔木型，树姿直立。树高6.1m，树幅3.0m×2.2m，基部干径18.2cm。嫩枝无毛，芽叶有毛。特大叶，叶长宽15.7cm×5.7cm，最大叶长宽17.6cm×6.5cm，叶长椭圆形，叶色绿，叶身平，叶面稍隆起，叶尖急尖或尾尖，叶齿锐、稀、浅，叶脉9~11对。萼片5片、多毛。花柄长1.08cm，苞片多数存在。花冠直径4.3~5.3cm，花瓣8~10枚、乳白色、多毛，花瓣多连生，子房无（少）毛、5室，花柱长1.8~2.3cm、先端5浅裂、弯曲，雌蕊高于雄蕊。果扁球形，果径3.9~4.0cm，果皮厚0.5cm。种子近球形，种径1.1~2.0cm。1983年干样含水浸出物42.23%、茶多酚24.08%、儿茶素总量14.02%、氨基酸1.24%、咖啡碱3.82%。制绿茶。该树是广南茶 *Camellia kwangnanica* Chang et Chen 的模式标本。（1982.10）

滇283. 者兔茶 Zhetucha（*C.makuanica*）

产广南县者兔乡，海拔1865m。野生型。乔木型，树姿半开张。树高5.7m，树幅3.0m×1.9m。特大叶，叶长宽18.3cm×6.4cm，最大叶长宽19.7cm×6.7cm，叶长椭圆形，叶身平或稍内折，叶面稍隆起，叶尖渐尖，叶齿中、稀、浅，叶脉13对。萼片5片、边缘有毛。花大，花冠直径5.8~6.1cm，花瓣10枚、白现黄晕，花瓣有毛，子房有毛、5（3）室，花柱长2.3cm、先端5（3）浅裂，雌雄蕊等高。雄蕊153枚。果四方状球形，果径2.5~3.3cm。（1982.10）

图 5-1-219　者兔茶

滇 284. 革佣野茶 Geyong yecha（*C.kwangsiensis*）

产广南县者兔乡革佣村，海拔 1576m。野生型。小乔木型，树姿半开张，分枝密。长势中等。树高 5.6m，树幅 2.5m×2.5m，干径 24.5cm，最低分枝高 0.6m。嫩枝无毛。芽叶绿色、多毛。特大叶，叶长宽 16.5cm×6.4cm，叶长椭圆形，叶色深绿，叶身稍内折，叶面稍隆起，叶尖渐尖，叶脉 12 对，叶齿钝、密、浅，叶质中，叶背主脉无毛。萼片 5 片、无毛。花冠直径 4.0cm，花瓣 9 枚、白色、质中，花瓣长宽 2.6cm×2.1cm，子房无毛、4 室，花柱长 1.9cm、先端 4 浅裂，雌蕊比雄蕊高。果径 3.0cm，果球形，鲜果皮厚 3.5mm。种径 1.0cm，种皮褐色。2014 年干样含水浸出物 48.92%、茶多酚 19.08%、儿茶素总量 13.22%（其中 EGCG6.56%）、氨基酸 2.38%、咖啡碱 3.48%。（2015.6）

图 5-1-220　革佣野茶

滇 285. 拖同大叶茶 Tuotong dayecha（*C.gymnogyna*）

产广南县者兔乡拖同村，海拔 1650m。栽培型。小乔木型，树姿开张，分枝中。长势良。树高 6.9m，树幅 6.5m×6.3m，干径 37.5cm。芽叶淡绿色、有毛。大叶，叶长宽 14.0cm×4.6cm，叶长椭圆形，叶色淡绿，叶身稍内折，叶面稍隆起，叶尖渐尖，叶脉 12 对，叶齿锐、密、浅，叶质中，叶柄、叶背主脉无毛。萼片 5 片、无毛。花冠直径 4.0cm，花瓣 8 枚、白色、质厚，花瓣大、长宽 2.8cm×2.5cm，子房无毛、3 室，花柱长 2.2cm、先端 3 浅裂，雌雄蕊比高。果径 3.0cm，果球形，鲜果皮厚 4.0mm。制绿茶。（2015.6）

图 5-1-221　拖同大叶茶

滇 286. 底圩野茶 Dixu yecha（*C.kwangnanica*）

产广南县底圩乡同剪村，海拔 1544m。野生型。小乔木型，树姿半开张，分枝中。长势强。树高 7.4m，树幅 3.8m×3.5m，基部干径 47.8cm，最低分枝高 0.5m。嫩枝无毛。芽叶黄绿色、少毛。特大叶，叶长宽 16.6cm×5.9cm，叶长椭圆形，叶色深绿，叶身稍内折，叶面稍隆起，叶尖渐尖，叶脉 9 对，叶齿钝、密、浅，叶质中，叶背主脉无毛。萼片 5 片、有毛。花冠直径 5.0cm，花瓣 8 枚、白色、质中，花瓣长宽 2.3cm×2.1cm，子房无毛、4 室，花柱长 2.3cm、先端 4 浅裂。果径 2.0cm，果球形，鲜果皮厚 2.3mm。种径 1.2cm，种皮褐色。（2015.6）

图 5-1-222　底圩野茶

滇 287. 底圩茶 Dixucha（*C.sinensis var. pubilimba*）

底圩茶是广南县主栽品种。据《广南县志》载：广南种茶始于明崇祯十三年（1640年），种植历史已有 370 多年。另据《广南府志》(1825 年) 载："在底圩寨旁，距九龙山四十余里，其地产茶味绝美。"现主产于底圩、坝美、者龙、者太、莲城等乡镇，以底圩乡龙丈、坝干、南哈、坪墟、木那、平寨等小组最多。海拔 1140m。栽培型。灌木型，树姿开张。树高 1.8m。嫩枝有毛，芽叶多毛。大叶，叶长宽 13.8cm×5.9cm，叶椭圆或矩圆形，叶色青绿，无光泽，叶身平或稍内折，叶面隆起，叶缘波，叶尖渐尖，叶齿中、中、中，叶脉 9~10 对。萼片 5 片、有毛。花小，花冠直径 2.0~2.4cm，花瓣 5~6 枚、白现绿晕，花瓣长宽 1.8cm×1.4cm，子房多毛、3 室，花柱长 0.8~1.0cm、有毛、先端 3 深裂，雌蕊低于雄蕊。雄蕊 113 枚、有毛。果三角形，果径 1.8~2.5cm，果皮厚 0.5cm。种子近球形，种径 1.1~2.0cm。1983 年干样含水浸出物 42.26%、茶多酚 30.29%、儿茶素总量 12.96%、氨基酸 1.95%、咖啡碱 5.26%。生化成分茶多酚和咖啡碱含量高，儿茶素总量偏低。适制绿茶、白茶。加糯米制作的竹筒香茶，白毫特多，香气馥郁，别具特色。（1982.10）

图 5-1-223　底圩茶（2014）

滇 288. 坝美白毛茶 Bamei baimaocha（*C.sinensis var. pubilimba*）

产广南县坝美镇石山农场，海拔 1115m。同类型多株。栽培型。样株小乔木型，树姿直立，分枝中。树高 6.5m，树幅 4.9m×3.3m。嫩枝有毛。芽叶黄绿色、多毛。大叶，叶长宽 14.0cm×6.0cm，叶椭圆形，叶色绿，叶身稍内折，叶面隆起，叶尖渐尖，叶脉 9~11 对，叶齿重锯齿，叶质中，叶背主脉多毛。萼片 5 片、多毛。子房多毛、3 室，花柱先端 3 浅裂。种径 1.2~1.3cm，种子球形，种皮棕褐色。

（2015.6）

图 5-1-224　坝美白毛茶

滇 289. 珠街野茶 Zhujie yecha（*C.kwangnanica*）

产广南县珠街镇珠街村、树科村、小阿章等村。样株产小阿章村，海拔 1734m。野生型。小乔木型，树姿半开张，分枝稀。长势中等。树高 4.1m，干径 15.4cm。嫩枝无毛。芽叶绿色、少毛。中叶，叶长宽 11.0cm×3.7cm，叶长椭圆形，叶色绿，叶身稍内折，叶面稍隆起，叶尖渐尖，叶脉 8~9 对，叶齿锐、密、中，叶质中，叶背主脉无毛。萼片 5 片、有毛。花冠直径 5.1cm，花瓣 8 枚、白色、花瓣长宽 2.0cm×1.7cm，子房无毛、4 室，花柱长 1.7cm、先端 4 中裂，雌雄蕊等高。果径 3.8cm，果球形，鲜果皮厚 3.6mm。种径 1.6cm，种皮棕褐色。

（2015.6）

图 5-1-225　珠街野茶

滇 290 老君山多瓣茶 Laojunshan duobancha（*C.crassicolumna*）

产文山市小街镇老君山村，海拔 2210m。野生型。乔木型，树姿半开张，树高16.0m，树幅 3.5m×3.0m，基部干径 75.0cm。中叶，叶长宽 11.4cm×4.4cm，叶长椭圆形，叶身平，叶面平，叶尖急尖或渐尖，叶齿锐、中、浅，叶脉 9 对，叶柄紫红色。萼片 5片、有毛。花大，花冠直径 6.2~7.2cm，花瓣 13~16 枚、白色，花瓣长宽 2.8cm×2.2cm，子房多毛、5（4）室，花柱长 1.5~2.0cm、先端 5（4）深裂，柱头有毛，雌蕊高于雄蕊，雄蕊有花丝 128 枚。（1982.10）

滇 291 老君山野茶 Laojunshan yecha（*C.crassicolumna*）

产地同老君山多瓣茶，海拔 1692m。野生型。小乔木型，树姿半开张，分枝密。长势中等。树高 6.0m，基部干径 25.5cm。中叶，叶长宽 10.0cm×5.5cm，叶卵圆形，叶色绿，叶身平，叶面稍隆起，叶尖钝尖，叶脉 7~9 对，叶齿钝、密、浅，叶质中，叶背主脉无毛。萼片 5 片、有毛。花冠直径 4.4~5.2cm，花瓣 10 枚、白色，子房有毛、5 室，花柱 4 深裂、长 1.6cm。果径 3.1~3.5cm。种子不规则形、肾形，种皮棕褐色，种径 1.5cm。2014 年干样儿茶素总量 7.06%（其中 EGCG1.75%）、咖啡碱 0.05%。可试制低咖啡因茶。

图 5-1-226　老君山野茶

滇 292. 坝心大茶树 1 号 Baxin dachashu1 (*C.crassicolumna*？)

产文山市坝心乡陡舍坡村，海拔 2230m。野生型？乔木型，树姿直立，分枝中。长势良。树高约 18m，树幅约 5.0m×4.0m，干径 62.1cm。嫩枝无毛。芽叶黄绿色、有毛。大叶，叶长宽 11.6cm×5.4cm，叶椭圆形，叶色深绿，叶身内折，叶面稍隆起，叶尖急尖，叶脉 10 对，叶齿钝、中、浅，叶质中，叶柄、叶背主脉无毛。子房 4 室。果径 4.2~4.3cm，果球形。种皮褐色。 (2015.6)

图 5-1-227　坝心大茶树 1 号

滇 293. 坝心大茶树 2 号 Baxin dachashu2 (*C.crassicolumna*)

产地同坝心大茶树 1 号，海拔 2125m。野生型。小乔木型，树姿半开张，分枝密。树高 4.0m，树幅 4.1m×3.4m，干径 39.8cm。长势中等。嫩枝无毛。芽叶紫绿色、中毛。中叶，叶长宽 11.0cm×4.5cm，叶椭圆形，叶色深绿，叶身内折，叶面稍隆起，叶尖渐尖，叶脉 10 对，叶齿钝、密、浅，叶质中，叶背主脉无毛。萼片 5 片、有毛。花白色、子房有毛、5 室。果径 3.3~3.8cm。种子不规则形、肾形，种皮褐色，种径 1.1~1.5cm。2014 年干样含水浸出物 42.17%、茶多酚 23.85%、儿茶素总量 6.64%（其中 EGCG1.13%）、氨基酸 3.55%，咖啡碱 0.07%。生化成分儿茶素总量、EGCG 和咖啡碱含量低。可试制低咖啡因茶。 (2015.6)

滇 294. 核桃寨大茶树 Hetaozhai dachashu（五柱茶 *Camellia pentastyla* Chang 以下缩写为 *C.pentastyla*）

产文山市坝心乡核桃寨，海拔 1984m。野生型。小乔木型，树姿开张，分枝密。长势中等。树高 3.0m，树幅约 2.8m×2.4m，干径 32.8cm。嫩枝无毛。芽叶紫绿色、多毛。大叶，叶长宽 16.3cm×4.6cm，叶强披针形，叶色绿，叶身内折，叶面稍隆起，叶尖渐尖，叶脉 9 对，叶齿钝、密、浅，叶质硬，叶背主脉无毛。萼片 5 片、无毛。花白色，子房有毛、5 室。果径 4.1cm，鲜果皮厚 3.7mm。种子不规则形，种皮棕褐色，种径 1.2~1.5cm。 (2015.6)

滇 295. 新街野茶 Xinjie yecha (*C.crassicolumna*)

产文山市新街乡新街村，海拔 1782m。野生型。小乔木型，树姿直立，分枝密。长势良。树高约 6m，树幅 2.9m×2.6m，干径 31.0cm。嫩枝无毛。芽叶紫绿色、多毛。特大叶，叶长宽 14.2cm×6.4cm，叶椭圆形，叶色深绿，叶身内折，叶面隆起，叶尖渐尖，叶脉 9~10 对，叶齿钝、密、浅，叶质中，叶背主脉无毛。萼片 5 片、有毛。花白色，子房有毛、4 室，花柱 4 浅裂、长 1.5cm。果轴粗大，果皮厚 8~10mm。2014 年干样含水浸出物 41.75%、茶多酚 23.34%、儿茶素总量 6.80%（其中 EGCG1.24%）、氨基酸 2.25%，咖啡碱含量低。生化成分儿茶素总量、EGCG 和咖啡碱含量特低。（2015.6）

图 5-1-228　新街野茶及果壳

滇 296. 凹掌野茶 Aozhang yecha (*C.pentastyla*)

产砚山县蚌峨乡凹掌村，海拔 1741m。野生型。小乔木型，树姿半开张，分枝中，长势中等。树高 3.5m，树幅 4.2m×2.9m，干径 18.0cm。嫩枝有毛。芽叶黄绿色、有毛。大叶或特大叶，叶长宽 12.4~15.7cm×5.3~6.3cm，叶椭圆形，叶色绿，叶身稍内折，叶面稍隆起，叶尖渐尖，叶脉 12 对，叶齿锐、中、浅，叶质中，叶背主脉无毛。萼片 5 片、无毛。子房有毛、4 室，花柱长 1.0cm、先端 4 浅裂。果皮厚 3~5mm。（2015.6）

图 5-1-229　凹掌野茶

滇 297. 板榔茶 Banlangcha（*C.sinensis* var. *pubilimba*？）

产砚山县蚌峨乡板榔村，海拔 1249m。同类型多株。栽培型。样株小乔木型，树姿半开张，分枝密。长势中等。树高 3.7m，树幅 2.6m×2.6m。嫩枝有毛。芽叶黄绿色、多毛。中叶，叶长宽 9.2cm×4.4cm，叶椭圆形，叶色深绿，叶身稍内折，叶面隆起，叶尖渐尖，叶脉 9 对，叶齿钝、密、浅，叶质中，叶背主脉有毛。2014 年干样含水浸出物 45.50%、茶多酚 16.21%、儿茶素总量 11.01%（其中 EGCG6.71%）、氨基酸 4.89%，咖啡碱 3.65%。生化成分儿茶素总量偏低，氨基酸含量高。（2015.6）。

图 5-1-230 板榔茶

滇 298. 顶坵茶 Dingqiucha（*C.kwangnanica*？）

产砚山县阿猛镇顶坵村，海拔 1529m。野生型。同类型多株。样株小乔木型，树姿直立。树高 2.7m，树幅 2.9m×2.4cm，芽叶黄绿色、有毛。特大叶，叶长宽 15.0cm×7.0cm，叶椭圆形，叶色深绿，叶身稍内折，叶面稍隆起，叶尖渐尖，叶脉 8~9 对，叶齿锐、中、浅，叶质硬，叶背主脉无毛。萼片 5 片、有毛。花白色，子房 4 室，柱头 4 浅裂。种皮褐色。（2015.6）

滇 299. 木腊野茶 Mula yecha（*C.kwangnanica*）

产富宁县里
达镇里拱村和达孟
村、木央镇睦伦
村、板仓乡木腊村
等地。样株产木腊
村，海拔 1441m。
野生型。乔木型，
树姿半开张，分枝
密。长势中等。
树高 5.0m，树幅
5.1m×4.5m，最低
分枝高度 2.5m。
嫩枝无毛。芽叶黄

图 5-1-231　木腊野茶及三
角状芽苞

绿色、有毛。偶见三角状芽苞。大叶，叶长宽 12.4cm×5.8cm，叶椭圆形，叶色绿，叶身内
折，叶面稍隆起，叶尖渐尖，叶齿钝、密、浅，叶质硬，叶背主脉无毛。萼片 5 片、有毛。
子房无毛、5 室，花柱先端 5 浅裂。　（2015.6）

滇 300. 达孟茶 Damengcha（*C.sinensis var. pubilimba*）

产富宁县里达镇达孟村，海拔 1403m。栽培型。小乔木型，树姿半开张，分枝密。
长势中等。树高 4.1m，树幅 3.1m×2.9m。嫩枝有毛。芽叶黄绿色、有毛。中叶，叶长宽
8.5cm×4.1cm，叶椭圆形，叶色绿，叶身稍内折，叶面稍隆起，叶尖渐尖，叶脉 7~9 对，叶
背主脉有毛。萼片 5 片、绿紫色、有毛。花冠直径 4.0cm，花瓣 8 枚、白色、质薄，花瓣
长宽 1.8cm×1.7cm，子房有毛、3 室，花柱长 0.8cm、先端 3 深裂，雌雄蕊等高。2014 年干
样含水浸出物 43.68%、茶多酚 17.32%、儿茶素总量 13.45%（其中 EGCG8.00%）、氨基酸
9.15%、咖啡碱 3.50%。生化成分是氨基酸含量特高、EGCG 含量高。适制绿茶和红茶。
（2015.6）

滇 301. 里拱茶 Ligongcha（*C. sinensis*）

产富宁县里达镇里拱村，海拔 1158m。栽培型。灌木型，树姿半开张，分枝密。树高 4.3m，树幅 3.4m×3.4m。嫩枝无毛。芽叶玉白色、有毛。特小叶，叶长宽 6.7cm×2.0cm，叶披针形，叶色绿，叶身平，叶面稍隆起，叶尖钝尖，叶齿锐、密、浅，叶质中，叶背主脉有毛。萼片 5 片、无毛。子房有毛、3 室，花柱先端 3 浅裂。2014 年干样含水浸出物 51.56%、茶多酚 36.95%、儿茶素总量 25.93%（其中 EGCG17.04%）、氨基酸 1.59%、咖啡碱 5.06%。生化成分水浸出物、茶多酚、咖啡碱含量高，EGCG 含量特高。适制红茶。（2015.6）

滇 302. 龙修白毛茶 Longxiu baimaocha（*C. sinensis* var. *pubilimba*）

产富宁县天蓬镇龙修村，海拔 1318m。同类型多株。栽培型。样株小乔木型，树姿半开张，分枝中。长势中等。树高 7.2m，树幅 4.8m×3.6m。嫩枝有毛。芽叶黄绿色、有毛。小叶，叶长宽 7.3cm×2.7cm，叶椭圆形，叶色深绿，叶身稍内折，叶面稍隆起，叶尖急尖，叶脉 5~7 对，叶背主脉有毛。萼片 5 片、有毛。花冠直径 3.2~3.4cm，花瓣 5 枚、白色、质薄，花瓣长宽 1.6cm×1.6cm，子房有毛、3 室，花柱长 1.0cm、先端 3 浅裂，雌蕊比雄蕊低。2014 年干样含水浸出物 47.30%、茶多酚 36.38%、儿茶素总量 21.82%（其中 EGCG13.03%）、氨基酸 2.54%、咖啡碱 4.95%。生化成分茶多酚、儿茶素总量、EGCG 和咖啡碱含量高。适制红茶。（2015.6）

图 5-1-232　龙修白毛茶

滇 303. 花交大茶树 Huajiao dachashu（*C.tachangensis*）

产丘北县温浏乡花交村，海拔 1880m。野生型。乔木型，树姿半开张，分枝中。长势强。树高约 13m。嫩枝无毛。芽叶黄绿色，有毛。大叶，叶长宽 12.5cm×5.5cm，叶椭圆形，叶色绿，叶身稍内折，叶面稍隆起，叶尖渐尖，叶脉 9~11 对，叶齿钝、密、浅，叶质中，叶背主脉无毛。萼片 5 片、无毛。花大，花瓣白色、质较厚，子房无毛、5 室，花柱先端 5 深裂。果大、呈柿形，2014 年干样含水浸出物 43.17%、茶多酚 15.02%、儿茶素总量 10.16%（其中 EGCG2.07%）、氨基酸 3.08%、咖啡碱 3.46%。生化成分儿茶素总量和 EGCG 含量偏低。（2015.6）

图 5-1-233　花交大茶树

十一、玉溪市

玉溪市位于云南省中部，元江以西为滇西纵谷区，元江以东为云南高原西缘，处于哀牢山脉中部，属中亚热带高原季风气候。元江哈尼族彝族傣族自治县的河谷区属热带稀树干草原气候，是典型的热区。茶叶不是本市主要经济作物。野生型茶树老黑茶、大理茶主要分布在新平彝族傣族自治县和元江县，栽培型茶树有普洱茶、茶和白毛茶等。主产绿茶。

滇 304. 者竜野茶 Zhelong yecha（*C.atrothea*）

产新平彝族傣族自治县（以下简称新平县）者竜乡，海拔 2400m。野生型。乔木型，树姿直立，树高约 15m，树幅约 5m×5m，干径 54.1cm，分枝密。芽叶绿稍紫色、有毛。特大叶，叶长宽 15.8cm×7.2cm，最大叶长宽 18.1cm×8.0cm，叶椭圆形，叶色绿，叶身平，叶面稍隆起，叶尖急尖或渐尖，叶齿锐、稀、浅，叶齿有乳头状，叶脉 8~10 对。萼片 5 片、有毛。花冠直径 5.3~6.0cm，花瓣 9~12 枚、白现黄晕，子房多毛、5（4）室，花柱长 1.4~1.7cm、先端 5（4）中裂，雌雄蕊等高。果四方状球形，果径 2.8~3.0cm。种子近球形，种径 1.6~1.9cm。（1983.11）

图 5-1-234　者竜野茶

滇 305. 峨毛大叶茶 Emao dayecha（*C.sinensis* var. *pubilimba*）

产新平县者竜乡峨毛村，是当地主栽品种。海拔 1710m。栽培型。样株乔木型，树姿半开张，树高 7.5m，树幅 5.0m，干径 48.0cm。芽叶绿白色、毛特多。特大叶，叶长宽 18.3cm×7.4cm，叶椭圆形，叶色绿，叶身平，叶面隆起，叶尖渐尖，叶齿锐、中、中，叶脉 7~9 对。萼片 5 片、多毛。花冠直径 3.3~3.6cm，花瓣 5~7 枚、白现绿晕，子房多毛、3 室，花柱长 1.0~1.2cm、先端 3 微裂，雌雄蕊等高。果三角状球形，果径 3.1~3.3cm。种子近球形，种径 1.4~1.6cm。1984 年干样含水浸出物 42.49%、茶多酚 17.22%、氨基酸 6.50%、咖啡碱 4.09%。制绿茶。生化成分氨基酸含量高。（1983.11）

图 5-1-235　峨毛大叶茶

滇 306. 界牌大茶树 Jiepai dachashu（*C.sinensis* var. *pubilimba*）

产新平县者竜乡竹箐村，海拔 1607m。栽培型。小乔木型，树姿直立，树高 14.5m，树幅 8.7m×7.8m，基部干径 63.7cm，分枝稀。嫩枝有毛。芽叶绿偏紫色、多毛。小叶，叶长宽 8.7cm×3.9cm，叶椭圆形，叶色绿，叶身平，叶面平，叶尖急尖，叶脉 7~8 对，叶齿重锯齿，叶质硬，叶背多毛。芽叶绿色、毛多。花梗无毛，萼片 5 片，萼片长宽 0.2cm×0.2cm，萼片内外多毛。花冠直径 3.0~3.2cm，花瓣 6~7 枚，花瓣长宽 1.8cm×1.6cm，花瓣无毛、薄如羽翼，子房 3 室、多毛，花柱先端 3 裂，花柱长 1.0~1.2cm。干果皮厚 0.5~0.7mm。种子球形，种径 1.4cm，种皮棕褐色、光滑，种子百粒重 115g。制晒青茶、红茶。（2017.5）

图 5-1-236　界牌大茶树

滇307. 大帽耳山野生大茶树 Damaoershan yeshengdachashu（*C. atrothea*？）

产新平县水塘镇波村大帽耳山，海拔2312m。野生型。乔木型，树姿直立，树高28.3m，树幅约5m×4m，干径87.6cm，最低分枝高4.1m，分枝稀。嫩枝无毛。芽叶绿色、无毛。大叶，叶长宽13.0cm×5.4cm，叶椭圆形，叶色深绿，叶身平，叶面平，叶尖渐尖，叶脉8~11对，叶齿锐、稀、浅，叶背无毛。（2017.5）

图 5-1-237 大帽耳山野生大茶树

滇308. 老火山野生大茶树 Laohuoshan yeshengdachashu（*C. atrothea*）

产新平县水塘镇邦迈村，海拔2120m。野生型。乔木型，树姿直立，树高约16m，树幅约10m×9m，干径46.2cm。特大叶，叶长宽16.4cm×7.3cm，叶椭圆形，叶色绿，叶身平，叶面平，叶尖渐尖，叶脉8~9对，叶齿锐、中、浅，叶柄无毛，叶背主脉无毛，叶质中。花梗无毛，萼片5片，萼片有毛、内多毛。花冠直径3.3~3.6cm，花瓣8~9枚，花瓣1.9cm×1.7cm，花瓣无毛、薄，子房5室、多毛，花柱先端5裂。果形多种，干果皮厚1.2~1.5mm。种子球形，种皮棕褐色、光滑，种径1.6~1.7cm，最大种径1.9~2.1cm，种子百粒重205g。（2017.12）

图 5-1-238 老火山野生大茶树

滇 309. 樟木大茶树 Zhangmu dachashu (*C.sinensis* var. *assamica*)

产新平县水塘镇邦迈村，海拔 1639m。同类型多株。栽培型。样株乔木型，树姿开张，树高 9.3m，树幅 8.4m×7.1m，基部干径 57cm，分枝稀。嫩枝有毛。大叶，叶长宽 11.3cm×3.8cm，叶披针形，叶色绿，叶身平，叶面稍隆起，叶尖渐尖，叶脉 7~8 对，叶齿锐、中、浅，叶柄无毛，叶背主脉有毛，叶质中。花梗无毛，萼片 4~5 片，萼片外无毛、内多毛。花冠直径 2.2~2.4cm，花瓣 6~7 枚，花瓣长宽 1.5cm×1.0cm，花瓣无毛、质薄，子房 3（2）室、多毛，花柱先端 3（2）浅裂，花柱长 0.7~0.9cm、细、无毛。果有球形、肾形、三角形，干果皮厚 1.0mm。种子球形，种皮棕褐色、光滑，种径 1.6cm，种子百粒重 160g。制晒青茶、红茶。（2017.5）

图 5-1-239　樟木大茶树

滇 310. 快发寨大茶树 Kuaifazhai dachashu (*C.sinensis* var. *assamica*)

产新平县水塘镇快发寨，海拔 1847m。栽培型。小乔木型，树姿开张，树高 4m，树幅 4.1m×3.5m，基部干径 30cm，分枝中。特大叶，叶长宽 18.5cm×8.6cm，最大叶长宽 20.4cm×8.4cm，叶椭圆形，叶色绿，叶身平，叶面稍隆起，叶尖渐尖，叶脉 9~12 对，叶齿钝、稀、深，最大齿距 0.8cm，叶柄稀毛，叶背主脉中毛，叶质厚较软。花梗无毛，萼片 5 片，萼片外无毛、内多毛。花冠直径 2.4~2.7cm，花瓣 5 枚，花瓣长宽 1.7cm×1.5cm，花瓣无毛、质薄，子房 3 室、多毛，花柱先端 3 裂，花柱长 0.8~0.9cm。制晒青茶、红茶。（2017.12）

滇 311. 梭山大茶树 Suoshan dachashu（*C.taliensis*）

产新平县平掌乡梭山村，海拔 2230m。野生型。
小乔木型，树姿直立，树高 7.0m，树幅 5.2m×4.0m，
基部干径 41.4cm，分枝稀。嫩枝无毛。芽叶紫绿色、
无毛。大叶，叶长宽 12.8cm×5.3cm，叶椭圆形，叶
色绿，叶身内折，叶面微隆起，叶尖渐尖，叶质硬，
叶背无毛。萼片 5 片、无毛。花冠直径 6.0~7.2cm，
花瓣 10 枚、白色、质厚，子房 5 室、有毛，花柱长
1.5cm、先端 5 浅裂，雌雄蕊比低。果径 2.2~3.3cm。
种径 1.6cm，种皮棕褐色。制茶味苦不适。同类型
20m×20m 样方内有 36 株。 （2017.5）

图 5-1-240 梭山大茶树

滇 312. 磨房河野茶 Mofanghe yecha（*C.atrothea*）

产元江哈尼族彝族傣族自治县（以下简称元
江县）羊岔街乡磨坊河水库后，海拔 2150m。野
生型。小乔木型，树姿半开张，树高 5.2m，树幅
3.4m×2.6m，干径 56.0cm，分枝密。芽叶绿色、多
毛。大叶，叶长宽 13.5cm×5.9cm，叶椭圆形，叶色
绿，叶身平，叶面平，叶尖渐尖，叶齿锐、稀、浅，
叶脉 9~11 对，主脉黄色。萼片 5 片、有毛。花大，
花冠直径 5.1~6.1cm，花瓣 8~10 枚、白现绿晕，子
房多毛，5（4）室，花柱长 1.2~1.5cm、先端 5（4）
深裂，雌雄蕊等高或高。果四方状球形，果大，果
径 4.9~5.1cm，种子近球形，种径 1.6~1.7cm。1984
年干样含水浸出物 48.57%、茶多酚 27.32%、氨基
酸 1.44%、咖啡碱 4.47%。生化成分茶多酚含量高。
制黑茶。 （1983.11）

图 5-1-241 磨房河野茶

滇 313. 羊岔街野茶 Yangchajie yecha (*C. atrothea*)

产元江县羊岔街乡石脚底村，海拔 2100m。野生型。乔木型，树姿直立，树高 4.4m，树幅 2.6m×2.1m，干径 56.0cm，分枝密。芽叶绿色、少毛。特大叶，叶长宽 14.1cm×6.7cm，最大叶长宽 17.3cm×7.1cm，叶椭圆形，叶色绿，叶身平，叶面稍隆起，叶尖渐尖，叶齿锐、稀、浅，叶脉 9~11 对。萼片 5 片、有毛。花大，花冠直径 5.7~6.1cm，花瓣 10~12 枚、白现黄晕，子房中毛、4（5）室，花柱长 1.8~2.3cm、先端 4（5）中裂，雌蕊高于雄蕊。果四方状球形，果大，果径 4.7~5.1cm。种子球形，种径 1.5~1.8cm。制绿茶。（1983.11）

图 5-1-242　羊岔街野茶（2006）

滇 314. 元江糯茶 Yuanjiang nuocha (*C. sinensis* var. *pubilimba*)

产元江县那诺乡猪街，是当地主栽品种。海拔 1750m。栽培型。样株乔木型，树姿半开张，树高 4.7m，树幅 3.6m×3.3m，干径 26.0cm。鳞片稍紫红色。芽叶绿色、毛特多。大叶，叶长宽 13.4cm×6.7cm，叶卵圆或椭圆形，叶色绿、有光泽，叶身平或背卷，叶面强隆起，叶尖圆尖或钝尖，叶齿锐、密、中，叶脉 6~8 对，叶质厚软，故名糯茶或软茶。萼片 5 片、多毛。花冠直径 4.5~5.1cm，花瓣 6~8 枚、白色，子房毛特多、3 室，花柱先端 3 浅裂或深裂。果三角状球形，果径 2.9~3.2cm。1984 年干样含茶多酚 26.6%、儿茶素总量 8.0%、氨基酸 3.4%、咖啡碱 4.9%。生化成分儿茶素总量低，咖啡碱含量高。制绿茶。照片中的树干横断面直径为 76cm，年轮有 156 个。（1983.11）

图 5-1-243-1　元江糯茶嫩梢和叶片

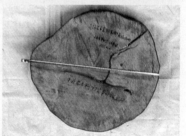

图 5-1-243-2　元江糯茶树干横断面直径 76cm，156 年（轮）

滇 315. 易门小叶茶 Yimen xiaoyecha（*C.sinensis*）

产易门县六街镇柏树村，海拔 1850m。栽培型。样株灌木型，树姿开张，树高 1.5m，树幅 2.0m×1.8m，分枝密。芽叶绿色、中毛。小叶，叶长宽 7.0cm×2.6cm，叶长椭圆形，叶色绿，叶身稍内折，叶面稍隆起，叶尖钝尖，叶齿锐、中、中，叶脉 8~10 对。萼片 5 片、无毛。花冠直径 2.7~3.0cm，花瓣 8~9 枚、白现绿晕，子房多毛、3 室，花柱长 0.8~1.0cm、先端 3 中裂。种子近球形。制绿茶。（1983.11）

十二、西双版纳傣族自治州

西双版纳傣族自治州位于云南省南部，地处横断山脉纵谷区南段，属南亚热带和边缘热带气候。全州辖勐海、勐腊、景洪两县一市。产茶历史悠久，是云南著名古茶区之一。20 世纪 80 年代在西双版纳寺院中发现的傣族贝叶经是以佛教典籍为核心的有茶叶内容的经卷，表明云南南部的先民早在一千多年前就已经懂得喝茶对人体的好处了。经卷中的《游世绿叶经》记叙了傣历二○四年（公元 842 年）佛祖传教时的一些典故："佛祖曾告说，有青枝绿叶、白花绿果生于天下人间，在攸乐和易武、曼砖和曼撒，在热地的倚邦、莽芝和革登。美丽的嫩叶，生于大树荫下，是甘甜的茶叶，老人吃了益寿，女人吃了美丽，小孩吃了强壮，智者吃了更睿。"

2017 年，全州有茶园 7.7 万 hm²，主产普洱茶和红茶。勐海县（旧称佛海）的南糯山、布朗山和勐腊县的"六大茶山"、景洪市的攸乐山是全州茶叶核心产区，班章茶、老曼峨茶、易武茶等名闻遐迩。

图 5-1-244　傣族贝叶经（姚国坤）

野生型茶树主要是大理茶，勐海县西定哈尼族乡曼瓦村大黑山、格朗和哈尼族乡帕真村雷达山和勐宋乡蚌龙村滑竹梁子一带的大理茶，是目前已发现的大理茶在我国最南端的分布区。栽培型茶树有德宏茶、普洱茶、苦茶、多萼茶、茶、白毛茶等。

中国古茶树 Ancient Tea Plants in China

滇316. 巴达大茶树1号 Bada dachashu1（*C.taliensis*）

产勐海县西定乡曼瓦巴达大黑山，1962年2月由云南省科技人员张顺高、刘献荣发现。海拔1960m。野生型。乔木型，树姿半开张，树高23.6m，树幅8.8m×8.2m，基部干径100.0cm，最低分枝高0.8m，从根颈部生成5个分枝。芽叶黄绿带微紫色、无毛。大叶，叶长宽14.7×6.4cm，叶椭圆形，叶色绿，叶身平，叶面平，叶尖渐尖，叶齿钝、稀、中，叶缘下部1/2~1/3无齿，叶脉11~12对。萼片5~6片、无毛，花柄长1.3cm、粗0.3cm。花大，花冠直径6.6~7.1cm，花瓣11~14枚、白现黄晕或红晕，子房多毛、5室，花柱长1.5~2.1cm、先端5微裂，雌蕊高于雄蕊，雄蕊花丝224枚。2012年9月27日因树干朽空倒塌死亡。（1982.12）

图 5-1-245-1 1982年的巴达大茶树1号

图 5-1-245-2 2008年巴达大茶树1号用桩围栏

图 5-1-245-3 巴达大茶树1号扦插苗（2016）

图 5-1-245-4 2012年9月27日巴达大茶树1号倒塌死亡（《普洱》）

滇 317. 巴达大茶树 2 号 Bada dachashu2 (*C. taliensis*)

产勐海县西定乡曼瓦巴达大黑山，海拔 1954m。野生型。乔木型，树姿直立（挺拔），树高 32.1m，树幅 10.0m，干径 82.5cm，分枝中。芽叶绿色、无毛。大叶，叶长宽 14.6cm×6.4cm，叶椭圆形，叶色绿，叶身平，叶面平，叶尖渐尖或急尖，叶齿钝、稀、深，叶脉 11~13 对。萼片 5~6 片、无毛。花大，花冠直径 5.8~7.7cm，花瓣 11~14 枚、白色，子房多毛、5 室，花柱先端 5 微裂。（2008.12）

图 5-1-246　巴达大茶树 2 号

滇 318. 雷达山大茶树 Leidashan dachashu (*C. taliensis*)

产勐海县格朗和乡帕真，海拔 2087m。野生型。样株乔木型，树姿直立，树高 19.6m，树幅 10.2m×10.1m，基部干径 85.0cm，最低分枝高 1.2m。嫩枝无毛。大叶，叶长宽 13.7cm×5.1cm，叶椭圆形，叶色绿，叶身平，叶面稍隆起，叶尖渐尖，叶齿钝、稀，叶脉 9 对，叶背主脉无毛。萼片 5 片、无毛。花特大，花冠直径 7.8~8.1cm，花瓣 9~12 枚、白色，花瓣长宽 3.0cm×2.6cm，子房有毛、5 室，花柱长 1.5cm、先端 5 浅裂，雌雄蕊等高。果四方状球形，果径 4.3cm，果高 2.5cm，鲜果皮厚 4.0mm。种子不规则形，种径 1.8cm，种皮棕色。2015 年干样含茶多酚 29.10%、儿茶素总量 6.95%、氨基酸 1.47%、咖啡碱 2.25%。同类型茶树多株。本树特点是花瓣特大；茶多酚含量高，儿茶素总量特低。（2014.11）

图 5-1-247　雷达山大茶树（蒋会兵）

滇 319. 滑竹梁子大茶树 Huazhuliangzi dachashu（*C. taliensis*）

产勐海县勐宋乡蚌龙村，海拔2391m。野生型。样株乔木型，树姿直立，树高10.5m，树幅5.8m×4.6m，基部干径65.3cm，最低分枝高2.9m。嫩枝无毛。大叶，叶长宽13.3cm×4.8cm，叶椭圆形，叶色绿，叶身内折，叶面平，叶尖渐尖，叶齿钝、稀，叶脉9~11对，叶背主脉无毛。萼片5片、无毛。花特大，花冠直径6.3~7.7cm，花瓣8~11枚、白色，花瓣长宽2.6cm×2.0cm，子房有毛、5室，花柱长1.4cm、先端5浅裂，雌雄蕊等高。果四方状球形，果径3.6cm，果高2.1cm，鲜果皮厚3.5mm。种子不规则形，种径2.1cm，种皮棕褐色。2015年干样含茶多酚28.96%、儿茶素总量10.17%、氨基酸3.34%、咖啡碱1.25%。同类型茶树多株。生化成分茶多酚含量高，儿茶素总量和咖啡碱含量低。（2014.11）

图 5-1-248　滑竹梁子大茶树（蒋会兵）

滇 320. 南糯山大茶树 Nannuoshan dachashu（*C. sinensis* var. *assamica*）

南糯山是勐海县古老茶区之一，现在的格朗和哈尼族乡南糯山村的竹林、半坡新老寨、姑娘寨、新路村、石头寨等都有成片栽培古茶园。1951年在海拔1346m的半坡寨发现的大茶树就是著名的"南糯山大茶树"（有资料载1952年苏正发现）。该树栽培型。小乔木型，树姿开张，1961年调查时树高5.48m，树幅10.9m×9.8m，主干径139.4cm，分枝稀。芽叶绿色、多毛。特大叶，叶长宽18.3cm×7.2cm，最大叶长宽20.9cm×8.4m，叶椭圆形，叶色绿，叶身平，叶面隆起，叶尖渐尖，叶齿锐、中、中，叶脉12~14对。萼片5~6片、无毛。花冠直径3.0~3.5cm，花瓣7~8枚、白现绿晕，子房多毛、3（4）室，花柱长0.8~1.0cm，柱头3（4）浅裂，雌雄蕊等高。果三角状球形，果径2.7~3.1cm。制红茶、晒青茶。因年久，树干中部枯朽，1994年死亡。（1983.12）

图 5-1-249-1　1960年的南糯山大茶树（地面左一为丁渭然，左二为陈文怀）

图 5-1-249-2　南糯山大茶树（《中国茶的故乡》，1989）

1990 年 12 月，时年 83 岁的全国政协原副主席、全国佛教协会会长赵朴初赴勐海南糯山考察，写了"南行万里拜茶王"名诗：

群山幅幅丹青画，画里行车应接忙，

满院藤花光照眼，主人云已到茶乡。

我道茶人胜酒人，饮中无物比茶清，

乌龙屯绿留余味，又试滇南普洱能。

问年已近二千岁，黛色参天百丈强，

坐看子孙满天下，南行万里拜茶王。

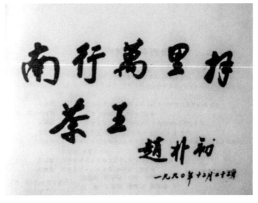

图 5-1-250　赵朴初考察南糯山大茶树题词

滇 321. 新南糯山大茶树 Xinnannuoshan dachashu（*C.sinensis var. assamica*）

产勐海县格朗和乡南糯山半坡新寨，海拔 1558m。2002 年被定名为"南糯山大茶树"。栽培型。样株小乔木型，树姿半开张，树高 5.3m，树幅 9.4m×7.5m，基部干径 34.0cm，分枝较密。芽叶绿色、多毛。特大叶，叶长宽 16.1cm×5.9cm，叶长椭圆形，叶色深绿，叶身平略背卷，叶面隆起，叶尖渐尖，叶齿锐、稀、浅，叶脉 11~12 对。萼片 5~6 片、无毛。花冠直径 3.2~3.7cm，花瓣 5~7 枚，白现绿晕，子房多毛、3 室，花柱先端 3 浅裂。果三角状球形。种子球形。2011 年干样含茶多酚 28.21%、儿茶素总量 17.42%、氨基酸 3.01%、咖啡碱 4.90%。生化成分茶多酚、咖啡碱含量高。制晒青茶、红茶。同类型茶树多株。（2010.12）

图 5-1-251　新南糯山大茶树

滇 322. 苏湖大茶树 Suhu dachashu（*C.sinensis var. assamica*）

产勐海县格朗和乡苏湖，是当地主栽品种。海拔 1795m。栽培型。样株乔木型，树姿半开张，树高 5.2m，树幅 6.2m×5.4m，基部干径 54.4cm，分枝较密，嫩枝有毛。芽叶绿色、多毛。特大叶，叶长宽 16.7cm×6.0cm，最大叶长宽 22.0cm×7.2cm，叶长椭圆形，叶色深绿，叶身平，叶面平，叶尖渐尖，叶脉 9~11 对。萼片 5 片、无毛。花冠直径 3.1~3.8cm，花瓣 6~7 枚、白现绿晕，子房多毛、3 室，花柱先端 3 浅裂。果三角状球形，果径 2.5cm。种径 1.5cm。2015 年干样含茶多酚 26.41%、儿茶素总量 10.74%、氨基酸 2.70%、咖啡碱 3.84%。制晒青茶、红茶。生化成分茶多酚含量高，儿茶素总量低。（2014.11）

图 5-1-252 苏湖大茶树
（蒋会兵，2015）

滇 323. 帕沙大茶树 Pasha dachashu（*C.sinensis var. assamica*）

产勐海县格朗和乡帕沙，是当地主栽品种。海拔 1803m。栽培型。样株乔木型，树姿直立，树高 8.4m，树幅 5.3m×4.8m，干径 46.2cm，分枝密，嫩枝有毛。芽叶绿色、多毛。大叶，叶长宽 11.8cm×5.3cm，叶椭圆形，叶色绿，叶身背卷，叶面稍隆起，叶尖渐尖，叶脉 9~11 对。萼片 5 片、无毛。花冠直径 3.3~3.7cm，花瓣 6~7 枚、白现绿晕，子房多毛、3 室，花柱先端 3 浅裂。果三角状球形，果径 3.1cm。种径 1.3cm。2015 年干样含茶多酚 21.82%、儿茶素总量 12.83%、氨基酸 1.64%、咖啡碱 2.89%。制晒青茶、红茶。（2014.11）

图 5-1-253 帕沙大茶树（蒋会兵，2015）

滇 324. 帕真大茶树 Pazhen dachashu（*C.sinensis var. assamica*）

产勐海县格朗和乡帕真，是当地主栽品种。海拔
1391m。栽培型。样株小乔木型，树姿半开张，树高 5.9m，
树幅 5.8m×4.3m，基部干径 43.0cm，最低分枝高 1.3m，
分枝较密，嫩枝有毛。芽叶绿色、多毛。大叶，叶长宽
13.8cm×4.7cm，叶长椭圆形，叶色绿，叶身内折，叶面
隆起，叶尖渐尖，叶脉 9~12 对。萼片 5 片、无毛。花
冠直径 2.8~3.4cm，花瓣 6~7 枚，白现绿晕，子房多毛、
3 室，花柱先端 3 浅裂。果三角状球形，果径 2.7~2.9cm。
种子锥形，种径 1.6cm，种皮棕黑色。2015 年干样含茶
多酚 25.57%、儿茶素总量 11.60%、氨基酸 4.47%、咖
啡碱 3.37%。生化成分儿茶素总量偏低。制晒青茶、红
茶。（2014.11）

图 5-1-254 帕真大茶树（蒋会兵）

滇 325. 纳依大黑茶 Nayi daheicha（*C.sinensis var. assamica*）

产勐海县勐阿乡嘎赛等村，海拔 1100~1480m。栽培型。样株小乔木型，树姿半开张，
树高 7.7m，树幅 5.3m×5.1m，基部干径 33.6cm，最低分枝高 0.5m。嫩枝有毛。芽叶黄绿
色、毛多。特大叶，叶长宽 15.4cm×6.3cm，最大叶长宽 19.5cm×8.2cm，叶椭圆形，叶色
绿，叶身背卷，叶面稍隆起，叶尖渐尖，叶脉 9~11 对，叶背主脉少毛。萼片 5 片、无毛。
花冠直径 2.7~3.8cm，花瓣 6 枚、白现绿晕，子房有毛、3 室，花柱先端 3 浅裂。果径
2.0~2.4cm。2015 年干样含茶多酚 27.63%、儿茶素总量 12.70%、氨基酸 2.93%、咖啡碱 3.50%。
生化成分茶多酚含量高。制晒青茶。（2014.10）

滇 326. 纳包大茶树 Nabao dachashu（*C.sinensis var. assamica*）

产勐海县勐满乡纳包，海拔 1278m。栽培型。样株小乔木型，树姿半开张，树高
4.9m，树幅 5.6m×5.2m，基部干径 38.5cm。嫩枝有毛。芽叶黄绿色、毛多。中叶，叶长宽
11.8cm×4.5cm，叶长椭圆形，叶色绿，叶身内折，叶面隆起，叶尖渐尖，叶脉 8~10 对，叶背
主脉少毛。萼片 5 片、无毛。花冠直径 2.4~2.5cm，花瓣 6 枚、白现绿晕，子房有毛、3 室，
花柱先端 3 浅裂。果径 3.0~3.4cm，种径 1.6~1.8cm。制晒青茶。（2014.10）

滇 327. 打洛大茶树 Daluo dachashu（*C.sinensis* var. *assamica*）

产勐海县打洛镇曼夕村，海拔 1620m。栽培型。样株小乔木型，树姿直立，树高 10.3m，树幅 6.3m×3.5m，基部干径 51.0cm，最低分枝高 0.8m，分枝稀。芽叶黄绿色、多毛。特大叶，叶长宽 15.3cm×5.7cm，叶长椭圆形，叶色绿，叶身平，叶面平，叶尖急尖，叶脉 11~12 对。萼片 5 片、无毛。花冠直径 2.2~2.8cm，花瓣 5~6 枚、白色、质薄，子房多毛、3 室，花柱先端 3 浅裂，花柱长 1.1cm。2015 年干样含茶多酚 32.00%、儿茶素总量 14.92%、氨基酸 2.67%、咖啡碱 4.66%。生化成分茶多酚含量高。制晒青茶。（2014.10）

图 5-1-255　打洛大茶树（曾铁桥）

滇 328. 老班章大茶树 Laobanzhang dachashu（*C.sinensis* var. *assamica*）

产勐海县布朗山乡班章村，当地主栽品种。海拔 1805m。栽培型。样株小乔木型，树姿直立，树高 8.6m，树幅 3.9m×2.5m，干径 45.0cm，最低分枝高 1.4m，分枝较密。芽叶黄绿色、中毛。大叶，叶长宽 12.6cm×5.2cm，叶椭圆形，叶色绿，叶身平，叶面隆起，叶尖渐尖或钝尖，叶齿中、中、中，叶脉 10~13 对。萼片 5 片、无毛。花冠直径 3.4~3.7cm，花瓣 6~8 枚、白现绿晕，子房多毛、3 室，花柱先端 3 浅裂。果三角状球形，果径 2.6~3.2cm。种子近球形，种径 1.4~1.5cm。2010 年干样含水浸出物 46.43%、茶多酚 23.72%、氨基酸 1.66%、咖啡碱 2.91%。制晒青茶、红茶。（2009.10）

图 5-1-256　老班章大茶树

滇 329. 新班章大茶树 Xinbanzhang dachashu（*C.sinensis* var. *assamica*）

产勐海县布朗山乡新班章村，当地主栽品种。海拔 1850m。栽培型。样株小乔木型，树姿开张，树高 5.8m，树幅 7.0m×5.5m，基部干径 44.0cm，分枝密，嫩枝有毛。芽叶黄绿色、多毛。特大叶，叶长宽 16.9cm×5.4cm，叶披针形，叶色深绿，叶身平，叶面稍隆起，叶尖渐尖，叶脉 10~12 对，叶背主脉无毛。萼片 5 片、无毛。花冠直径 3.2~3.8cm，花瓣 7 枚、白色，子房有毛，3 室，花柱先端 3 浅裂。果径 1.5~2.2cm。种径 1.1cm，种皮棕黑色。2015 年干样含茶多酚 29.73%、氨基酸 2.94%、咖啡碱 4.90%。生化成分茶多酚、咖啡碱含量高。制晒青茶、红茶。（2014.10）

图 5-1-257　新班章大茶树
（曾铁桥，2015）

滇 330. 老曼峨大茶树 Laomane dachashu（*C.sinensis* var. *assamica*）

产勐海县布朗山乡班章村老曼峨，海拔 1350m。是当地主栽品种。栽培型。样株小乔木型，树姿直立，树高 3.8m，树幅 1.8m×1.5m，分枝较稀。芽叶黄绿色、多毛。特大叶，叶长宽 17.3cm×6.5cm，叶长椭圆或椭圆形，叶色绿，叶身平，叶面隆起，叶缘波，叶尖渐尖，叶齿锐、密、深，叶脉 10~14 对，叶质软。萼片 5 片、无毛。花冠直径 2.5~3.0cm，花瓣 6~8 枚、白现绿晕，子房多毛、3 室，花柱先端 3 浅裂。2010 年干样含水浸出物 35.87%、茶多酚 19.29%、氨基酸 1.10%、咖啡碱 2.57%。生化成分氨基酸含量偏低。制晒青茶和红茶，红茶茶黄素含量达 1.42%。（2009.10）

图 5-1-258　老曼娥大茶树（2016）

滇 331. 老曼峨苦茶 Laomane kucha（*C.assamica* var. *kucha*）

产地同老曼峨大茶树，海拔 1347m。栽培型。样株小乔木型，树姿半开张，树高 6.6m，树幅 6.1m×5.1m，干径 41.4cm。分枝稀。嫩枝有毛。芽叶黄绿色、多毛。大叶，叶长宽 14.1cm×5.6cm，叶长椭圆形，叶色绿，叶身内折，叶面稍隆起，叶尖急尖，叶脉 11~12 对，叶背主脉有毛。萼片 5 片、无毛。花冠直径 2.6~3.5cm，花瓣 6 枚、白色，子房多毛、3 室，花柱先端 3 浅裂，花柱长 1.3cm。2015 年干样含茶多酚 34.78%、儿茶素总量 14.21%、氨基酸 2.93%、咖啡碱 3.52%。生化成分茶多酚含量高。制晒青茶（普洱茶）和红茶。茶味苦。同类型多株，混生于一般茶树中。据 2017 年测定，苦茶碱（1,3,7,9- 四甲基尿酸）0.92%~1.14%，比当地对照茶树高 19.5%~48.1%。（2014.11）

图 5-1-259　老曼峨苦茶（2016）

滇 332. 贺开大茶树 Hekai dachashu（*C. sinensis* var. *assamica*）

产勐海县勐混镇贺开村曼弄新老寨和曼迈等地，是当地主栽品种。海拔 1759m。栽培型。样株小乔木型，树姿开张，树高 3.8m，树幅 7.3m×6.7m，基部干径 47.0cm，分枝密。芽叶黄绿色、多毛。大叶，叶长宽 12.1cm×5.2cm，叶椭圆形，叶色深绿，叶身平或稍背卷，叶面隆起，叶尖急尖，叶齿钝、稀、浅，叶脉 10~12 对。萼片 5~6 片、无毛。花冠直径 2.0~2.3cm，花瓣 6~8 枚、白现绿晕，子房多毛、3 室，花柱先端 3 中裂。果三角状球形，果径 2.4~2.9cm。种径 1.5~1.6cm。制晒青茶、红茶。（2010.11）

图 5-1-260　贺开大茶树及茶园

滇333. 邦盆老寨茶 Bangpen laozhaicha（*C.sinensis* var. *assamica*）

产勐海县勐混镇贺开村邦盆，是当地主栽品种。海拔1790m。栽培型。样株小乔木型，树姿半开张，树高2.8m，树幅1.6m×1.4m，分枝中。芽叶黄绿色、中毛。大叶，叶长宽13.4cm×5.3cm，叶椭圆形，叶色绿，叶身平，叶面隆起，叶尖急尖或渐尖，叶齿中、中、中，叶脉12~14对。萼片5片、无毛。花冠直径3.0~3.4cm，花瓣6~8枚、白现绿晕，子房中毛、3（5）室，花柱先端3（5）中裂。果三角状球形，果径2.9~3.4cm。种子大，种径1.7~1.8cm。制晒青茶、红茶。（2010.11）

图 5-1-261　邦盆老寨茶树

滇334. 曼糯大茶树 Mannuo dachashu（*C.sinensis* var. *assamica*）

产勐海县布朗山乡勐昂村委会曼糯村，海拔1198m。是当地主栽品种。栽培型。样株乔木型，树姿直立，树高5.6m，树幅5.2m×4.9m，基部干径57.5cm，分枝密。芽叶黄绿色、多毛。大叶，叶长宽14.4cm×5.2cm，叶长椭圆形，叶色深绿，叶身平，叶面平，叶尖渐尖，叶齿钝、稀、浅，叶脉8~10对。萼片5片、无毛。花冠直径3.4~4.1cm，花瓣6~8枚、白现绿晕，子房多毛、3室，花柱先端3浅裂。2015年干样含茶多酚27.40%、儿茶素总量10.57%、氨基酸3.08%、咖啡碱3.75%。生化成分茶多酚含量高，儿茶素总量低。制晒青茶、红茶。（2004.10）

图 5-1-262　曼糯大茶树

滇 335. 坝檬大茶树 Bameng dachashu（*C.sinensis* var. *assamica*）

产勐海县勐宋乡蚌龙，海拔 2117m。是当地主栽品种。栽培型。样株小乔木型，树姿半开张，树高 5.9m，树幅 3.8m×3.5m，干径 31.2cm，最低分枝高 0.5m，分枝较密。芽叶黄绿色、毛多。大叶，叶长宽 13.7cm×4.4cm，叶椭圆形，叶色绿，叶身平或稍背卷，叶面稍隆起，叶尖渐尖，叶齿锐、密、浅，叶脉 10~13 对。萼片 5 片、无毛。花冠直径 3.1~3.5cm，花瓣 5~7 枚、白现绿晕，子房有毛、3 室，花柱先端 3 中裂。果三角状球形和肾形，果径 1.9~3.0cm。2010 年干样含水浸出物 49.45%、茶多酚 25.0%、氨基酸 2.08%、咖啡碱 4.17%。制晒青茶、红茶。（2007.10）

图 5-1-263　坝檬大茶树
（蒋会兵，2014）

滇 336. 章朗大茶树 Zhanglang dachashu（*C.sinensis* var. *assamica*）

产勐海县西定乡章朗村，海拔 1777m。栽培型。样株小乔木型，树姿半开张，树高 5.7m，树幅 6.5m×5.2m，基部干径 49.7cm，最低分枝高 1.7m。嫩枝有毛。芽叶绿色、毛多。大叶，叶长宽 14.2cm×5.0cm，叶椭圆形，叶色绿，叶身平，叶面隆起，叶尖渐尖，叶脉 10~12 对。萼片 5 片、无毛。花冠直径 2.7~3.3cm，花瓣 6 枚、白现绿晕，子房有毛、3 室，花柱先端 3 浅裂。果径 2.2~2.5cm，种径 1.4 cm。2015 年干样含茶多酚 32.17%、儿茶素总量 11.91%、氨基酸 2.91%、咖啡碱 4.35%。生化成分茶多酚含量高，儿茶素总量偏低。制晒青茶。（2014.10）

图 5-1-264　章朗大茶树
（曾铁桥，2015）

滇 337. 曼真白毛茶 Manzhen baimaocha（*C.sinensis* var. *pubilimba*）

产勐海县勐海镇曼真，海拔 1173m。栽培型。样株小乔木型，树姿直立，分枝中，嫩枝有毛。树高 10.9m，树幅 7.5m×6.3m，基部干径 50.0cm，最低分枝高度 0.5m。特大叶，叶片长宽 18.6cm×7.9cm，叶长椭圆形，叶色绿，叶尖渐尖，叶身平，叶面稍隆起，叶齿中、浅、锐，叶脉 12 对，叶背主脉有毛。芽叶黄绿色、毛特多。萼片 5 片、绿色、毛多。花冠直径 3.9~4.1cm，花瓣 6~7 枚、白色，雌雄蕊高比高。子房有毛，花柱长 1.3cm，柱头 3 浅裂。果径 1.8~2.7cm，果皮厚 2.5mm。种径 1.0cm，种皮棕黑色。2015 年干样含茶多酚 27.26%、儿茶素总量 11.73%、氨基酸 3.48%、咖啡碱 3.27%。生化成分茶多酚含量高。制晒青茶。

著名的六大茶山位于西双版纳州勐腊县北部和景洪市东部。从东往西依次是勐腊县易武乡的曼撒，象明彝族乡的蛮砖、倚邦、革登、蛮芝，景洪市基诺山基诺族乡的攸乐。六大茶山名有其出点，相传公元 225 年诸葛亮南征到今西双版纳六大茶山地方留下很多器物。在《普洱府志》《滇系》《续云南通志稿》中均记载："旧传武侯遍六山，留铜锣于攸乐，置鈧于莽芝，埋铁于蛮砖，遗木梆于倚邦，埋马登于革登，置撒袋于曼撒，因以名其山。"所以，六大茶山并非是六座大山，而是地名，上述六个地方现今已成了主产茶叶的村寨。六大茶山地域范围并不大，如以倚邦为中心，往东离曼撒 50~60km，往西北离革登、蛮芝 30 多 km，革登与蛮枝相距 10 多 km。唯攸乐位于基诺族乡驻地往勐仑镇公路 3~4km 处。

六大茶山属于北热带湿润季风气候区，境内林木苍翠，柯枝交臂，藤蔓缠绕。优良的生态环境造就了茶叶醇香浓厚的特点，历来是传统优质普洱茶的主产区。然而，从茶树来看，混生中小叶种也不无关系。原来，这里的茶树并非全是乔木大叶茶，在象明乡的多个村寨生长有小乔木或灌木型的中小叶茶树。据今（2010 年）曼拱村书记赵三民说，当地人约在明朝时是从江西来到石屏，再从石屏到这里的，已有三十多代，早先很可能从江西带来茶种，所以，有一些茶园茶树叶片小，叶质硬，节间短，芽毛少，叶茎泛红。据詹英佩《中国普洱茶古六大茶山》载：英国人克拉克在光绪十一年（1885 年）写的《贵州省和云南省》一书中记有"著名的普洱茶产自倚邦的茶山……有许多江西人和湖南人在倚邦做买卖，每年有大量的货物从倚邦运往缅甸，有茶叶交易往来于仰光、掸邦、加尔各答、哥伦堡和锡金。"由此看来，赵三民的说法有一定的可信性。由于小叶茶富含氨基酸，与大叶茶拼配加工，生化成分互补，使茶叶鲜爽度增加，故茶界大叶拼小叶品质优的说法亦在于此。现将六大茶山代表性古茶树分述如下。

图 5-1-265 西双版纳的热带雨林

勐腊县易武乡是六大茶山中最著名的茶乡之一，主产在易武村、麻黑村、曼落村、刮风寨等地。

滇338. 易武大茶树 Yiwu dachashu（*C.sinensis* var. *assamica*）

产勐腊县易武乡易武村，是当地主栽品种。海拔1400m。栽培型。样株小乔木型，树姿直立，树高4.2m，树幅2.5m×2.2m，分枝中。芽叶黄绿色、多毛。大叶，叶长宽12.8cm×4.9cm，叶长椭圆形，叶色绿，叶身稍内折，叶面稍隆起，叶尖渐尖，叶齿锐、中、中，叶脉10~11对。萼片5片、无毛。花冠直径3.5~3.7cm，花瓣6~9枚、白色，子房多毛、3（4）室，花柱先端3（4）浅裂。种径1.5~1.6cm。花粉近扁球形，花粉平均轴径31.2μm，属大粒型花粉。花粉外壁纹饰为粗网状，萌发孔为梭形孔沟。染色体倍数性是：整二倍体频率为93%。1989年干样含水浸出物48.50%、茶多酚30.98%、儿茶素总量24.81%（其中EGCG11.10%）、氨基酸2.91%、咖啡碱5.10%、茶氨酸1.47%。制晒青茶、红茶，红茶茶黄素含量高达1.84%。生化成分茶多酚、儿茶素总量和咖啡碱含量高。用晒青茶压制的"七子饼茶"普洱茶是历史名茶。制红茶香味较高锐。（1990.11）

图 5-1-266　易武大茶树
（2008.11）

滇339. 落水洞大茶树 Luoshuidong dachashu（*C.dehungensis*）

产勐腊县易武麻黑，海拔1450m。栽培型。乔木型，树姿直立，树高10.2m，树幅4.2m×3.9m，基部干径40.0cm，分枝稀。芽叶绿色、中毛。大叶，叶长宽14.7cm×5.8cm，叶长椭圆形，叶色深绿，叶身平，叶面隆起，叶尖渐尖，叶齿锐、中、浅，叶脉10~12对。萼片5片、无毛。花冠直径3.2~3.8cm，花瓣6~8枚、白色，子房无毛、3室，花柱先端3中裂。2017年8月22日因树干枯朽死亡。（2010.11）

图 5-1-267-1　落水洞大茶树

图 5-1-267-2　因树干朽空，于2017年8月死亡

滇 340. 同庆河大茶树 Tongqinghe dachashu（*C.sinensis* var.*assamica*）

产勐腊县易武乡易田，是当地主栽品种。海拔
1350m。栽培型。小乔木型，树姿直立，树高 14.5m，基
部干径 22.0cm，分枝稀。芽叶绿色、多毛。特大叶，叶
长宽 18.0cm×5.7cm，叶披针形，叶色深绿，叶身稍内折，
叶面平，叶尖渐尖，叶齿锐、稀、中，叶脉 12~14 对。萼
片 5 片、无毛。花冠直径 3.2~4.4cm，花瓣 6~8 枚、白色，
子房中毛、3 室，花柱先端 3 浅裂。制晒青茶。（2004.11）

图 5-1-268　同庆河大茶树

滇 341. 曼落大茶树 Manluo dachashu（*C.sinensis* var. *assamica*）

产勐腊县易武乡曼落，是当地主栽品种。海拔 1200m。栽培型。样株小乔木型，树
姿半开张，树高 4.4m，树幅 3.5m×2.0m，分枝密。芽叶黄绿色、多毛。大叶，叶长宽
13.8cm×5.0cm，叶长椭圆形，叶色绿，叶身稍内折，叶面稍隆起，叶尖渐尖，叶齿锐、中、
深，叶脉 9~11 对。萼片 5 片、无毛。花冠直径 2.8~3.1cm，花瓣 6~8 枚、白色，子房多毛、
3 室，花柱先端 3 中裂。种径 1.4~1.6cm。制晒青茶、红茶。（2010.11）

滇 342. 刮风寨大茶树 Guafengzhai dachashu（*C.sinensis* var. *assamica*）

刮风寨归属勐腊县易武
乡麻黑村委会，与老挝丰沙里
省近邻，住户多数是瑶族。茶
树主要分布在茶王树、薄荷
堂、冷水河、白沙河等自然
村中，多与林木混生，海拔
1435m。茶树栽培型。样株当
地称"茶王树"，乔木型，树
姿直立，树高约 12m，树幅约
10m×8m，基部干径 42.0cm，
基部有 4 个分枝。嫩枝有毛。

图 5-1-269-1　刮风寨
大茶树（陈林波）

图 5-1-269-2　刮风寨
原始林中的茶树

芽叶绿色、多毛。大叶，叶长宽 12.3cm×5.0cm，叶椭圆形，叶色深绿，叶身内折，叶面平，
叶尖渐尖，叶齿锐、密、浅，叶脉 10~13 对，叶背有毛，叶质软。制晒青茶。（2016.4）

滇 343. 老街小叶茶 Laojie xiaoyecha (*C.sinensis*)

产勐腊县易武乡曼乃。海拔 1126m。栽培型。样株小乔木型，树姿半开张，树高 3.2m，树幅 2.7m×2.4m，分枝密，嫩枝有毛。芽叶绿色、有毛。小叶，叶长宽 6.7cm×2.6cm，叶椭圆形，叶色绿，叶身内折，叶面稍隆起，叶尖渐尖，叶齿锐、密、中，叶脉 8~9 对。萼片 5 片、无毛。花冠直径 2.4~2.6cm，花瓣 6 枚、白色，子房有毛，3 室，花柱先端 3 浅裂。果径 2.5~3.5cm。种径 1.4~1.6cm。制晒青茶。(2010.11)

滇 344. 曼庄大茶树 Manzhuang dachashu (多萼茶 *Camellia multisepala* Chang et Tang)

产勐腊县象明乡曼庄。海拔 1340m。栽培型。小乔木型，树姿半开张，树高 4.7m，树幅 3.2m×2.9m，分枝中。嫩枝有毛。芽叶绿色、多毛。中叶，叶长宽 9.8cm×3.2cm，叶披针形，叶色绿，叶身稍内折，叶面稍隆起，叶尖渐尖，叶齿钝、稀、浅，叶基部近全缘，叶脉 9~11 对，叶背主脉有毛。萼片 8 片、外无毛、内有毛。花冠直径 2.7~3.2cm，花瓣 6 枚、白现绿晕、无毛，子房多毛，3 室，花柱长 1.3cm、先端 3 中裂，雌雄蕊等高。果三角状球形，果径 1.6~2.0cm，果皮厚 1.0~1.5cm。种子黑色。2010 年干样含水浸出物 47.23%、茶多酚 27.52%、氨基酸 1.79%、咖啡碱 2.94%。生化成分茶多酚含量高。适制红茶。该树是多萼茶 *Camellia multisepala* Chang et Tang 的模式标本。(1982.11)

图 5-1-270 曼庄大茶树 (2010)

滇 345. 曼拱大茶树 Mangong dachashu (*C.sinensis* var. *assamica*)

产勐腊县象明乡倚邦村曼拱，是当地主栽品种。海拔 1418m。栽培型。样株小乔木型，树姿半开张，树高 3.2m，树幅 4.5m×4.2m，分枝中。芽叶绿色、多毛。大叶，叶长宽 13.9cm×5.3cm，叶长椭圆形，叶色绿，叶身稍内折，叶面稍隆起，叶尖渐尖，叶齿钝、中、中，叶脉 9~11 对。萼片 5 片、无毛。花冠直径 3.1~3.5cm，花瓣 6~8 枚、白色，子房中毛、3 室，花柱先端 3 浅裂。果径 2.0~2.3cm。种径 1.4~1.6cm。制晒青茶、红茶。(2010.11)

图 5-1-271 曼拱大茶树

滇 346．曼拱小叶茶 Mangong xiaoyecha（*C.sinensis*）

产地同曼拱大茶树。栽培型。同类型多株。样株小乔木型，树姿开张，树高 2.0m，树幅 1.8m×1.3m，分枝密。芽叶黄绿色、中毛。小叶，叶长宽 7.7cm×3.0cm，叶长椭圆形，叶色深绿，叶身平，叶面平，叶尖渐尖，叶齿锐、密、浅，叶脉 7~9 对，叶质较软。萼片 5 片、无毛。花冠直径 3.1~3.2cm，花

图 5-1-272　曼拱小叶茶树及小叶茶叶片（2010.11）

瓣 6~7 枚、白带绿晕，子房有毛、3 室，花柱先端 3 浅裂。制晒青茶。　（1982.11）

滇 347．曼松茶 Mansongcha（*C.sinensis*）

产勐腊县象明乡倚邦村曼松，是当地主栽品种。海拔 1380m。栽培型。样株灌木型，树姿半开张，树高 3.8m，树幅 2.8m×2.0m，分枝中。芽叶黄绿色、多毛。中叶，叶长宽 10.3cm×4.4cm，叶椭圆形，叶色深绿，叶身稍内折，叶面隆起，叶尖钝尖，叶齿钝、密、中，叶脉 7~10 对，叶质硬。萼片 5 片、无毛。花冠直径 3.5~3.7cm，花瓣 7~8 枚、白色，子房多毛、3（4）室，花柱先端 3（4）中裂。果三角状球形，果径 2.1~2.4cm。种子不规则形，种子黑褐色，种径 1.2~1.9cm。2010 年干样含水浸出物 35.90%、茶多酚 21.04%、氨基酸 1.84%、咖啡碱 2.43%。制红茶，茶黄素含量达 1.57%。　（1982.11）

滇 348．倚邦小叶茶 Yibang xiaoyecha（*C.sinensis*）

产勐腊县象明乡倚邦村（石板街），海拔 1380m。同类型多株。栽培型。样株灌木型，树姿半开张，树高 2.3m，树幅 1.8m×1.6m，分枝密。芽叶黄绿色、多毛。小叶，叶长宽 7.4cm×3.1cm，最小叶片 5.1cm×2.3cm，叶椭圆形，叶色绿，叶身稍内折，叶面稍隆起，叶尖渐尖，叶齿锐、中、浅，叶脉 6~9 对，叶质较硬。萼片 5 片、无毛。花冠直径 3.4~3.6cm，花瓣 6~7 枚、白带绿晕，子房有毛、3 室，花柱先端 3 浅裂。果球形，果径 2.1~2.3cm。种子球形，种子褐色，种径 1.4~1.6cm。2010 年干样含水浸出物 36.90%、茶多酚 22.79%、氨基酸 1.96%、咖啡碱 2.15%。制红茶，茶黄素含量达 1.37%。亦适制晒青茶。　（1982.11）

滇349. 革登茶 Gedengcha（*C.dehungensis*）

产勐腊县象明乡安乐革登山，是当地主栽品种，海拔1360m。栽培型。样株小乔木型，树姿半开张，树高2.5m，树幅1.4m×1.2m。芽叶黄绿色或泛红、多毛。中叶，叶长宽11.5cm×3.8cm，叶披针形，叶色绿，叶身稍内折，叶面稍隆起，叶尖渐尖，叶齿锐、密、浅，叶脉9~14对。花冠直径3.5~4.2cm，花瓣6~7枚、白现绿晕，子房无毛、3室，花柱先端3裂。果三角状球形、肾形，果径2.5~3.2cm。种子球形、褐色，种径1.4~1.7cm。制绿茶。（2010.10）

图 5-1-273 革登茶

滇350. 蛮芝大叶茶 Manzhi dayecha（*C.sinensis var. assamica*）

产勐腊县象明乡曼林村委会曼赛、曼底等村寨，海拔1320m。同类型多株。栽培型。样株小乔木型，树姿半开张，树高2.0m，树幅1.1m×0.8m，分枝中。芽叶绿或紫绿色、毛少。大叶，叶长宽15.4cm×5.5cm，叶长椭圆形，叶色绿，叶身稍内折或平，叶面稍隆起，叶尖渐尖，叶齿锐、中、中，叶脉8~11对。花冠直径3.1~3.4cm，花瓣5~7枚、白现绿晕、无毛，子房多毛、3室，花柱先端3裂。果三角状球形或肾形，果径2.7~3.3cm。种子球形、褐色，种径1.6~1.7cm。制绿茶。（2010.10）

图 5-1-274 蛮芝大叶茶

滇 351. 象明绿梗白芽茶 Xiangming lvgengbaiyacha（*C.sinensis var. assamica*）

产勐腊县象明乡驻地，海拔 1320m。栽培型。样株小乔木型，树姿半开张，芽叶黄绿色、多毛。中叶，叶长宽 10.8cm×4.6cm，叶椭圆形，叶色绿，叶身稍内折，叶面隆起，叶尖渐尖，叶齿锐、中、中，叶脉 8~10 对。花冠直径 4.0~4.2cm，花瓣 7~9 枚、白现绿晕、无毛，子房多毛、3 室，花柱先端 3 中裂。果三角状球形、肾形，果径 2.4~2.9cm。种子球形、褐色，种径 1.4~1.6cm。2010 年干样含水浸出物 42.93%、茶多酚 22.50%、氨基酸 2.05%、咖啡碱 2.45%。制红茶，茶黄素含量达 1.43%。（2010.10）

滇 352. 攸乐大叶茶 Youle dayecha（*C.sinensis var. assamica*）

产景洪市基诺山基诺族乡新司土，是当地主栽品种。海拔 1360m。栽培型。样株小乔木型，树姿直立，树高 2.5m，树幅 1.2m，分枝较稀。芽叶黄绿色、多毛。大叶，叶长宽 12.7cm×5.7cm，叶椭圆形，叶色绿，叶身稍内折，叶面隆起，叶尖渐尖，叶齿钝、稀、中，叶脉 10~13 对。萼片 5 片、无毛。花冠直径 3.5~4.3cm，花瓣 5~7 枚、白色，子房中毛、3 室，花柱先端 3 中裂。果四方状球形，果径 3.2~3.3cm。种子球形，种径 1.6~1.7cm，种皮棕褐色。2011 年干样含水浸出物 40.15%、茶多酚 25.46%、氨基酸 3.09%、咖啡碱 5.43%。生化成分咖啡碱含量高。制红茶、晒青茶。（2010.11）

图 5-1-275 攸乐大叶茶

滇 353. 亚诺大叶茶 Yanuo dayecha (*C. sinensis* var. *assamica*)

产景洪市基诺山基诺族乡亚诺村,是当地主栽品种。海拔 1354m。栽培型。样株小乔木型,树姿半开张,树高 5.4m,树幅 3.2m,干径 48.6cm,最低分枝高 1.2m。芽叶绿稍黄色、多毛。中叶,叶长宽 11.3cm×4.9cm,叶椭圆形,叶色绿,叶身平,叶面稍隆起,叶尖渐尖,叶齿钝、稀、浅,叶脉 10~12 对。萼片 5 片、无毛。花冠直径 3.7~4.3cm,花瓣 5~7 枚、白带绿晕,子房多毛、3 室,花柱先端 3 中裂。果径 3.0~3.2cm,种子球形,种径 1.4~1.5cm,种皮棕褐色。制红茶、晒青茶。(2010.11)

图 5-1-276　亚诺大叶茶(郭金斌)

滇 354. 洛特大茶树 Luote dachashu (*C. sinensis* var. *assamica*)

产景洪市基诺山基诺族乡洛特村,当地主栽品种。海拔 1209m。栽培型。样株小乔木型,树姿半开张,树高 3.5m,树幅 2.4m×2.3m。嫩枝有毛。芽叶绿紫色、多毛。大叶,叶长宽 13.9cm×4.3cm,叶披针形,叶色深绿,叶身平,叶面平,叶尖渐尖,叶脉 7~9 对。萼片 5 片、无毛。花冠直径 3.5~4.3cm,花瓣 6 枚、白带绿晕,子房有毛、3 室,花柱先端 3 浅裂。2015 年干样含茶多酚 26.81%、氨基酸 3.25%、咖啡碱 3.93%。生化成分茶多酚含量高。制晒青茶。(2014.11)

图 5-1-277　洛特大茶树（郭金斌）

滇 355. 卖窑茶 Maiyaocha（*C.sinensis* var. *assamica*）

产景洪市勐龙镇勐宋村。栽培型。样株乔木型，树姿开张，树高7.2m，树幅10.2m×9.2m，基部干径62.4cm，嫩枝有毛。芽叶黄绿色、多毛。中叶，叶长宽12.2cm×4.5cm，叶长椭圆形，叶色深绿，叶身平，叶面平，叶尖渐尖，叶脉7~9对。萼片5片、无毛。花冠直径3.5~3.8cm，花瓣5~7枚、白带绿晕，子房中毛、3室，花柱先端3浅裂。果径2.8~3.2cm。种子球形，种径1.5~1.6cm，种皮棕褐色。2015年干样含茶多酚25.86%、儿茶素总量11.72%、氨基酸2.64%、咖啡碱2.87%。制晒青茶。 （2014.10）

图 5-1-278　卖窑茶（郭金斌）

滇 356. 曼加坡坎苦茶 Manjiapokan kucha（*C.assamica* var. *kucha*）

产景洪市勐龙镇勐宋村，海拔1588m。栽培型。样株小乔木型，树姿开张，树高4.0m，树幅5.4m×5.2m，基部干径43.0cm。分枝密。嫩枝有毛。芽叶黄绿色、多毛。大叶，叶长宽12.0cm×5.2cm，叶长椭圆形，叶色深绿，叶身背卷，叶面稍隆起，叶尖渐尖，叶脉9~12对，叶背主脉少毛。萼片5片、无毛。花冠直径3.1~3.8cm，花瓣6~7枚、白色，子房多毛、3室，花柱先端3浅裂，花柱长0.8cm。果径3.0cm，果高2.0cm。种径1.8cm，种皮褐色。2015年干样含茶多酚31.03%、儿茶素总量8.81%、氨基酸3.48%、咖啡碱2.81%。生化成分茶多酚含量高，儿茶素总量低。制晒青茶。晒青茶味苦。同类型苦茶多株，多混生于一般茶树中。 （2014.11）

图 5-1-279　曼加坡坎苦茶（郭金斌）

滇 357. 曼伞大叶茶 Mansan dayecha（*C.sinensis* var. *assamica*）

产景洪市勐龙镇曼伞村，当地主栽品种。海拔 1314m。栽培型。样株小乔木型，树姿开张，树高 4.1m，树幅 5.4m×5.1m，基部干径 25.5cm。嫩枝有毛。芽叶绿色、多毛。特大叶，叶长宽 14.3cm×6.3cm，叶椭圆形，叶色深绿，叶身平，叶面稍隆起，叶尖渐尖，叶脉 7~9 对。萼片 5 片、无毛。花冠直径 1.8~2.7cm，花瓣 5~7枚、白现绿晕，子房多毛、3 室，花柱先端 3 浅裂，花柱长 0.6cm。果径1.8~2.1cm。种径 1.4~1.5cm，种皮褐色。2015 年干样含茶多酚 28.20%、儿茶素总量 9.41%、氨基酸 2.55%、咖啡碱 4.26%。生化成分茶多酚含量高，儿茶素总量低。制晒青茶。
（2014.11）

图 5-1-280　曼伞大叶茶（郭金斌）

滇 358. 昆罕大茶树 Kunhan dachashu（*C.sinensis* var. *assamica*）

产景洪市大渡岗乡荒坝村。海拔1311m。栽培型。乔木型，树姿直立，树高 9.8m，树幅 6.2m×5.9m，基部干径 20.4cm。嫩枝有毛。芽叶绿色、多毛。大叶，叶长宽 14.2cm×4.8cm，叶椭圆形，叶色绿，叶身平，叶面稍隆起，叶尖渐尖，叶脉 9~13 对。叶背多毛。制晒青茶。 （2014.11）

图 5-1-281　昆罕大茶树（郭金斌）

滇 359. 弯角山大茶树 Wanjiaoshan dachashu （*C. sinensis* var. *assamica*）

产景洪市景纳乡弯角山，海拔 1223m。栽培型。样株小乔木型，树姿开张，树高 3.4m，树幅 4.8m×4.0m。嫩枝有毛。芽叶绿紫色、多毛。大叶，叶长宽 14.7cm×5.3cm，叶长椭圆形，叶色绿，叶身平，叶面稍隆起，叶尖渐尖，叶脉 8~12 对，叶背少毛。萼片 5 片、无毛。花冠直径 3.1~3.5cm，花瓣 5~7 枚、白现绿晕，子房有毛、3 室，花柱先端 3 浅裂，花柱长 1.0cm。2015 年干样含茶多酚 24.41%、儿茶素总量 10.18%、氨基酸 3.45%、咖啡碱 3.98%。生化成分儿茶素总量偏低。制晒青茶。 （2014.11）

图 5-1-282 弯角山大茶树（郭金斌）

十三、昭通市

昭通市位于云南省东北部、云贵高原北部，多高山峡谷，高差悬殊，属中、北亚热带和暖温带气候。茶叶不是主要经济作物，但产茶历史悠久。古茶树主要分布在大关、盐津、威信、镇雄和绥江等地，野生型茶树有以威信县旧城马鞍模式标本定名的疏齿茶，栽培型亦有以威信县旧城马鞍模式标本定名的大树茶，另有秃房茶、茶等。

滇 360. 青龙大茶树 Qinglong dachashu （*C. gymnogyna*）

产大关县青龙乡寨子村，同类型多株。海拔 1190m。栽培型。样株乔木型，树姿直立，树高 5.7m，树幅 2.6m×2.5m，基部干径 18.0cm，分枝中。芽叶绿色、中毛。大叶，叶长宽 13.9cm×4.9cm，叶长椭圆形，叶色绿，叶身稍内折，叶面隆起，叶尖渐尖或急尖，叶齿钝、稀、中，叶脉 10~11 对。萼片 5 片、无毛、边缘有睫毛。花冠直径 4.4~4.6cm，花瓣 7~8 枚、白色，子房无毛、3 室，花柱长 1.6~1.7cm、粗 3.0mm、先端 3 浅裂、弯曲，雌雄蕊等高。果三角状球形，果径 3.2cm，宿存萼片特大。种子球形，种径 1.3~1.4cm，种皮棕褐色。1984 年干样含水浸出物 38.72%、茶多酚 16.59%、氨基酸 1.37%、咖啡碱 2.26%。制绿茶、黑茶。 （1983.10）

图 5-1-283 青龙大茶树

滇 361. 青龙高树茶 Qinglong gaoshucha（大树茶 *Camellia arborescens* Chang et Yu，以下缩写为 *C.arborescens*）

产地同青龙大茶树。栽培型。样株小乔木型，树姿直立，树高6.2m，树幅2.7m×2.6m，基部干径38.0cm。芽叶毛多。大叶，叶长宽12.1cm×5.5cm，叶椭圆形，叶色绿，叶身稍内折，叶面稍隆起，叶尖渐尖，叶齿钝、中、中，叶脉9~11对。萼片5片、外无毛、内多毛、边缘有睫毛。花冠直径4.6~4.8cm，花瓣8~10枚、白现绿晕，子房有毛、3室，花柱长1.0~1.1cm，先端3浅裂，雌雄蕊等高。果三角状球形，果径2.0~2.5cm。种子球形，种径1.3cm。制晒青茶。 (1983.10)

图 5-1-284 青龙高树茶

滇 362. 翠华小叶茶 Cuihua xiaoyecha（*C.sinensis*）

产大关县翠华寺，是当地主栽品种。海拔1070m。栽培型。样株灌木型，树姿半开张，树高1.2m，树幅1.4m。芽叶绿色、多毛。小叶，叶长宽7.3cm×4.0cm，叶卵圆形，叶色绿，叶身稍内折，叶面稍隆起，叶尖圆尖或钝尖，叶齿钝、稀、中，叶脉7~9对。萼片5（6）片、无毛。花冠直径3.2~3.4cm，花瓣6~7枚、白现绿晕，子房多毛、3室，花柱长1.1~1.3cm、先端3浅裂，雌雄蕊等高。果三角状球形，果径2.6~2.9cm。种子球形，种径1.3cm，种皮棕褐色。1984年干样含水浸出物44.25%、茶多酚23.32%、氨基酸3.66%、咖啡碱5.03%。生化成分咖啡碱含量高。制绿茶，所制"翠华茶"又称"金耳环"茶，为云南历史名茶，已有五百多年历史，历来为朝廷贡茶和佛家朝拜峨眉寺的珍品，1915年获得巴拿马博览

图 5-1-285 翠华小叶茶

会二等商标。采一芽一二叶按龙井茶制法加工，外形扁平，色泽黄绿，香气清鲜，滋味鲜醇。也适制红茶，茶黄素含量高达1.75%。 (1983.10)

滇363. 牛寨老林茶 Niuzhai laolincha（*C. gymnogyna*）

产盐津县牛寨乡保隆村，海拔1045m。栽培型。乔木型，树姿直立，树高9.0m，树幅4.4m×4.1m，基部干径32.0cm，分枝中。芽叶绿色、多毛。特大叶，叶长宽15.3cm×7.1cm，最大叶长宽17.8cm×7.8cm，叶椭圆形，叶色绿，叶身稍内折，叶面稍隆起，叶尖渐尖或急尖，叶齿钝、稀、浅，叶脉10~12对。萼片5片、无毛。花冠直径4.5~5.3cm，花瓣7~9枚、白色，子房无毛、3室，花柱长1.8~2.0cm、先端3浅裂，雌蕊高于雄蕊。1984年干样含水浸出物46.81%、茶多酚25.07%、氨基酸1.90%、咖啡碱4.94%。生化成分咖啡碱含量高。制黑茶。
（1983.10）

图 5-1-286　牛寨老林茶

滇364. 牛寨高树茶 Niuzhai gaoshucha（*C. arborescens*）

产地同牛寨老林茶，海拔1040m。栽培型。小乔木型，树姿直立，树高4.3m，树幅1.6m×1.5m，干径7.0cm。芽叶绿色、多毛。大叶，叶长宽13.9cm×5.5cm，叶长椭圆形，叶色绿，叶身稍内折，叶面强隆起，叶尖渐尖，叶齿中、中、中，叶脉9~11对。萼片5片、无毛。花冠直径3.7~4.1cm，花瓣8~9枚、白现红晕（花背），子房有毛、3室，花柱长1.1~1.3cm、先端3浅裂，雌雄蕊等高。制黑茶。（1983.10）

滇365. 石缸中叶茶 Shigang zhongyecha（*C. sinensis*）

产盐津县豆沙乡石缸村，是当地主栽品种。海拔890m。栽培型。样株灌木型，树高1.9m，树幅2.0m×1.9m。芽叶绿色、多毛。中叶，叶长宽8.5cm×3.7cm，叶椭圆形，叶色绿，叶身稍内折，叶面稍隆起，叶尖钝尖，叶齿钝、稀、中，叶脉9~10对。萼片5片、无毛。花冠直径3.2~3.4cm，

图 5-1-287　石缸中叶茶

花瓣6~7枚、白现绿晕，子房有毛、3室，花柱长1.2~1.3cm、先端3中裂，雌雄蕊等高。果三角状球形，果径2.3~2.5cm。种子球形，种径1.3cm。所制"石缸茶"为地方名茶。（1983.10）

滇 366. 板栗高树茶 Banli gaoshucha（*C.gymnogyna*）

产绥江县板栗，海拔 1200m。栽培型。乔木型。树高约 17m，干径 94.2cm。芽叶多毛。特大叶，叶长宽 17.3cm×6.6cm，叶长椭圆形，叶色绿，叶身平，叶面平，叶尖渐尖，叶齿钝、稀、浅，叶脉 10~11 对。萼片 5 片、无毛。花冠直径 3.2~3.5cm，花瓣 6~8 枚、白色，子房无毛、3 室，花柱长 1.4~1.5cm、先端 3 浅裂，雌雄蕊等高。无利用史。本树是目前滇东北树体最高、最粗的秃房茶。（1983.10）

滇 367. 绥江家茶 Suijiang jiacha（*C.sinensis*）

产绥江县中城镇农业村，海拔 1400m。栽培型。样株灌木型，树高 1.7m，树幅 1.9m×1.3m。芽叶绿色、多毛。中叶，叶长宽 9.7cm×4.2cm，叶椭圆形，叶色绿，叶身稍内折，叶面稍隆起，叶尖钝尖，叶齿钝、中、深，叶脉 8~10 对。萼片 5（4）片、有睫毛。花冠直径 3.5~3.7cm，花瓣 6~7 枚、白现绿晕，子房多毛、3 室，花柱长 1.2cm、先端 3 中裂，雌雄蕊等高。果三角状球形，果径 2.3~2.4cm。种子球形，种径 1.3 cm。制烘青茶。（1983.10）

图 5-1-288　绥江家茶

滇 368. 马鞍大叶茶 1 号 Maan dayecha1（疏齿茶 *Camellia remotiserrata* Chang et Wang，以下缩写为 *C.remotiserrata*）

产威信县旧城镇马鞍村，海拔 1170m。野生型。小乔木型，树姿直立，树高 3.5m，树幅 1.8m×1.8m，分枝中。芽叶绿色、多毛。大叶，叶长宽 15.2cm×5.5cm，最大叶长宽 17.3cm×6.1cm，叶长椭圆形，叶色绿，叶身稍内折，叶面平，叶尖尾尖，尖长 1.5cm，叶齿钝、稀、浅，叶脉 10~12 对。萼片 5 片、萼片外无毛、内有毛。花冠直径 5.0~5.4cm，花瓣 8~11 枚、白色，子房无毛、5（4、3）室，花柱长 1.5~2.1cm、先端 5（4、3）中裂，雌蕊比雄蕊高或等高。1984 年干样含水浸出物 49.57%、茶多酚 26.26%、氨基酸 1.89%、咖啡碱碱 4.24%。该树是疏齿茶 *Camellia remotiserrata* Chang et Wang 的模式标本。（1983.10）

滇 369. 马鞍大叶茶 2 号 Maan dayecha2 （*C.remotiserrata*）

产地同马鞍大叶茶 1 号。野生型。小乔木型，树姿直立，树高 6.1m，树幅 4.2m×3.1m。芽叶少毛。大叶，叶长宽 14.9cm×5.9cm，叶长椭圆形，叶色绿，叶身平，叶面平，叶尖尾尖、尖长 2.0cm，叶齿锐、稀、中，叶脉 10~11 对。萼片 5 （6）片，萼片外无毛、内多毛。花冠直径 5.3~5.7cm，花瓣 8~9 枚、白色，子房无毛、4 （3）室，花柱长 1.7~2.2cm、先端 4 （3）中裂，雌蕊比雄蕊高或等高。果扁球形，果径 2.0~2.2cm。1984 年干样含水浸出物 35.75%、茶多酚 18.84%、儿茶素总量 10.18%、氨基酸 1.54%、咖啡碱 5.47%。生化成分儿茶素总量偏低，咖啡碱含量高。 （1983.10）

滇 370. 旧城高树茶 Jiucheng gaoshucha （*C.arborescens*）

产地同马鞍大叶茶 1 号。栽培型。小乔木型，树姿半开张，样株树高 3.4m，树幅 1.7m×1.3m，分枝中。芽叶绿色、多毛。大叶，叶长宽 12.9cm×4.8cm，叶长椭圆形，叶色绿，叶身稍内折，叶面稍隆起，叶尖渐尖，叶齿钝、中、浅，叶脉 7~9 对。萼片 6 片，萼片外无毛、内有毛。花冠直径 4.6~5.0cm，花瓣 7~8 枚、白色，子房多毛、3 室，花柱长 1.2~1.7cm、3 （4）中裂，雌雄蕊等高。该树是大树茶 *Camellia arborescens* Chang et Yu 的模式标本。 （1983.10）

滇 371. 旧城原茶 Jiucheng yuancha （*C.sinensis*）

产威信县旧城镇天蓬村，海拔 950m。同类型多株。栽培型。样株灌木型，树高 1.8m，树幅 1.5m×1.4m。芽叶绿色、中毛。中叶（偏小），叶长宽 7.8cm×3.7cm，叶椭圆形，叶色绿，叶身稍内折，叶面隆起，叶尖钝尖，叶齿锐、中、浅，叶脉 8~9 对。萼片 5 片，无毛。花冠直径 3.3~3.6cm，花瓣 6~7 枚、白现绿晕，子房多毛、3 （4）室，花柱长 1.0~1.3cm、3 （4）中裂，雌雄蕊等高。果扁球形或肾形，果径 3.3~3.6cm。制烘青茶。 （1983.10）

滇 372. 大保大茶树 Dabao dachashu（*C.gymnogyna*）

产镇雄县杉树乡大保村，海拔 1025m。栽培型。乔木型，树姿直立，树高 8.7m，树幅 7.1m×4.9m，基部干径 42.0cm，分枝中。芽叶绿色、多毛。特大叶，叶长宽 19.4cm×7.2cm，最大叶长宽 22.0cm×8.0cm，叶长椭圆形，叶色绿，叶身平，叶面隆起，叶尖尾尖，叶尖长 1.7cm，叶齿钝、稀、浅，叶脉 10~12 对。萼片 5（4）片、无毛。花冠直径 4.3~4.6cm，花瓣 8~9 枚、白色，子房无毛、3 室，花柱长 1.2~1.5cm、先端 3 微裂，雌雄蕊等高。果扁球形、肾形等，果径 2.2~2.6cm。制绿茶，味苦。本树是滇东北叶片最大的秃房茶。（1983.10）

图 5-1-289　大保大茶树

滇 373. 阳雀茶 Yangquecha（*C.sinensis*）

产镇雄县伍德镇大水沟村，海拔 1280m。同类型多株。栽培型。样株灌木型，树姿开张，树高 3.0m，树幅 3.2m，分枝密。芽叶绿色、多毛。小叶，叶长宽 7.8cm×4.1cm，叶椭圆形，叶色绿，叶身平，叶面稍隆起，叶尖钝尖或渐尖，叶齿锐、中、浅，叶脉 8~10 对。萼片 5（6）片、无毛。花冠直径 3.5~3.9cm，花瓣 6~7 枚、白现绿晕，子房多毛、3 室，花柱长 0.9~1.2cm、先端 3 中裂，雌雄蕊等高。果径 1.8~2.2cm。制绿茶。（1983.10）

图 5-1-290　阳雀茶

十四、怒江傈僳族自治州

怒江傈僳族自治州位于云南省西北部、横断山脉纵谷区北段，北接西藏，西邻缅甸，怒江、澜沧江双江并流，属北亚热带和暖温带气候。除在贡山、福贡县有少量从云南省内引进的大叶品种茶外，其余均是灌木型茶树。

滇 374. 独龙江大叶茶 Dulongjiang dayecha（*C.sinensis* var. *assamica*）

产贡山独龙族怒族自治县（以下简称贡山县）独龙江乡巴坡村，海拔 1330m。栽培型。样株小乔木型，树姿半开张，树高 4.7m，树幅 4.9m×4.2m，分枝较密。芽叶绿色、毛特多。特大叶，叶长宽 17.0cm×6.4cm，最大叶长宽 18.5cm×7.2cm，叶长椭圆形，叶色绿，叶身平，叶面稍隆起，叶尖尾尖或渐尖，叶齿中、中、深，叶脉 10~12 对。萼片 5 片、无毛。花冠直径 3.7~4.4cm，花瓣 5~7 枚、白现绿晕，子房多毛、3 室，花柱长 1.1~1.5cm、先端 3 中裂，雌蕊高于雄蕊。果径 3.1~3.3cm，种子近球形，种径 1.3~1.7cm。同类型有数株。（1984.10）

图 5-1-291　独龙江大叶茶

滇 375. 芒孜小叶茶 Mangzi xiaoyecha（*C.sinensis*）

产贡山县茨开镇芒孜村，海拔 1430m。同类型多株。栽培型。样株灌木型，树姿半开张，树高 1.9m，树幅 2.9m，分枝密。芽叶绿色、毛中等。中叶，叶长宽 8.7cm×3.4cm，叶长椭圆形，叶色绿，叶身稍内折，叶面稍隆起，叶尖渐尖，叶齿中、中、中，叶脉 10~11 对。萼片 6~7 片、无毛。花冠直径 3.1~3.4cm，花瓣 6~8 枚、白现绿晕，子房多毛、3（4）室，花柱长 0.7~0.9cm、先端 3（4）中裂，雌蕊低于雄蕊。果三角状球形，果径 1.8~2.0cm。种子球形，种径 1.2~1.4cm。制绿茶。（1984.11）

图 5-1-292　芒孜小叶茶

滇 376. 片马小叶茶 Pianma xiaoyecha（*C.sinensis*）

产泸水县片马镇下片马，海拔 1810m。栽培型。同类型多株。样株灌木型，树姿半开张，树高 1.5m，树幅 1.6m，分枝密。芽叶绿色、毛多。中（偏小）叶，叶长宽 8.5cm×3.9cm，叶椭圆形，叶色绿，叶身稍内折，叶面稍隆起，叶尖渐尖，叶齿中、中、深，叶脉 6~8 对。萼片 5 片、无毛。花冠直径 3.7~3.9cm，花瓣 5~6 枚、白现绿晕，子房多毛、3 室，花柱长 0.7~0.8cm、先端 3 中裂，雌蕊高于雄蕊。1985 年干样含水浸出物 40.13%、茶多酚 21.39%、氨基酸 1.28%、咖啡碱 3.02%。生化成分氨基酸含量偏低。制绿茶。 （1984.11）

十五、丽江市

丽江市位于云南省西北部、横断山脉纵谷区东部，属暖温带季风气候。本市只在黑龙潭发现了普洱茶和茶。

滇 377. 丽江大叶茶 Lijiang dayecha（*C.sinensis* var. *assamica*）

产丽江市黑龙潭，海拔 2450m。栽培型。样株小乔木型，树姿半开张，树高 1.8m，树幅 1.4m。芽叶绿色、多毛。大叶，叶长宽 13.6cm×5.3cm，叶椭圆或长椭圆形，叶身稍内折，叶面隆起，叶尖渐尖或尾尖，叶齿中、密、中，叶脉 11~14 对。萼片 5（4）片、无毛。花冠直径 2.4~2.8cm，花瓣 5~7 枚、白现绿晕，子房多毛、3 室，花柱长 1.0cm、先端 3 中裂，雌蕊高于雄蕊。制绿茶。 （1984.11）

滇 378. 丽江小叶茶 Lijiang xiaoyecha（*C.sinensis*）

产丽江市黑龙潭，海拔 2450m。栽培型。灌木型，树姿半开张。树高 0.8m，树幅 0.7m。芽叶绿色、中毛。特小叶，叶长宽 6.1cm×2.8cm，叶椭圆形，叶身稍内折，叶面隆起，叶尖钝尖，叶齿中、中、中，叶脉 7~9 对。萼片 5（4）片、无毛。花小，花冠直径 2.0~2.2cm，花瓣 5~6 枚、白现绿晕，子房多毛、3 室，花柱长 0.9~1.0cm、先端 3 中裂，雌雄蕊等高。果三角状球形，果径 1.8~2.3cm。种径 1.2~1.3cm。制绿茶。 （1984.11）

第二节 贵州省

　　贵州省位于云贵高原东北大斜坡，黔南、黔西南处在茶树地理起源范围内。全省茶树资源的分布有一定的区域性，位于乌蒙山区的黔南和黔西南主要是大厂茶、五柱茶和秃房茶；位于大娄山脉的黔西北是秃房茶、大树茶和疏齿茶等。除此之外几乎都是茶。本节介绍 58 份古茶树。

黔 1. 七舍大茶树 Qishe dachashu（*C. tachangensis*）

　　产兴义市七舍镇纸厂。海拔 1779m。野生型。样株乔木型，树姿半开张，树高约 12m，树幅 8.0m，干径 30.0cm，最低分枝高度 0.7m，分枝密。芽叶黄绿色、多毛。特大叶，叶长宽 16.4cm×6.5cm，叶椭圆形，叶色绿，有光泽，叶身平，叶面稍隆起，叶尖急尖，叶脉 8~10 对，叶革质。萼片 5 片、无毛。花冠直径 6.3cm，花瓣 8~10 枚，花瓣白色、质较厚，子房无毛、5 室，花柱先端 5 裂。果呈柿形，果径 4.2cm，果高 2.8cm，干果皮厚 2.0mm。种径 1.7cm，种子肾形或球形，种皮粗糙。1995 年干样含儿茶素总量 2.98%（其中 EGC、D,L-C 及咖啡碱均未测到）、茶氨酸 2.50%、丁子香酚甙 0.730%、苦味氨基酸占氨基酸总量 25.0%。生化成分儿茶素含量特低。制红茶、绿茶，香味较差。同类型茶树有数百株。可作物种生化代谢机制研究材料。 （1992.10）

图 5-2-1　七舍大茶树

黔2. 晴隆半坡大茶树 Qinglongbanpo dachashu（*C. tachangensis*）

产晴隆县紫马乡捧笔村、新桥村等。样株产于捧笔村。野生型。乔木型，树姿半开张，树高5.5m，树幅4.0m，基部干径37.8cm，有2个主干。芽叶黄绿色、无毛或少毛。叶披针形或长椭圆形，叶长15.5~17.8cm，叶宽

图 5-2-2　晴隆大茶树（《茶氏物语》）

图 5-2-3　紫马乡捧笔村疑似茶子化石（1992）

4.3~4.9cm，叶身平，叶面平，叶脉11~13对。花冠直径6.4cm，花瓣10~13瓣，子房无毛、5室，花柱先端5裂。果径3.3cm，鲜果壳厚3.0mm。种径1.4cm，种纹粗显。1980年贵州省野生茶树资源调查组卢其明在碧痕镇笋家箐发现茶子化石，经中国科学院南京地质古生物研究所等鉴定为新生代第三纪茶子化石。1992年作者等又在紫马乡捧笔村发现了疑似茶子化石。（1992.10）

黔3. 普白大茶树 Pubai dachashu（*C. tachangensis*）

产普安县普白林场，海拔1820m。同类型多株。野生型。样株乔木型，树姿直立，树高约8m，树幅2.1m，干径42cm，分枝较密。嫩枝无毛。芽叶绿色、茸毛少。大叶，叶长宽15.2cm×6.6cm，叶椭圆形，叶色绿，叶身平，叶面稍隆起，叶革质，叶尖急尖，叶脉8对，叶齿锐、中、中，叶背主脉无毛。萼片5片、色绿，萼片外部有睫毛。花冠直径5.1~5.6cm，花瓣10~12枚、长宽2.8cm×2.6cm、白色、质地薄，子房无毛、5室，花柱长1.6cm、花柱粗1.2mm、先端5裂。果柿形，果径4.0cm，果高2.4cm，干果皮厚1.9mm。种径1.6~1.7cm，种子肾形或球形，种皮褐色、较粗糙。1995年干样含儿茶素总量7.43%（未测到D,L-C）、咖啡碱0.75%、制绿茶。同类型茶树多。生化成分儿茶素总量和咖啡碱含量特低。可作物种生化代谢机制研究材料。（1992.10）

图 5-2-4　普白大茶树

黔4. 马家坪大茶树 Majiaping dachashu（*C. tachangensis*）

产普安县青山镇马家坪半坡，海拔 1680m。同类型多株。野生型。样株小乔木型，树姿半开张，树高约 9m，树幅 9.1m，基部干径 54.1cm，最低分枝高 0.45m，分枝较密。嫩枝无毛。鳞片无毛，芽叶绿色、茸毛少。特大叶，叶长宽 15.2cm×6.6cm，叶椭圆形，叶色绿，叶身平，叶面隆起，叶革质，叶尖尾尖，叶脉 7~10 对，叶齿锐、中、中，叶背主脉无毛。花梗长 1.0mm，花梗粗 2.8mm，花梗无毛。萼片 5 片、外部有睫毛，内部靠边缘部分多毛，靠中心部分少毛，萼片长宽 0.6cm×0.6cm。花冠直径 5.3~5.7cm，最大花冠 5.7~6.2cm，花瓣 10~13 枚，花瓣长宽 2.9cm×2.6cm，最大花瓣 3.1cm×3.1cm，花瓣白色、质地薄，子房无毛、5 室，花柱长 1.7cm、粗 1.1mm、先端 5 中裂或全裂，花柱无毛。干果皮厚 1.6mm，最厚 2.0mm，果轴呈五角形，果轴粗，大小为 1.1cm。种径 1.6cm、棕褐色，种皮较光滑。制绿茶。同类型茶树多。（2011.5）

图 5-2-5　马家坪大茶树

黔5. 托家地大茶树 Tuojiadi dachashu（*C. tachangensis*）

产普安县青山镇马家坪，海拔 1690m。同类型多株。野生型。样株小乔木型，树姿半开张，树高约 8m，树幅约 4m，干径 46cm，分枝较密，嫩枝无毛。鳞片无毛，芽叶绿色、茸毛少。大叶，叶长宽 13.8cm×5.8cm，叶椭圆形，叶色绿，叶身平，叶面隆起，叶革质，叶尖尾尖，叶脉 7~10 对，叶齿锐、中、中，叶背主脉无毛。花梗粗 2.8mm，花梗无毛。萼片 5 片、外部有睫毛，内部靠边缘部分多毛，靠中心部分少毛，萼片长宽 0.6cm×0.6cm。花瓣 10~13 枚，子房 5 室、无毛，先端 5 中裂或全裂，花柱无毛。干果皮厚 2.0mm，果轴呈五角形，果轴粗，种皮褐色，较光滑。（2017.7）

图 5-2-6　托家地大茶树

黔6. 龙广大茶树 Longguang dachashu (*C.tachangensis*)

产安龙县龙广镇大寨，海拔1790m。野生型。乔木型，树姿直立，树高8.5m，树幅4.0m，最低分枝高0.6m，基部干径39.0cm，分枝较稀。嫩枝无毛。芽叶绿色、茸毛较少。大叶，叶长宽13.8m×5.8m，叶椭圆形，叶色绿稍黄，叶身平，叶面隆起，叶革质，叶尖渐尖，叶脉8~10对，叶齿锐、中、深，叶背主脉无毛。萼片5片、无毛。花冠直径5.3~5.5cm，花瓣10~12枚，长宽2.7cm×2.4cm、白色、质地薄，子房无毛、5室，花柱长1.7cm、花柱粗1.1mm、先端5裂。果柿形，果径3.2cm，果高2.2cm，干果皮厚1.4mm。种径1.4~1.6cm，种子肾形或球形，种皮褐色、较粗糙。制绿茶。（1992.10）

黔7. 五台大茶树 Wutai dachashu (*C.tachangensis*)

产安龙县德卧镇五台山，海拔1810m。野生型。乔木型，树姿直立，树高10.2m，树幅3.4m，最低分枝高2.6m，干径30.0cm，分枝较稀。嫩枝无毛。芽叶绿色、茸毛少。特大叶，叶长宽15.1m×6.2m，叶椭圆形，叶色绿，有光泽，叶身平，叶面稍隆起，叶革质，叶尖渐尖或钝尖，叶脉9~11对，叶齿锐、中、中，叶背主脉无毛。萼片5片、无毛。花冠直径4.9~5.4cm，花瓣10~13枚，长宽2.5cm×2.4cm、白色、质地薄，子房无毛、5室，花柱长1.9cm、花柱粗1.2mm、先端5深裂。果柿形，果径3.5cm，果高2.5cm，干果皮厚1.3mm。种径1.4~1.7cm，种子肾形或球形，种皮褐色、较粗糙。制绿茶。（1992.10）

图5-2-7　五台大茶树

遵义市的习水、桐梓等县地处黔西北，于娄山山脉腹地，是贵州省古茶树集中产地之一，海拔800~1200m处多有人工早期栽培在梯坎边的茶树，约有数万株。当地俗称有泡桐茶、斯烈茶、白莲子茶、大丛茶、小丛茶等。野生型有疏齿茶，栽培型有秃房茶、大树茶和茶。

黔8. 大天湾大茶树1号 Datianwan dachashu1（*C.gymnogyna*）

产习水县双龙乡，海拔1320m。
同类型多株。栽培型。样株小乔木型，
树姿开张，树高4.5m，树幅3.5m，
从根颈处分出4个分枝，干径分别
是11.1cm、12.7cm、9.6cm和8.0cm。
大叶，叶长宽11.9cm×5.2cm，叶椭
圆形，叶色绿，叶身平，叶面隆起，
叶尖渐尖，叶脉8对，叶齿中、稀、
浅，叶背主脉无毛。花梗长0.9cm，
花梗粗1.3~1.8mm，花梗无毛。萼
片5片，萼片外无毛，内多毛，
萼片长宽0.4cm×0.5cm。花冠直径

图 5-2-8　大天湾大茶树1号（周枞胜）

2.0~2.1cm，花瓣7枚，花瓣长宽1.7cm×1.6cm，花瓣白现红晕、无毛、质地薄，子房细小、
无毛、3室，花柱长0.9~1.1cm、粗0.3mm、花柱极细、先端3中裂。干果皮厚0.4mm，
宿存萼片5片。种子球形，种径1.2~1.3cm，种皮棕褐色、光滑，种子百粒重72.8g。制绿
茶。（2011.10）

黔9. 大天湾大茶树2号 Datianwan dachashu2（*C.gymnogyna*）

产地同大天湾大茶树1号，海拔1254m。栽培型。样株小乔木型，树姿直立，树高6.5m，
树幅4.0m，基部干径25.5cm。鳞片多毛，芽叶多毛。大叶，叶长宽13.4cm×6.1cm，最大
叶长宽16.8cm×7.4cm，叶椭圆形，叶色绿，叶身平，叶面稍隆起，叶尖尾尖，叶脉7对，
叶齿钝、稀、中，叶背主脉无毛。花梗长0.9cm、粗1.1mm、无毛，萼片5片，萼片外
无毛，内多毛，萼片长宽0.6cm×0.6cm。花冠直径2.4~2.5cm，花瓣10~12枚，花瓣长宽
2.3cm×2.1cm，花瓣白现红晕、无毛、质薄，子房无毛、3室，花柱长1.2cm、粗0.3mm，
花柱极细、先端3浅裂。制绿茶。（2011.10）

黔10. 杉树湾大茶树1号 Shanshuwan dachashu1（*C.gymnogyna*）

产习水县双龙乡杉树湾，海拔 1380m。同类型多株。栽培型。样株小乔木型，树姿直立，树高 6.5m，树幅 3.0m，最低分枝高 0.68m，干径 31.8cm。嫩枝无毛。鳞片和芽叶多毛。特大叶，叶长宽 17.6cm×6.0cm，最大叶长宽 19.0 cm×6.3cm，叶长椭圆形，叶色绿，叶身内折，叶面平，叶尖尾尖，叶脉 9~11 对，叶齿锐、稀、浅，叶质中，叶柄和叶背主脉无毛。花梗无毛，萼片 5 片、无毛，萼片长宽 0.6cm×0.6cm。子房无毛、3 室，花柱细，柱长 1.2~1.5cm、先端 3 浅裂。果柄长 1.8~2.6cm，部分果皮和果柄紫红色，果径 2.0~2.6cm。种径 1.5~1.6cm，种皮光滑、褐色。制红、绿茶。可作育种材料。（2015.10）

图 5-2-9　杉树湾大茶树 1 号及紫红色的果皮和果柄

黔 11. 杉树湾大茶树 2 号 Shanshuwan dachashu2（*C.gymnogyna*）

产地同杉树湾大茶树 1 号。栽培型。样株小乔木型，树姿半开张，树高约 8.0m，树幅约 6.0m，分成 3 个分枝，最低分枝高 34cm，基部干径 31.8cm。嫩枝无毛。鳞片和芽叶多毛。特大叶，叶长宽 16.5cm×7.1cm，最大叶长宽 19.2cm×8.5cm，叶椭圆形，叶色绿，叶身平或稍内折，叶面稍隆起，叶尖尾尖或渐尖，叶脉 7~9 对，叶齿钝、稀、浅，叶柄和叶背主脉无毛，叶质厚。萼片 5 片、无毛，萼片长宽 0.8cm×0.7cm。花冠直径 4.3~4.5cm，花瓣 6~7 枚，花瓣长宽 2.4cm×1.9cm，花瓣无毛、质厚，子房无毛、3 室，花柱细，柱长 1.5~1.8cm，花柱先端 3 浅裂，花药粗大，有花香。制红茶、绿茶。（2015.10）

图 5-2-10　杉树湾大茶树 2 号

黔 12. 杉树湾小叶茶 Shanshuwan xiaoyecha（*C.sinensis*）

产地同杉树湾大茶树 1 号。栽培型。灌木型，树姿半开张，树高 4.0m，树幅 2.7m。嫩枝无毛。鳞片和芽叶多毛。小叶，叶长宽 8.1cm×3.3cm，叶椭圆形，叶色绿稍带紫色，叶身平，叶面隆起，叶尖渐尖，叶脉 7~9 对，叶齿锐、中、浅，叶柄稀毛，叶背主脉无毛。萼片 5 片、无毛，萼片长宽 0.4cm×0.4cm。花冠直径 2.8~3.2cm，花瓣 6~7 枚、白色、无毛、质中，花瓣长宽 1.8cm×1.3cm，子房多毛、3 室，花柱长 0.9~1.2cm、先端 3 浅裂。制红茶、绿茶。（2015.10）

图 5-2-11　杉树湾小叶茶

黔 13. 民化大茶树 Minhua dachashu（*C.gymnogyna*）

产习水县民化乡，海拔 1145m。栽培型。小乔木型，树姿直立，树高 10.3m，树幅 6.2m×5.6m，基部干径 47.8cm。芽叶多毛。大叶，叶长宽 13.6m×5.8cm，叶椭圆形，叶色绿，叶身平，叶面稍隆起，叶尖尾尖，叶脉 8~10 对，叶齿中、稀、浅，叶背主脉无毛。花梗长 0.6cm，花梗粗 1.5mm，花梗无毛。萼片 5 片、萼片外部靠边缘部分多毛，靠花梗部分无毛，各约 1/2，萼片内部多毛，萼片长宽 0.6cm×0.7cm。花冠直径 2.4~2.4cm，花瓣 7（8）枚，花瓣长宽 2.0cm×1.4cm，花瓣白现红晕、质较厚，子房无毛、3 室，花柱长 1.2cm、粗 0.45mm、先端 3 中裂，花柱无毛。干果皮厚 0.6mm，果轴大小 3.0~3.5mm，宿存萼片 5 片。种径 1.3~1.6cm，种子黑褐色（铁褐色），种皮较粗糙，多呈龟背形，较重实，种子百粒重 100.0g。2012 年干样含儿茶素总量 13.47%、咖啡碱 2.28%。制绿茶。（2011.10）

图 5-2-12　民化大茶树

黔 14. 羊久大茶树 Yangjiu dachashu（*C.gymnogyna*）

产习水县东皇镇。栽培型。小乔木型，树姿直立，树高 7.2m，树幅 6.1m，干径 42.7cm，最低分枝高度 1.5m，分枝较密。芽叶绿色、茸毛少。大叶，叶长宽 15.2cm×6.6cm，叶椭圆形，叶色绿，叶身平，叶面稍隆起，叶革质，叶尖急尖，叶脉 8 对，叶齿锐、中、中，叶背主脉无毛。萼片 5 片、外部靠边缘部分有毛。花冠直径 2.4~2.6cm，花瓣 8~10 枚，花瓣白略现红紫晕、质中，子房无毛、3 室，花柱 3 裂。制绿茶。（1982.6）

图 5-2-13　羊久大茶树

黔 15. 东皇大茶树 1 号 Donghuang dachashu1 （*C.gymnogyna*）

产地同羊久大茶树。栽培型。乔木型，树姿半开张，树高 10.2m，树幅 7.2m，干径 50.7cm，最低分枝高度 1.3m，分枝密。芽叶绿色、茸毛少。大叶，叶长宽 14.2cm×5.8cm，叶椭圆形，叶色绿，叶身平或稍内折，叶面稍隆起，叶革质，叶尖渐尖，叶脉 8~10 对，叶齿锐、中、深，叶背主脉无毛。萼片 5 片、外部靠边缘部分有毛。花冠直径 2.8~3.1cm，花瓣 8~9 枚，花瓣白色、质中，子房无毛，花柱 3 裂。制绿茶。本树是黔西北最高大的秃房茶之一。（1982.6）

图 5-2-14　东皇大茶树 1 号

黔 16. 东皇大茶树 2 号 Donghuang dachashu2 （*C.sp.*）

产地同羊久大茶树。栽培型。小乔木型，树姿半开张，树高 6.2m，树幅 5.1m，干径 38.7cm，最低分枝高度 1.0m，分枝较密。当地有"伐而掇之"的采摘习惯，时值 6 月树冠已少有芽叶。芽叶绿色、茸毛少。大叶，叶长宽 13.2cm×5.6cm，叶椭圆形，叶色绿，叶身平，叶面稍隆起，叶革质，叶尖渐尖，叶脉 8~10 对，叶齿锐、中、深，叶背主脉无毛。制绿茶。（1982.6）

图 5-2-15　"伐而掇之"的大茶树

黔 17. 南山坪大茶树 Nanshanping dachashu（*C.remotiserrata*）

产习水县仙源镇南山坪，海拔 1360m。同类型多株。野生型。样株乔木型，树姿直立，树高 8.0m，树幅 3.2m，干径 52.0cm，最低分枝高度 1.7m，分枝密。嫩枝无毛。鳞片毛多，芽叶绿色、茸毛特多。中叶，叶长宽 10.4cm×4.4cm，叶椭圆形，叶色绿，叶身平，叶面稍隆起或平，叶质较厚有革质，叶尖渐尖，叶脉 8~10 对，叶齿锐、稀、浅，叶柄和叶背主脉无毛。萼片 4（5）片、无毛，萼片长宽 0.6cm×0.5cm。花冠直径 3.1~3.6cm，花瓣 10~12 枚，花瓣白略红紫晕、质薄，花瓣长宽 2.1cm×1.9cm，子房无毛，柱头 4（3、5）裂，花柱长 1.1~1.2cm、粗 0.5~0.6mm。果梨形，果轴呈三星形、大小 0.7cm，干果皮厚 0.7~1.0mm。种子蓖麻形或不规则形，种子背面有种脊线、褐色，种径 1.2~1.5cm。制绿茶、红茶。（2014.10）

图 5-2-16 南山坪大茶树及叶片

图 5-2-17 南山坪大茶树花柱及果实

图 5-2-18 南山坪 "伐而掇之" 的茶树

黔 18. 桐梓大树茶 Tongzi dashucha（*C.arborescens*）

产桐梓县花秋镇。栽培型。乔木型，树姿直立，树高 7.5m，树幅 4.3m，干径 48.2cm，最低分枝高 1.9m。芽毛多。大叶，叶长宽 12.1cm×5.1cm，叶椭圆形，叶色绿，叶身稍内折，叶面微隆起，叶尖渐尖，叶脉 8~10 对，叶齿中、稀、中，叶质较厚软，叶柄和叶背主脉无毛。萼片 5 片、无毛。花冠直径 2.2~2.4cm，花瓣 7~8 枚，花瓣长宽 1.5cm×1.2cm，花瓣白色、无毛，花瓣质地中，子房多毛、3 室，先端 3 中裂，花柱无毛。制绿茶。（1987.10）

图 5-2-19　桐梓大树茶

黔 19. 夜郎大丛茶 Yelang dacongcha（*C.arborescens*）

产桐梓县夜郎镇，海拔 645m。栽培型。小乔木型，树姿直立，树高 5.5m，树幅 3.0m。鳞片毛多，芽毛多。大叶，叶长宽 12.9cm×5.6cm，叶椭圆形，叶色绿，叶身平，叶面隆起，叶尖渐尖，叶脉 9~11 对，叶齿中、稀、深，叶质较厚软，叶柄和叶背主脉无毛。花梗长 0.7cm，花梗粗 1.1mm，花梗无毛。萼片 5 片、外无毛，内多毛，萼片长宽 0.7cm×0.6cm。花冠直径 2.5cm，花瓣 5~6 枚，花瓣长宽 1.6cm×1.3cm，花瓣白色、无毛，花瓣质地薄，子房多毛、3 室，花柱长 1.1cm、粗 0.4mm、先端 3 浅裂，花柱无毛。制绿茶。（1987.10）

图 5-2-20　夜郎大丛茶

黔 20. 绿竹窝大丛茶 Lvzhuwo dacongcha （*C.arborescens*）

产桐梓县九坝镇绿竹窝。栽培型。小乔木型，树姿半开张，树高 2.3m，树幅 2.0m。鳞片中毛，芽多毛。中叶，叶长宽 9.9cm×4.6cm，叶椭圆（近矩圆）形，叶色绿，叶身平稍有背卷，叶面稍隆起，叶尖钝尖，叶脉 8~9 对，叶齿浅稀不明，叶质较厚软，叶柄和叶背主脉无毛。花梗长 0.7cm，花梗粗 1.3mm，花梗无毛。萼片 5 片、长宽 0.4cm×0.3cm，萼片外无毛，内有毛。花冠直径 2.3~2.5cm，花瓣 7~8 枚，花瓣长宽 1.5cm×1.2cm，花瓣白色、质地薄，子房多毛、3 室，花柱长 0.8cm、粗 0.5mm、先端 3 浅裂，花柱无毛。制绿茶。（2011.11）

图 5-2-21　绿竹窝大丛茶

黔 21. 天坪大丛茶 Tianping dacongcha （*C.remotiserrata*）

产桐梓县水坝塘镇天坪。野生型。乔木型，树姿直立，树高 8.2m，树幅 4.6m，从基部分成 2 主干，干粗分别为 28.3cm 和 18.8cm，分枝稀。特大叶，叶长宽 14.5cm×6.0cm，叶椭圆形，叶色黄绿，叶身稍内折，叶面平，叶尖急尖。芽叶多黄绿色、毛多。花冠直径 3.7cm，子房无毛、5（3）室，花柱 5（3）裂。果顶部凸尖。种子肾形，种脊有棱。制黑茶。（1982.6）

图 5-2-22　天坪大丛茶

黔22. 赤水大茶树 Chishui dachashu（*C.gymnogyna*）

产赤水市元厚镇和平村。栽培型。乔木型，树姿直立，树高约 12.0m，树幅约 4.0m，干径 57.0cm，最低分枝高度约 1.6m，分枝稀。芽叶黄绿或粉红色。大叶，叶长宽 13.0cm×6.1cm，最大叶长宽 15.0cm×7.0cm，叶椭圆形，叶色绿，叶身稍内折，叶面隆起，叶尖急尖，叶质软。子房无毛、3 室，花柱先端 3 裂。种子肾形。制绿茶。

（1982.5）

图 5-2-23 赤水大茶树

黔23. 务川大茶树 Wuchuan dachashu（*C.sp.*）

产务川县涪洋镇涪洋村。乔木型，树姿半开张，树高 9.2m，树幅 7.8m，基部干径 38.3cm，最低分枝高度 0.34m。芽叶黄绿色。中叶，叶长宽 10.6cm×4.4cm，叶椭圆形，叶色绿，叶身稍内折或平，叶面平，叶尖渐尖。花柱 3 裂。果球形。种子肾形或锥形。制绿茶。 （1980.10）

图 5-2-24 务川大茶树

黔24. 道真大茶树 Daozhen dachashu（*C.sp.*）

产道真县棕坪乡。海拔 1100~1400m。乔木型，树姿半开张，树高约 13m，树幅 7.7m，干径 35.7cm，分枝较密。大叶，最大叶长宽 21.2cm×9.4cm，叶椭圆形，叶色黄绿，叶身平，叶面平，叶尖渐尖，叶革质。芽叶黄绿色、少毛。

（1980.11）

图 5-2-25 道真大茶树

黔 25. 湄潭苔茶 Meitan taicha（*C.sinensis*）

产湄潭县，在大娄山以南的乌江流域一带都有分布。是当地主栽品种。陆羽《茶经》载："黔中生思州、播州、费州、夷州……往往得之，其味极佳。"湄潭古属夷州。据清康熙二十六年（1687年）《湄潭县志》载："平灵台，县西北四十里……顶上方广十里，茶树千丛，清泉醇秀。"

栽培型。灌木型，树姿半开张，分枝密。芽叶绿色、多毛。中叶，叶长宽9.1cm×4.3cm，叶椭圆形，叶色绿或深绿，叶身平或稍内折，叶面稍隆起，叶尖渐尖，叶脉7~9对。萼片5片、无毛。花冠直径2.5~3.4cm，花瓣5~7枚、白色，子房有毛、3室，花柱先端3裂。种子棕褐色，种径1.4cm。2000年干样含茶多酚20.4%、儿茶素总量13.6%、氨基酸2.6%、咖啡碱4.9%。制绿茶。耐寒性、耐旱性均强。

图 5-2-26　湄潭苔茶古树
（《茶的途程》）

黔 26. 清池大茶树 Qingchi dachashu（*C.gymnogyna*）

产金沙县清池镇，同类型多株。栽培型。样株小乔木型，树姿开张，树高6.1m，树幅6.2m，干径41.4cm。嫩枝无毛。鳞片无毛，芽叶无毛。中叶，叶长宽11.4cm×4.7cm，叶椭圆或长椭圆形，叶色绿，叶身平，叶面稍隆起，叶质较厚，叶尖尾尖，叶脉10对，叶齿锐、中、浅，叶柄和叶背主脉无毛。花梗长0.7cm、粗1.3mm，花梗无毛。萼片绿色、无毛、5片、边缘有缺刻，萼片长宽0.4cm×0.5cm。花冠直径2.9~3.2cm，花瓣7~8枚、长宽2.1cm×1.5cm，花瓣白色、无毛、

图 5-2-27　清池大茶树（李颖，2015）

质地薄，子房无毛、3室，花柱长1.6cm、粗0.5mm、先端3裂，花柱无毛。子房与花柱均细小。果爿3个，干果皮厚0.8~1.0mm，果轴大小0.5~0.6cm。种径1.5~1.6cm，种子黑褐色，种皮较粗糙，呈不规则球形和龟背形，少数种子背部有背脊线。2012年干样含水浸出物45.39%、茶多酚25.32%、儿茶素总量9.66%、氨基酸3.10%、咖啡碱4.08%、茶氨酸1.27%。制绿茶。生化成分儿茶素总量低。　（2011.11）

黔 27. 桂花大茶树 Guihua dachashu（*C. arborescens*）

产金沙县桂花乡，海拔 1140m，同类型多株。栽培型。样株小乔木型，树姿半开张，树高 7.0m，树幅 4.6m，干径 35.0cm。中叶，叶长宽 11.7cm×4.2cm，叶长椭圆或披针形。叶色绿，叶身平，叶面稍隆起，叶质中，叶尖渐尖，叶脉 8~9 对，叶齿钝、稀、中，叶柄和叶背主脉无毛。花梗无毛。萼片 5 片，萼外无毛、内多毛。花冠直径 3.2~3.4cm，花瓣 7~8 枚、长宽 1.8cm×1.6cm，花瓣白色、无毛、质地薄，子房多毛、3 室，花柱长 1.2cm、先端 3 浅裂，花柱细、无毛。种子球形或不规则形，种径 1.4~1.6cm，种皮棕褐色，种皮光滑。（2015.10）

图 5-2-28　桂花大茶树
（李颖，2015）

黔 28. 姑箐大茶树 Guqing dachashu（*C. gymnogyna*）

产纳雍县水东乡姑箐，海拔 1800m 左右。栽培型。样株小乔木型，树姿开张，树高 5.3m，树幅 7.4m×6.5m，基部干径 26.7cm。小叶，叶长宽 7.2cm×3.0cm，叶椭圆形，叶色深绿，叶身稍背卷，叶面稍隆起，叶质较硬，叶尖渐尖，叶脉 9 对，叶背主脉无毛。萼片绿色、无毛、5 片。花冠直径 2.6cm，花瓣 9 枚、长宽 2.4cm×1.5cm，花瓣白色、无毛、质地中，子房无毛、3 室，花柱长 1.5cm、先端 3 裂。果为三角状球形，果径 1.0~2.1cm。种子球形，种径 1.5cm，种皮棕色，种子百粒重 59.5g。（2013.10）

图 5-2-29　姑箐大茶树

黔 29. 大方贡茶 Dafang gongcha（*C.sinensis*）

产大方县。栽培型。灌木型，树姿半开张，分枝密。嫩枝毛较多。芽叶微紫色、茸毛中等。中叶，叶长宽 9.0cm×3.8cm，叶椭圆形，叶色暗绿，叶身稍背卷，叶面微隆起，叶尖渐尖，叶脉 7 对，叶齿锐、密、浅。萼片 5 片、无毛。花冠直径 3.8cm，子房多毛、3 室，花柱先端 3 裂。花粉圆球形，花粉平均轴径 28.7μm，属小粒型花粉。花粉外壁纹饰为粗网状，萌发孔为带状。染色体倍数性：非整二倍体出现频率为 13%。1989 年干样含水浸出物 42.19%、茶多酚 20.94%、儿茶素总量 18.85%（其中 EGCG11.72%）、氨基酸 3.28%、茶氨酸 1.27%、咖啡碱 4.39%。耐寒性、耐旱性均强。制红茶、绿茶香气高，尤红茶香气特殊。（1990.11）

黔 30. 久安古茶 Jiuan gucha（*C.sinensis*）

产贵阳市花溪区久安乡的久安、小山、打通、雪厂、拐耳等村，多生长在地坎边，零星分布有三万多株，为早年人工栽培，已有百余年历史。海拔在 1200~1500m。栽培型。样株（当地编号 23）灌木型，树姿半开张，长势较强，根颈部多数裸露，树高 5.6m，树幅 4.5m，主根粗壮盘虬，分枝密。芽叶绿色、茸毛较多。中叶，叶长宽 8.6cm×3.7cm，叶椭圆形，叶色绿，叶身平，叶面稍隆起，叶尖渐尖，叶脉 8 对，叶齿钝、稀、深，叶背主脉无毛。萼片 5 片、无毛。花冠直径 2.6~3.2cm，花瓣 5~6 枚，花瓣长宽 2.1cm×1.7cm，花瓣白现绿晕，花瓣质地中，子房多毛、3 室，花柱先端 3 裂。果实有球形、肾形、三角状球形，果径 2.2~2.5cm，鲜果皮厚 1.1mm。种子球形，种子直径 1.2~1.4cm，种皮棕褐色、光滑。制绿茶、红茶。（2011.5）

图 5-2-30　久安古茶树（右为根颈部）

黔 31. 木城大青叶 Mucheng daqingye（*C.sinensis*）

产水城县蟠龙镇木城，是早年栽培在坎边的茶树，海拔 1249m。栽培型。样株（当地编号 11）灌木型，树姿半开张，树高 3.6m，树幅 6.2m，分枝密。嫩枝无毛。鳞片、芽叶多毛。大叶，叶长宽 13.1cm×6.3cm，叶椭圆（近卵圆）形，叶色深绿，叶身平，叶面强隆起，叶尖渐尖，叶脉 7~9 对，叶齿锐、中、中，叶质中等偏厚，叶柄和叶背主脉稀毛。萼片 5 片、无毛。花冠直径 4.6cm，花瓣 6 枚、白带绿晕，子房多毛、3 室，花柱先端 3 浅裂，有花香。制绿茶。（2015.9）

图 5-2-31　木城大青叶

黔 32. 木城小青叶 Mucheng xiaoqingye（*C.sinensis*）

产地同木城大青叶。栽培型。样株灌木型，树姿半开张，树高 3.6m，树幅 4.3m，基部干径 27cm，有 6 个分枝。嫩枝无毛。芽叶少毛。中叶，叶长宽 12.6cm×4.4cm，叶长椭圆（近披针）形，叶色绿，叶身平，叶面平，叶尖尾尖，叶脉 7~9 对，叶齿锐、中、中，叶质中等，叶柄无毛，叶背主脉稀毛。萼片 5 片、无毛。花冠直径 3.4~3.6cm，花瓣 7 枚、白带绿晕，子房多毛、3 室，花柱先端 3 浅裂或全裂，有花香。制绿茶。（2015.9）

图 5-2-32　木城小青叶

黔南是贵州省茶叶主产区之一，也是贵州茶树物种最多的地区之一，同属于茶树原产地范围。野生型茶树有大厂茶、五柱茶，栽培型茶树有秃房茶、大树茶和茶等。在南部自然生长有罗甸贵州金花茶（*C. huana*）、平塘冬青叶山茶（*C.ilicifolia*）、荔波红瘤果茶（*C.rubimuricata*）等非茶组植物。

黔 33. 鸟王茶 Niaowangcha（*C.sinensis*）

又名仰望茶，主产都匀市毛尖镇团山、黄河、大定等片区，以及贵定县雨雾镇，是今制都匀毛尖的当家品种，品质优。据 1925 年《都匀县志稿》载："格山，山当城西二十里，高可三百丈，亘十余里……产茶最佳。团山，位县城西南二十七里，产茶最佳。……民国四年（1915 年）巴拿马赛会优奖。"相传，"毛尖茶""鱼钩茶"明代时已是朝廷贡茶，清代继续作为贡茶，并在云雾（地域名）一带，由官方拨银四百二十两，扶持贡茶园，树立"贡茶碑"，界定贡茶产区。"贡茶碑"是目前保存完好的茶叶碑石，可谓是国内最早的茶叶生产"地理标志"。

1956 年 3 月，当时的都匀县团山乡乡长罗雍和团山乡茶叶加工站站长谭修芬将茶叶高级社精心制作的鱼钩茶送给毛泽东主席，半月后毛主席亲笔回信道："高级农业社茶农，此茶很好，我已收到。今后高山多种茶。我看此茶命名为毛尖茶。"饱含主席的褒奖和鼓励，鱼钩茶正式定名为"都匀毛尖"。现在的"都匀毛尖"是黔南州的共用品牌，核心产区在都匀市毛尖镇和贵定县云雾镇。特点是：条卷显毫，色泽鲜绿，香清味鲜，回味甘醇。

鸟王茶是 2014 年贵州省认定的地方群体种。灌木型，树势半开张，分枝密，芽叶绿色、多毛。中叶，叶长宽 10.9cm×4.4cm，叶椭圆或长椭圆形，叶色绿或深绿，叶身平或稍内折，叶面稍隆起，叶尖渐尖，叶脉 8~10 对。萼片 5 片，无毛，花冠直径 3.6~3.8cm，花瓣 7 枚，白色，子房多毛、3 室，花柱先端 3 浅裂。果实三角形，果径 1.6~2.9cm。种子近球形，种皮光滑、棕褐色，种径 1.3~1.5cm。耐寒性、耐旱性均强。2018 年春茶一芽二叶干样含水浸出物 48.3%、茶多酚 15.2 %、儿茶素总量 11.5%、氨基酸 2.7%、咖啡碱 3.2%。适制绿茶、红茶。(2017.10)

图 5-2-33　贡茶碑

黔 34. 螺丝壳大茶树 Luosike dachashu（*C.gymnogyna*）

都匀市古茶树主要生长在斗篷山和螺丝壳，海拔 1200~1400m。栽培型。样株产毛尖镇螺丝壳，乔木型，树姿半开张，树高 9.3m，干径 39.8cm，分枝密。嫩枝无毛。芽叶绿色。大叶，叶长宽 12.8cm×5.4cm，叶椭圆形，叶色绿，叶身平，叶面稍隆起，叶尖渐尖，叶脉 8~9 对，叶齿锐、稀、浅，叶质中，叶柄和叶背主脉无毛。花梗无毛，萼片 5 片，萼片外无毛、内多毛。花冠直径 2.6~2.8cm，花瓣 6~8 枚、白色，子房无毛、3 室，花柱先端 3 浅裂，柱长 1.0~1.2cm。干果皮厚 0.2mm。种子棕褐色，种皮光滑，种径 1.4~1.5cm。耐寒性、耐旱性均强。2018 年干样含水浸出物 50.70%、茶多酚 30.90%、儿茶素总量 8.27 %、氨基酸 1.52%、咖啡碱 3.90%。生化成分水浸出物和茶多酚含量高，儿茶素总量低。（2015.11）

图 5-2-34　螺丝壳大茶树

黔 35. 下谷龙大茶树 Xiagulong dachashu（*C.gymnogyna*）

产都匀市毛尖镇双新村，海拔 1337m。栽培型。小乔木型，树势半开张，树高 6.4m，干径 27.4cm，最低分枝高度 1.5m，分枝密。嫩枝无毛。芽叶绿色。中叶，叶长宽 10.6cm×4.7cm，叶椭圆形，叶色绿，叶身平，叶面隆起，叶尖渐尖，叶脉 8~9 对，叶齿锐、密、浅，叶质中，叶柄和叶背主脉无毛。花梗无毛，萼片 5 片，萼片外无毛、内多毛。花冠直径 2.8~3.0cm，花

图 5-2-35　下谷龙大茶树及花柱和子房

瓣 10~11 枚、白色，子房无毛、3 室，花柱先端 3（4）浅裂，花柱长 1.2~1.4cm。果实三角状球形，干果皮厚 0.8mm。种子近球形，种皮光滑、棕褐色，种径 1.4~1.5cm。耐寒性、耐旱性均强。2018 年干样含水浸出物 44.80%、茶多酚 21.20%、儿茶素总量 10.44%（其中 EGCG0.55%、EGC2.21%）、氨基酸 2.43%、茶氨酸 0.90%、咖啡碱 3.57%。生化成分儿茶素总量和茶氨酸含量低，EGCG 含量特低。（2017.10）

黔 36. 双新大茶树 Suangxin dachashu (*C. arborescens*)

产地同下谷龙大茶树，海拔 1173m。栽培型。小乔木型，树势半开张，树高 7.5m，树幅 2.8m，干径 18.1cm，最低分枝高度 1.5m，分枝密。嫩枝稀毛。芽叶绿色。中叶，叶长宽 9.3cm×4.7cm，叶椭圆形，叶色绿，叶身平，叶面隆起，叶尖圆尖，叶脉 8~9 对，叶齿粗、稀、中，叶质中，叶柄和叶背主脉稀毛。花梗无毛，萼片 5 片，萼片外无毛、内多毛。花冠直径 2.6~2.8cm，花瓣 8 枚、白色，子房多毛、3 室，花柱先端 3 中裂，花柱长 1.0~1.2cm。果三角状球形，干果皮厚 1.1mm。种子近球形，种皮光滑、棕褐色，种径 1.2~1.3cm。耐寒性、耐旱性均强。树势较衰弱。2018 年干样含水浸出物 45.4%、茶多酚 14.00%、儿茶素总量 4.70%(其中 EGCG1.35%、EGC.49%)、氨基酸 3.96%、茶氨酸 0.50%、咖啡碱 4.14%。生化成分儿茶素总量、EGCG 和茶氨酸含量特低。(2017.10)

图 5-2-36　双新大茶树

黔 37. 岩下大茶树 Yanxia dachashu (*C. tachangensis*)

产贵定县昌明镇岩下社区，海拔 1523m。野生型。小乔木型，树姿开张，树高 5.5m，树幅 6.3m，基部干径 40.0cm，分枝密。芽叶绿色、多毛。大叶，叶长宽 13.2cm×4.6cm，叶长椭圆形，叶色绿，叶身平，叶面平，叶尖尾尖，叶脉 9~10 对，叶齿锐、中、浅，叶富革质，叶柄和叶背主脉无毛。花梗无毛、粗 2.2~2.5mm，萼片 5 片、外无毛、内多毛。花冠直径 4.2~4.5cm，花瓣 12 枚、白色，花瓣长宽 1.8cm×1.0cm，子房无毛，5 (4) 室，花柱先端 5~4 中裂，花柱长 1.8cm、粗 1.0mm，有花香。2018 年干样含水浸出物 45.5%、茶多酚 19.2%、儿茶素总量 6.28%（其中 EGCG0.92%、

图 5-2-37　岩下大茶树（闵应炳）及花柱和子房

EGC1.33%）、氨基酸 2.47%、茶氨酸 0.43%、咖啡碱 4.5%。生化成分儿茶素总量、EGCG 和茶氨酸含量特低。可作物种系统进化中的生化代谢机制研究材料。　（2015.10）

黔38．铁锁茶 Tiesuocha（*C.pentastyla*）

产贵定县昌明镇铁锁岩村，海拔1426m。野生型。小乔木型，树势开张，树高3.8m，树幅4.1m，基部干径23.0cm，分枝密。嫩枝有毛。芽叶绿色。中叶，叶长宽10.4cm×3.8cm，叶长椭圆形，叶色绿，叶身平，叶面隆起，叶尖渐尖，叶脉8~9对，叶齿锐、中、浅，叶质中，叶柄和叶背主脉稀毛。花梗无毛，萼片5片，萼片外无毛、内多毛。花冠直径3.6~3.8cm，花瓣8枚、白色，子房有毛、5（4）室，花柱先端5（4）深裂，花柱长1.4~1.6cm。果梅花形，干果皮厚0.9mm。种子近球形，种皮较粗糙、褐色，种径1.1~1.2cm。耐寒性、耐旱性均强。2018年干样含水浸出物46.30%、茶多酚19.70%、儿茶素总量10.27%（其中EGCG 4.36%、EGC2.58%）、氨基酸2.86%、茶氨酸0.62%、咖啡碱4.11%。生化成分儿茶素总量偏低，茶氨酸含量低。可作物种系统进化中的生化代谢机制研究材料。(2017.10)

图 5-2-38　铁锁茶

黔39．翁岗大茶树 Wenggang dachashu（*C.tachangensis*）

产平塘县通州镇翁岗村，海拔1184m。同类型多株。样株小乔木型，树姿直立，从根颈部形成3个主干，树高约7m，树幅约6m。芽叶绿色。中叶，叶长宽10.0cm×4.5cm，叶椭圆形，叶色绿，叶身平，叶面隆起，叶尖渐尖，叶脉9对，叶齿钝、中、浅。萼片5片、外无毛、内多毛。花冠直径3.5~3.6cm，花瓣11枚、白色，花瓣长宽2.2cm×1.8cm，子房无毛、4室，花柱先端4浅裂，花柱长1.2cm。干果皮厚0.4mm。种子棕褐色、球形，种径1.5cm。 (2015.10)

图 5-2-39　翁岗大茶树（闵应炳）

黔 40. 冗心大茶树 Rongxin dachashu（*C.tachangensis*？）

产平塘县大塘镇水沟村，海拔 1325m。同类型多株。野生型。样株乔木型，树姿直立，树高约 12m，基部干径 17.5cm。嫩枝有毛。芽叶绿色。中叶，叶长宽 9.0cm×4.5cm，叶形椭圆形，叶片厚度中，叶质硬脆，叶色浓绿，叶身稍内折，叶面微隆起，叶尖渐尖，叶脉 8 对，叶齿中、中、浅。萼片 5 片、无茸毛。果五角状球形。(2015.11)

图 5-2-40　冗心大茶树

黔 41. 新立大茶树 Xinli dachashu（*C.pentastyla*）

产于平塘县通州镇新立村，海拔 780m，同类型多株。野生型。样株小乔木型，树势开张，树高 5.6m，树幅约 8m，多个分枝，最大枝基部干径 55.4cm，分枝密。嫩枝有毛。芽叶绿色。中叶，叶长宽 9.9cm×3.9cm，叶长椭圆形，叶色绿，叶身平，叶面隆起，叶尖渐尖，叶脉 8~9 对，叶齿锐、中、浅，叶质中，叶柄和叶背主脉稀毛。花梗无毛，萼片 5 片、萼片外无毛、内多毛。花冠直径 3.8~4.0cm，花瓣 7 枚、白色，子房有毛，5（4）室，花柱先端 5（4）深裂，花柱长 1.0~1.2cm。果梅花形，干果皮厚 0.7mm。种子近球形，种皮光滑、棕褐色，种径 1.1~1.3cm。耐寒性、耐旱性均强。2018 年干样含水浸出物 47.1%、茶多酚 20.8%、儿茶素总量 11.17%（其中 EGCG4.73%、EGC2.88%）、氨基酸 2.57%、茶氨酸 0.63%、咖啡碱 4.31%。生化成分儿茶素总量和茶氨酸含量偏低。(2017.10)

图 5-2-41　新立大茶树

黔42. 龙潭大茶树 Longtan dachashu（*C.tachangensis*）

产平塘县通州镇翁岗村，海拔988m，同类型多株。野生型。样株乔木型，树姿直立，树高6.3m，树幅6.5m，干径25.0cm，分枝密。嫩枝无毛。芽叶绿色。大叶，叶长宽13.4cm×4.6cm，叶长椭圆形，叶色绿，叶身平，叶面稍隆起，叶尖渐尖，叶脉9~10对，叶齿粗、稀、浅，叶柄和叶背主脉无毛，叶质较厚。花梗无毛，萼片5片，外无毛、内多毛，花冠直径5.7~6.3cm，花瓣11枚，白带微黄色、无毛、质厚，子房无毛，5（4）室，花柱先端5（4）浅裂，花柱长1.4~1.6cm。果梅花形，干果皮厚1.0mm。种子近球形，种皮棕褐色，种径1.5~1.8cm。耐寒性、耐旱性均强。2018年干样含水浸出物48.50%、茶多酚22.30%、儿茶素总量13.05%（其中EGCG0.80%、EGC5.60%）、氨基酸2.01%、茶氨酸0.29%、咖啡碱3.84%。生化成分EGCG含量特低，茶氨酸含量低。可作物种系统进化中的生化代谢机制研究材料。(2017.10)

图 5-2-42　龙潭大茶树

黔43. 甲孟大茶树 Jiameng dachashu（*C.tachangensis*）

产平塘县大塘镇民联村，海拔1182m，同类型多株。野生型。样株小乔木型，树势半开张，树高6.2m，树幅6.0m，根颈部有3个分枝，最大分枝基部干径14.6cm，分枝密。嫩枝无毛。芽叶绿色。大叶，叶长宽12.4cm×5.6cm，叶椭圆形，叶色绿，叶身平，叶面隆起，叶尖渐尖，叶脉8~10对，叶齿锐、中、浅，叶质中，叶柄和叶背主脉无毛。花梗无毛，萼片5片，萼片外无毛、内多毛。花冠直径3.6~3.9cm，花瓣11枚、白色，子房无毛、5（4）室，花柱先端5（4）浅裂，花柱长1.2~1.4cm。果梅花形，干果皮厚0.7mm。种子近球形，种皮光滑、棕褐色，种径1.4~1.5cm。耐寒性、耐旱性均强。2018年干样含水浸出物45.30%、茶多酚19.00%、儿茶素总量7.09%（其中EGCG0.10%、EGC2.36%）、氨基酸2.96%、茶氨酸0.92%、咖啡碱3.39%。生化成分儿茶素总量、EGCG含量特低。可作物种生化代谢机制研究材料。(2017.10)

图 5-2-43　甲孟大茶树

黔 44. 掌布茶 Zhangbucha（*C.sinensis*）

产于平塘县掌布镇联合村，海拔 936m，同类型多株。栽培型，样株灌木型，树势开张，树高 3.5m，树幅 5.2m。多枝丛生，最大枝基部干径 25.0cm，分枝密，嫩枝有毛。芽叶黄绿色。中叶，叶长宽 9.7cm×3.5cm，叶长椭圆形，叶色深绿，叶身平，叶面稍隆起，叶尖渐尖，叶脉 8~9 对，叶齿粗、中、深。萼片 5 片，无毛，花冠直径 3.2~3.5cm，花瓣 7 枚，白色，子房多毛、3 室，花柱先端 3 中裂，花柱长 0.6~0.8cm。果三角状球形，果径 1.8~3.5cm，干果皮厚 0.7mm。种子近球形，种皮光滑、棕褐色，种径 1.3~1.5cm。耐寒性、耐旱性均强。2018 年干样含水浸出物48.20%、茶多酚20.70%、儿茶素总量16.58%（其中 EGCG 6.36%、EGC8.1%）、氨基酸 3.09%、茶氨酸 1.49%、咖啡碱 4.54%。适制红茶、绿茶。(2017.10)

图 5-2-44 掌布茶

黔 45. 摆祥大茶树 Baixiang dachashu（*C.tachangensis*）

产惠水县宁旺乡摆祥村，海拔 1270m。同类型多株。栽培型。样株乔木型，树姿直立，树高 10.3m，干径 30.3cm。嫩枝无毛。大叶，叶长宽 12.2cm×5.4cm，叶椭圆形，叶色绿，叶身平，叶面平，叶尖渐尖，叶脉 9~10 对，叶齿锐、中、浅，叶柄和叶背主脉无毛，叶质较厚。花梗无毛，萼片 5 片、外无毛、内多毛。花冠直径 3.8~4.2cm，花瓣 11 枚、白带微黄色、无毛、质薄，子房无毛、5（4）室，花柱先端 5~4 浅裂或中裂，花柱长 1.2~1.6cm、粗 0.6~0.8mm，花柱无毛，花有香味。制绿茶。(2015.11)

图 5-2-45 摆祥大茶树

黔 46. 岗度大茶树 Gangdu dachashu（*C. tachangensis*）

产惠水县岗度镇龙泉村，海拔 1270m。同类型多株。野生型。样株乔木型，树姿直立，树高 10.3m，树幅 6.2m，干径 30.3cm，最低分枝高度 2.1m，分枝密。嫩枝无毛。芽叶绿色。大叶，叶长宽 12.6cm×5.5cm，叶椭圆形，叶色绿，叶身平，叶面稍隆起，叶尖渐尖，叶脉 9~10 对，叶齿锐、中、浅，叶柄和叶背主脉无毛，叶质硬。花梗无毛，萼片 5 片，外无毛、内多毛，花冠直径 3.8~4.2cm，花瓣 11 枚，白带微黄色、无毛、质中等，子房无毛、5(4) 室，花柱先端 5~4 浅裂，花柱长 1.2~1.6cm。果梅花形，干果皮厚 0.7mm。种子近球形，种皮光滑、棕褐色，种径 1.4~1.5cm。耐寒性、耐旱性均强。2018 年干样含水浸出物 46.60%、茶多酚 24.30 %、儿茶素总量 11.30%、氨基酸 1.87%、茶氨酸 0.90%、咖啡碱 3.60%。生化成分儿茶素总量偏低。(2017.10)

图 5-2-46　岗度大茶树

黔 47. 麻冲大茶树 Machong dachashu（*C. arborescens*）

产惠水县三都镇清水村，海拔 1069m。栽培型。小乔木型，树势直立，树高 4.2m，树幅 2.8m，根颈部有 2 分枝，分枝中等。嫩枝稀毛。芽叶绿色。中叶，叶长宽 8.2cm×3.5cm，叶椭圆形，叶色绿，叶身稍背卷，叶面隆起，叶尖渐尖，叶脉 8~9 对，叶齿中、中、浅，叶质中，叶柄和叶背主脉稀毛。花梗无毛，萼片 5 片，萼片外无毛、内多毛。花冠直径 3.8~4.7cm，花瓣 8 枚、白色，子房多毛、3 室，花柱先端 3 中裂，花柱长 1.6~1.8cm。果三角状球形，干果皮厚 0.7mm。种子近球形，种皮较粗糙、褐色，种径 1.1~1.2cm。耐寒性、耐旱性均强。2018 年干样含水浸出物 46.6%、茶多酚 21.1%、儿茶素总量 13.87%（其中 EGCG5.15%、EGC5.93%）、氨基酸 1.93%、茶氨酸 0.93%、咖啡碱 3.83%。可试制红茶。(2017.10)

黔 48. 抵马大茶树 Dima dachashu （*C. tachangensis*）

生长于惠水县断杉镇纳里村，海拔 1130m，同类型多株。野生型。样株小乔木型，树姿直立，树高约 13m，树幅约 12m，根颈处干径 60.0cm，从根颈部长成 7 个分枝，最大枝干径 25.5cm，分枝密。嫩枝无毛。芽叶绿色。大叶，叶长宽 14.9cm×6.8cm，叶椭圆形，叶色深绿，叶身平，叶面平，叶尖渐尖，叶脉 8~9 对，叶齿中、稀、浅，叶柄和叶背主脉无毛，叶质较硬。花梗无毛，萼片 5 片，外无毛、内多毛，花冠直径 4.8~5.2cm，花瓣 9 枚，白带微黄色、无毛、质厚，子房无毛、5 室，花柱先端 5 浅裂，花柱长 1.6~1.9cm。果梅花形，干果皮厚 0.9mm。种子近球形、棕褐色，种皮光滑，种径 1.4~1.5cm。耐寒性、耐旱性均强。2018 年干样含水浸出物 50.60%、茶多酚 24.90%、儿茶素总量 10.90%（其中 EGCG0.37%、EGC2.07%）、氨基酸 1.97%、茶氨酸 0.32%、咖啡碱 5.53%。生化成

图 5-2-47 抵马大茶树

分水浸出物和啡碱含量高，儿茶素总量、EGCG 和茶氨酸含量低。可作育种和物种系统进化中的生化代谢机制研究材料。(2017.10)

黔 49. 中和大茶树 Zhonghe dachashu （*C. arborescens*）

三都水族自治县古茶树主要分布在九阡镇及中和镇。样株产中和镇阳猛村，海拔 854m。栽培型。小乔木型，树姿半开张，树高 8.4m，树幅 7.6m，干径 42.4cm。嫩枝稀毛。芽叶绿带紫色。中叶，叶长宽 10.9cm×3.9cm，叶长椭圆形，叶色绿，叶身平，叶面稍隆起，叶尖渐尖，叶脉 8 对，叶齿锐、中、浅，叶柄和叶背主脉稀毛，叶质中。萼片 5 片、外无毛、内多毛。花冠直径 3.2~3.6cm，花瓣 8 枚、白色，子房多毛、3 室，花柱先端 3 裂，花柱长 1.1~1.4cm。干果皮厚 1.0mm。种子棕褐色，种径 1.5~1.6cm。2016 年干样含水浸出物 50.1%、茶多酚 25.0%、儿茶素总量 7.1%（其中 EGCG3.47%）、氨基酸 0.88%、咖啡碱 4.7%、茶氨酸 0.06%。制绿茶。生化成分水浸出物高，氨基酸、茶氨酸含量和儿茶素总量特低。(2015.11)

图 5-2-48 中和大茶树（右）

黔 50.都江大茶树 Dujiang dachashu（*C.gymnogyna*）

产三都水族自治县（以下简称三都县）都江镇怎雅村，海拔 1348m。栽培型。小乔木型，树势半开张，树高 10.2m，树幅 5.7m，干径 34.0cm，最低分枝高度 0.4m，分枝密。嫩枝无毛。芽叶黄绿色。中叶，叶长宽 10.3cm×3.8cm，叶长椭圆形，叶色绿，叶身平，叶面平，叶尖渐尖，叶脉 8~9 对，叶齿锐、稀、浅，叶质中，叶柄和叶背主脉无毛。花梗无毛，萼片 5 片，萼片外无毛、内多毛。花冠直径 2.6~2.8cm，花瓣 8 枚、白色，子房无毛、3 室，花柱先端 3 浅裂，花柱长 1.0~1.2cm。果三角状球形，干果皮厚 0.7mm。种子近球形，种皮光滑、褐色，种径 1.0~1.1cm。耐寒性、耐旱性均强。2018 年干样含水浸出物 48.9%、茶多酚 24.6%、儿茶素总量 8.34%（其中 EGCG0.17%、EGC0.97%）、氨基酸 1.48%、茶氨酸 0.09%、咖啡碱 0.10%。生化成分儿茶素总量、EGCG、茶氨酸和咖啡碱含量特低。可作育种或创制低咖啡因茶材料。(2017.10)

图 5-2-49　都江大茶树

黔 51.九阡大茶树 Jiuqian dachashu（*C.gymnogyna*）

产三都县九阡镇扬拱村，海拔 846m。栽培型。小乔木型，树势半开张，树高约 17m，树幅约 13m，干径 22.0cm，最低分枝高度 2.5m，分枝稀。嫩枝无毛。芽叶黄绿色。中叶，叶长宽 11.9cm×4.4cm，叶长椭圆形，叶色绿，叶身平，叶面平，叶尖渐尖，叶脉 7~8 对，叶齿锐、稀、浅，叶质软，叶柄和叶背主脉无毛。花梗无毛，萼片 5 片，萼片外无毛、内多毛。花冠直径 2.6~2.8cm，花瓣 8 枚、白色，子房无毛、3 室，花柱先端 3 浅裂，花柱长 1.0~1.2cm。果实三角状球形，干果皮厚 0.8mm。种子近球形，种皮光滑、褐色，种径 1.0~1.2cm。耐寒性、耐旱性均强。2018 年干样含水浸出物 42.70%、茶多酚 17.70%、儿茶素总量 5.84%（其中 EGCG0.02%、EGC2.07%）、氨基酸 3.10%、茶氨酸 0.86%、咖啡碱 3.45%。生化成分儿茶素总量、EGCG 含量特低。(2017.10)

图 5-2-50　九阡大茶树

黔52. 懂雾茶 Dongwucha（*C.sinensis*）

产长顺县广顺镇立木村，海拔 1359m。同类型多株。栽培型。样株灌木型，树姿开张，树高 5.5m。树幅 5.3m。芽叶黄绿色。小叶，叶长宽 7.7cm×2.5cm，叶披针形，叶色绿，叶身平，叶面稍隆起，叶尖渐尖，叶脉 8~9 对，叶齿锐、密、浅，叶质中。花梗无毛。萼片 5 片、无毛。花小，花冠直径 1.6~1.7cm，花瓣 6 枚、白色，子房多毛、3 室，花柱先端 3 浅裂。2016 年干样含水浸出物 48.7%、茶多酚 24.8%、儿茶素总量 15.7%（其中 EGCG11.15%）、氨基酸 1.4%、咖啡碱 4.7%、茶氨酸 0.67%。适制红茶、绿茶。（2015.11）

图 5-2-51　懂雾茶

黔53. 上司大茶树 Shangsi dachashu（*C.gymnogyna*）

产独山县上司镇黑寨村，海拔 906m。栽培型。小乔木型，树势直立，树高约 4m，树幅 1.4m，基部干径 18.2cm，最低分枝高度 0.9m，分枝密。嫩枝无毛。芽叶绿色。特小叶，叶长宽 6.0cm×2.2cm，叶长椭圆形，叶色绿，叶身稍内折，叶面稍隆起，叶尖渐尖，叶脉 7~8 对，叶齿锐、中、浅，叶质中，叶柄和叶背主脉无毛。花梗无毛，萼片 5 片，萼片外无毛、内多毛。花冠直径 3.3~3.5cm，花瓣 6~8 枚、白色，子房无毛、3 室，花柱先端 3 浅裂，花柱长 1.0~1.2cm。果三角状球形，干果皮厚 0.7mm。种子近球形，种皮光滑、褐色，种径 1.4~1.8cm。耐寒性、耐旱性均强。2018 年干样含水浸出物 46.9%、茶多酚 17.8%、儿茶素总量 6.07%（其中 EGCG0.88%、EGC1.33%）、氨基酸 2.3%、茶氨酸 0.31%、咖啡碱 4.54%。本树特点是：秃房茶中的稀见特小叶茶；生化成分儿茶素总量、EGCG 和茶氨酸含量特低。可作育种材料。(2017.10)

图 5-2-52　上司大茶树

黔54. 翰林茶 Hanlincha（*C. sinensis*）

俗称园干茶，产于福泉市龙昌镇云雾村，相传是清朝翰林王士俊从浙江一带引种的茶树，故称"翰林茶"。海拔1492m。栽培型。样株灌木型，树势开张，树高2.2m，树幅2.5m。多枝丛生，最大枝基部干径18.0cm，分枝密。嫩枝稀毛。芽叶绿色。特小叶，叶长宽7.6cm×2.9cm，叶长椭圆形，叶色深绿，叶身平，叶面稍隆起，叶尖渐尖，叶脉8~9对，叶齿锐、密、浅，叶质中，叶柄和叶背主脉稀毛。花梗无毛，萼片5片，萼片外无毛、内多毛。花冠直径3.6~3.9cm，花瓣7枚、白色，子房多毛、3室，花柱先端3中裂，花柱长1.2~1.4cm。果三角状球形，干果皮厚1.0mm。种子近球形，种皮较粗糙、褐色，种径1.1~1.2cm。耐寒性、耐旱性中等。2018年干样含水浸出物48.4%、茶多酚20.6%、儿茶素总量12.11%（其中EGCG6.33%、EGC2.87%）、氨基酸2.46%、茶氨酸0.97%、咖啡碱3.31%。生化成分儿茶素总量偏低。适制红茶、绿茶。(2017.10)

图 5-2-53　翰林茶

黔55. 荔波茶 Libocha（*C. arborescens*）

产荔波县小七孔镇联山湾村，海拔686m。栽培型。小乔木型，基部有3个大枝2个小枝，树势开张，树高8.5m，树幅8.3m，最大分枝基部干径22.0cm，分枝密。嫩枝有毛。芽叶绿色。中叶，叶长宽10.9cm×3.9cm，叶长椭圆形，叶色绿，叶身平，叶面稍隆起，叶尖渐尖，叶脉8~9对，叶齿粗、中、中。萼片5片、无毛，花小，花冠直径1.6~1.8cm，花瓣8枚、白色，子房多毛、3室，花柱先端3浅裂，花柱长1.0~1.2cm。果实三角状球形，果径1.0~1.8cm。种子近球形，种皮光滑、棕褐色，种径1.0~1.1cm。耐寒性、耐旱性均强。2018年干样含水浸出物47.60%、茶多酚21.60%、儿茶素总量11.16%（其中EGCG5.22%、EGC2.07%）、氨基酸2.81%、茶氨酸1.06%、咖啡碱4.64%。生化成分儿茶素总量偏低。可试制红茶、绿茶。(2017.10)

图 5-2-54　荔波茶

黔56. 马耳大茶树 Maer dachashu（*C.arborescens*）

产罗甸县茂井镇牛棚村，海拔920m。栽培型。小乔木型，树势半开张，树高5.5m，树幅3.8m，基部干径15.0cm，分枝密。嫩枝稀毛。芽叶绿色。大叶，叶长宽12.3cm×5.4cm，叶椭圆形，叶色绿，叶身平，叶面稍隆起，叶尖渐尖，叶脉9~10对，叶齿粗、稀、深，叶质中，叶柄和叶背主脉稀毛。花梗无毛，萼片5片，萼片外无毛、内多毛。花冠直径2.8~3.2cm，花瓣8枚、白色，子房多毛、3室，花柱先端3中裂，花柱长1.0~1.2cm。果三角状球形，干果皮厚1.0mm。种子近球形，种皮光滑、棕褐色，种径1.2~1.3cm。耐寒性、耐旱性均强。2018年干样含水浸出物48.30%、茶多酚20.80%、儿茶素总量17.98%（其中EGCG6.36%、EGC8.64%）、氨基酸2.80%、茶氨酸1.32%、咖啡碱4.58%。适制红茶。(2017.10)

图 5-2-55　马耳大茶树

黔57. 龙里丛茶 Longli congcha（*C.sinensis*）

产龙里县谷脚镇高堡村，海拔1317m。栽培型。灌木型，树势半开张，树高2.2m，树幅2.6m。分枝密。芽叶绿色。中叶，叶长宽9.0cm×3.7cm，叶椭圆形，叶色深绿，叶身平，叶面稍隆起，叶尖渐尖，叶脉8~9对，叶齿钝、中、中，叶质中，叶柄和叶背主脉稀毛。花梗无毛，萼片5片，萼片外无毛、内多毛。花冠直径2.9~3.0cm，花瓣6枚、白色，子房多毛、3室，花柱先端3中裂，花柱长1.2~1.4cm。果实三角状球形，干果皮厚0.8mm。种子近球形，种皮较粗糙、褐色，种径1.1~1.3cm。耐寒性、耐旱性均强。2018年干样含水浸出物46.70%、茶多酚19.80%、儿茶素总量11.34%（其中EGCG6.87%、EGC1.99%）、氨基酸2.77%、茶氨酸1.46%、咖啡碱3.94%。生化成分儿茶素总量偏低。适制红茶、绿茶。(2017.10)

图 5-2-56　龙里丛茶

黔58. 马鞍山茶 Maanshancha（*C.sinensis*）

产于瓮安县珠藏镇瓮朗坝社区土坡寨，是早年栽培的坎边茶树，海拔1064m。栽培型。灌木型，树势开张，树高1.5m，树幅1.3m。分枝密。嫩枝稀毛。芽叶绿色。中叶，叶长宽7.9cm×3.9cm，叶椭圆形，叶色青绿，叶身平或稍内折，叶面隆起，叶尖钝尖，叶脉9~10对，叶齿钝、稀、浅，叶质硬，叶柄和叶背主脉稀毛。花梗无毛，萼片5片，萼片外无毛、内多毛。花冠直径2.8~3.1cm，花瓣6枚、白色，子房多毛、3室，花柱先端3浅裂，花柱长1.0~1.2cm。果三角状球形，干果皮厚1.0mm。种子近球形，种皮光滑、褐色，种径1.0~1.2cm。耐寒性、耐旱性均强。2018年干样含水浸出物47.6%、茶多酚20.7%、儿茶素总量13.92%（其中EGCG7.84%、EGC3.18%）、氨基酸2.95%、茶氨酸1.01%、咖啡碱4.11%。制红茶、绿茶。(2017.10)

图 5-2-57 马鞍山茶

第三节　四川省和重庆市

　　四川省和重庆市乔木和小乔木古茶树多数是子房秃净，果实呈梨果状。在长江（金沙江）以南的多属于疏齿茶、南川茶和大树茶；在川西有广泛分布的秃房茶，在金沙江流域也有秃房茶零星分布，其他均为茶。本节共介绍 28 份古茶树。

川渝 1. 黄山大茶树 Huangshan dachashu（*C.remotiserrata*）

　　又名黄山苦茶，产宜宾市蕨溪黄山茶场球场坪。海拔约 1000m，野生型。乔木型，树姿直立，树高 13.6m，树幅 13.0m，干径 33.0cm，最低分枝高 8.0m。分枝稀。芽叶黄绿色、少毛。特大叶，叶长宽 14.5cm×6.7cm，叶椭圆形，叶色黄绿，叶身平，叶面平，叶尖急尖，叶脉 9~11 对，叶齿钝、稀、深，叶革质，叶柄微红色。萼片 5 片、无毛。花冠直径 4.2cm，花瓣 8~9 枚，子房无毛、5 室，花柱先端 5 裂。种径 1.7cm。1989 年干样含水浸出物 37.74%、茶多酚 16.21%、氨基酸 1.44%、咖啡碱 2.93%。因周围森林砍伐导致 1985 年死亡。（1990.11）

图 5-3-1　黄山大茶树

川渝2. 高笋塘大茶树 Gaosuntang dachashu（*C.gymnogyna*）

产宜宾市蕨溪镇万寿村，海拔1000m左右。栽培型。乔木型，树姿直立，树干挺拔，树高约25m，从基部分成2个支干，干径分别为43.0cm和24.0cm。大的支干在2.8m左右出现二级分枝，嫩枝无毛。大叶，叶长宽13.9cm×6.0 cm，叶椭圆形，叶色绿，叶身

图 5-3-2　高笋塘大茶树及果实

平，叶缘平，叶面稍隆起，叶尖多数急尖，少数渐尖，叶脉11对，叶齿锐、稀、浅，叶柄无毛，叶背光亮、主脉无毛。顶生或腋生2个花蕾，花梗无毛，萼片4~5个，萼片长宽0.4cm×0.5cm、无毛。子房无毛、3室，花柱先端3裂。果实呈棉铃形。　（2011.9）

川渝3. 黄荆大茶树 Huangjing dachashu（*C.gymnogyna*）

产古蔺县黄荆乡，同类型茶树多。野生型。样株乔木型，树姿直立，树高10.8m，树幅3.6m，干径52.0cm，最低分枝高2.9m，分枝较稀。芽叶黄绿色、少毛。特大叶，叶长宽15.5cm×7.0cm，叶椭圆形，叶色黄绿，叶身平，叶面平，叶尖急尖，叶脉8~10对，叶齿钝、稀、深，叶革质，叶柄紫红色。萼片5片、无毛。花冠直径4.4cm，花瓣8枚，子房无毛、3室，花柱先端3裂。1988年春茶一芽二叶干样含水浸出物40.65%、茶多酚19.40%、氨基酸2.34%、咖啡碱5.22%。生化成分咖啡碱含量高。制黑茶。（1990.11）

图 5-3-3　黄荆大茶树

川渝 4. 汉溪大茶树 Hanxi dachashu (*C.gymnogyan*)

产四川省古蔺县桂花乡汉溪村，海拔 950m。栽培型。同类型多株。样株小乔木型，树姿半开张。树高约 8m，树幅约 5m，基部干径约 60cm，最低分枝高度约 80cm。大叶，叶长宽 13.3cm×5.9cm，叶椭圆形，叶色绿黄，叶身稍内折，叶面隆起，叶尖

图 5-3-4　汉溪大茶树及种子

渐尖，叶脉 7~8 对，叶齿钝、稀、深，叶柄和叶背主脉无毛。花梗无毛。萼片 5 片、长宽 0.6cm×0.6cm，萼片外无毛、内多毛。花瓣 9~10 枚，花瓣无毛、质地薄，子房 3 室、无毛，花柱无毛、先端 3 浅裂，花柱长 1.0~1.2cm。干果皮厚 1.2mm。种子球形和不规则形，种径 1.5~1.6cm，种皮棕褐色、光滑，种子百粒重 128g。

川渝 5. 大木茶 Damucha (*C.arborescens*)

产筠连县孔雀乡。栽培型。样株小乔木型，树姿直立，树高 7.3m，树幅 2.6m，干径 42.0cm，最低分枝高 1.9m，分枝较稀。芽叶绿色、有毛。大叶，叶长宽 13.3cm×5.0cm，叶长椭圆形，叶色深绿，叶身平，叶面平，叶尖渐尖。萼片 5 片、有毛。花冠直径 4.2cm，花瓣 8 枚，子房有毛、3 室，花柱先端 3 裂。制红茶。 (1982.6)

川渝 6. 早白尖 Zaobaijian (*C.sinensis*)

筠连县，宜宾市、高县和珙县都有分布。栽培型。灌木型，树姿开张，分枝密。芽叶淡绿色、多毛。中叶，叶长宽 9.6cm×3.6cm，叶长椭圆形，叶色绿，叶身平或稍内折，叶面稍隆起，叶尖渐尖或钝尖，叶脉 7~9 对。萼片 5 片、无毛。花冠直径 2.3cm，花瓣 7 枚、白色，子房多毛、3 室，花柱先端 3 裂。种子棕褐色，种径 1.3cm。2000 年干样含茶多酚 20.5%、儿茶素总量 17.3%、氨基酸 2.7%、咖啡碱 4.5%。制川红工夫，金毫显露，汤色红艳，香清高雅；制绿茶，品质优良。耐寒性、耐旱性均强。 (1982.6)

川渝 7. 蒙顶山茶 Mengdingshancha（*C.sinensis*）

产雅安市名山区蒙顶山，是当地主栽品种。茶树栽培始于西汉甘露（公元前53年），已有二千多年历史，唐宪宗元和八年（813 年）《元和郡县志》记："严道县南十里有蒙山，今岁贡茶蜀之最"。

图 5-3-5　蒙顶山茶（程启坤）

茶树栽培型。1979 年名山县科技局在柴山岗娄子岩发现 4 株古茶树，其中最大一株，灌木型，树姿开张，树高 2.6m，树幅 5.4m，基部干径 8.9cm，分枝密。芽叶绿色、茸毛多或特多。小叶，叶长 8.2cm，叶宽 2.9cm，叶长椭圆或披针形，叶色绿，叶身稍内折，叶面稍隆起，叶尖渐尖，叶脉 7~8 对，叶齿锐、密、浅。萼片 5 片、无毛。花冠直径 2.3~2.9cm，花瓣 6~7 枚、白色，子房多毛、3 室，花柱先端 3 裂。种径 1.2~1.4cm。耐寒性、耐旱性均强。用蒙顶山茶单芽或一芽一叶初展叶所制"蒙顶石花"为四川历史名茶，属绿茶类，特点是扁直挺锐，芽披银毫，香浓郁，味醇鲜；另一名茶"蒙顶黄芽"属黄茶类，外形扁平挺直，嫩黄油润，汤色黄亮，甜香浓郁，滋味甘醇。

川渝 8. 雷波大茶树 Leibo dachashu（*C.sp.*）

产雷波县罗溪。海拔约 1600m。样株小乔木型，树姿半开张，树高 4.3m，树幅 3.6m，干径 12.0cm，分枝稀。嫩枝中毛，鳞片多毛。芽叶绿紫色、多毛。特大叶，叶长宽 17.0~20.5cm×5.8~6.3cm，叶椭圆或卵圆形，叶色绿，叶身平，叶面稍隆起，叶尖钝尖或渐尖，叶齿锐、中、中，叶脉 8~10 对，叶柄和主脉基部微紫色，叶柄无毛，叶背主脉两侧稀毛，叶质厚软。花梗

图 5-3-6　雷波大茶树

无毛，萼片 5 片、绿色、长宽 0.6cm×0.5cm，萼片外无毛、内多毛。花冠直径 3.8~4.2cm，花瓣 6~7 枚、白色、质较薄、无毛，花瓣长宽 2.6cm×2.4cm，最大长宽 2.9cm×2.9cm，子房多毛、3 室，花柱长 0.9~1.2cm、先端 3 中裂、无毛，雌蕊高于雄蕊，花有香味。种子肾形。制绿茶。同类型茶树多。　（1996.10）

川渝 9. 花楸茶 Huaqiucha (*C.sinensis*)

花楸茶是地方品种，产邛崃市平乐镇花楸村，海拔 1000m。栽培型。样株是一古老茶树。灌木型，树姿开张，树高约 6m，树幅约 8m×6m，分枝密。嫩枝无毛。鳞片无毛，芽叶绿黄色、茸毛少。中（偏小）叶，叶长宽 10.4cm×3.4cm，叶披针形，叶色绿，叶身稍内折，叶面稍隆起，叶尖渐尖，叶脉 7~8 对，叶齿锐、密、中，叶背主脉无毛。花梗无毛。萼片 5 片、无毛。花冠直径 2.8~3.0cm，花瓣 5~7 枚，花瓣

图 5-3-7 花楸茶

白带绿晕、质地薄，子房 3 室、有毛，花柱先端 3 中裂。种径 1.1~1.3cm，种皮棕色、光滑。制绿茶。1993 年用花楸品种创制的"文君毛峰"名茶，以色泽翠绿显毫、香气鲜香浓郁、滋味鲜醇爽口著称。（2017.3）

川渝 10. 崃麓大茶树 Lailu dachashu (*C.gymnogyna*)

产荣经县安靖乡崃麓村，海拔 1190m。栽培型。乔木型，树姿直立，树高 12.5m，树幅 6.6m，基部干径 25.5cm，分枝较稀。芽叶绿色、少毛。特大叶，叶长宽 18.4cm×6.6cm，最大叶长宽 19.4cm×6.7cm，叶披针形，叶色绿，叶身平，叶面稍隆起，叶尖尾尖，叶尖长 1.5~1.8cm，叶脉 8~8 对，叶齿锐、稀、中，叶柄、叶背主脉无毛。花梗无毛。萼片

图 5-3-8 崃麓大茶树及叶片

5 片、外无毛、内有毛。花冠直径 3.6~3.8cm，花瓣 10 枚，花瓣白色、质地薄，子房 3 室、无毛，花柱先端 3 裂，花柱长 1.9~2.2cm。果径 2.4~2.6cm，干果皮厚 1.8~2.2mm。种径 2.0~2.4cm，1.7~2.0cm，种皮褐色、光滑，种子百粒重 183g。（2017.3）

川渝 11. 太阳大茶树 1 号 Taiyang dachashu1（*C.gymnogyna*）

产荣经县新添乡太阳村，海拔 1060m。栽培型。
乔木型，树姿直立，树高 7.5m，树幅约 3.3m，基部干
径 27.1cm，分枝较稀。芽叶绿色，毛稀少。超特大叶，
叶长宽 19.6cm×8.4cm，最大叶长宽 22.5cm×8.2cm，叶
椭圆形，叶色绿稍淡，叶身平，叶面隆起，叶尖尾尖，
最大叶尖长 2.0cm，叶脉 8~10 对，叶齿锐、稀、中，
叶齿不明显，齿距 1.2~1.7cm，叶片特厚如枇杷叶，
叶柄、叶背主脉无毛。花梗无毛。萼片 5 片、外无毛、
内多毛，萼片长宽 0.8cm×0.7cm。花冠直径 4.0~4.3cm，
花瓣 7~8 枚，花瓣白色、长宽 2.7cm×2.4cm，质地薄，
子房 3 室、无毛，花柱先端 3 裂，花柱长 1.5~2.0cm。
干果皮厚 1.8~2.1mm。种径 1.4~1.9cm，种子如蓖麻
籽、棕褐色、百粒重 160g。2018 年干样含水浸出物

图 5-3-9　太阳大茶树 1 号

49.40%、茶多酚 22.80%、儿茶素总量 12.88%（其中
EGCG9.75%）、氨基酸 3.41%、咖啡碱 5.10%、没食子酸 0.96%。本树特点叶片超特大，
叶尖特长，叶如枇杷叶；种子如蓖麻籽；生化成分水浸出物、EGCG 和咖啡碱含量高。适
制红茶和创制产品。（2017.3）

川渝 12. 太阳大茶树 7 号 Taiyang dachashu7（*C.sp.*）

产地同太阳大树茶 1 号，海拔 1050m。乔木型，
树姿直立，树高约 8m，树幅 3.7m，基部干径 25.3cm，
分枝较稀。芽叶绿色，毛稀少。特大叶，叶长宽
15.3cm×7.9cm，叶卵圆形，叶色绿稍淡，叶身平，叶面
隆起，叶尖尾尖，最大叶尖长 1.8cm，叶脉 7~8 对，叶
齿锐、稀、深，叶片厚如枇杷叶，叶柄、叶背主脉无毛。
花梗无毛。萼片 5 片、外无毛、内多毛。2018 年干样
含水浸出物 49.6%、茶多酚 23.6%、儿茶素总量 13.26%
（其中 EGCG9.75%）、氨基酸 3.30%、咖啡碱 4.90%、
没食子酸 0.65%。本树特点叶厚如枇杷叶；生化成分水
浸出物、EGCG 和咖啡碱含量高。适制红茶和创制产
品。（2017.3）

图 5-3-10　太阳大茶树 7 号

川渝 13．太阳大茶树 8 号 Taiyang dachashu8（*C.gymnogyna*）

产地同太阳大树茶 1 号，海拔 1030m。栽培型。小乔木型，树姿半开张，树高 4.2m，树幅约 3.7m，3 个分枝，最大分枝基部干径 15.9cm，分枝较稀。芽叶绿色、毛稀少。特大叶，叶长宽 13.9cm×7.2cm，叶卵圆形，叶色绿稍淡，叶身平，叶面稍隆起，叶尖渐尖、少数尾尖，叶脉 7~8 对，叶齿中、稀、浅，叶齿不明显，叶片厚如枇杷叶，叶柄、叶背主脉无毛。花梗无毛。花冠直径 3.5~3.8cm，花瓣 7~8 枚，花瓣白色、长宽 2.7cm×2.3cm、质地薄，子房 3 室、无毛，花柱先端 3 裂，花柱长 0.8~1.6cm。果径 1.5~2.0cm。种径 1.3~1.4cm，种子棕褐色、百粒重 100g。本树特点叶片如枇杷叶。（2017.3）

图 5-3-11　太阳大茶树 8 号

川渝 14．太阳大茶树 11 号 Taiyang dachashu11（*C.gymnogyna*）

产地同太阳大树茶 1 号，海拔 1100m。栽培型。小乔木型，树姿半开张，树高 5.8m，树幅 7.5m，基部干径 30.3cm，分枝较稀。芽叶绿色，毛稀少。特大叶，叶长宽 15.9cm×6.3cm，叶椭圆形，叶色绿稍淡，叶身平，叶面隆起，叶尖尾尖，最大叶尖长 1.8cm，叶脉 8~9 对，叶齿锐、稀、中，齿距 0.8~1.1cm，叶片厚，叶柄、叶背主脉无毛。花梗无毛，萼片 5 片、外无毛、内缘有毛。

图 5-3-12　太阳大茶树 11 号及叶片

花冠直径 3.7~4.1cm，花瓣 8~10 枚，花瓣白色、质地薄，子房 3 室、无毛，花柱先端 3 裂，花柱长 1.3~1.4cm。果径 2.2~2.3cm，干果皮厚 1.2~2.0cm。种径 1.0~1.4cm，种皮光滑、棕褐色。本树特点叶片厚、叶齿距大、叶脉不明显。（2017.3）

川渝 15．崇州枇杷茶 Chongzhou pipacha（*C.remotiserrata*？）

产崇州市文井江镇万家村棕溪沟及晴霞山，大邑等地亦有分布。野生型？小乔木型，树姿直立，主干显，分枝稀。芽叶黄绿色、肥壮、少毛，节间长。大叶，叶长宽 12.1cm×4.9cm，叶椭圆形，叶色深绿，有光泽，叶柄微紫色，叶身平，叶面平或稍隆起，叶尖与叶柄特长，叶齿锐、稀、浅，叶质厚脆。花梗无毛，萼片 5 片、绿色、

图 5-3-13　崇州枇杷茶及芽叶

长宽 0.6cm×0.5cm，萼片无毛。花冠直径 5.3cm，花瓣 7~9 枚、白色，子房无毛、5（3）室，花柱先端 5（3）裂。种径 1.4cm。1988 年干样含水浸出物 39.93%、茶多酚 20.11%、儿茶素总量 11.66%（其中 EGCG9.82%）、氨基酸 2.04%、茶氨酸 0.95%、咖啡碱 4.47%。生化成分儿茶素总量偏低。制川红工夫和黑茶。　（1990.11）

川渝 16．大同大茶树 Datong dachashu（*C.gymnogyna*）

产崇州市文井江镇大同村，海拔 875m。栽培型。小乔木型，树姿半开张，树高约 6m，树幅约 4m，干径 20.7cm，最低分枝高度 1.5m，分枝稀。特大叶，叶长宽 18.1cm×6.8cm，叶长椭圆形，叶色绿，叶身平，叶面隆起，叶尖尾尖、少数渐尖，叶脉 8~9 对，叶齿中、中、浅，叶柄、叶背主脉无毛。花梗无毛，萼片 5 片、外无毛、内有毛。花冠直径 3.9~4.2cm，花瓣 7~8 枚，花瓣白色、质地薄，花瓣大、长宽 2.8cm×1.8cm，子房 3 室、无毛，花柱先端 3 裂，花柱长 1.5~1.8cm。　（2017.11）

图 5-3-14　大同大茶树

川渝 17．大坪大茶树 2 号 Daping dachashu2（*C.gymnogyna*）

产崇州市文井江镇大坪村，海拔 905m。栽培型。乔木型，树姿直立，树高约 7m，树幅约 3m，干径 26.1cm，最低分枝高度 1.6m，分枝稀。芽叶多毛。特大叶，叶长宽 17.0cm×7.0cm，叶椭圆形，叶色绿，叶身平，叶面隆起，叶尖尾尖、少数渐尖，叶脉 8~10 对，叶齿锐、中、浅，叶柄、叶背主脉无毛。花梗无毛，萼片 5 片、外无毛、内有毛。花冠直径 3.8~4.0cm，花瓣 6~7 枚，花瓣白色、质地薄，花瓣大、长宽 2.4cm×2.0cm，子房 3 室、无毛，花柱先端 3 裂，花柱长 1.5~1.6cm。（2017.11）

图 5-3-15　大坪大茶树 2 号

川渝 18．大坪大茶树 3 号 Daping dachashu3（*C.gymnogyna*）

产地同大坪大茶树 2 号，海拔 904m。栽培型。乔木型，树姿直立，树高约 7m，树幅 3.5m，干径 20.7cm，最低分枝高度 2.2m，分枝较稀。芽叶多毛。超特大叶，叶长宽 18.6cm×8.6cm，最大叶长宽 22.1cm×9.8cm，叶椭圆形，叶色绿，叶身平，叶面隆起，叶尖渐尖、少数尾尖，叶脉 8~9 对，叶齿中、稀、中，最大齿距 0.8cm，叶柄、叶背主脉无毛，叶厚如枇杷叶。花梗无毛，萼片 5 片、外无毛、内有毛。花冠直径 3.6~3.8cm，花瓣 7~8 枚，花瓣白色、质地薄，花瓣大、长宽 2.5cm×2.0cm，子房 3（2）室、无毛，花柱先端 60% 为 3 裂，40% 为 2 裂，花柱长 1.3~1.6cm、细。本树特点：超特大叶，可谓是目前中国纬度最高的自然分布的大叶茶了（崇州 30°30′~30°53′，杭州 30°16′，杭州只有中小叶茶生长）；花柱 40% 为 2 裂。（2017.11）

图 5-3-16　大坪大茶树 3 号

川渝 19. 大坪大茶树 4 号 Daping dachashu4（*C.gymnogyna*）

产地同大坪大茶树 2 号，海拔 906m。栽培型。
乔木型，树姿半开张，分枝稀，树高约 8m，树幅 3.3m，
干径 23.8cm，最低分枝高度 1.7m。大叶，叶长宽
13.6cm×3.6cm，叶椭圆形，叶色绿，叶身稍内折，叶
面隆起，叶尖渐尖、少数尾尖，叶脉 7~9 对，叶齿锐、
中、浅，叶柄、叶背主脉无毛。花梗无毛，萼片 5 片、
外无毛、内有毛。花冠直径 3.6~3.9cm，花瓣 7~8 枚，
花瓣白色、质地薄，花瓣大、长宽 2.2cm×1.7cm，子
房 2（3）室、无毛，花柱先端 2 裂为主，个别 3 裂，
花柱长 1.1~1.6cm。本树特点：花柱以 2 裂为主，很
是罕见。（2017.11）

图 5-3-17　大坪大茶树 4 号

川渝 20. 金佛山大茶树 Jinfoshan dachashu（*C.nanchuannica*）

产重庆市南川区金佛山。野生型。
乔木型，树姿直立，树高 6.7m，树幅
7.1m，基部干径 34.0cm，最低分枝高
0.31m，分枝较密。芽叶黄绿色、少毛。
大叶，叶椭圆形，叶色绿，叶面平，叶
脉 8~9 对，叶齿钝、稀、深，叶柄微红
色。萼片 5 片、无毛。花冠直径 4.2cm，
花瓣 7~8 枚，子房无毛、5（4）室，花
柱先端 5（4）裂。制红茶。（2006.10）

图 5-3-18　金佛山大茶树（杨世雄）

川渝 21. 合溪大茶树 Hexi dachashu（*C.nanchuannica*）

产重庆市南川区合溪镇红星村。野生型。乔木型，树姿半开张，树高 6.3m，树幅 3.3m，基部干径 21.0cm，最低分枝高 0.39m，分枝较密。大叶，叶长椭圆形，叶色绿，叶面平，叶齿钝、稀、深。萼片 5 片、无毛。花冠直径 4.3cm，花瓣 8~9 枚，子房无毛、5 室，花柱先端 5 裂。制黑茶。（1992.10）

图 5-3-19 合溪大茶树

川渝 22. 綦江大茶树 Qijiang dachashu（*C.gymnogyna*）

产重庆市綦江区。栽培型。乔木型，树姿直立，树高 9.7m，树幅 2.6m，干径 25.0cm，最低分枝高 1.3m，分枝较稀。芽叶黄绿色、少毛。大叶，叶长宽 12.0cm×4.9cm，叶椭圆形，叶色深绿，叶身平，叶面平，叶尖急尖，叶脉 8~9 对，叶柄微红色。萼片 5 片、无毛。花冠直径 4.7cm，花瓣 7 枚，子房无毛、3 室，花柱先端 3 裂。制红茶、黑茶。（1982.6）

图 5-3-20 綦江大茶树

川渝 23. 江津大茶树 Jiangjin dachashu（*C.gymnogyna*）

产重庆市江津区。栽培型。乔木型，树姿直立，树高约 8m，树幅 5.9m，干径 35.0cm，最低分枝高 1.6m。大叶，叶长宽 13.5cm×6.0cm，叶椭圆形，叶面平，叶柄紫红色。萼片 5 片、无毛。花冠直径 3.2~4.1cm，花瓣 7~9 枚，子房无毛、3 室，花柱先端 3 裂。制红茶、黑茶。（1982.6）

川渝 24. 南桐大茶树 Nantong dachashu（*C.sp.*）

产重庆市綦江区南桐镇。小乔木型，树姿直立，树高 3.9m，树幅 1.1m，最低分枝高 0.7m。中叶，叶长宽 9.8cm×4.3cm，叶椭圆形，叶色绿，叶柄微红色，叶面平，叶脉 6~10 对。制红茶、黑茶。（1982.6）

图 5-3-21　南桐大茶树（2010）

川渝 25. 吐祥茶 Tuxiangcha（*C.sinensis*）

奉节古称夔州，陆羽《茶经·八之出》开列唐朝四十二州产茶中就有夔州，说明奉节在唐代时已是茶叶生产地。吐祥茶产吐祥镇大河村，为当地栽培品种。海拔 980m。栽培型。样株灌木型，树姿半开张，树高 2.3m，树幅 2.0m。芽叶绿稍紫色、多毛。中叶，叶长宽 9.2cm×3.6cm，叶长椭圆形，叶色绿稍紫，叶身稍内折，叶面稍隆起，叶尖渐尖，叶脉 7~8 对。萼片 5 片、无毛。花冠直径 3.4cm，花瓣 6~7 枚，子房多毛、3 室，花柱先端 3 裂。果径 2.0cm。制绿茶，所制"香山茶"为历史名茶。（1989.10）

图 5-3-22　吐祥茶（《巴渝茶叶纵横》）

川渝 26. 月池茶 Yuechicha（*C.sinensis*）

产巫山县月池乡界岭村，为当地栽培品种。海拔 1300m。栽培型。样株灌木型，树姿半开张，树高 2.2m，树幅 1.8m。芽叶绿色、中毛。中叶，叶长宽 10.1cm×3.1cm，叶披针形，叶色深绿，叶身稍内折，叶面稍隆起，叶尖渐尖，叶脉 7~9 对。萼片 5 片、无毛。花冠直径 3.3cm，花瓣 7 枚，子房多毛、3 室，花柱先端 3 裂。果径 2.5cm。制绿茶。（1989.10）

川渝 27. 中岗茶 Zhonggangcha（*C.sinensis*）

产巫溪县中岗乡三清村，为当地栽培品种。海拔 1100m。栽培型。样株灌木型，树姿直立，树高 3.0m，树幅 2.2m。芽叶绿色、中毛。大叶，叶长宽 12.0cm×5.2cm，叶椭圆形，叶色绿，叶身稍内折，叶面稍隆起，叶尖渐尖，叶脉 8~10 对。萼片 5 片、无毛。花冠直径 3.6cm，花瓣 7 枚，子房多毛、3 室，花柱先端 3 裂。制绿茶。（1989.10）

川渝 28. 蒲莲茶 Puliancha（*C.sinensis*）

产巫溪县蒲莲镇桐元村，为当地栽培品种。海拔 560m。栽培型。样株灌木型，树姿半开张，树高 2.0m。芽叶黄绿色、中毛。中叶，叶长宽 9.9cm×4.3cm，叶椭圆形，叶色绿，叶身稍内折，叶面稍隆起，叶尖渐尖，叶脉 7~9 对。萼片 5 片、无毛。花冠直径 4.0cm，花瓣 6~7 枚，子房多毛、3 室，花柱先端 3 裂。果径 2.1cm。1990 年干样含茶多酚 23.40%、氨基酸 3.97%、咖啡碱 4.34%。制绿茶。（1989.10）

第四节　广西壮族自治区

　　广西壮族自治区是古茶树资源遗传多样性最丰富的地区之一。西部处于茶树地理起源范围，茶树具有与云南东部、东南部资源的同质性，如大厂茶、广西茶、厚轴茶等。西江、红水河流域广泛生长着白毛茶，东南沿海有防城茶。在六万大山和大瑶山还有性状特异的茶树。本节共介绍 30 份古茶树。

桂 1. 金平大茶树 Jinping dachashu（*C. tachangensis*）

　　产隆林县德峨乡金平村，海拔 1740m。野生型。小乔木型，树姿直立，树高约 5m（早期砍伐），基部干径 48.0cm，有 4 个主干。芽叶黄绿色、茸毛少。特大叶，叶长宽 15.4cm×6.4cm，叶椭圆形，叶色绿，叶身稍内折，叶面平，叶尖渐尖。萼片 5 片、无毛。花冠直径 4.1~4.5cm，花瓣 8~13 枚、白色，子房无毛、5 室，花柱先端 5 裂。制绿茶。（1991.10）

图 5-4-1　金平大茶树

桂2. 德峨大茶树 Dee dachashu（*C. tachangensis*）

产地同金平大茶树，海拔1720m。野生型。小乔木型，树姿半开张，树高9.3m，树幅7.6m，有2个主干，干径分别是42cm和37cm。芽叶黄绿色、茸毛少。特大叶，叶长宽14.8cm×6.2cm，叶椭圆形，叶色绿，叶身平，叶面隆起，叶尖渐尖。萼片5片、无毛。花冠直径4.6~4.8cm，花瓣9~13枚、白色，子房无毛、5室，花柱先端5裂。制绿茶。（2012.10）

图 5-4-2　德峨大茶树（叶靖平）

桂3. 会朴大茶树 Huipu dachashu（*C. pentastyla*）

产百色市右江区龙和乡会朴屯，海拔1310m。野生型。样株乔木型，树姿直立，树高约20m，树幅约10m，干径70.0cm，最低分枝高2.7m，一级分枝2个。芽叶绿色、多毛。特大叶，叶长宽17.0cm×5.7cm，叶长椭圆或披针形，叶色绿，叶身平，叶面稍隆起，叶尖渐尖，叶脉9~11对，叶革质。萼片5片、无毛。花冠直径4.7~4.9cm，花瓣13枚、白色、质厚，子房多毛、5室，花柱先端5裂。种径1.7cm。制绿茶。同类型茶树甚多。（1991.10）

图 5-4-3　会朴大茶树

桂 4. 巴平大茶树 Baping dachashu（*C.pentastyla*）

产地同会朴大茶树，海拔 1180m。野生型。样株乔木型，树姿直立，树高 15.8m，树幅 13.0m，干径 62.0cm，最低分枝高 1.9m，分枝中。芽叶绿色、毛多。特大叶，叶长宽 15.1cm×5.1cm，叶倒长椭圆形，叶色绿，叶身平，叶面稍隆起，叶尖急尖，叶背主脉有稀毛。萼片 5 片、无毛。花冠直径 3.1~3.4cm，花瓣 8 枚、白色、质厚，子房多毛、5（4）室，花柱先端 5（4）裂。果径 5.0cm。制绿茶。同类型茶树甚多。（1991.10）

图 5-4-4　巴平大茶树

桂 5. 大王岭大茶树 1 号 Dawangling dachashu1（*C.pentastyla*）

产百色市右江区大王岭林区，海拔 1100m。野生型。乔木型，树姿直立，树高约 20m，树幅约 10m，干径 66.9cm，最低分枝高 1.6m，分枝中。嫩枝无毛。芽叶绿色、毛特多。大叶，平均叶长宽 13.8cm×5.8cm，叶长椭圆形，叶色绿，叶身平，叶面稍隆起，叶脉 11~12 对，叶尖尾尖，叶齿锐、浅、稀，叶柄和叶背主脉无毛。萼片 5~6 片、无毛。花冠直径 3.6~4.0cm，花瓣 8~10 枚、白色、质厚、无毛，子房多毛、5（4）室，花柱先端 5（4）裂。果径 4.8cm，果皮厚 1.4cm，果轴粗显。(2013.11)

图 5-4-5　大王岭大茶树 1 号
（叶靖平）

桂 6. 大王岭大茶树 2 号 Dawangling dachashu2 (*C.pentastyla*)

产地同大王岭大茶树 1 号，海拔 1266m。野生型。乔木型，树姿直立，树高 9.8m，树幅约 7m，干径 82.8cm，离地 30cm 处干径 58.3cm，分枝中。嫩枝无毛。芽叶绿色、毛特多。特大叶，平均叶长宽 16.4cm×6.4cm，最大叶长宽 21.0cm7.5cm，叶长椭圆形，叶色深绿，叶身稍内折，叶面稍隆起，叶脉 10~11 对，叶尖尾尖，叶齿锐、浅、稀，叶柄和叶背主脉无毛。萼片 5 片、萼片外无毛、内多毛。花冠直径 3.7~4.2cm，花瓣 9~11 枚、白色、质中，子房毛特多、5 室，花柱先端 5 裂，雄蕊 240~270 枚。果四方状球形，果柄长粗 1.2cm×0.6cm，果径 4.6~4.8cm，果皮厚 1.2cm，果轴粗显。种子不规则形，种径 1.6~2.0cm，种皮较粗糙。（2013.11）

图 5-4-6　大王岭大茶树 2 号
（叶靖平　）

桂 7. 大王岭大茶树 3 号 Dawangling dachashu3 (*C.pentastyla*)

产地同大王岭大茶树 1 号，海拔 1150m。野生型。小乔木型，树姿直立，树高约 15m，树幅约 4m，干径 73.9cm，最低分枝高度 1.1m，分枝密。嫩枝无毛。芽叶黄绿色、毛特多。特大叶，平均叶长宽 15.7cm×5.5cm，最大叶长宽 17.3cm×6.1cm，叶长椭圆或披针形，叶色绿，叶身平，叶面隆起，叶尖渐尖或尾尖，叶脉 10~11 对，叶齿锐、浅、稀，叶柄和叶背主脉无毛。萼片 5（6）片、覆瓦状排列，萼片大、长宽 0.6 cm×0.8cm、外无毛、内多毛。花冠直径 4.3~4.7cm，花瓣 9~12 枚、白色、质薄、无毛，花瓣长宽 2.3cm×1.7cm，子房毛特多、5（4）室，花柱长 1.3~1.9cm、先端 5（4）裂，花柱有少量毛。果四方状球形，果径 3.6~3.8cm，果皮厚 1.1cm，果轴呈星形。种子不规则形，种径 1.6~1.8cm，种皮较粗糙。（2013.11）

图 5-4-7　大王岭大茶树 3 号
（叶靖平）

桂8. 坡荷大茶树 Pohe dachashu（*C.kwangsiensis*）

产那坡县坡荷乡，海拔1410m。野生型。小乔木型，树姿直立，树高4.5m，树幅3.2m，分枝中。芽叶黄绿色、茸毛少。特大叶，叶长宽17.8cm×6.5cm，叶长椭圆形，叶色绿黄，叶身稍内折，叶面平，叶尖钝尖，叶齿钝、稀、深，叶革质。萼片5片、无毛。花冠直径5.5~5.6cm，花瓣13枚、白色、质厚，子房尤毛、5（4）室，花柱先端5（4）裂。（1991.10）

桂9. 百君茶 Baijuncha（*C.sinensis* var. *pubilimba*）

产靖西市安宁乡百君屯，海拔770m。栽培型。样株小乔木型，树姿直立，树高5.0m，树幅1.5m，干径14.0cm，最低分枝高2.0m。芽叶绿色、多毛。大叶，叶长宽14.4cm×5.2cm，叶长椭圆形，叶色绿、有光泽，叶身稍内折，叶面隆起，叶尖尾尖，叶质中等，叶背主脉少毛。萼片5片、有毛。子房多毛、3室，花柱先端3裂。果径2.7cm。制绿茶。同类型茶树甚多。（1991.10）

图 5-4-8　百君茶（叶靖平）

桂10. 地州茶 Dizhoucha（*C.kwangsiensis*）

产靖西市地州乡、禄峒乡、化峒镇、龙邦镇，海拔800m以上。样株产地州乡。野生型。小乔木型，树姿直立，树高约6m，树幅1.3m。芽叶绿色、少毛。特大叶，叶长宽15.4cm×6.3cm，叶长椭圆形，叶色绿，叶身稍内折，叶面隆起，叶尖渐尖，叶质中等，叶背主脉无毛。萼片5片、无毛、长宽6.4mm×8.3mm。花冠直径4.7~5.0cm，花瓣8~10枚，子房无毛、5室，花柱先端5裂。果径3.0~3.1cm，果皮厚8.3mm。1992年干样含水浸出物42.73%、茶多酚26.88%、氨基酸2.03%、咖啡碱4.77%。生化成分茶多酚含量高。（1991.10）

桂 11. 黄连山大茶树 Huanglianshan dachashu（*C.crassicolumna*）

产德保县黄连山茶场，海拔 1380m。野生型。样株乔木型，树姿直立，树高约 12m，树幅 1.7m，干径 36.0cm，芽叶绿色、多毛。特大叶，叶长宽 18.7cm×7.0cm，叶长椭圆形，叶色绿，叶身稍内折，叶面稍隆起，叶尖渐尖，叶质中等，叶背主脉少毛。萼片 5 片、中毛。花冠直径 4.8~5.5cm，花瓣 13 枚，子房多毛、5 室，花柱先端 5 裂。1992 年干样含水浸出物 42.21%、茶多酚 20.54%、氨基酸 2.36%、咖啡碱 3.35%。制红、绿茶。茶树密度大，已形成群落。（1991.10）

图 5-4-9　黄连山大茶树（叶靖平 2016）

桂 12. 凤凰大茶树 Fenghuang dachashu（防城茶 *Camellia fangchengensis* Liang et Zhong，以下缩写为 *C.fangchengensis*）

产上思县叫安乡凤凰山，海拔 650m。栽培型。样株乔木型，树姿直立，树高 10.0m，树幅 5.2m，干径 18.0cm，分枝中。芽叶黄绿色、茸毛较多。特大叶，叶长宽 17.5cm×7.2cm，叶长椭圆形，叶色绿，叶身平，叶面稍隆起，叶尖钝尖，叶齿钝、稀、深，叶革质。萼片 5 片、多毛。花冠直径 2.5cm，花瓣 6~7 枚、白色，子房多毛、3 室，花柱先端 3（2）裂，雌雄蕊高或等高。种径 1.6cm。1993 年干样含水浸出物 41.98%、茶多酚 25.01%、氨基酸 2.81%、咖啡碱 3.75%。制绿茶和黑茶（六堡茶）。同类型茶树甚多。（1992.10）

桂 13. 十万大山野茶 Shiwandashan yecha（*C.sp.*）

产防城港市那勤乡西江村十万大山。乔木型，树姿直立，树高约 10m，干径 29.0cm，最低分枝高 4.0m，分枝稀。嫩枝无毛。特大叶，叶长宽 15.2cm×6.5cm，叶椭圆形，叶色绿，叶身平，叶面平，叶尖急尖。1993 年干样含水浸出物 40.69%、茶多酚 20.89%、氨基酸 3.29%、咖啡碱 3.34 %。（1993.10.）

图 5-4-10　十万大山野茶

桂 14. 爱店大茶树 Aidian dachashu（*C.fangchengensis*）

产宁明县爱店镇讨力岭，地处中越边界。海拔 350m。栽培型。乔木型，树姿直立，树高约 9m，树幅 4.0m，干径 23.0cm，最低分枝高 2.6m，分枝稀。嫩枝多毛。芽叶绿色、毛多。特大叶，叶长宽 16.2cm×6.6cm，叶椭圆形，叶色绿，叶身平，叶面平，叶尖渐尖，叶背主脉有稀毛。萼片 5 片、多毛。花冠直径 3.0~3.1cm，花瓣 6~7 枚、白色，子房多毛、3 室，花柱先端 3 裂。果径 2.4~3.0cm。种径 1.6cm。1993 年干样含水浸出物 40.69%、茶多酚 22.28%、氨基酸 3.29%、咖啡碱 3.34%。（1992.10）

图 5-4-11　爱店大茶树　　图 5-4-12　清光绪年间的中越界碑（右为作者）

桂 15. 寿凯茶 Shoukaicha（*C.fangchengensis*）

产扶绥县东门镇渌头村，海拔 550m。据《广西通志》载："白毛茶，产思阳、凤山、扶南、同正（今扶绥）、镇边（今那坡）诸县。树之大者高二丈，小者七八尺，嫩叶如银针，老叶尖长，如龙眼树叶而薄，背有白色茸毛，故名，概属野生。"

栽培。样株乔木型，树姿半开张，树高约 8m，树幅约 4m，干径 26.0cm，最低分枝高 2.6m，分枝稀。嫩枝多毛。芽叶绿色、毛多。特大叶，叶长宽 14.4cm×6.0cm，叶椭圆形，叶色绿，叶身稍内折，叶面稍隆起，叶尖渐尖，叶背主脉有稀毛。萼片 5 片、多毛。花冠直径 3.4cm，花瓣 6~7 枚、白色，子房多毛、3 室，花柱先端 3 裂。果径 2.3~2.7cm。种径 1.9cm。1993 年干样含水浸出物 42.01%、茶多酚 25.91%、氨基酸 3.19%、咖啡碱 3.88%。制绿茶、黑茶（六堡茶）。同类型茶树甚多。（1992.10）

图 5-4-13　寿凯茶

桂 16. 中东大茶树 Zhongdong dachashu（*C.fangchengensis*）

产扶绥县中东镇六合、思同、新林等村。栽培型。样株乔木型，树姿半开张，树高约 7m，树幅 3.6m，干径 20.1cm，分枝稀。芽叶黄绿色、少毛。大叶，叶长宽 14.5cm×5.5cm，叶椭圆形，叶色绿或深绿，叶身稍内折，叶面隆起，叶尖渐尖或尾尖，叶齿中、中、深，叶脉 11~13 对。萼片 5 片、多毛。花冠直径 3.9~4.4cm，花瓣 7~8 枚、白色，子房多毛、3 室，花柱长 1.5cm、先端 3 裂，雌雄蕊等高。1993 年干样含水浸出物 42.51%、茶多酚 20.73%、氨基酸 5.24%、咖啡碱 4.31%。生化成分氨基酸含量高。制红茶、黑茶（六堡茶）。同类型茶树甚多。（1992.10）

桂 17. 博白大茶树 Bobai dachashu（*C.fangchengensis*）

又名六万大山大茶树。产博白县双凤镇大田村、那林乡那村、江宁乡芳屋村。样株产双凤镇大田村，海拔 620m，数量多。栽培型。样株乔木型，树姿直立，树高 6.5m，树幅 3.4m，干径 27.0cm，最低分枝高 2.3m。嫩枝多毛。芽叶黄绿色、多毛。芽似梨果状，芽高 2.2cm（俗称"果芽"，有多层嫩叶将幼芽包裹。广西金秀白牛茶亦有果芽。含氨基酸 10% 以上，但未检出到茶多酚）。大叶，叶长宽 13.9cm×5.6cm，叶椭圆、卵圆或披针形，叶色绿，叶身稍内折，叶面稍隆起，叶尖渐尖，叶背主脉有稀毛。萼片 5 片、多毛。花冠直径 2.7cm，花瓣 6 枚、白色，子房多毛、3 室，花柱先端 3 裂，雌雄蕊高或等高。果径 2.1cm。种径 1.5cm。据桂林茶叶研究所对引种的 6 年生茶树的春茶一芽二叶干样检测，含水浸出物 45.87%、茶

图 5-4-14　博白大茶树及梨果形的芽苞

多酚 27.36%、儿茶素总量 20.15%、氨基酸 1.44%、咖啡碱 3.98%。生化成分茶多酚含量和儿茶素总量高。制绿茶、黑茶（六堡茶）。同类型茶树有数百株。（1994.10）

桂18. 龙胜大茶树 Longsheng dachashu (*C.sinensis* var. *pubilimba*)

又称龙胜龙脊茶。产龙胜各族自治县和平乡龙脊村及江底乡长田村等，同类型茶树在兴安、灵川、临桂等县亦有分布。栽培型。样株小乔木型，树姿半开张，树高3.4m，树幅1.7m，基部干径15.0cm。芽叶黄绿色，少数微紫色，茸毛少。大叶，叶长宽11.8cm×4.2cm，叶长椭圆或椭圆形，叶色绿或黄绿，叶身内折，叶面平或稍隆起，叶尖渐尖，叶脉12~14对，叶齿锐、密、浅，叶革质。萼片5片、有毛。花冠直径4.6cm，花瓣6~7枚、白色，子房多毛、3（4）室，花柱长1.2~1.5cm、先端3（4）裂，雌雄蕊高或等高，雄蕊160~250枚。果三角状球形或肾形，果径1.7~3.3cm。种子近球形，种径1.0~1.5cm。花粉圆球形，花粉平均轴径38.5μm，属大粒型花粉。花粉外壁纹饰为细网状，萌发孔为狭缝状。染色体倍数性是：整二倍体频率为94%。1989年干样含水浸出物46.46%、茶多酚30.62%、儿茶素总量16.33%、氨基酸3.08%、咖啡碱3.13%、茶氨酸2.16%。生化成分茶多酚含量高。制红茶和绿茶。制红茶，香气尚高，味浓强。耐寒性较强。

图 5-4-15　龙胜大茶树
（郑旭霞，2013）

桂19. 六洞大叶茶 Liudong dayecha (*C.sinensis* var. *pubilimba*)

产兴安县华江乡，海拔500m上下。同类型多株。栽培型。小乔木型，树姿直立或半开张，分枝较密。嫩枝有毛。芽叶绿色或黄绿色、茸毛少。大叶，叶长宽13.2cm×4.9cm，叶长椭圆形，叶色绿或黄绿，叶身稍内折，叶面平，叶尖渐尖，叶脉11~13对，叶质较硬。萼片5片、多毛。花冠直径4.0~4.3cm，花瓣6~8枚，花瓣白带绿晕、质地薄，子房3室、多毛，花柱先端3裂。花粉圆球形，花粉平均轴径35.3μm，属大粒型花粉。花粉外壁纹饰穴网状，萌发孔狭缝状。果径1.9~3.0cm。种径1.4cm。染色体倍数性：非二倍体出现频率为5%。1989年干样含水浸出物44.98%、茶多酚28.72%、儿茶素总量18.02%（其中EGCG13.84%）、氨基酸2.85%、茶氨酸1.43%、咖啡碱5.04%。生化成分茶多酚、EGCG和咖啡碱含量高。制红茶，有花香，味浓强。（1990.11）

桂 20. 贺州苦茶 Hezhou kucha（*C.assamica* var. *kucha*）

产贺州市。贺州位于桂东北，与湘粤两省交界。当地瑶胞历来种茶，明代已盛产。样株树高 3.5m，树幅 5.0m，有 11 个分枝。栽培型。多为小乔木或灌木型，树姿半开张。树高 3~5m，芽叶黄绿或微紫色，茸毛少或多。大叶，叶椭圆或长椭圆形，叶色绿或黄绿、富光泽，叶身稍内折或平，叶面平，叶尖渐尖，叶脉 12~14 对，叶质软。萼片 5 片、无毛。花蕾有毛，子房多毛、3（4）室，花柱先端 3（4）裂。种子棕褐色，种径 1.4~1.6cm。1990 年干样含水浸出物 40.0%、茶多酚 20.78%、儿茶素总量 16.62%、氨基酸 3.77%、咖啡碱 4.13%。桂岭乡开山所制的"开山白毛茶"为广西历史名茶，外形卷曲成螺，显苹果香，滋味鲜醇回甘。亦制红茶和黑茶（六堡茶），味略苦。（1987.10）

桂 21. 加雷茶 Jialeicha（*C.sinensis* var. *pubilimba*）

产三江侗族自治县洋溪乡勇伟村。栽培型。样株乔木型，树姿半开张，树高约 5m，树幅 3.5m。芽叶黄绿色。大叶，叶长宽 13.1cm×5.9cm，叶长椭圆或椭圆形，叶色黄绿，叶身稍内折，叶面平，叶缘微波，叶尖渐尖，叶脉 7~9 对，叶齿中、密、深。萼片 5 片、有毛。花冠直径 4.6cm，花瓣 6~7 枚、白色，花柱长 1.2~1.5cm，子房多毛、3 室，花柱长 0.8~1.2cm、先端 3 裂。种径 1.0cm。制绿茶和黑茶（六堡茶）。（1987.10）

桂 22. 凌云白毛茶 Lingyun baimaocha（*C.sinensis* var. *pubilimba*）

产凌云、乐业、田林、西林、百色等县市，以凌云县玉洪乡、田林县利周乡、西林县古障镇和百色市右江区大楞乡分布最多，据《凌云县志》载："凌云白毫自古有之，玉洪乡产出颇多。"另据《广西通志》载："白毛茶……树之大者高二丈，小者七八尺，嫩叶如龙眼树叶而薄，故名。概属野生。"1964 年作者与陈炳坏、陈爱新等在双谋枫香坪发现的最大茶树高 9.96m，树幅 6.38m，干径 25.0cm，最低分枝高度 2.2m。1985 年县农业局又在玉洪乡先锋岭瑶旗山村发现一株古茶树，虽在 1915 年被砍过，长出 7 个分枝，但树干径仍有 44.5cm，树高 2.0m，树幅 6.1m。栽培型。样株小乔木型，树姿半开张。芽叶黄绿色、茸毛特多。大叶，叶长宽 12.2cm×4.9cm，最大叶长宽 19.3cm×7.3cm，叶椭圆或长椭圆形，叶色青绿，叶身平或稍内折，叶面强隆起，无光泽，叶尖急尖或渐尖，叶脉 8~12 对，叶齿锐、密、浅，叶质薄软，叶背主脉多毛。萼片 5 片、多毛。花小，花冠直径 1.2~2.7cm，花瓣 5~8 枚、白现绿晕，子房多毛、3 室，花柱长 0.5~0.9cm、先端 3（4、2）裂，雌雄蕊多数低位，少数等位或高位，雄蕊 61~151 枚。果近球形，果径 1.6~2.9cm，果柄长 0.5~0.9cm，果皮厚 1.0~1.5mm。种子棕褐色、近球形，种径 1.2~1.6cm。2000 年干样含水浸出物 44.16%、茶多酚 25.77%、氨基酸 3.44%、咖啡碱 4.54%。所制"凌云白毛茶"（绿茶）是广西历史名茶，条索肥壮，白毫特多，有清香，滋味甘醇；制红茶，有花香，滋味尚浓鲜。耐寒性、耐旱性均弱，适应性较差。

图 5-4-16　凌云白毛茶树（叶靖平，2012）及芽叶

桂23. 桂平西山茶 Guiping xishancha（*C.sinensis*）

产桂平市城郊西山，是当地主栽品种。据《桂平县志》载："茶，盖始于汉晋之间，至唐大盛。"表明桂平西山唐时已盛产茶。又据清光绪《浔州府至》载："西山茶产桂平西山，清明前采者为未明茶，谷雨前采者为雨前茶。色青绿而味芳烈，不减龙井。"

栽培型。灌木型，树姿开张，分枝密。芽叶淡绿色、毛多。小叶，叶长宽 6.2cm×2.5cm，叶椭圆形，叶色绿或深绿，叶身平或稍内折，叶面稍隆起，叶缘平，叶尖钝尖，叶脉 7~8 对，叶齿锐、密、浅。萼片 5~7 片、无毛。花小，花冠直径 2.9cm，花瓣 5~7 枚、白色，子房多毛、3 室，花柱长 1.3cm、先端 3 裂，雌蕊高于雄蕊，雄蕊 159~177 枚。种径 1.0~1.4cm。2000 年干样含水浸出物 41.32%、茶多酚 22.02%、氨基酸 3.24%、咖啡碱 3.87%。所制"桂平西山茶"是历史名茶，色泽翠绿，香气高久，滋味甘醇，品质优。耐寒性、耐旱性均强。 （1994.10）

桂24. 南山白毛茶 Nanshan baimaocha（*C.sinensis* var. *pubilimba*）

又称圣山种，产横县宝华山主峰和政华乡一带，是制"南山白毛茶"的主栽品种。据《横县县志》载："南山白毛茶，相传为明朝建文帝手植遗种"。另据《广西通鉴》文："南山茶，叶背白茸如雪，萌芽即采，细嫩如针……。"

栽培型。小乔木型，树姿半开张或直立，分枝密。芽叶黄绿色，嫩芽叶基部多有微红紫色，茸毛多。中叶，叶长宽 11.1cm×4.8cm，叶椭圆形，叶色绿或暗绿，叶身内折，叶面平或稍隆起，叶尖钝尖或锐尖，叶脉 8~11 对，叶齿锐、密、浅，叶革质。萼片 5 片、有毛。花冠直径 3.6cm，花瓣 6~8 枚、白色，子房多毛、3 室，花柱长 1.0~1.3cm、先端 3 裂，雌蕊高于雄蕊。果径 2.0~3.2cm。种子近球形，种径 1.0~1.4cm。2000 年干样含水浸出物 44.49%、茶多酚 27.02%、氨基酸 3.32%、咖啡碱 4.52%。

图 5-4-17　南山白毛茶

生化成分茶多酚含量高。所制"南山白毛茶"色泽绿润，滋味浓醇，是广西历史名茶，1915 年获"巴拉马万国博览会"银质奖。耐寒性、耐旱性均较强。

桂 25. 六堡茶 Liubaocha（*C.sinensis*）

产苍梧县六堡乡，贺州、蒙山、昭平等县市亦有分布。据清同治《苍梧县志》载："茶，产多贤乡六堡，味厚，隔宿不变。"栽培型。灌木型，树姿开张，分枝密。芽叶淡绿色，少数微紫色，茸毛少。中叶，叶长宽 8.3cm×3.6cm，叶椭圆形，叶色绿，叶身平或稍内折，叶面平或稍隆起，叶尖钝尖，叶脉 6~9 对，叶齿钝、稀、深。萼片 5~7 片、无毛。花冠直径 3.9cm，花瓣 6~7 枚、白现绿晕，子房多毛、3 室，

图 5-4-18　六堡茶

花柱长 1.0~1.4cm、先端 3 裂，雌雄蕊高或等高。果径 1.5~3.4cm，果皮厚 1.5~2.0mm。种子近球形，种径 1.0~1.5cm。1988 年干样含水浸出物 42.70%、茶多酚 25.90%、氨基酸 3.00%、咖啡碱 4.36%。所制"苍梧六堡茶"为历史名茶，黑褐光润，汤色红浓，滋味醇和甘滑，有槟榔味。耐寒性、耐旱性均较强。　（1990.11）

桂 26. 后山茶 Houshancha（*C.sinensis* var. *pubilimba*）

产龙州县逐卜乡弄岗村。据《龙津县志》载："后山茶，味浓性兼消导……。出产以县属上降、八角等乡为多，霞秀乡次之。该茶属野生，非人力种植之品。"栽培型。小乔木型，树姿半开张。大叶或中叶，叶长 9.8~18.5cm，叶宽 4.8~8.4 cm，叶椭圆或长椭圆形，叶色深绿，叶面隆起，叶尖渐尖或钝尖，叶脉 10~11 对，叶齿稀、浅，叶质软。萼片 5 片、有毛。花冠直径 4.6cm，花瓣 6 枚、白现绿晕，子房中毛、3 室，花柱长 0.8~1.0cm、先端 3 裂，雌蕊低于雄蕊。种子近球形，褐色，种径 0.5~1.2cm。制绿茶和红茶。　（1992.10）

桂 27. 白牛茶 Bainiucha（*C.sinensis var. pubilimba*）

又名金秀白牛茶。主产金秀瑶族自治县罗秀乡白牛村，长垌、罗香、大樟、六巷等乡镇亦有生长。金秀古属象州，象州在唐代已是茶区。白牛茶是生长在大瑶山原始林中的野生茶树，当地瑶胞挖苗种于寨前村旁。茶树类型多，树型有乔木、小乔木和灌木型，叶片有特大叶、大叶和中叶，属栽培型，最高树达 12m 以上。样株树高 2.8m，树幅 1.6m，树姿直立，分枝密。芽叶绿色、毛少，少数茶树有"果芽"（见本节博白大茶树）。中叶，叶长宽11.2cm×4.4cm,叶椭圆或长椭圆形,叶色绿,叶身稍内折,叶面稍隆起,叶尖渐尖,叶脉8~10 对,叶齿锐、密、浅。萼片 5~6 片、中毛。花小，花冠直径2.6cm，花瓣5~7枚，白色，子房中毛，3室，花柱先端 3 裂。种子百粒重 119.0g。2000 年干样含茶多酚 28.9%、儿茶素总量 13.3%、氨基酸 2.0%、咖啡碱 4.2%。生化成分茶多酚含量高。制绿茶和黑茶（六堡茶），味浓厚。用所制"白牛茶"（绿茶）与古铜币同时放入嘴里咀嚼，可将铜钱嚼成砂粒状，作者曾亲作尝试，机理尚不明确，可能与高茶多酚高咖啡碱有关，已知部分云南大叶绿茶、武夷山绿茶均可在嘴中将铜钱嚼碎，嚼者口中苦涩味难当。中华人民共和国成立前当地茶商和群众以此来鉴别茶叶质量，能"碎铜钱"为品质优。（1994.10）

图 5-4-19　白牛茶

桂 28. 雷电茶 leidiancha（*C.sinensis var. pubilimba*）

产钟山县清塘镇五权村。同类型多株。栽培型。小乔木型，树姿直立，树高约 5m，树幅 1.5m×1.0m，分枝稀。嫩枝无毛。鳞片无毛，芽叶绿色、茸毛少。大叶，叶长宽14.5cm×5.8cm，叶椭圆形，叶色绿，叶身稍内折，叶面隆起，叶尖渐尖，叶脉 10~12 对，叶齿钝、稀、浅，叶质厚脆。萼片 5 片、有毛。花冠直径 4.8cm，花瓣 5~6 枚，花瓣白带绿晕、质地薄，子房 3 室、多毛，花柱先端 3 中裂。1993 年干样含水浸出物39.21%、茶多酚20.46%、氨基酸2.66%、咖啡碱3.78%。制绿茶，香气高，味鲜浓。（1993.11）

桂 29．牙己茶 Yajicha（*C.sinensis var. pubilimba*）

产三江侗族自治县林溪乡牙己村。栽培型。小乔木型，树姿开张，分枝密。嫩枝有毛。芽叶浅绿色、茸毛多。中叶，叶长宽 9.6cm×3.8cm，叶椭圆形，叶色绿，叶身内折，叶面稍隆起，叶尖钝尖，叶脉 11 对，叶质硬。萼片 5 片、多毛。花冠直径 3.0~3.6cm，花瓣 5~7 枚，花瓣白色、多毛，子房 3 室、多毛，花柱先端 3 裂。果径 1.9~3.0cm。种径 1.4cm。花粉圆球形，花粉平均轴径 25.5μm，属小粒型花粉。花粉外壁纹饰穴网状，萌发孔狭缝状。染色体倍数性：非二倍体出现频率为 5%。1989 年干样含水浸出物 43.28%、茶多酚 21.89%、儿茶素总量 12.51%、氨基酸 2.80%、咖啡碱 4.85%、茶氨酸 1.31%。生化成分咖啡碱含量高。制绿茶，香气嫩鲜；制红茶，香高味甜浓稍涩。（1990.11）

桂 30．瑶山茶 Yaoshancha（*C.sinensis var. pubilimba*）

产象州县妙皇乡古笆村大瑶山。栽培型。灌木型，树姿开张，分枝较密。嫩枝有毛。芽叶浅绿色、茸毛中。大叶，叶长宽 13.2cm×4.4cm，叶倒披针形，叶色绿，叶身内折，叶面平，叶尖渐尖，叶脉 11 对，叶质硬。萼片 5 片、多毛。花冠直径 3.7~4.1cm，花瓣 5~7 枚，花瓣白带红晕、有毛，子房 3 室、有毛，花柱先端 3 裂。果径 2.0~3.3cm。种径 1.2~1.6cm。花粉圆球形，花粉平均轴径 35.9μm，属大粒型花粉。花粉外壁纹饰粗网状，萌发孔狭缝状。1989 年干样含水浸出物 41.39%、茶多酚 26.72%、儿茶素总量 23.58%（其中 EGCG13.80%）、氨基酸 3.28%、茶氨酸 1.64%、咖啡碱 4.09%。生化成分儿茶素总量、EGCG 含量高。制绿茶、红茶，滋味鲜醇。（1990.11）

第五节 广东省

广东省处于西江下游，人口密集，农耕文明早，现存的古茶树不论是数量和种类都远少于西南各省区。除了西北部山区是广西部分资源的延续以及南岭山脉特有的苦茶资源外，其他几乎全是栽培型的茶种。本节介绍13份古茶树。

粤1. 乳源苦茶 Ruyuan kucha（*C.assamica var. kucha*）

产乳源瑶族自治县柳坑镇及仁化县丹霞山一带。栽培型。小乔木型，树姿直立，树高7.0~7.5m，树幅3.0~8.0m，干径12~31cm，分枝稀。嫩枝无毛。大叶，叶长宽14.7cm×5.4cm，叶长椭圆形，叶色深绿，叶面稍隆起，叶尖急尖，叶脉9对，叶质中。1995年干样含儿茶素总量5.09%、咖啡碱0.13%、茶氨酸5.01%、丁子香酚甙0.245%、苦味氨基酸占氨基酸总量48.83%。生化成分茶氨酸含量高，儿茶素总量和咖啡碱含量特低。制绿茶，味苦。(1995.6)

图 5-5-1 乳源苦茶

粤2. 乐昌白毛茶 Lechang baimaocha (*C.sinensis var. pubilimba*)

产乐昌市，仁化、乳源县、曲
江区等地有分布，以乐昌沿溪山一
带最为集中，原为野生茶树。陆羽
《茶经》中记载："岭南茶生韶州……
往往得之，其味极佳。"乐昌在隋
开皇九年（589年）后属韶州，表明
唐代乐昌已产茶。相同类型的茶树
产于仁化的称仁化白毛茶种，产于
乳源的称乳源大叶茶种，其茶树特
征、适制茶类、品质特点基本上同
乐昌白毛茶种。

图 5-5-2　乐昌白毛茶芽叶

栽培型。小乔木型，树姿直立或半开张，树高在3~6m。芽叶肥壮，绿或黄绿色，茸
毛特多。大叶，叶长宽13.4cm×4.8cm，叶长椭圆或披针形，叶色绿或黄绿、富光泽，叶
身平或稍内折，叶面平或稍隆起，叶尖渐尖，叶齿锐、密、浅，叶革质。萼片5~6片、少
毛。花冠直径3.5~4.5cm，花瓣7~8瓣，子房中毛、3室，花柱先端3裂。种径1.5cm，种
子百粒重147.2g。2000年干样含茶多酚29.33%、儿茶素总量15.71%、氨基酸1.14%、咖
啡碱5.70%。生化成分茶多酚和咖啡碱含量高。"乐昌白毛茶"为广东历史名茶（绿茶），
香气清高，滋味甘醇；制红茶，色泽油润，金毫显露，香气高长，滋味浓郁，汤色红艳，
显"冷后浑"。亦适制"白毫银针""白云雪芽"白茶，品质优。耐寒性较强。　（1995.10）

粤3. 龙山苦茶 Longshan kucha (*C.assamica var. kucha*)

产乐昌市廊田镇、五山镇。栽培型。样株小乔
木型，树姿直立，树高4.6m，树幅3.5m，基部干径
23cm。芽叶黄绿带微紫色、茸毛中等。大叶，叶长宽
13.2cm×5.2cm，叶椭圆形，叶色黄绿，叶面平。花较大。
制红茶，味苦。　（1995.6）

图 5-5-3　龙山苦茶

粤4. 连南大叶茶 Liannan dayecha（*C.sinensis* var. *pubilimba*）

产连南瑶族自治县盘石镇黄连村、板洞村。栽培型。小乔木型，树姿直立或半开张，树高在3~5m，分枝较稀。芽叶肥壮、绿或黄绿色、茸毛少。大叶，叶长宽 13.8cm×4.8cm，叶长椭圆或披针形，叶色绿或深绿、有光泽，叶身平或稍内折，叶面隆起或稍隆起，叶尖渐尖或急尖，叶齿钝、中、浅，叶质软。萼片 5~6 片、多毛。花冠直径 2.5~4.5cm，花瓣 5~8 瓣，子房中毛、3（4）室，花柱先端 3(4)裂。种子百粒重 130.8g。2000 年干样含茶多酚32.50%、儿茶素总量 18.60%、氨基酸 2.31%、咖啡碱 4.23%。生化成分茶多酚含量高。制红茶，香气清高，滋味浓厚，显"冷后浑"；制绿茶，香气高，滋味浓爽。耐寒和耐旱性较强。（1986.10）

图 5-5-4　连南大叶茶

粤5. 黄龙头大茶树 Huanglongtou dachashu（*C.sinensis* var. *pubilimba*）

又名白云野茶，产台山市四九镇古兜山一带，海拔300~500m。栽培型。样株小乔木型，树姿直立，树高 4.5m，树幅 3.1m，基部干径 20.0cm。芽叶黄绿色、少毛。大叶，叶长宽 12.1cm×5.1cm，叶椭圆形，叶色深绿，叶面稍隆起，叶尖急尖，叶脉 9~11 对，叶质硬脆。萼片有毛。花冠直径2.8cm，子房多毛、3 室，花柱先端 3 裂。制红茶、黄茶。（1986.10）

图 5-5-5　黄龙头大茶树

粤 6. 龙门毛叶茶 Longmen maoyecha（*C.*sp.）

产龙门县南昆山。乔木型，树姿直立。芽叶绿带微紫色、茸毛多。特大叶，叶长宽20.0cm×6.9cm，叶长椭圆形，叶色绿黄，叶面稍隆起，叶质较厚硬，嫩梢和叶背均密生茸毛。果多为单室，果径1.5cm。1995年干样含儿茶素总量6.24%（未测出ECG）、咖啡碱0.015%[咖啡碱含量极微，与山茶属植物油茶（*C. oleifera*）咖啡碱0.016%、茶梅（*C.sasanqua*）咖啡碱0.022%相似]、丁子香酚甙0.0145%。本树特点是儿茶素和咖啡碱含量极低。

粤 7. 凤凰水仙 Fenghuang shuixian（*C.sinensis*）

又名广东水仙、饶平水仙、大乌叶、大白叶。产潮安县凤凰山，丰顺、饶平、蕉岭、平远等地亦有分布，相传南宋时已有栽培。栽培型。小乔木型，树姿直立或半开张，分枝较密。芽叶黄绿色或微紫红色、茸毛少。大叶（偏中），叶长宽12.5cm×4.6cm，叶长椭圆或椭圆形，叶色绿或黄绿，有光泽，叶身平或稍内折，叶面平或稍隆起，叶尖渐尖，叶齿钝、中、浅，叶脉8~10对，叶革质。萼片5~6片、无毛。花冠直径3.3~3.8cm，花瓣5~7瓣，子房茸毛中、3室，花柱先端3裂。种径1.4cm，种子百粒重103.6g。2000年干样含茶多酚19.39%、儿茶素总量10.28%、氨基酸3.19%、咖啡碱4.08%。生化成分儿茶素总量偏低。所制"凤凰水仙"（乌龙茶）为历史名茶，香气高，滋味浓郁甘醇，品质优；亦适制红茶，制"英红"香味浓爽，叶底红亮，茶汤易呈"冷后浑"。耐寒性较强。

图 5-5-6　凤凰水仙

"凤凰单丛茶"为历史名茶，属于乌龙茶类，创始于明代，产于潮安县凤凰镇乌岽山。凤凰单丛是从凤凰水仙种中选择出的优异单株，茶叶单独采制，故称单丛茶。根据乌龙茶香气特征或茶树形态分为宋种东方红单丛、凤凰黄枝香单丛、芝兰香单丛、蜜兰香单丛、八仙过海单丛、姜花香单丛、蛤古捞单丛、宋种蜜香单丛、玉兰香单丛、肉桂香单丛、桂花香单丛，即为著名的"凤凰十大单丛"。择以下6种单丛作一介绍。

粤 8. 宋种东方红单丛 Songzhongdongfanghong dancong（*C. sinensis*）

"凤凰十大单丛"之一。相传南宋末年（1278 年）宋帝赵昺为躲避元兵追逐，南逃至潮州，路经凤凰乌岽山，口渴难忍，吃山上采的鲜茶叶，便生津止渴，后人便称为"宋种"或"宋茶"；1958 年用精制的单丛茶送毛泽东主席，故又名东方红单丛。

栽培型。小乔木型，树姿开张，树高 5.8m，树幅 7.8m。芽叶黄绿色、茸毛少。中叶，叶长椭圆形，叶色淡绿，有光泽，叶身内折，叶面稍隆起，叶尖渐尖，叶齿锐、稀、浅，

图 5-5-7　宋种东方红单丛

叶质厚软。2000 年干样含水浸出物 51.8%、茶多酚 21.9%、氨基酸 2.5%、咖啡碱 3.5%。生化成分水浸出物含量高。制乌龙茶，蜜香（栀子花香）浓郁持久，滋味浓醇爽口；制红、绿茶亦显花蜜香。

粤 9. 宋种蜜香单丛 Songzhongmixiang dancong（*C. sinensis*）

又名红薯香单丛，"凤凰十大单丛"之一。相传种于南宋末期。栽培型。小乔木型，树姿开张，树高 6.3m，树幅 8.1m。芽叶黄绿色、茸毛少。中叶，叶长椭圆形，叶色淡绿，有光泽，叶身内折，叶面平，叶尖渐尖，叶齿锐、浅、稀，叶质厚软。制乌龙茶，蜜香高锐持久，甘薯蜜味浓醇；制红、绿茶亦有特殊蜜香。

图 5-5-8　宋种蜜香单丛

粤 10. 宋种黄枝香单丛 Songzhonghuangzhixiang dancong（*C.sinensis*）

"凤凰十大单丛"之一。已有二百多年栽培史。栽培型。小乔木型，树姿半开张，树高 6.2m，树幅 2.8m。芽叶浅黄绿色、茸毛少。中叶，叶长椭圆形，叶色黄绿、有光泽，叶身内折，叶面半，叶尖渐尖，叶齿钝、稀、浅，叶质厚软。2000 年干样含水浸出物 52.8%、茶多酚 21.9%、氨基酸 3.0%、咖啡碱 3.4%。生化成分水浸出物含量高。制乌龙茶，蜜香浓郁持久，滋味浓醇甘爽；制红、绿茶亦显花蜜香。

图 5-5-9　宋种黄枝香单丛

粤 11. 玉兰香单丛 Yulanxiang dancong（*C.sinensis*）

"凤凰十大单丛"之一。已有二百多年栽培史。栽培型。小乔木型，树姿半开张，树高 6.3m，树幅 7.1m。芽叶黄绿色、茸毛少。中叶，叶长椭圆形，叶色绿、有光泽，叶身稍内折，叶面稍隆起，叶尖渐尖，叶齿锐、稀、浅，叶质较软。制乌龙茶，玉兰花香清幽馥郁，滋味浓醇鲜爽。

图 5-5-10　玉兰香单丛

粤 12. 肉桂香单丛 Rouguixiang dancong（*C.sinensis*）

"凤凰十大单丛"之一。已有一百多年栽培史。栽培型。小乔木型，树姿半开张，枝条呈曲折状，树高4.3m，树幅3.4m。芽叶淡绿色、茸毛少。中叶，叶椭圆形，叶色深绿，叶身稍内折，叶面稍隆起，叶尖渐尖，叶齿锐、密、浅，叶质厚软。制乌龙茶，蜜香浓郁甜长，显肉桂香味，滋味醇厚甘滑。

图 5-5-11　肉桂香单丛

粤 13. 八仙过海单丛 Baxianguohai dancong（*C.sinensis*）

"凤凰十大单丛"之一。相传从宋代留传至今8株，故名。栽培型。其中一株树高7.0m，树幅8.0m，小乔木型，树姿半开张，分枝密。芽叶黄绿色、茸毛少。中叶，叶长椭圆形，叶色深绿、有光泽，叶身背卷，叶面稍隆起，叶尖渐尖、向背弯卷，叶齿锐、密、浅，叶革质。2000年干样含水浸出物47.5%、茶多酚17.5%、氨基酸3.7%、咖啡碱3.0%。制乌龙茶，显白玉兰花香，蜜味鲜浓回甘。

图 5-5-12　八仙过海单丛

第六节　海南省

　　海南省野生茶树集中分布在黎族、苗族聚居的海拔 200~1000m 的五指山区。海南与大陆隔琼州海峡，在交通不便的年代，先民不可能将大陆茶树引种到五指山种植。早在明代，黎苗族同胞就利用野茶制作"芽茶"和"叶茶"，产区较广。据《琼台志》（1510 年）载："茶东路佳。茶山琼山文昌者佳。……"据 20 世纪 60 和 90 年代的考察，择以下 6 份古茶树资源做介绍。

琼 1. 五指山野茶 Wuzhishan yecha（*C.* sp.）

　　产五指山市五指山南爹岭。样株乔木型，树姿直立，树高 11.4m，树幅 7.7m，干径 28.0cm，最低分枝高 4.0m，分枝较稀。芽叶绿色、无毛。特大叶，叶长宽 14.9cm×7.0cm，叶椭圆形，叶色绿黄，叶面隆起，叶脉 9~11 对，叶尖急尖，叶齿钝、稀、浅。果径 2.1cm。（1988.10）

图 5-6-1　五指山野茶（许宁）

琼 2. 毛腊野茶 Maola yecha（*C. sinensis* var. *assamica*）

　　产五指山市五指山毛腊村。栽培型。样株小乔木型，树姿半开张，树高3.5m，树幅2.7m，基部干径26.0m，最低分枝高0.35m，分枝较稀。芽叶绿色、无毛。中叶，叶长宽11.5cm×4.8m，叶椭圆形，叶色绿黄，叶身稍内折，叶面隆起，叶脉8~9对，叶尖急尖，叶齿钝、稀、浅。花冠直径2.8cm，花瓣6瓣，子房多毛、3室，花柱先端3裂。果径2.4cm。制红茶。（1988.10）

图 5-6-2　毛腊野茶

琼3. 黄竹坪野茶 Huangzhuping yecha (*C. sinensis var. pubilimba*)

产琼中黎族苗族自治县（以下简称琼中县）黄竹坪。栽培型。乔木型，树姿直立，树高约12m，树幅约10m，干径24.0cm，最低分枝高5.0m，分枝较密。芽叶绿色、少毛。大叶，叶长宽12.2cm×5.0cm，叶椭圆形，叶色绿黄，叶面平，叶脉8~10对，叶尖急尖，叶齿钝、稀、浅。萼片有毛。花冠直径2.5cm，子房多毛、3室，花柱先端3裂。制红茶。（1988.10）

琼5-6-3 黄竹坪野茶（许宁）

琼4. 长流水野茶 Changliushui yecha (*C. sinensis var. assamica*)

产琼中县长流水村，海拔400m。栽培型。样株乔木型，树姿开张，树高约6m，树幅约5m，最低分枝高2.0m。芽叶绿色、茸毛中等。大叶，叶长宽10.6cm×5.8cm，叶倒卵圆形，叶色深绿较暗，叶身内折，叶面平，叶质较厚软。花冠直径3.0cm，子房多毛、3室，花柱先端3裂。果径1.7~3.2cm。种子球形，种径1.6cm。（1988.10）

琼5. 毛感茶 Maogancha (*C. sinensis var. assamica*)

产保亭黎族苗族自治县毛感村，海拔550m。栽培型。样株乔木型，树姿直立，树高4.1m，树幅2.3m，干径12.0cm，分枝较稀。芽叶黄绿色、毛少。大叶，叶长宽12.1cm×4.9cm，叶椭圆形，叶色绿黄，叶身稍内折，叶面稍隆起，叶缘波状，叶脉8~11对。制绿茶。（1988.10）

图5-6-4 毛感茶

琼 6. 南峒山野茶 Nandongshan yecha（*C.*sp.）

产琼海市南峒山，海拔 320m。样株乔木型，树姿半开张，树高 3.8m，树幅 2.7m，干径 21.0cm，分枝较稀。芽叶黄绿色、少毛。大叶，叶长宽 12.2cm×5.1cm，叶椭圆形，叶色绿黄，叶身平，叶面平。果径 1.7~3.1cm。 （1988.11）

图5-6-5 南峒山野茶（许宁）

第七节　江西省

　　江西省位于南岭山脉以北，是江南茶区与华南茶区的过渡带。南部是苦茶资源最多的区域，其他茶区均是栽培型茶。本节共介绍 23 份古茶树。

赣 1. 南磨山大茶树 Nanmoshan dachashu（*C. assamica* var. *kucha*）

　　产寻乌县桂竹帽垦殖场，海拔 698m。栽培型。乔木型，树姿直立，树高 16.5m，树幅 6.0m，干径 12.0cm，最低分枝高 3.2m，分枝稀。芽叶绿色、茸毛中等。大叶，叶长宽 14.2cm×5.5cm，叶长椭圆形，叶色深绿，叶身平，叶面稍隆起，叶尖急尖，叶革质。花冠直径 3.5~3.8cm，花瓣 7 枚，子房中毛、3（2）室，花柱先端 3（2）裂，雌蕊高于雄蕊。结实。制绿茶，味苦。（1986.10）

图 5-7-1　南磨山大茶树

赣 2. 笠麻嶂野茶 Limazhang yecha（*C. assamica* var. *kucha*）

　　产寻乌县笠麻嶂，海拔 1200m。栽培型。乔木型，树姿直立，树高 5.6m，树幅 1.8m，干径 26.0cm，最低分枝高 3.2m，分枝较密。芽叶绿色、毛多。大叶，叶长宽 12.1cm×4.8cm，叶长椭圆形，叶色绿，叶身平，叶面隆起，叶尖渐尖，叶脉 5~8 对。花冠直径 3.6~3.9cm，花瓣 7 枚，子房中毛、3 室，花柱先端 3 裂。雌蕊高于雄蕊。结实率中。制绿茶，味苦。（1986.10）

图 5-7-2　笠麻嶂野茶

赣 3. 中流苦茶 Zhongliu kucha（*C.assamica* var. *kucha*）

产安远县塘村，海拔 427m。栽培型。乔木型，
树姿半开张，有 4 个分枝，树高 7.9m，树幅 5.6m，
基部干径 30.0cm。芽叶绿色、茸毛中等。特大叶，
叶长宽 16.4cm×5.5cm，叶长椭圆形，叶色深绿，
叶身平，叶面稍隆起，叶缘微波，叶尖急尖，叶脉
8~10 对。萼片无毛。花冠直径 2.8~3.3cm，花瓣 6 枚，
子房中毛、3 室，花柱先端 3 裂，雌蕊高于雄蕊。种
子棕褐色。1995 年干样含儿茶素总量 9.36%（未检测
出 EGCG）、咖啡碱 1.15%、茶氨酸 1.80%、丁子香
酚甙 0.220%、苦味氨基酸占氨基酸总量 1.00%。生
化成分儿茶素总量和咖啡碱含量低。制绿茶，味苦。
（1986.10）

图 5-7-3　中流苦茶

赣 4. 镇江苦茶 Zhenjiang kucha（*C.assamica* var. *kucha*）

产安远县镇江，海拔 427m。栽培型。小乔木型，树姿半开张。芽叶黄绿色、茸毛少。中叶，
叶长宽 9.9cm×4.2cm，叶椭圆形，叶色黄绿，叶面稍隆起，叶尖骤尖。花冠直径 3.2~3.5cm，
花瓣 6 枚，子房中毛、3 室，花柱先端 3 裂，雌蕊高于雄蕊。结实率中。1986 年干样含儿
茶素总量 13.29%、咖啡碱 0.49%。生化成分咖啡碱含量特低。制绿茶，味苦。（1986.10）

赣 5. 龙布苦茶 Longbu kucha（*C.assamica* var. *kucha*）

产安远县龙布。栽培型。小乔木型，树姿半开张。芽叶绿紫色、茸毛少。中叶，
叶长宽 11.6cm×4.6cm，叶椭圆形，叶色深绿，叶面稍隆起，叶尖骤尖，叶齿密、深。
结实。1986 年干样含儿茶素 18.51%、咖啡碱 0.43%。生化成分咖啡碱含量特低。制绿
茶，味苦。（1986.10）

赣6. 定南野茶 Dingnan yecha（*C.gymnogyna*）

产定南县。栽培型。乔木型，树姿直立，树高 6.5m，树幅 2.5m，基部干径 28.0cm，分枝稀。芽叶绿色、茸毛中等。大叶，叶长宽 11.0cm×5.2cm，叶椭圆形，叶色绿，叶身稍内折，叶面稍隆起，叶缘微波，叶齿浅、稀。花冠直径 3.5cm，花瓣 7 枚，子房无毛、3 室，花柱先端 3 裂。果径 2.5cm。制绿茶，味苦。（1986.10）

图 5-7-4　定南野茶

赣7. 上山尾野茶 Shangshanwei yecha（*C.sp.*）

产定南县。乔木型，树姿半开张，树高 4.2m，树幅 2.9m，干径 10.2cm，最低分枝高 0.44m。芽叶绿色、茸毛中等。大叶，叶长宽 12.4cm×6.9cm，叶近圆形，叶色深绿，叶面平，叶尖钝尖。叶脉 9~11 对。（1986.10）

赣8. 赤穴大茶树 Chixue dachashu（*C.assamica* var. *kucha*）

产崇义县上堡。栽培型。乔木型，树姿直立，树高 6.5m，树幅 7.0m，干径 38.0cm，最低分枝高 1.5m，分枝较密。芽叶绿色、茸毛中等。中叶，叶长宽 11.5cm×4.6cm，叶椭圆形，叶色黄绿，叶面稍隆起，叶尖骤尖，叶脉 9~11 对。花冠直径 4.2cm，花瓣 6 枚，子房中毛、3 室，花柱先端 3 裂，雌蕊高于雄蕊。1986 年干样含茶多酚 21.92%、氨基酸 3.50%、咖啡碱 4.06%。制绿茶，味苦。（1986.10）

图 5-7-5　赤穴大茶树
（郭显桃，2013）

赣9. 思顺苦茶 Sishun kucha（*C.assamica* var. *kucha*）

产崇义县思顺。栽培型。小乔木型，树姿半开张，树高 6.0m，树幅 4.1m，基部干径 29.0cm，最低分枝高 0.35m，分枝中等。芽叶绿色、毛多。特大叶，叶长宽 17.0cm×7.0cm，叶椭圆形，叶色深绿，叶面隆起，叶缘波，叶尖骤尖，叶齿浅、稀，叶脉 11~13 对。花冠直径 2.8~3.4cm，花瓣 7 枚，子房中毛、2（3）室，花柱先端 2（3）裂，雌蕊低于雄蕊。1986 年干样含儿茶素 16.06%、咖啡碱 2.21%。制绿茶，味苦。本树特点是子房有 2 室。（1986.10）

图 5-7-6　思顺苦茶

赣10. 聂都苦茶 Niedu kucha（*C.assamica* var. *kucha*）

产崇义县聂都。栽培型。小乔木型，树姿半开张，树高 5.1m，树幅 4.3m，干径 25.0cm，分枝较密。特大叶，叶长宽 14.5cm×6.2cm，叶椭圆形，叶色绿或黄绿，叶面平，叶尖渐尖。花冠直径 4.3~5.4cm，花瓣 6 枚，子房多毛、3 室，花柱先端 3 裂，雌蕊高于雄蕊。结实率高。1995 年干样含儿茶素总量 11.38%（未检测出 EGCG 和 ECG）、咖啡碱 2.55%、茶氨酸 0.56%、丁子香酚甙 0.229%、苦味氨基酸占氨基酸总量 7.91%。生化成分儿茶素总量低。制绿茶，味苦。（1986.10）

图 5-7-7　聂都苦茶（1995）

赣11. 横坑大茶树 Hengkeng dachashu（*C.assamica var. kucha*）

产信丰县油山，海拔298m。栽培型。小乔木型，树姿半开张，树高2.1m，树幅1.8m，基部干径19.0cm，最低分枝高0.23m，分枝稀。芽叶绿色、茸毛少。大叶，叶长宽13.6cm×5.5cm，叶椭圆形，叶色黄绿，叶身内折，叶尖渐尖。萼片无毛。花冠直径3.7~4.0cm，花瓣7枚，子房中毛、3（4）室，花柱先端3（4）裂，雌蕊高于雄蕊。结实率低。制绿茶，味苦。（1986.10）

赣12. 古陂苦茶 Gupo kucha（*C.assamica var. kucha*）

产信丰县古陂。栽培型。小乔木型，树姿直立，树高2.1m，树幅1.2m×1.2cm，基部干径6.5cm，最低分枝高0.40m，分枝稀。芽叶黄绿色、茸毛中等。特大叶，叶长宽14.5cm×6.3cm，叶椭圆形，叶色绿，叶面平，叶缘波，叶尖骤尖，叶脉7~11对，叶质软。萼片无毛。花冠直径3.2~3.6cm，花瓣7枚，子房多毛、3室，花柱先端3裂。结实率低。制绿茶，味特苦。（1986.10）

赣13. 黄溪苦茶 Huangxi kucha（*C.assamica var. kucha*）

产大余县横溪。栽培型。小乔木型，树姿半开张。芽叶绿色、少毛。中叶，叶长宽10.5cm×4.4cm，叶椭圆形，叶色深绿，叶面隆起，叶尖渐尖。萼片5片、无毛。花冠直径3.4~3.7cm，花瓣5~6枚，子房中毛、3（2）室，花柱先端3（2）裂，雌蕊高于雄蕊。结实。制绿茶，味苦。本树特点是子房有2室。（1986.10）

赣14. 福山苦茶 Fushan kucha（*C.assamica var. kucha*）

产兴国县福山。栽培型。小乔木型，树姿半开张。芽叶绿色、中毛。大叶，叶长宽13.1cm×5.2cm，叶椭圆形，叶色绿，叶面隆起，叶尖圆尖。结实。制绿茶，味苦。（1986.10）

赣 15. 洋坑苦茶 Yangkeng kucha（*C.assamica var. kucha*）

产宁都县洋坑。栽培型。乔木型，树姿开张。芽叶绿色、少毛。中叶，叶长宽 8.5cm×4.0cm，叶椭圆形，叶色深绿，叶面隆起，叶尖渐尖。萼片 5 片、无毛。花冠直径 2.6cm，子房多毛、3（4）室，花柱先端 3（4）裂。种子百粒重 258.3g。（1986.10）

赣 16. 翠微茶 Cuiweicha（*C.sinensis*）

产宁都县翠微峰。"翠微茶"为历史名茶。栽培型。样株小乔木型，树姿半开张，树高 2.3m，树幅 1.7m。芽叶绿色、多毛。中叶，叶长宽 8.6cm×3.9cm，叶椭圆形，叶色绿，叶面平，叶尖钝尖。萼片 5 片、无毛。花冠直径 3.1~3.6cm，花瓣 7 枚，子房多毛、3 室，花柱先端 3 裂，雌蕊高于雄蕊。制绿茶。（1986.11）

赣 17. 通天岩茶 Tongtianyancha（*C.sinensis*）

产石城县通天岩。栽培型。样株灌木型，树姿开张，树高 2.1m，树幅 2.9m×1.9m，芽叶黄绿色、多毛。小叶，叶长宽 7.6cm×3.5cm，叶椭圆形，叶色绿，富光泽，叶面稍隆起，叶尖钝尖，叶齿钝、稀、浅，叶质软。萼片 5 片、无毛。花冠直径 2.9~3.4cm，花瓣 7 枚，子房多毛、3 室，花柱先端 3 裂，雌蕊高于雄蕊。制绿茶。（1986.11）

赣 18. 庐山云雾茶 Lushan yunwucha（*C.sinensis*）

产九江市庐山，是"庐山云雾茶"的主栽品种。庐山产茶历史悠久，据《庐山志》载："宋太平兴国年间（976~983 年），兴庐山例贡茶。"

茶树栽培型。灌木型，树姿半开张，分枝密。芽叶绿色、茸毛较多。中叶，叶长宽 8.6cm×3.6cm，叶椭圆形，叶色绿，叶身平或稍内折，叶面稍隆起，叶尖渐尖。萼片 5 片、无毛。花冠直径 3.0~3.4cm，花瓣 6~7 枚，子房多毛、3 室，花柱先端 3 裂。种径 1.3cm。

图 5-7-8 庐山五老峰云雾茶（姚国坤）

"庐山云雾茶"是历史名茶，创始于明清，特点是青翠多毫，香气鲜爽持久（含豆花香），滋味醇厚回甘，品质优。耐寒性、耐旱性均强。

赣 19. 上梅洲 Shangmeizhou（*C.sinensis*）

婺源县在唐代已盛产茶叶，陆羽《茶经》中就有"浙西，以湖州上，常州次，宣州、杭州、睦州、歙州（茶产婺源）下"之说。婺源名茶"珠兰精"，1915年获"巴拿马万国博览会"一等奖。上梅洲产默林乡上梅洲村，栽培历史悠久。

茶树栽培型。灌木型，树姿半开张，分枝密。芽叶黄绿色、茸毛多。中叶，叶长宽10.8cm×4.7cm，叶椭圆形，叶色深绿，有光泽，叶身内折，叶面隆起，叶缘波，叶尖渐尖，叶质较厚软。萼片5片、无毛。花冠直径3.8~4.0cm，花瓣7枚，花瓣白色，子房多毛、3室，花柱先端3裂。2000年干样含水浸出物48.6%、茶多酚19.4%、氨基酸3.2%、咖啡碱3.7%。"婺源茗眉"为江西现代名茶，色泽绿润，白毫显露，香浓孕兰，滋味鲜醇。耐寒性强，耐旱性中等。

赣 20. 婺源大叶茶 Wuyuan dayecha（*C.sinensis*）

产婺源县鄣公山，县内及邻近的休宁、黄山区以及浮梁县亦有分布，是制名茶"婺绿"的主栽品种之一。栽培型。灌木型，树姿开张或半开张，分枝中。嫩枝有毛。芽叶绿色、茸毛多。中叶，叶长宽10.4cm×4.2cm，叶椭圆或卵圆形，叶色绿，叶身稍内折，叶面隆起，叶尖渐尖，叶脉7对。萼片5片、无毛。花冠直径3.5~3.7cm，子房3室、多毛，花柱先端3裂。1989年干样含茶多酚22.6%、儿茶素总量14.6%、氨基酸5.5%、咖啡碱4.4%。生化成分氨基酸含量高。抗寒、抗旱性强。制绿茶味浓鲜醇回甘。　　（1990.11）

赣 21. 大面白 Damianbai（*C.sinensis*）

产上饶县上泸乡洪水坑。上饶产茶历史悠久，唐建中四年（783年）陆羽就在广教寺（后改为茶山寺）隐居，"环居植茶，晨昏培育"。

茶树栽培型。灌木型，树姿开张，分枝较密。芽叶黄绿色、茸毛特多。大叶，叶长宽12.8cm×4.8cm，叶长椭圆形，叶色绿，有光泽，叶身稍内折，叶面稍隆起，叶尖钝尖，叶质厚软。萼片5片、无毛。花冠直径5.5~6.5cm，花瓣6枚，花瓣白色，子房中毛、3室，花柱先端3裂。2000年干样含水浸出物48.6%、茶

图 5-7-9　大面白

多酚18.1%、氨基酸3.2%、咖啡碱4.0%。所制"上饶白眉"为江西现代名茶，特点是白毫显露，香气清高，滋味鲜醇。耐寒性、耐旱性均强。

赣22. 狗牯脑茶 Gougunaocha（*C.sinensis*）

产遂川县汤湖乡狗牯脑山，是当地主栽品种。相传1769年前后从南京引进。栽培型。灌木型，树姿开张，分枝密。芽叶淡绿色、茸毛中等。中叶，叶长宽9.8cm×4.3cm，叶椭圆形，叶色绿，叶身平，叶面平，叶缘平，叶尖渐尖，叶齿锐、密、中。萼片5片、无毛。花冠直径4.1cm，花瓣7枚，花瓣白色，子房多毛、3室，花柱先端3裂。种径1.5cm，种子百粒重101.6g。花粉圆球形，花粉平均轴径32.1μm，属大粒型花粉。花粉外壁纹饰为粗网状，萌发孔为缝状。染色体倍数性是：整二倍体频率为89%，非二倍体频率为11%（其中三倍体为5%）。1989年干样含水浸出物42.41%、茶多酚22.40%、儿茶素总量15.09%、氨基酸3.80%、咖啡碱4.37%、茶氨酸1.52%。"狗牯脑"绿茶创制于清代，为江西历史名茶，1915年获"巴拿马万国博览会"金质奖，特点是色泽绿润，银毫显露，香气清幽，滋味甘醇。耐寒性、耐旱性均强。　　（1990.11）

图5-7-10　狗牯脑茶

图5-7-11　1915年巴拿马万国博览会（《茶博览》）

赣23. 茴香茶 Huixiangcha（*C.sinensis*）

产铜鼓县三都镇浆里村。据产地民众说，晨间手撸茶树叶片有茴香味，故名。栽培型。灌木型，树姿开张，分枝密。嫩枝多毛。芽叶绿色、茸毛中。中叶，叶长宽 9.1cm×4.1cm，叶椭圆形，叶色绿，叶身稍内折或平，叶面稍隆起，叶尖渐尖，叶脉 7 对。萼片 5 片、无毛。花冠直径 3.6~4.0cm，子房 3 室、多毛，花柱先端 3 裂。种径 1.3cm，种子百粒重 128.0g。花粉圆球形，花粉平均轴径 31.4μm，属大粒型花粉。染色体倍数性：非二倍体出现频率为 7%。1989 年干样含水浸出物 46.11%、茶多酚 21.08%、儿茶素总量 16.78%（其中 EGCG11.07%）、氨基酸 3.62%、茶氨酸 1.82%、咖啡碱 4.61%。制红茶、绿茶味浓鲜醇。成品茶无茴香味。（1990.11）

第八节　湖南省

　　湖南省处在云贵高原与江南丘陵、南岭山地向江汉平原的过渡区，东、南、西三面为山地，北部为平原。茶树具有明显的区域性，如东西部以栽培的灌木型茶树为主，南部则主要是苦茶和白毛茶。本节共介绍8份古茶树。

湘1. 江华苦茶 Jianghua kucha（*C.assamica var. kucha*）

　　又名"苦茶"，有人认为成书于公元前6世纪的《尔雅·释木》记载的"槚，苦荼"即是指苦茶，以后出现的"瓜芦""高芦""皋芦""果芦"等名称均是苦茶的谐音。江华苦茶为野生茶树，产江华瑶族自治县大圩、贝江、水口等乡镇。

　　栽培型。样株小乔木型，树姿直立，树高5.3 m，树幅3.6m，干径27.0cm，最低分枝高0.51m，分枝稀。芽叶淡绿色、茸毛少或无。大叶，叶长宽13.8cm×5.0cm，叶长椭圆形，叶色黄绿或绿，有光泽，叶身平或稍内折，叶面平，叶尖渐尖，叶齿锐、稀、浅。叶革质。花冠直径3.5~4.0cm，花瓣7枚，子房多毛、3（2）室，花柱先端3（2）裂。1995年干样含水浸出物43.20%、茶多酚25.73%、儿茶素总量14.59%、氨基酸3.89%、咖啡碱4.02%、丁子香酚甙0.251%、苦味氨基酸占氨基酸总量8.82%。制红茶，香味浓醇。耐寒性、耐旱性较强。

　　（1983.10）

图 5-8-1　江华苦茶

湘 2. 蓝山苦茶 Lanshan kucha（*C.assamica* var. *kucha*）

产蓝山县火市百叠岭、眼长岭等地。栽培型。样株小乔木型,树姿半开张,树高5.3 m,树幅4.5m,分枝中等。芽叶淡绿或绿色、茸毛少。大叶,叶长宽15.2cm×5.6cm,叶长椭圆形,叶色绿黄或绿,叶身平,叶面平,叶尖渐尖或骤尖,叶齿锐、密、浅。叶革质。花冠直径4.1cm,花瓣7枚,子房中毛、3室,花柱先端3裂。花粉圆球形,花粉平均轴径32.9μm,属大粒型花粉。花粉外壁纹饰为穴网状,萌发孔为带状。染色体倍数性是:整二倍体频率为85%,非二倍体频率为15%（其中三倍体为4%）。1989年干样含水浸出物44.28%、茶多酚21.99%、儿茶素总量14.21%、氨基酸2.88%、咖啡碱4.45%、茶氨酸0.76%。制绿茶,有栗香。亦适制红茶。耐寒性、耐旱性较强。 (2000.10)

图 5-8-2　蓝山苦茶

湘 3. 炎陵苦茶 Yanling kucha（*C.assamica* var. *kucha*）

产炎陵县斜漱水中上游一带的水垄、联西村等地,海拔400~800m。栽培型。样株小乔木型,树姿直立或开张,树高4.9 m,树幅2.8m×2.3m,基部干径21.0cm。芽叶黄绿色、茸毛极少。大叶,叶长宽12.4cm×4.5cm,最大叶长宽18.2cm×6.1cm,叶长椭圆形,叶色黄绿或绿,富光泽,叶面平或稍隆起,叶尖渐尖,叶质软。种子直径1.2cm。1988年干样含水浸出物38.27%、茶多酚18.00%、氨基酸3.11%、咖啡碱4.27%。制绿茶,味苦。耐寒性、耐旱性较强。 (2000.10)

湘 4. 汝城白毛茶 Rucheng baimaocha（汝城毛叶茶 Camellia pubescens Chang et Ye）

产汝城县三江口瑶族镇九龙山一带，是当地主栽品种。据《汝城县志》载："茶又土名木于树，西山、九龙、后溪出茗荈。"栽培型。小乔木型，树姿直立，分枝较稀。芽叶黄绿色、茸毛特多。大叶，叶长宽 14.8cm×5.7cm，叶长椭圆或椭圆形，叶色绿稍黄，叶身稍内折，叶面稍隆起，叶尖尾尖，叶齿锐、中、深，叶革质，叶背有茸毛。萼片 5 片、有毛。花冠直径 3.8~4.0cm，花瓣 6~9 枚，子房多毛、3 室，花柱先端 3 裂。种径 1.4cm。2000 年干样含水浸出物 42.69%、茶多酚 21.02%、氨基酸 2.93%、咖啡碱 3.78%。制绿茶，所制"汝白银针"为湖南现代名茶，1995 年获"法国巴黎国际名优产品（技术）博览会"金奖，特点是外形银毫隐翠，香气清高，滋味鲜醇有甘。制红茶有花香，滋味浓强。耐寒性、耐旱性均中等。（2000.10）

湘 5. 城步峒茶 Chengbu dongcha（*C.sinensis* var. *pubilimba*）

产城步苗族自治县杨梅坳、天堂一带，现龙塘、高桥等村所种峒茶是二百多年前从深山挖野生苗所栽。茶树栽培型。样株小乔木型，树姿开张或半开张，树高 5.7m，树幅 3.6m，干径 19.0cm。芽叶黄绿色、茸毛多。大叶，叶长宽 14.3cm×5.2cm，叶长椭圆形，叶色绿或深绿，有光泽，叶身稍内折，叶面隆起，叶尖渐尖或骤尖，叶齿锐、中、中。萼片 5 片、有毛。花冠直径 3.6~4.2cm，花瓣 5~7 枚，子房多毛、3 室，花柱先端 3 裂。种径 1.2~1.5cm。耐寒性较强。（2000.10）

图 5-8-3 城步峒茶

湘6. 莽山野茶 Mangshan yecha（*C.sinensis* var. *pubilimba*）

产宜章县莽山。栽培型。样株小乔木型，树姿直立，树高 5.0m，树幅 3.8m，基部干径 35.5cm，分枝稀。芽叶绿色、茸毛多。特大叶，叶长宽 14.4cm×6.8cm，叶近似倒卵圆形，叶色深绿，叶身平或稍内折，叶面平，叶尖渐尖，叶齿中、稀、浅。萼片有毛。花冠直径 3.9cm，花瓣 6 枚，子房多毛、3 室，花柱先端 3 裂。1983 年干样含水浸出物 40.76%、茶多酚 19.89%、氨基酸 2.64%、咖啡碱 4.34%。适制绿茶、红茶。采一芽一叶所制的"莽山银毫"为湖南现代名优茶，特点是翠润多毫，栗香鲜醇。耐寒性、耐旱性较弱。（2000.10）

图 5-8-4 莽山野茶

湘7. 洞庭君山茶 Dongting junshancha（*C.sinensis*）

君山是岳阳市洞庭湖中一小岛，与岳阳楼相望，唐代诗人刘禹锡诗曰："遥望洞庭山水翠，白银盘里一青螺。""君山银针"茶创制于唐代，因茶叶满披金黄色茸毛，唐称"黄翎毛"。洞庭君山茶是"君山银针"的主栽品种。栽培型。灌木型，树姿半开张，分枝密。芽叶绿色、茸毛中等。中叶，叶长宽 8.8cm×3.7cm，叶椭圆形，叶色绿，叶身平或稍内折，叶面隆起，叶尖渐尖，叶齿锐、密、浅。萼片 5 片、无毛。花冠直径 3.4~3.5cm，花瓣 6~7 枚，子房中毛、3 室，花柱先端 3 裂。种径 1.4cm。2000 年干样含茶多酚 19.3%、儿茶素总量 10.2%、氨基酸 3.8%、咖啡碱 4.2%。生化成分儿茶素总量偏低。所制"君山银针"黄茶为历史名茶，芽身金黄，香气清纯，滋味甜爽，品质优。1955 年获"德国莱比锡国际博览会"金质奖。耐寒性、耐旱性均强。

湘 8. 云台山茶 Yuntaishancha (*C.sinensis*)

产安化县云台山。20 世纪 60~70 年代曾引种到阿尔及利亚、越南等国。安化产茶历史悠久，据清同治《安化县志》载："当北宋启疆（建县）之初，茶犹力而求诸野……不种自生"。

栽培型。灌木型，树姿半开张，分枝较密。芽叶黄绿色、茸毛中等。中叶，叶长宽 10.8cm×4.1cm，叶长椭圆或椭圆形，叶色绿或黄绿，叶身稍内折，叶面隆起或稍隆起，叶尖渐尖，叶齿锐、密、中。萼片 5 片、无毛。花冠直径 3.6~3.9cm，花瓣 5~6 枚，子房中毛、3（4）室，花柱先端 3（4）裂。2000 年干样含水浸出物 39.17%、茶多酚 19.53%、氨基酸 3.71%、咖啡碱 3.58%。所制"安化松针"是湖南现代名茶，外形细直挺秀、翠绿显毫，香气馥郁，滋味甘醇。亦是制安化黑茶的主要品种。耐寒性强。

第九节　福建省

北宋蔡绦在《铁围山丛谈》中说，"茶之尚，盖自唐人始，至本朝为盛。而本朝又至佑陵（宋徽宗）时益穷极新出，而无以如矣。"说明宋代、元代茶区扩大，制茶技术改进，饮茶之风更是盛行，此时贡茶中心也南移。宋太平兴国年间（976～983年）开始在建安郡（现福建建瓯）北苑设立贡茶院，其规模之大，团饼茶制作之精细已超过唐代的顾渚贡茶院。福建也由此逐步成为东南沿海最主要的茶树种植中心和乌龙茶主产地。本节共介绍福建历史上栽培的乌龙茶品种和名丛等20个，它们在分类上均属于茶。

图 5-9-1　北苑贡茶院记事碑

闽1. 大红袍 Dahongpao（*C.sinensis*）

武夷山十大名丛之一，产武夷山市武夷山天心岩九龙窠。相传明永乐帝游武夷山时偶得风寒，饮此茶得宁，遂以红袍加身，故名。栽培型。灌木型，植株较矮，树姿半开张，分枝较密。芽叶绿带微紫红色、茸毛中等、节间短。小叶，叶长宽7.8cm×3.0cm，叶椭圆形，叶色深绿，叶身稍内折，叶面稍隆起，叶缘微波，叶尖钝尖，叶脉5~7对，叶齿锐、密、深。萼片5片、无毛。花冠直径3.5cm，花瓣

图 5-9-2　大红袍（2000）

6枚，花瓣白色、质薄，子房中毛、3室，花柱先端3裂，花柱长1.3cm。干样含茶多酚18.6%、氨基酸3.3%、咖啡碱4.2%。制乌龙茶，香气馥郁芬芳，似桂花香，滋味醇厚回甘，香味独特。"大红袍"为历史名茶，是武夷"岩茶"（乌龙茶）之极品。耐寒性、耐旱性均较强。

闽 2. 铁罗汉 Tieluohan（*C.sinensis*）

武夷山十大名丛之一，产武夷山市武夷山慧苑岩之内鬼洞（亦名峰窠坑），相传宋代已有，为武夷名丛之最早。栽培型。灌木型，树姿半开张，分枝较密。芽叶绿带微紫红色、茸毛较少。中（偏小）叶，叶长宽 8.1cm×3.3cm，叶椭圆形，叶色深绿，叶身平，叶面稍隆起，叶缘微波，叶尖钝尖，叶脉 7~8 对，叶齿钝、密、浅。萼片 5 片、无毛。花冠直径 3.5cm，花瓣 6~7 枚，花瓣白色，子房多毛、3 室，花柱先端 3 裂。干样含茶多酚 22.3%、氨基酸 2.9%、咖啡碱 3.7%。制乌龙茶，香气浓郁幽长，滋味浓厚甘鲜。耐寒性、耐旱性均强 。

图 5-9-3　铁罗汉

闽 3. 白鸡冠 Baijiguan（*C.sinensis*）

武夷山十大名丛之一，产武夷山市武夷山慧苑岩火焰峰下外鬼洞，相传产于明代。栽培型。灌木型，植株中等，树姿半开张，分枝较密。芽叶黄白色、茸毛少，节间短。春梢顶芽微弯似鸡冠，故名。中叶，叶长宽 8.9cm×3.4cm，叶长椭圆形，叶色淡绿，叶身内折，叶面稍隆起，叶缘微波，叶尖钝尖，叶脉 7~8 对，叶齿钝、密、浅。萼片 5 片、无毛。花冠直径 3.3cm，花瓣 7 枚，花瓣白色，子房多毛、3 室，花柱先端 3 裂。干样含茶多酚 21.2%、氨基酸 3.5%、咖啡碱 2.9%。制乌龙茶，香气高爽似橘皮香，滋味浓醇甘鲜。耐寒性、耐旱性均强 。

图 5-9-4　白鸡冠（2000）

闽 4. 水金龟 Shuijingui（*C.sinensis*）

武夷山十大名丛之一，产武夷山市武夷山牛栏坑杜葛寨峰下半岩上，相传清末已有。栽培型。灌木型，植株中等，树姿半开张，分枝较密。芽叶绿带紫红色、茸毛较少。小叶，叶长宽 7.2cm×2.8cm，叶长椭圆形，叶色绿翠，叶身内折，叶面平，叶缘微波，叶尖钝尖，叶脉 8~10 对，叶齿钝、稀、深。萼片 5 片、无毛。花冠直径 3.0cm，花瓣 7~8 枚，花瓣白色，子房多毛、3 室，花柱先端 3 裂。干样含茶多酚 21.6%、氨基酸 2.3%、咖啡碱 3.9%。制乌龙茶，香气似蜡梅，滋味浓厚甘爽。耐寒性、耐旱性均强。

闽 5. 半天妖 Bantianyao（*C.sinensis*）

武夷山十大名丛之一，产武夷山市武夷山三花峰，相传清末已有。栽培型。灌木型，植株中等，树姿半开张，分枝密。芽叶紫红色、茸毛较少，节间较短。中叶，叶长宽 9.4cm×3.8cm，叶椭圆形，叶色深绿或绿，叶身稍内折或平，叶面稍隆起，叶缘平，叶尖钝尖，叶脉 8~10 对，叶齿钝、稀、浅，叶质较厚。萼片 5 片、无毛。花冠直径 3.9cm，花瓣 6~7 枚，花瓣白色，子房多毛、3 室，花柱先端 3 裂。干样含茶多酚 22.9%、氨基酸 3.6%、咖啡碱 3.7%。制乌龙茶，香气馥郁似蜜香，滋味浓厚回甘。耐寒性、耐旱性均强。

闽 6. 武夷白牡丹 Wuyibaimudan（*C.sinensis*）

武夷山十大名丛之一，产武夷山市武夷山马头岩水洞，已有近百年栽培史。栽培型。灌木型，植株较高大，树姿半开张，分枝密。芽叶绿带紫红色、茸毛较少，节间较短。中叶，叶长宽 9.2cm×4.1cm，叶椭圆形，叶色绿，有光泽，叶身稍内折，叶面稍隆起，叶缘微波，叶尖钝尖，叶齿锐、密、浅，叶质较厚脆。萼片 5 片、无毛。花冠直径 4.0cm，花瓣 7~8 枚，花瓣白色，子房多毛、3 室，花柱先端 3 裂。干样含茶多酚 22.4%、氨基酸 2.5%、咖啡碱 4.4%。制乌龙茶，色泽黄绿褐润，香气浓郁似兰花香，滋味醇厚甘爽。耐寒性、耐旱性均强（2000）。

图 5-9-5 武夷白牡丹（2000）

闽 7. 武夷金桂 Wuyijingui（*C.sinensis*）

武夷山十大名丛之一，产武夷山市武夷山白岩莲花峰，已有近百年栽培史。栽培型。灌木型，植株适中，树姿半开张，分枝较稀。芽叶绿带紫红色、茸毛较少、肥壮。中叶，叶长宽 9.4cm×4.8cm，叶卵圆形，叶色绿，有光泽，叶身平稍背卷，叶面隆起，叶缘平，叶尖圆尖，叶齿锐、密、浅，叶质较厚脆。萼片 5 片、无毛。花冠直径 3.7cm，花瓣 7~9 枚，花瓣白色，子房多毛、3 室，花柱先端 3 裂。干样含茶多酚 20.5%、氨基酸 4.7%、咖啡碱 3.5%。制乌龙茶，色泽黄绿褐润，香气浓郁似桂花香，滋味醇厚甜爽。耐寒性、耐旱性均强 。

闽 8. 金锁匙 Jinsuoshi（*C.sinensis*）

武夷山十大名丛之一，产武夷山市武夷宫山前村，已有近百年栽培史。栽培型。灌木型，植株较高大，树姿半开张，分枝密。芽叶黄绿色、茸毛少，节间较短。中叶，叶长宽 8.7cm×4.2cm，叶椭圆形，叶色绿、有光泽，叶身平，叶面稍隆起，叶缘平，叶尖钝尖，叶齿钝、密、浅，叶质较厚脆。萼片 5 片、无毛。花冠直径 3.7cm，花瓣 6~7 枚，花瓣白色，子房多毛、3 室，花柱先端 3 裂。干样含茶多酚 24.3%、氨基酸 2.4%、咖啡碱 3.6%。制乌龙茶，色泽绿褐润，香气高鲜，滋味醇厚回甘。耐寒性、耐旱性均强 。

闽 9. 北斗 Beidou（*C.sinensis*）

武夷山十大名丛之一，产武夷山市武夷山北斗峰，已有 70 多年栽培史。栽培型。灌木型，植株较高大，树姿半开张，分枝较密。芽叶绿带紫红色、茸毛少，节间较短。中叶，叶长宽 9.7cm×4.5cm，叶椭圆形，叶色绿、有光泽，叶身稍背卷，叶面稍隆起，叶缘平，叶尖圆尖，叶齿钝、密、深，叶质较厚软。萼片 5 片、无毛。花冠直径 3.8cm，花瓣 7 枚，花瓣白色，子房中毛、3 室，花柱先端 3 裂。2000 年干样含茶多酚 24.2%、氨基酸 2.3%、咖啡碱 3.8%。制乌龙茶，色泽绿褐润，香气浓郁鲜爽，滋味浓厚回甘。耐寒性、耐旱性均强 。

闽 10. 白瑞香 Bairuixiang（C.sinensis）

武夷山十大名丛之一，产武夷山市武夷山慧苑岩，已有 100 多年栽培史。栽培型。灌木型，植株较高大，树姿半开张，分枝较密。芽叶黄绿带微紫红色、茸毛较少，节间较短。中叶，叶长宽 9.8cm×4.2cm，叶椭圆形，叶色绿，有光泽，叶身平，叶面平，叶缘平，叶尖钝尖，叶齿钝、密、深，叶质较厚脆。萼片 5 片、无毛。花冠直径 2.8cm，花瓣 6~7 枚，花瓣白色，子房多毛，3 室，花柱先端 3 裂。干样含茶多酚 16.7%、氨基酸 4.7%、咖啡碱 3.4%。制乌龙茶，色泽黄绿褐润，香气高久，滋味浓厚似粽叶味。耐寒性、耐旱性均强。

闽 11. 肉桂 Rougui（C.sinensis）

产武夷山市武夷山马振峰，已有百年栽培史。栽培型。灌木型，树姿半开张，分枝较密。芽叶绿带紫红色、茸毛少。中叶，叶长椭圆形，叶色深绿，有光泽，叶身内折，叶面平，叶缘平，叶尖钝尖，叶脉 8 对，叶齿钝、稀、浅，叶质较厚软。萼片 5 片、无毛。花冠直径 3.9~4.1cm，花瓣 7~9 枚，花瓣白色，花柱长 1.3cm，子房中毛、3 室，花柱先端 3 裂。2010、2011 年干样含水浸出物 52.3%、茶多酚 17.7%、氨基酸 3.8%、咖啡碱 3.1%（本节闽 11 到闽 18 生化成分含量引自《中国无性系茶树品种志》）。生化成分水浸出物含量高。制乌龙茶，条索肥壮，色泽乌润砂绿，香气浓郁辛锐似桂皮香，味醇厚甘爽，品质独特。耐寒性、耐旱性均强。

闽 12. 福建水仙 Fujian shuixian（C.sinensis）

又名武夷水仙、水吉水仙。产建阳市小湖乡大湖村，有百余年栽培史。栽培型。小乔木型，树姿半开张，分枝稀。芽叶淡绿色、茸毛多。大叶，叶椭圆形，叶色绿，富光泽，叶身平，叶面平，叶尖渐尖，叶脉 7~9 对，叶齿锐、密、深，叶革质。萼片 5 片、无毛。花冠直径 3.7~4.4cm，花瓣 6~8 枚，花瓣白色，花柱长 1.5cm，子房多毛、3 室，花柱先端 3 裂。2010、2011 年干样含

图 5-9-6 福建水仙（2000）

水浸出物 50.5%、茶多酚 17.6%、氨基酸 3.3%、咖啡碱 4.0%。生化成分水浸出物含量高。制乌龙茶，条索肥壮，色泽乌绿润，香气高长似兰花香，滋味醇厚，品质优。制"白毫银针""白牡丹"白茶，白毫密披，香清味醇。耐寒性、耐旱性均较强。

闽 13. 铁观音 Tieguanyin（*C.sinensis*）

又名魏饮种、红心观音、红样观音，产安溪县西坪镇尧阳村。安溪茶叶明清时期已有较大发展，据明嘉靖三十一年（1552年）《安溪县志》载："安溪茶产常乐、崇善（今蓬莱、剑斗）等里……。"

栽培型。灌木型，树姿开张，分枝较稀。芽叶绿稍紫红色、茸毛较少。中叶，叶椭圆形，叶色深绿，叶身平，叶面稍隆起，叶缘波，叶尖渐尖，叶脉7对，叶齿钝、稀、浅。萼片5片、无毛。花冠直径

图 5-9-7　铁观音

3.0~3.3cm，花瓣6~8枚，花瓣白色、质薄，花柱长1.1cm，子房中毛、3室，花柱先端3裂。2010、2011年干样含水浸出物51.0%、茶多酚17.4%、氨基酸4.7%、咖啡碱3.7%。生化成分水浸出物含量高。适制乌龙茶，所制"铁观音"，条索圆紧重实，色泽乌润砂绿，香气馥郁幽长，似兰花香，滋味醇厚回甘，俗称"观音韵"，品质优。耐泡，有"七泡有余香"之说。耐寒性、耐旱性和适应性均较强。

闽 14. 黄棪 Huangdan（*C.sinensis*）

又名黄金桂、黄旦。产安溪县罗岩乡美庄，有一百多年栽培史。栽培型。小乔木型，树姿半开张，分枝较密。芽叶黄绿色、茸毛较少。中叶，叶椭圆形或倒披针形，叶色黄绿，叶身稍内折，叶面稍隆起，叶缘微波，叶尖渐尖，叶脉9对，叶齿锐、密、深。萼片5片、无毛。花冠直径2.7~3.2cm，花瓣5~8枚，花瓣白色、质薄，花柱长1.2cm，子房中毛、3室，花柱先端3裂。2010、2011年干样含水浸出物48.0%、茶多酚16.2%、氨基酸3.5%、咖啡碱3.6%。适制乌龙茶，所制"黄金桂"条索紧结，褐黄绿润，香气馥郁，似桂花香，俗称"透天香"（有"未尝清甘味，先闻透天香"之说），滋味醇厚甘爽，品质优。因汤色金黄有桂花香故名。亦适制红茶、绿茶。耐寒性、耐旱性和适应性均强。

闽 15. 毛蟹 Maoxie（*C.sinensis*）

又名茗花。产安溪县大坪乡福美村，有百年栽培史。栽培型。灌木型，树姿半开张，分枝密。芽叶淡绿色、毛特多，节间短。中叶，叶椭圆形，叶色深绿，叶身平，叶面稍隆起，叶缘微波，叶尖渐尖，叶脉7对，叶齿锐、密、深为其显著特征，叶革质。萼片5片、无毛。花冠直径4.0~4.8cm，花瓣6~7枚，花瓣白色、质薄，花柱长1.5cm，子房多毛，3室，花柱先端3裂。2010、2011年干样含水浸出物48.2%、茶多酚14.7%、氨基酸4.2%、咖啡碱3.2%。制乌龙茶，香气清高，滋味醇厚。亦适制红、绿茶。耐寒性、耐旱性和适应性均强。

图 5-9-8　毛蟹

闽 16. 梅占 Meizhan（*C.sinensis*）

产安溪县芦田镇三洋村，有百余年栽培史。栽培型。小乔木型，树姿直立，分枝密度中等。芽叶绿色、茸毛较少，节间长3~6cm。中叶，叶长椭圆形，叶色深绿，有光泽，叶身强内折，叶面平，叶尖渐尖或钝尖，叶脉7对，叶齿锐、密、浅，叶革质。萼片5片、无毛。花冠直径3.7~4.4cm，花瓣5~8枚，花瓣白色，花柱长1.7cm，子房多毛，3室，花柱先端3裂。2010、2011年干样含水浸出物49.8%、茶多酚16.5%、氨基酸4.1%、咖啡碱3.9%。生化成分水浸出物含量高。适制红茶、绿茶和乌龙茶。红茶有兰花香，味厚实；绿茶，香气高锐，滋味浓厚；乌龙茶，香味独特。耐寒性、耐旱性均强。

图 5-9-9　梅占

闽 17. 大叶乌龙 Dayewulong（*C.sinensis*）

产安溪县长坑乡珊屏田，有百年栽培史。栽培型。灌木型，树姿半开张，分枝较密。芽叶绿色、茸毛少。中叶，叶椭圆或近倒卵圆形，叶色深绿，叶身稍内折，叶面平，叶尖钝尖，叶脉 7~8 对，叶齿钝．密、浅，叶革质。萼片 5 片、无毛。花冠直径 4.2~4.8cm，花瓣 6 枚，花瓣白色，花柱长 1.5cm，子房多毛、3 室，花柱先端 3 裂。2010、2011 年干样含水浸出物 48.3%、茶多酚 17.5%、氨基酸 4.2%、咖啡碱 3.4%。制乌龙茶，色泽乌绿润，香气高，味浓醇，似栀子花味。耐寒性、耐旱性均较强。

闽 18. 佛手 Foshou（*C.sinensis*）

又名香橼种、雪梨，有红芽佛手和绿芽佛手之分。产安溪县虎邱镇金榜村骑虎岩，有二百余年栽培史。永春县达圃镇狮峰岩还保留有 1704 年种植的 89 株老树。栽培型。灌木型，树姿开张（绿芽佛手半开张），分枝稀，叶片呈水平或下垂状着生。芽叶绿带紫红色（绿芽佛手为淡绿色），茸毛较少，肥壮。大叶，叶卵圆形，叶色黄绿或绿，叶身稍扭曲背卷（绿芽佛手稍内折），叶面强隆起，叶尖钝尖或圆尖，叶脉 7~9 对，叶齿钝、稀、浅，叶质厚软，因叶形与香橼（芸香科）Rutaceae 相似，故名佛手。萼片 5~6 片、无毛。花冠直径 3.9~4.1cm，花瓣 7~9 枚，花瓣白色，花柱长 1.3cm，子房多毛、3 室，花柱先端 3 裂。2010、2011 年干样含水浸出物 49.0%、茶多酚 16.2%、氨基酸 3.1%、咖啡碱 3.1%。生化成分水浸出物含量高。制乌龙茶，条索肥壮重实，色泽褐黄绿润，香气清高幽长（似雪梨或香橼香），味浓醇甘鲜，品质优。亦适制红茶。耐寒性、耐旱性均强。

图 5-9-10　佛手

闽19. 福鼎大白茶 Fuding dabaicha (*C.sinensis*)

产福鼎市点头镇柏柳村，系1855年由茶农从群体种中选育而成，已有百年栽培史。栽培型。小乔木型，树姿半开张，分枝密。芽叶黄绿色、茸毛特多，持嫩性强。中叶，叶椭圆形，叶色绿，叶身平，叶面隆起，叶缘平，叶尖钝尖，叶脉8对，叶齿锐、密、中。萼片5片、无毛。花冠直径3.6~4.1cm，花瓣7~10枚，花瓣白色，子房多毛、3室，花柱先端3裂。干样含茶多酚16.2%、氨基酸4.3%、咖啡碱4.4%。制毛峰、毛尖茶，翠绿显毫，栗香高久，滋味鲜醇，品质优。亦适制"白琳工夫"红茶和"白毫银针""白牡丹"白茶。耐寒性、耐旱性均强，适应性强。

图 5-9-11　福鼎大白茶

闽20. 政和大白茶 Zhenghe dabaicha (*C.sinensis*)

产政和县铁山乡。据史料，19世纪中叶政和全县已遍植茶树。栽培型。小乔木型，树姿直立，主干明显。芽叶黄绿微紫红色、茸毛特多。大叶，叶椭圆形，叶色深绿，叶身平，叶面隆起，叶缘平，叶尖渐尖，叶脉9对，叶齿锐、密、深。萼片5~8片、无毛。花冠直径4.3~5.2cm，花瓣6~8枚，花瓣白色，子房多毛、3室，花柱先端3裂。干样含茶多酚18.8%、氨基酸2.4%、咖啡碱4.0%。制"政和工夫"茶，条索肥壮显金毫，色泽乌润，有罗兰香，

图 5-9-12　政和大白茶

滋味浓醇，汤色红艳，金圈厚。制"白毫银针"等白茶，白毫密披，色白如银，香气清鲜，滋味甘醇。耐寒性、耐旱性均强，适应性强。

第十节　台湾省

据台湾范增平引据的《诸罗县（今嘉义县）志》载："水沙连内山茶甚伙，味鲜色绿如松萝……。"水沙连在现今的南投县鹿谷乡、竹山镇附近，故很可能是原生种。另，台中县、嘉义县、高雄县深山中也长有这类茶树，但报道的很少。本节仅以现有资料做一介绍。

台1. 眉原山山茶 Meiyuanshan shancha（*C.gymnogyna*）

产南投县眉原山，海拔 1620m。栽培型。乔木型，树姿半开张，分枝较密，叶片水平或稍上斜状着生。树高 14.8m，干径 37.0cm。大叶，叶长宽 12.8cm×4.4cm，叶长椭圆或披针形，叶色绿，叶面平，叶齿密度中等，叶脉 9~12 对。萼片 5 片，淡绿色。花梗长 0.7~1.1cm。花瓣 7~8 枚，花瓣白带黄晕或绿晕，花瓣长宽 1.3cm×1.1cm，子房无毛、3 室，花柱先端 3 深裂，花柱长 0.7cm。（据 1994 年吴振铎等台湾眉原山野生茶树形态之观察文整理）

图 5-10-1　眉原山野茶（《乐话茶缘》）

图 5-10-2　眉原山野生大叶古茶树
（《台·百步蛇茶》）

台2. 平镇山茶 Pingzhen shancha（*C.gymnogyna*）

产南投县平镇，海拔 199m。栽培型。小木型，树姿半开张，分枝密。大叶，叶长宽 11.7cm×3.7cm，叶披针形，叶色绿，叶面平，叶齿密，叶脉 9~11 对。萼片 5 片，淡绿色。花梗长 0.5~0.8cm。花瓣 6~7 枚，花瓣长 1.4~1.7cm、宽 1.1~1.4cm，花瓣白带绿晕，子房无毛、3 室，花柱先端 3 裂，花柱长 0.8~1.0cm。（资料来源同眉原山山茶）

台3. 青心乌龙 Qingxinwulong（*C.sinensis*）

又名软枝乌龙，是台湾省主栽品种之一。原产福建省安溪县兰田，已有百余年栽培史。栽培型。灌木型，树姿开张，分枝密。芽叶绿稍微紫色，茸毛较少。小叶，叶长宽 6.1cm×2.8cm，叶椭圆形，叶色深绿，叶身内折，叶面平，叶缘微波，叶尖渐尖，叶脉 7 对，叶齿浅、密，叶革质。萼片 5 片、无毛。花冠直径 2.9~3.7cm，花瓣 6~8 枚，花瓣白色、质薄，子房中毛、3 室，花柱先端 3 裂。春茶一芽二叶干样含儿茶素总量16.4%、氨基酸1.3%、制乌龙茶，香气高久，是制"冻顶乌龙""文山包种茶""阿里山珠露茶"的主要品种。耐寒性、耐旱性均强。

图 5-10-3　青心乌龙

图 5-10-4　青心乌龙茶园（姚国坤）

台4. 青心大冇 Qingxindamao（*C.sinensis*）

又名大冇、青心，由台北县文山农民从当地栽培茶树中采用单株育种法育成，是台湾省主栽品种之一。栽培型。灌木型，树姿半开张，分枝密，枝多弯曲。芽叶深绿带紫红色、茸毛中。小叶，叶长宽6.5cm×3.1cm，叶椭圆形，叶色暗绿、无光泽，叶身平，叶面平，叶尖钝尖，叶脉不明显，叶齿浅、密，叶质厚脆。萼片5片、有毛。花冠直径2.3cm，花瓣6~7枚，花瓣白色、质薄，子房中毛、3室，花柱先端3裂。春茶一芽二叶干样含全氮量3.9%、茶多酚16.1%、咖啡碱2.3%。制乌龙茶，香气独特，品质优，是制"冻顶乌龙""文山包种茶""新竹白毫乌龙（又名椪风茶、东方美人茶）"的主要品种。

台5. 硬枝红心 Yingzhihongxin（*C.sinensis*）

又名大广红心，产基隆市金山乡、石门乡，主要在淡水茶区栽培。栽培型。灌木型，树姿直立，分枝稀，枝粗而弯曲。芽叶微紫红色、茸毛多。小叶，叶长宽6.9cm×3.4cm，叶椭圆形，叶色深绿带微红色，有光泽，叶身稍内折，叶面平，叶尖渐尖，叶齿浅、密，叶质较厚脆。萼片5片、有毛。花冠直径1.9cm，花瓣6~7枚，花瓣白色、质薄，子房中毛、3室，花柱先端3裂。制乌龙茶和红茶品质优。

第十一节　浙江省

　　浙江、江苏、安徽地处东南沿海，属中亚热带气候，夏季的酷热，冬季的严寒，使生长在南亚热带的乔木和小乔木大叶生态型茶树无法适应，所以这 3 个省的茶树全是以灌木型中小叶类为主，物种单一。但种茶历史悠久，是我国名优茶的主要产区之一。现择传统名茶品种做一介绍。

浙 1. 龙井茶 Longjingcha（*C. sinensis*）

　　产杭州市西湖区，是"西湖龙井"的主栽品种。据史料载，东晋时西湖山区已植有茶树，明末清初（1644 年前后）已制有扁形（龙井）茶。龙井种是加工西湖龙井茶的主栽品种。

　　栽培型。灌木型，树姿半开张，分枝密。芽叶有绿、黄绿、微紫红色，茸毛中等。中（偏小）叶，叶长宽 8.6cm×3.4cm，叶多为椭圆、长椭圆形，叶色绿或深绿，叶身平、内折、背卷，叶面稍隆起或平，叶缘微波，叶尖渐尖、钝尖，叶脉 6~8 对，叶齿锐、密、浅。萼片 5 片、无毛。花冠直径 3.2~3.4cm，花瓣 6~7 枚、白色，子房中毛，3 室，花柱先端 3 裂。种径 1.2cm。2000 年干样含茶多酚 15.8%、儿茶素总量 9.5%、氨基酸 4.0%、咖啡碱 3.4%。生化成分儿茶素总量低。所制"西湖龙井"是历史名茶，以"色绿、香郁、味甘、形美"而著称于世。耐寒性、耐旱性均强。

图 5-11-1　龙井十八棵御茶

图 5-11-2　西湖龙井

浙2. 径山茶 Jingshancha（*C.sinensis*）

产杭州市余杭区双溪镇，是"径山茶"的主栽品种。径山茶始产于唐，盛于宋。据清嘉庆《余杭县志》载，唐天宝元年（742年），径山开寺僧法钦"尝手植茶树数株，采以供佛，逾年蔓延山谷，其味鲜芳，特异他产，今径山茶是也。""产茶之地有径山、四壁坞（在黄湖镇）及里山坞（舟枕山南麓），出者都佳。"宋代钱塘吴自牧在《梦粱录》中载："径山采谷雨前茗。用小缶贮馈之。"南宋端平二年（1235年）日本圣一国师圆尔辨圆在径山学佛，回国时带回径山茶籽，播种在静冈县的安倍川和藁科川，可谓静冈茶之源。

图 5-11-3　径山茶

栽培型。灌木型，树姿半开张和开张，分枝密。芽叶有绿、黄绿色，茸毛中等或多。中叶，叶长宽9.2cm×3.7cm，叶椭圆或长椭圆形，叶色绿，叶身平或稍内折，叶面稍隆起，叶尖渐尖或钝尖，叶脉7~8对，叶齿锐、密、浅。萼片5片、无毛。花冠直径3.1~3.3cm，花瓣6~7枚、白色，子房多毛、3室，花柱先端3裂。种径1.1~1.4cm。所制"径山茶"，色泽绿润显毫，香气嫩香持久，滋味鲜爽隽永，叶底嫩匀成朵，是浙江历史名茶之一。

浙3. 华顶茶 Huadingcha（*C.sinensis*）

又名北山抗寒种，是"华顶云雾"茶的主栽品种。产天台县华顶山区。据史料载，在三国吴赤乌元年（238年），道士葛玄"植茶之圃已上华顶"，至今已有一千七百余年。至唐时已是"云雾茶园，遍山皆有"，称颂华顶云雾茶是"仙葩发茗碗，雾芽吸奇香"。华顶茶是制"华顶云雾"茶的当家品种。

图 5-11-4　华顶茶（姚国坤）

栽培型。灌木型，树姿开张，分枝密。芽叶黄绿色，间带微紫红色，茸毛多。中叶，叶长宽9.6cm×4.4cm，叶椭圆形，叶色绿，叶身稍内折，叶面稍隆起，叶缘微波，叶尖渐尖，叶脉6~8对，叶齿锐、中、浅。萼片5片、无毛。花冠直径3.1cm，花瓣7枚，子房多毛、3室，花柱先端3裂。种径1.3cm。2000年干样含水浸出物39.00%、茶多酚18.68%、氨基酸4.08%、咖啡碱3.07%。"华顶云雾"为历史名茶，壮实显毫，香气浓郁，滋味鲜浓，被北宋宋祁赞为"佛天雨露，帝苑仙浆"。耐寒性、耐旱性均强。

浙4. 紫笋茶 Zisuncha（*C. sinensis*）

又名顾渚紫笋。产长兴县水口乡顾渚山、张岭一带，是"紫笋茶"的主栽品种。据史料考证，已有二千余年历史。陆羽在《茶经》中说："浙西以湖州上……。"浙西即指长兴顾渚一带。陆羽认为顾渚山茶"芳香甘冽，冠

图 5-11-5　紫笋茶（郑旭霞，2012）

图 5-11-6　唐紫笋茶贡茶院碑

于他境，可荐于上。"由于陆羽的推崇，紫笋茶成了贡茶，为此，唐武宗会昌年间（841~846年）在顾渚山设立了贡茶院。

栽培型。灌木型，树姿半开张，分枝中等。芽叶黄绿色，芽尖呈微紫色，故名，芽叶茸毛中等。中叶，叶长宽9.2cm×4.2cm，叶椭圆形，叶色绿，叶身平，叶面稍隆起，叶缘微波，叶尖钝尖，叶脉7~9对，叶齿钝、稀、浅。萼片5片、无毛。花冠直径3.2cm，花瓣6枚，子房多毛、3室，花柱先端3裂。种径1.3cm。2000年干样含水浸出物41.44%、茶多酚18.66%、氨基酸4.56%、咖啡碱3.34%。"紫笋茶"为历史名茶，香气清鲜孕兰，滋味鲜醇回甘，品质优。耐寒性、耐旱性均强。

浙5. 瀑布仙茗茶 Pubuxianmingcha（*C. sinensis*）

产余姚市大岚乡。是"瀑布仙茗"茶的主栽品种。瀑布仙茗创始于晋代。陆羽《茶经》曰："浙东，经越州上，余姚县生瀑布泉岭、曰仙茗……。"这是陆羽在茶经中唯一提及的地方茶名。

栽培型。灌木型，树姿半开张，分枝密。芽叶黄绿色、茸毛多。中叶，叶长宽9.4cm×4.6cm，叶椭圆形，叶色绿，叶身稍内折，叶面稍隆起，叶缘微波，叶尖渐尖，叶脉7~8对，叶齿锐、中、浅。萼片5片、无毛。花冠直径3.7cm，花瓣6枚，子房多毛、3室，花柱先端3裂。所制"瀑布仙茗"是浙江历史名茶，翠绿显毫，栗香持久，滋味鲜醇爽口。耐寒性、耐旱性均强。

图 5-11-7　瀑布仙茗茶（姚国坤）

浙 6. 惠明茶 Huimingcha（*C. sinensis*）

产景宁畬族自治县赤木山惠明寺一带，全县 24 个乡镇均有分布，是"惠明茶"的主栽品种。栽培史悠久，据县志载，明成化十八年（1482 年）惠明茶已列为贡品。栽培型。灌木型，树姿半开张，分枝密。芽叶黄绿色、茸毛多。叶片有大叶、中叶等，叶长椭圆或椭圆形，叶色深绿，叶身内折，叶面隆起，叶尖渐尖，叶脉 7~9 对，叶齿锐、密、浅。萼片 5 片、无毛。花冠直径 3.9cm，花瓣 6 枚，

图 5-11-8　惠明茶（姚国坤）

子房多毛、3 室，花柱先端 3 裂。种径 1.3cm。2000 年干样含水浸出物 39.81%、茶多酚 17.46%、氨基酸 3.08%、咖啡碱 3.32%。耐寒性、耐旱性均强。所制"惠明茶"是历史名茶，翠绿显毫，栗（兰）香高久，滋味鲜爽，品质优。1915 年获"巴拿马万国博览会"金质奖，故又称"金奖惠明茶"。

浙 7. 鸠坑茶 Jiukengcha（*C. sinensis*）

淳安县鸠坑产茶约始于东汉（公元 25~220 年），唐代李肇《国史补》载当时名茶有："湖州有顾渚紫笋，婺州有东白，睦州有鸠坑"。茶树主要生长在鸠坑

图 5-11-9-1　鸠坑茶（2018）

图 5-11-9-2　鸠坑茶树基部分枝

乡塘联村一带的鸠坑源。20 世纪 60 年代鸠坑品种曾引种到非洲的几内亚、马里等国。"鸠坑茶树王"生长在鸠坑乡翠峰村塘坪山自然村中家山，海拔约 520m，树高约 2.8m，树幅约 3.5m×3.2m，基部有 20 多个分枝。

茶树灌木型，树姿半开张，分枝密。芽叶绿色、茸毛中等。中叶，叶长宽 10.8cm×4.2cm，叶有长椭圆形、椭圆形等，叶色绿，叶身平或稍内折，叶面平或稍隆起，叶尖渐尖，叶脉 7~9 对，叶齿锐、稀、浅。萼片 5 片、无毛。花冠直径 3.2~3.8cm，花瓣 7 枚，花瓣白色，子房多毛、3 室，花柱先端 3 裂。种径 1.4cm。2000 年干样含茶多酚 16.7%、儿茶素总量 10.6%、氨基酸 3.4%、咖啡碱 4.1%。生化成分儿茶素总量低。所制"鸠坑毛尖"是浙江历史名茶，色泽绿润，白毫显露，香气鲜浓，滋味醇厚。耐寒性、耐旱性均强，适应性强。

浙8. 嵊州茶 Shengzhoucha（*C.sinensis*）

产嵊州市崇仁、谷来、长乐、三界等乡镇。嵊州产茶起源于汉晋时期，南北朝时，饮茶习俗已普及民间。陆羽《茶经·八之出》中有"浙东以越州上"之说（嵊州古属越州），品质优。宋《剡录》（1214年）载："会稽山茶，以日铸名天下，然世之烹日铸者，多剡茶也。剡茶声，唐已著。"日铸岭在嵊州市谷来镇边。

栽培型。灌木型，树姿开张，分枝密。芽叶绿色、茸毛中等。中叶，叶长10.2cm，叶宽4.2cm，叶椭圆形，叶色绿，叶身稍内折，叶面稍隆起，叶尖渐尖，叶脉7~9对，叶齿锐、密、浅。萼片5片、无毛。花冠直径3.4cm，花瓣5~6枚，子房中毛、3室，花柱先端3裂。种径1.2cm。所制"泉岗辉白"（创制于明代的珠茶）盘花卷曲，色绿带白，香高味醇，经久耐泡。耐寒性、耐旱性均强。

浙9. 木禾茶 Muhecha（*C.sinensis*）

产东阳市东白山一带，邻近的磐安等地亦有分布。东白山远在晋代时已产茶，陆羽《茶经》中有"婺州东阳县东白山与荆州同"的论述。栽培型。灌木型，树姿半开张，分枝较密。芽叶绿色、茸毛中等。中叶，叶长10.4cm，叶宽4.8cm，叶椭圆形，叶色深绿，叶身内折，叶面稍隆起，叶尖渐尖，叶脉7~9对，叶齿锐、密、浅。萼片5片、无毛。花冠直径2.9cm，花瓣6~7枚，子房中毛、3室，花柱先端3裂。种径1.3cm。2000年干样含茶多酚16.2%、儿茶素总量10.2%、氨基酸4.2%、咖啡碱4.2%。生化成分儿茶素总量低。制珠茶，圆紧显毫，香鲜味醇。耐寒性、耐旱性均强。

浙10. 乌牛早 Wuniuzao（*C.sinensis*）

产永嘉县罗溪乡龙川村，历史悠久。是浙江为数不多的早期农民选育的无性系品种之一（另有温州茶山黄叶早、临海市涌泉镇兰田乡的藤茶、大山乡的水古茶、早黄茶、早青茶、乌皮茶、中性茶等）。当地有"三年两头台"的做法，即采摘两年后第三年从树丛下部用刀刈割，所以茶树无粗老枝条，亦无采摘面。现栽培茶园已培植蓬面。

栽培型。灌木型，树姿半开张，分枝较稀。芽叶绿色、茸毛中等。中叶，叶长 9.2cm，叶宽 4.3cm，叶椭圆形，叶色绿，叶身稍内折，叶面稍隆起或平，叶尖钝尖，叶脉 7~9 对，叶齿锐、密、浅。萼片 5 片、无毛。花冠直径 3.1~3.3cm，花瓣 6 枚，子房中毛、3 室，花柱先端 3 裂。2011 年干样含水浸出物 48.2%、茶多酚 13.1%、氨基酸 4.7%、咖啡碱

图 5-11-10　乌牛早茶园与叶片

2.4%（生化成分含量引自《中国无性系茶树品种志》）。制扁形绿茶，扁平光滑、香高味醇，也适制卷曲形绿茶。发芽特早，是温州三个早芽品种之一（另有黄叶早、乐清早芽）。易受"倒春寒"危害。耐寒性、耐旱性和适应性均强。

浙11. 普陀佛茶 Putuo focha（*C.sinensis*）

产舟山市普陀区普陀岛佛顶山。栽培型。灌木型，树姿半开张，分枝密。嫩枝中毛。芽叶绿色、茸毛较多。中（偏小）叶，叶长宽 8.5cm×3.6cm，叶椭圆形，叶色绿，叶身平，叶面稍隆起，叶尖渐尖，叶脉 7~8 对。萼片 5 片、无毛。花冠直径 3.1~3.4cm，花瓣 6~7 枚，子房 3 室、有毛，花柱先端 3 裂。1989 年干样含水浸出物 41.19%、茶多酚 18.81%、儿茶素总量 13.27%（其中 EGCG8.32%）、氨基酸 3.48%、茶氨酸 1.73%、咖啡碱 4.14%。"普

图 5-11-11　普陀佛茶

陀佛茶"是创制于明代的历史名茶，以条索细嫩卷曲、滋味鲜爽为特点。

第十二节 江苏省 安徽省

苏皖 1. 碧螺春 Biluochun（*C.sinensis*）

又名洞庭种。产江苏省苏州市吴中区太湖东、西洞庭山 54 个行政村，是制"碧螺春"的当家品种。洞庭山产茶已有一千多年历史，北宋乐史《太平寰宇记》（987 年前后）载："江南东道苏州长洲县洞庭山，……山出美茶，岁为入贡。"碧螺春创制于明末清初，相传 1734 年前为康熙命名。茶园多与桃、李、杏、柿、枇杷、梅树、板栗、银杏、柑橘等套种。

栽培型。灌木型，树姿半开张或直立，分枝密。芽叶绿色、少毛，中叶，叶长宽 9.8cm×3.7cm，叶椭圆或长椭圆形，叶色绿，叶身平，叶面稍隆起，叶尖渐尖，叶脉 7 对，叶齿钝、中、浅。萼片 5 片、无毛。花冠直径 3.4cm，花瓣 6~7 枚，花瓣白色，子房中毛、3 室，花柱先端 3 裂。2000 年干样含茶多酚 17.3%、儿茶素总量 9.8%、氨基酸 4.1%、咖啡碱 3.7%。生化成分儿茶素总量低。制"碧螺春" 茶条索纤细，茸毛披覆，卷曲呈螺，香气清幽，滋味鲜爽，品质优。耐寒性、耐旱性均强。

图 5-12-1 碧螺春茶园及嫩芽

苏皖 2. 阳羡茶 Yangxiancha（*C.sinensis*）

又称宜兴种。产江苏省宜兴市洑东、湖伏、茗岭、铜峰等乡镇，是制历史名茶"阳羡雪芽"的主栽品种。宜兴产茶历史悠久，陆羽《茶经·八之出》就有"常州义（宜）兴县生君山悬脚岭北峰下，……"的记载。

栽培型。灌木型，树姿半开张，分枝密。芽叶绿或黄绿色、少毛，中叶，叶长宽9.4cm×3.8cm，叶椭圆形，叶色绿，叶身平，叶面稍隆起，叶尖渐尖，叶脉6~8对，叶齿锐、中、浅。萼片5片、无毛。花冠直径4.2cm，花瓣6~7枚，花瓣白色，子房中毛、3室，花柱先端3裂。2000年干样含茶多酚21.2%、儿茶素总量11.3%、氨基酸2.9%、咖啡碱3.8%。生化成分儿茶素总量偏低。所制"阳羡雪芽"是江苏历史名茶，品质翠绿显毫，清香鲜醇。耐寒性、耐旱性均强。

苏皖 3. 祁门槠叶 Qimen zhuye（*C.sinensis*）

产安徽省祁门县，以历口、凫峰等乡为主产区，因叶形似槠树叶，故名，是当地茶树中最多的类型，是"祁门工夫"的主栽品种。19世纪曾引种到黑海沿岸的格鲁吉亚、俄罗斯等国。祁门茶叶在唐代已负盛名，唐大中十年（856年）杨华著《膳夫经手录》中就有"歙州、婺州、祁门方茶制置精好"的记载。

栽培型。灌木型，树姿半开张，分枝较密。芽叶黄绿色、茸毛较多。中叶，叶长宽10.1cm×4.4cm，叶椭圆形，叶色绿，叶身平或稍内折，叶面隆起或稍

图 5-12-2　祁门槠叶

隆起，叶缘平，叶尖渐尖，叶脉8对，叶齿锐、密、浅。萼片5片、无毛。花冠直径3.4~3.9cm，花瓣5~7枚，花瓣白色、质薄，子房中毛、3室，花柱先端3裂。种径1.3cm。2000年干样含茶多酚16.6%、儿茶素总量12.5%、氨基酸3.5%、咖啡碱4.0%。生化成分儿茶素总量偏低。适制红茶、绿茶。所制"祁红"是历史名茶，条索紧细苗秀，色泽乌润，似花香或果香（俗称"祁门香"），滋味醇厚，品质优；制毛峰茶，色泽绿润，香高味浓。耐寒性、耐旱性均强，适应性强。

苏皖 4. 黄山大叶 Huangshan daye（*C.sinensis*）

产安徽省黄山市黄山区的汤口、芳村、谭家桥，徽州区的充川、富溪、杨村，歙县的大谷运、竦坑、许村以及休宁县的千金台等地，是"黄山毛峰"和"大方"茶的主栽品种。据《徽州府志》记载："黄山产茶始于宋之嘉祐，兴于明之隆庆。"表明黄山产茶历史悠久。

图 5-12-3　黄山茶园（《中国茶的故乡》）

栽培型。灌木型，树姿半开张，分枝较密。芽叶绿色、多毛，大叶，叶长宽 11.7cm×5.3cm，叶椭圆形，叶色绿，叶身平或背卷，叶面稍隆起，叶缘平或微波，叶尖钝尖，叶脉 7~9 对，叶齿锐、中、浅。萼片 5 片、无毛。花冠直径 3.8~4.0cm，花瓣 7 枚，花瓣白色，子房多毛、3 室，花柱先端 3 裂。种径 1.6cm。2000 年干样含茶多酚 21.9%、儿茶素总量 11.0%、氨基酸 5.0%、咖啡碱 4.4%。生化成分氨基酸含量高，儿茶素总量偏低。所制"黄山毛峰"是历史名茶，色泽绿润，白毫显露，香气清鲜持久，滋味醇厚，品质优。耐寒性、耐旱性均强，适应性强。

苏皖 5. 柿大茶 Shidacha（*C.sinensis*）

产安徽省黄山市黄山区（原太平县）和龙门一带。清乾隆、嘉庆期间（1736~1820 年）已有大面积栽培，是"太平猴魁"的主栽品种。栽培型。灌木型，树姿半开张，分枝稀，节间短。芽叶淡绿色、茸毛多。大叶，叶长宽 11.8cm×5.2cm，叶椭圆形，似柿叶，叶色绿，叶身平或背卷，叶面隆起，叶缘波，叶尖钝尖，叶齿锐、稀、浅。萼片 5 片、无毛。花冠直径 3.3cm，花瓣 5 枚，

图 5-12-4　柿大茶及所制太平猴魁茶

花瓣白色，子房中毛、3 室，花柱先端 3 裂。种径 1.5cm，种子百粒重 91.0g。1989 年干样含水浸出物 39.15%、茶多酚 19.01%、儿茶素总量 6.86%、氨基酸 3.59%、咖啡碱 3.96%、茶氨酸 1.71%。生化成分儿茶素总量特低。所制"太平猴魁"是历史名茶，特点是色泽苍绿匀润，白毫隐伏，叶脉绿中隐红，呈"红丝线"状，香气兰香高爽，有独特的"猴韵"，滋味醇厚回甘，品质优。1915 年获"巴拿马万国博览会"金质奖。耐寒性、耐旱性均强。

苏皖 6. 独山大瓜子 Dushan daguazi（*C.sinensis*）

又称独山双峰中叶种。产安徽省六安市独山、同兴寺和金寨县齐头山等地，是"六安瓜片"的主栽品种。据顺治十二年（1655年）《霍山县志》载：龙门冲、独山、齐头冲、麻埠等地是"六安瓜片"主产区，表明茶树栽培已有三百多年历史。

栽培型。灌木型，树姿半开张，分枝密。芽叶黄绿色、茸毛中等。中叶，叶长宽9.8cm×3.7cm，叶长椭圆形，叶色黄绿，叶身内折，叶面稍隆起，叶尖渐尖，叶齿钝、稀、浅。萼片5片、无毛。花冠直径3.7cm，花瓣6~7枚，花瓣白色，子房中毛、3室，花柱先端3裂。"六安瓜片"是历史名茶，是除乌龙茶以外需要"开面"采的茶叶，即将采下鲜叶通过"扳片"去除芽头和茶梗，将嫩片和老片分别制作。成品茶特点是色泽翠绿亮润，香气浓醇持久，滋味鲜醇回甘，品质优。耐寒性、耐旱性均强 。

苏皖 7. 宣城尖叶 Xuancheng jianye（*C.sinensis*）

又名溪口尖叶种、大尖叶，产安徽省宣城市溪口乡塔泉村，是历史名茶"敬亭绿雪""高峰云雾"茶的主栽品种。陆羽《茶经·八之出》载："浙西以湖州上，常州次，宣州、杭州、睦州、歙州下"，表明唐代宣州已产茶。

栽培型。灌木型，树姿半开张，分枝较密。芽叶黄绿色、多毛，中叶，叶长宽13.3cm×4.4cm，叶披针形，叶色绿或深绿，叶身平、多背卷，叶面稍隆起，叶尖渐尖，叶脉7~9对，叶齿锐、中、中。萼片5片、无毛。花冠直径2.7~2.8cm，花瓣6~7枚，花瓣白色，子房中毛、3室，花柱先端3裂。2000年干样干样含茶多酚24.9%、儿茶素总量11.8%、氨基酸4.3%。生化成分儿茶素总量偏低。"敬亭绿雪"是安徽历史名茶，翠绿显毫，香气清鲜，滋味醇爽。耐寒性、耐旱性均强 。

苏皖 8. 茗洲茶 Mingzhoucha（*C.sinensis*）

产休宁县流口镇"四大茗洲"等地，是加工创制于清代嘉道年间 "屯绿" 名茶的主要品种之一。 栽培型。灌木型，树姿半开张，分枝较密。嫩枝多毛。芽叶绿色、茸毛多。中叶，叶长宽10.6cm×4.2cm，叶长椭圆形，叶色深绿，叶身内折，叶面稍隆起，叶尖渐尖，叶脉7~8对。萼片5片、无毛。花冠直径3.4~3.7cm，花瓣6~7枚，子房3室、有毛，花柱先端3裂。种径1.4cm。花粉圆球形，花粉平均轴径29.21μm，属小粒型花粉。花粉萌发孔为沟孔型。染色体倍数性：整二倍体出现频率为88%。1989年干样含水浸出物41.26%、茶多酚19.63%、儿茶素总量10.75%（其中EGCG7.85%）、氨基酸3.33%、茶氨酸1.34%、咖啡碱4.15%。生化成分儿茶素总量偏低。制绿茶，滋味鲜醇，制红茶，香气较高。(1990.11)

第十三节 湖北省

　　湖北省位于长江中游，是云贵高原向东南沿海的过渡带。不论是鄂西的巴山峡川或是东部的大别山区现今都未发现像陆羽《茶经》中所述的"两人合抱"大茶树。四季分明的气候条件使得湖北的茶树形态特征与云贵川的生态型相距甚远，而是与下游的安徽、浙江、江苏茶树较一致。表现为灌木型树，分类上只是一个茶种。本节选择鄂西的 7 份古茶树资源做一介绍。

鄂 1. 恩施大叶 Enshi daye（*C.sinensis*）

　　产恩施市草子坝、石门、安乐屯等乡镇。据明代黄一正（公元 1591 年）《事物绀珠》载："茶类今茶名……崇阳茶、蒲圻茶、圻茶、荆州茶、施州茶、南木茶。"古时恩施称施州，故恩施产茶历史悠久。

图 5-13-1　恩施大叶

　　栽培型。灌木型，树姿半开张，分枝较密。芽叶黄绿或绿色、茸毛多。大叶，叶长宽 12.8cm×5.8cm，叶椭圆形，叶色绿、有光泽，叶身平或稍内折，叶面稍隆起，叶尖钝尖，叶脉 8~10 对。萼片 5~6 片，无毛。花冠直径 2.3~4.0cm，花瓣 5~7 枚，花瓣白色，子房多毛、3 室，花柱先端 3 裂。果径 2.3~3.3cm。种径 1.2~1.4cm。1989 年干样含水浸出物 43.87%、茶多酚 19.90%、儿茶素总量 9.48%、氨基酸 3.42%、咖啡碱 4.46%、茶氨酸 1.59%。生化成分儿茶素总量低。创制于清初的"恩施玉露"蒸青绿茶，为湖北历史名茶，色泽绿翠，茸毫色白如玉，香鲜味爽。耐寒性、耐旱性均强。（1988.10）

鄂2. 鹤峰苔子茶 Hefeng taizicha（*C.sinensis*）

产鹤峰县大典、铁炉、留驾等乡。
1867年《鹤峰县志》载："容美贡茗，
遍地生植……。"鹤峰古称容美。民间
有"白鹤井的水、容美司的茶"之说，
即取白鹤井水烹茶，"味极清腴"。栽
培型。灌木型，树姿半开张或开张，分
枝密。芽叶绿色、茸毛多。中叶，叶长
宽8.8cm×3.5cm，叶长椭圆或椭圆形，
叶色绿，叶身平或稍内折，叶面隆起或
稍隆起，叶尖渐尖，叶脉8~9对。萼片
5~6片、无毛。花冠直径2.6~4.1cm，花
瓣5~7枚，花瓣白色，子房多毛、3室，
花柱先端3裂。果径1.4~3.5cm。种径
1.2cm。1989年干样含茶多酚16.0%、儿
茶素总量10.7%、氨基酸2.8%、咖啡碱
4.6%。生化成分儿茶素总量偏低。1979
年新创制的"容美茶"，色泽翠绿，香
气清高，滋味鲜醇回甘。耐寒性、耐旱
性均强。（1988.10）

图 5-13-2　鹤峰苔子茶

鄂3. 宜昌大叶 Yichang daye（*C.sinensis*）

产宜昌市太平溪镇黄家冲、邓村等乡镇。宜昌古称夷陵，又名峡州。陆羽《茶经》载：
"山南，峡州上；襄州、荆州次；衡州下"，将宜昌茶列为上品。栽培型。灌木型，树姿
直立或半开张，分枝较密。芽叶绿或黄绿色、毛多。大叶，叶长宽14.7cm×5.1cm，叶长
椭圆或披针形，叶色绿或黄绿，叶身平或稍内折，叶面隆起，叶脉8~10对，叶尖钝尖，
叶齿钝、稀、浅。萼片5~6片、无毛。花冠直径3.3~4.5cm，花瓣5~7枚，花瓣白色，子
房多毛、3（4）室，花柱先端3（4）裂。果径1.9~3.0cm。种径1.2cm。1989年干样含茶
多酚18.4%、儿茶素总量11.2%、氨基酸3.3%、咖啡碱4.5%。生化成分儿茶素总量偏低。
1979年创制的"峡州碧峰"，紧秀显毫，翠绿油润，香气高久，滋味鲜爽回甘。亦适制"宜
红工夫"茶。耐寒性、耐旱性均强。（1988.10）

鄂 4. 五峰大叶 Wufeng daye（*C.sinensis*）

产五峰土家族自治县采花、水泥寺、长乐坪、渔洋关等乡镇。五峰产茶历史悠久，据史料记载，16 世纪始开始种茶、饮茶已很普遍，制茶业也很发达，是"宜红工夫"主产区之一。栽培型。灌木型，树姿半开张或直立，分枝较密。芽叶黄绿或绿色、茸毛多。大叶，叶长宽 14.8cm×5.5cm，叶长椭圆或椭圆形，叶色绿，叶身平或稍内折，叶面隆起，叶尖渐尖或钝尖，叶齿锐、稀、浅。萼片 5~6 片、无毛。花冠直径 2.8~5.1cm，花瓣 6~8 枚，花瓣白色，子房多毛、3 室，花柱先端 3 裂。果径 1.7~3.1cm。种径 1.1~1.4cm。1989 年干样含茶多酚 22.2%、氨基酸 2.1%、咖啡碱 3.2%。历史名茶"水仙茸勾"，弯曲如勾，白毫满披，嫩香持久，鲜爽回甘；创制于 20 世纪 80 年代的"采花毛尖"，翠绿油润，香气高鲜，滋味醇爽。耐寒性、耐旱性均强。 （1988.10）

鄂 5. 巴东大叶 Badong daye（*C.sinensis*）

巴东县产茶历史悠久，据《茶谱》载："渠江有薄片，巴东有真香。"又据《图经本草》言："巴川峡山茶树，有两人合抱者，所产乃野生之茶，与他处园户种植者各殊。"巴东大叶茶主产于溪丘湾乡朱家坪、甘家坪和长纹岩等地，海拔 680m。栽培型。灌木型，树姿直立，分枝较密。样株树高 2.4m，芽叶黄绿或绿色、茸毛多。大叶，叶长在 12~15cm，叶宽在 5~6cm，最大叶长宽 18.6cm×7.1cm，属特大叶，叶长椭圆或椭圆形，叶色绿，叶身平或稍内折，叶面隆起，叶尖渐尖，叶齿锐、中、深。萼片 5 片、无毛。花冠直径 3.0~4.6cm，花瓣 6~7 枚，花瓣白色，子房多毛、3 室，花柱先端 3 裂。果径 1.9~2.5cm。制绿茶。耐寒性、耐旱性均强。今未发现有两人合抱茶树。20 世纪 90 年代溪丘湾茶厂用古茶资源创制"碧绿仙芝""万仙碧峰"等名茶。 （1988.10）

图 5-13-3 巴东大叶（1988）

鄂 6. 神农架茶 Shennongjiacha（*C.sinensis*）

神农架位于湖北省西部，相传因炎帝神农氏搭架采药而名。境内奇峰叠嶂，林海苍茫，具有世界同纬度地带中难得的原始森林，素有"华中屋脊""绿色宝库"之称，1990 年被联合国教科文组织纳入"人与生物圈网络"。神农架产茶历史悠久。神农氏采药，以茶解毒的传说广为人知。三国《广雅》所载的"荆巴间采茶作饼，成米膏而出之，"这里的荆巴间即含神农架西部一带。现在茶树主要生长在神农架林区的木鱼镇（坪）、红坪镇（红花垛）、下谷坪土家族乡，以红坪镇三堆河，下谷坪马家沟、望子坪等地较集中。海拔 700~1060m。

图 5-13-4　神农架茶

栽培型。灌木型，树姿开张或半开张，分枝密。树高在 1.2~2.8m。芽叶绿色，嫩枝和芽叶茸毛多。中叶，叶长在 10~13cm，叶宽在 4~5cm，叶椭圆或长椭圆形，叶色深绿，叶身平或稍内折，叶面隆起，叶尖渐尖，叶齿锐、密、浅。萼片 5~6 片、无毛。花冠直径 2.8~3.9cm，花瓣 5~6 枚、白色，子房多毛，3 室，花柱先端 3 裂。果径 2.1~2.6cm。制绿茶。耐寒性、耐旱性均强。1986 年当地利用该品种创制"神农奇峰"名茶。　（1987.10）

图 5-13-5　作者（右）与石林在神农架考察

鄂 7. 竹溪茶 Zhuxicha（*C.sinensis*）

竹溪县位于湖北省西北部、大巴山脉东段北坡、鄂、渝、陕三省市交界的秦巴山区，介于 31°32′～32°22′ N。据《竹溪县志》载，竹溪种茶始于明朝，已有 600 多年历史，至清朝中叶，所产"梅子茶"已成为朝廷"贡茶"。主要栽培在龙王垭茶场和城关茶场，海拔 800m。

栽培型。灌木型，树姿半开张，分枝密。芽叶绿色、茸毛中。中（偏小）叶，叶长在 7.4~10.4cm，叶宽在 3.8~4.5cm，叶椭圆形，叶色深绿，叶身平或稍内折，叶面稍隆起，叶尖渐尖，叶齿锐、密、浅。萼片 5 片、无毛。花冠直径 2.5~3.4cm，花瓣 5~6 枚、白色，子房多毛或少毛，个别无毛，子房 3 室，花柱先端 3 裂。果径 1.7~2.4cm。制绿茶。耐寒性、耐旱性均强。20 世纪 60 年代，龙王垭茶场创制出"竹溪龙峰""箭茶"等名茶。　（1988.10）

第十四节　河南省 陕西省 甘肃省

　　河南、陕西、甘肃产茶区位于淮河流域和秦岭以南，是中国茶树自然分布和栽培线的北界。茶树在传播过程中，冬季的寒冷和干旱迫使茶树向矮干小叶方向变异，并选择较温暖的小环境予以生存，导致了不仅茶区范围狭小，而且茶树的多样性更显贫乏。现每省选择 2 ~ 3 个代表性古茶树资源做一介绍。

豫陕甘 1. 信阳茶 Xinyangcha（*C.sinensis*）

　　产河南省信阳市车云、震雷等乡镇，是"信阳毛尖"主栽品种。陆羽《茶经》载："淮南以光州（河南光山、潢川）上，义阳郡（河南信阳）、舒州次、寿州下。"

　　栽培型。灌木型，树姿半开张，分枝密。芽叶绿或黄绿色、茸毛多。中（偏小）叶，叶长宽 8.7cm×3.3cm，叶长椭圆或椭圆形，叶色绿或深绿，叶身平，叶面稍隆起，叶尖渐尖，叶齿锐、密、浅。萼片 5 片、无毛。花冠直径 2.9cm，花瓣 7 枚，花瓣白色，子房中毛、3 室，花柱先端 3 裂。种径 1.2~1.0cm。2000 年干样含茶多酚 18.5%、氨基酸 3.2%、咖啡碱 3.8 %。所制"信阳毛尖"

图 5-14-1　信阳茶

是历史名茶，外形细秀匀直，翠绿显毫，香气清鲜，滋味鲜爽，1915 年获"巴拿马万国博览会"金质奖。耐寒性、耐旱性均强 。

豫陕甘 2. 商城桂花茶 Shangcheng guihuacha（*C.sinensis*）

　　产河南省商城县金刚台、苏仙石、伏牛等乡。商城产茶历史悠久，早在唐时已名噪江南，远销西京。陆羽《茶经》载："淮南茶，光州上……，"时商城属光州。栽培型。灌木型，树姿半开张，分枝密。芽叶绿色、茸毛多。中叶，叶长宽 9.5cm×3.9cm，叶长椭圆或椭圆形，叶色绿或深绿，叶身平，叶面稍隆起，叶尖渐尖，叶齿锐、密、中。萼片 5 片、无毛。花冠直径 3.6cm，花瓣 6~7 枚，花瓣白色，子房中毛、3 室，花柱先端 3 裂。种径 1.3~1.0cm。所制"金刚碧绿"为现代名茶，色翠显毫，香气清高，滋味鲜爽甘醇。耐寒性、耐旱性均强 。

豫陕甘 3. 桐柏中叶茶 Tongbai zhongyecha（*C.sinensis*）

又名桐柏茶。产河南省桐柏县桐柏山腹地的淮源、程湾等乡镇。桐柏早在唐代时已是全国茶区之一。栽培型。灌木型，树姿半开张，分枝密。芽叶绿色、茸毛多或中等。中叶，叶长宽 10.2cm×4.2cm，叶椭圆或长椭圆形，叶色绿或深绿，叶身稍内折，叶面隆起或平，叶尖渐尖或钝尖，叶齿锐、中、中。萼片 5 片、无毛。花冠直径 3.3cm，花瓣 6~7 枚，花瓣白色，子房中毛、3 室，花柱先端 3 裂。所制"太白银毫"为现代名茶，色泽翠绿，银毫满披，嫩香持久，滋味醇爽。耐寒性、耐旱性均强。

豫陕甘 4. 紫阳大叶泡 Ziyang dayepao（*C.sinensis*）

产陕西省紫阳县和平、焕古、云峰等乡。紫阳西周属巴国，紫阳茶唐代以前属巴蜀茶，可见其种茶历史悠久。栽培型。灌木型，树姿半开张，分枝较密。芽叶黄绿色，间杂微紫红色，芽叶茸毛多。中叶，叶长宽 11.2cm×4.5cm，叶椭圆形，叶色绿、少光泽，叶身稍内折，叶面隆起，叶尖钝尖，叶齿锐、中、浅。萼片 5 片、无毛。花冠直径 3.4cm，花瓣 6~9 枚，花瓣白色，子房中毛、3 室，花柱先端 3 裂，雌蕊高于雄蕊。种径 1.2cm。2000 年干样含茶多酚 16.2%、儿茶素总量 10.4%、氨基酸 4.1%、咖啡碱 4.7%。生化成分儿茶素总量偏低。所制"紫阳毛尖"是历史名茶，外形紧细匀直，绿润显毫，香气清鲜，滋味甘醇。耐寒性、耐旱性均强。

图 5-14-2 紫阳大叶泡

豫陕甘 5. 蒿坪茶 Haopingcha（*C.sinensis*）

产紫阳县。是"紫阳毛尖"适制品种之一。栽培型。灌木型，树姿半开张，分枝密。嫩枝多毛。芽叶绿色、茸毛多。中叶，叶长宽 9.5cm×4.0cm，叶椭圆形，叶色深绿，叶身稍内折，叶面稍隆起，叶尖渐尖，叶脉 8 对。萼片 5 片、无毛。花冠直径 3.2~3.5cm，花瓣 7 枚，子房 3 室、有毛，花柱先端 3 裂。花粉圆球形，花粉平均轴径 29.9μm，属小粒型花粉。花粉外壁纹饰为网状，萌发孔为沟孔型。染色体倍数性：整二倍体出现频率为 91%。1989 年干样含水浸出物 40.49%、茶多酚 24.78%、儿茶素总量 19.04%（其中EGCG12.14%）、氨基酸 3.82%、茶氨酸 1.40%、咖啡碱 4.12%。制绿茶、红茶，味浓醇鲜爽。（1990.11）

豫陕甘 6. 西乡丫脚板茶 Xixiang yajiaobancha（*C.sinensis*）

产陕西省西乡县。西乡古属梁州，东汉设城置县，自古有"秦岭南麓小江南"之美誉。据明代何景明（1552年）《雍大记》载："汉中之茶，产于西乡，故为西乡尽茶也"，足见西乡古代已盛产茶叶。

栽培型。灌木型，树姿半开张，分枝密。芽叶绿色，间杂微紫红色，芽叶茸毛中等。中叶，叶长宽 9.8cm×4.5cm，叶椭圆形，叶色深绿，叶身平，叶面隆起，叶缘微波，叶尖钝尖，叶齿锐、中、浅。萼片5片、无毛。花冠直径 4.0cm，花瓣 8~9 枚，花瓣白色，子房中毛、3室，花柱先端3裂，雌蕊高于雄蕊。2000年干样含水浸出物 44.5%、茶多酚 24.7%、氨基酸 3.5%、咖啡碱 4.2%。所制"午子仙毫"是现代名茶，外形微扁成朵，翠绿显毫，栗香持久，滋味醇和。耐寒性、耐旱性均强。

豫陕甘 7. 碧波茶 Bibocha（*C.sinensis*）

产甘肃省文县碧口、肖家等乡镇。地处 32°30′N 左右，位于白龙江中游，属秦巴山区，是秦岭的西延部分，属北亚热带湿润季风气候，素有"陇上江南"之称。茶树可能是早期从川北的青川等地引入，多生长在海拔 850~1300m 的沟壁山坡。栽培型。灌木型，树姿半开张，分枝密。芽叶黄绿色、茸毛多。中叶，叶长宽 9.1cm×4.2cm，叶椭圆形，叶色深绿，有光泽，叶身稍内折，叶面稍隆

图 5-14-3　碧波茶

起，叶缘平，叶尖渐尖，叶齿锐、中、中，叶质较硬。萼片5片、无毛。花冠直径 3.0cm，花瓣 6~9 枚，花瓣白色，子房中毛、3室，花柱先端3裂，雌蕊高于雄蕊。种径 1.1cm，种子百粒重 73.3g。2000年干样含茶多酚 15.4%、氨基酸 2.9%、咖啡碱 4.7%。所制"碧口龙井"，条索扁平翠黄，清香高久，滋味鲜醇，为甘肃名茶。亦适制红茶。耐寒性、耐旱性均强。

豫陕甘 8. 太平老鹰茶 Taiping laoyingcha（*C.sinensis*）

产甘肃省康县阳坝等乡镇。茶树所处地理位置和立地条件大体同碧波大茶树。栽培型。灌木型，树姿半开张，分枝较密。芽叶淡绿色，芽叶茸毛中等。大（偏中）叶，叶长宽 10.6cm×5.4cm，叶卵圆形，叶色绿，叶身稍内折，叶面稍隆起，叶缘平，叶尖渐尖，叶齿锐、中、浅。萼片5片、无毛。花冠直径 3.2cm，花瓣 6~8 枚，花瓣白色，子房中毛、3室，花柱先端3裂。所制"阳坝银毫"，翠绿多毫，嫩香高长，滋味鲜爽回甘。耐寒性、耐旱性均强。

野生茶树居群是指自然繁衍的茶树相对集中在一个地域，在林相构成中占据一定的空间，起到一定的功能作用，但分布密度上还占不了绝对优势，形成不了群落。它与古茶山（园）的区别是，后者一般指百年以上的栽培茶园。古茶山（园）的茶树不等于都是古茶树。野生茶树居群中的茶树一般具有遗传多样性和稀有性，亦具有历史和人文价值，需重点保护。古茶园主要是保护原有地方品种，不至于新品种的替代而丢失。现将需要重点保护的 90 个野生茶树居群和古茶山（园）列于表 6-1。

第六章 野生茶树居群和古茶山

表 6-1　重点保护的野生茶树居群和古茶山（园）

名　称	所在省市（州）	所处地域（自治县均简称县）	主要种（学名）	保护价值
巴达大黑山居群	云南西双版纳	勐海县西定乡贺松大黑山	*C. taliensis*	著名巴达大茶树产地，2号巴达大茶树高 32.1m。是大理茶在中国境内的最南分布区
勐海大叶古茶山	云南西双版纳	勐海县南糯山至布朗山	*C. sinensis* var. *assamica*	栽培型茶树。是著名"南糯山茶""班章茶"等主产地
六大茶山	云南西双版纳	勐腊县易武乡、象明乡及景洪市攸乐乡的产茶村寨	*C. sinensis* var. *assamica*	历史久。栽培型茶树。优质红绿茶资源，是著名"易武茶"产地
无量山居群	云南普洱	景东县所辖无量山东西坡	*C. taliensis*	原始林中多野生型茶树。秧草塘大茶树高 22.5m，基部干径 106cm
哀牢山居群	云南普洱	景东县花山、大街、太忠、龙街乡，镇沅县九甲、者东、和平乡	*C. taliensis*、*C. atrothea*、*C. sinensis* var. *assamica*	原始林中多野生型茶树分布，变异类型多。是老黑茶主要产地
千家寨居群	云南普洱、玉溪	镇沅县所辖哀牢山中部及相邻的新平县者竜乡	*C. atrothea*	位于哀牢山国家自然保护区内，原始林中野生型茶树广为分布。有树高 25.6m、干径 90cm 的著名千家寨大茶树
无量山支系居群	云南普洱	镇沅县所辖无量山支系中高山	*C. taliensis*	野生型茶树生长密度大。老茶塘老野茶高 16.5m，基部干径 113cm
马邓古茶山	云南普洱	镇沅县者东乡	*C. sinensis* var. *assamica*	有古茶园 117hm^2，是"马邓茶"主产地

续表

秧塔古茶山	云南普洱	景谷县民乐镇	*C. sinensis* var. *assamica*	景谷大白茶主产地，是优质红茶资源
困鹿古茶山	云南普洱	宁洱县宁洱镇宽宏村	*C. sinensis* var. *assamica*	茶树变异类型多，其中有乔木特小叶茶
大石房后山居群	云南普洱	宁洱县黎明乡及江城县康平乡交界处	*C. taliensis*	分布范围约788hm²，多为野生型茶树
迷帝贡茶古茶山	云南普洱	墨江县新抚乡	*C. sinensis* var. *assamica*	有古茶园约200hm²，是"迷帝贡茶"主产地
大尖山居群	云南普洱	江城县曲水乡大尖山	*C. dehungensis*	地处中国、越南、老挝三国边境。芭蕉林箐茶树高约19m，树幅8.0m×7.6m
景迈古茶山	云南普洱	澜沧县惠明乡芒景、景迈村等	*C. sinensis* var. *assamica*	有古茶园约1095hm²，栽培型茶树，变异类型多。是著名"景迈茶"产地
邦崴古茶山	云南普洱	澜沧县富东乡邦崴等村	*C. sinensis* var. *assamica* 、 *C.* sp.	有古茶园211hm²。有著名邦崴大茶树
腊福大黑山居群	云南普洱	孟连县勐马大黑山，南至缅甸边境	*C. taliensis*	多野生型茶树。腊福大茶树高22.0m，基部干径77cm
勐库大雪山居群	云南临沧	双江县勐库镇与耿马县芒洪乡之间的大雪山	*C. taliensis*	野生型大茶树分布范围约800hm²，生长密度大。其中一株树高30.8m，树幅12.9m×9.5m
仙人山居群	云南临沧	双江县仙人山	*C. taliensis*	野生型大茶树分布范围约1000hm²，海拔多在2200m以上
勐库大叶古茶山	云南临沧	双江县勐库镇所辖产茶村寨	*C. sinensis* var. *assamica*	历史久。优质红绿茶资源，是著名"冰岛茶"产地。茶树品种引种云南多地
凤庆大叶茶古茶山	云南临沧	凤庆县大寺、凤山等乡镇	*C. sinensis* var. *assamica*	历史久。栽培型茶树。是著名"滇红工夫"主产地

续表

白莺山古茶山	云南临沧	云县漫湾镇白莺山	*C. taliensis*、 *C. sinensis* var. *assamica*、 *C. sinensis* var. *pubilimba*、 *C.* sp.	有茶园约830hm²，多自然杂交类型，是研究茶树遗传多样性的重要材料
邦东古茶山	云南临沧	临翔区邦东乡所辖产茶村寨	*C. sinensis* var. *assamica*	有古茶园约1000hm²，栽培型茶树。是著名"昔归茶"主产地
高黎贡山居群	云南保山	腾冲市上营乡大蒿坪	*C. taliensis*	多野生型大茶树分布
文家塘古茶山	云南保山	腾冲市芒棒乡文家塘	*C. sinensis* var. *assamica*	栽培型茶树。为优质红茶资源
镇安、联席大理茶居群	云南保山	龙陵县镇安镇小田坝、昌宁县温泉镇联席	*C. taliensiss*	大理茶聚居区。多变异类型。茶树高大
黄家寨古茶山	云南保山	昌宁县漭水镇黄家寨	*C. sinensis* var. *assamica*	栽培型茶树。为优质红茶资源
感通寺古茶	云南大理	大理市下关感通寺及寺外宕山林中	*C. taliensis*	历史久。是大理茶模式标本产地
新政居群	云南大理	南涧县无量山镇	*C. taliensis*、 *C. sinensis* var. *assamica*	有野生型和栽培型茶树，典型茶树有摆夷茶、小古德大茶树等
水泄居群	云南大理	永平县水泄乡	*C. taliensis*	多为零星野生型茶树，其中瓦厂大树茶高10.0m，干径86cm
干龙潭古茶山	云南楚雄	南华县兔街乡干龙潭	*C. atrothea* *C. sinensis* var. *assamica*	野生型和栽培型茶树混交，多自然杂交类型
西舍路居群	云南楚雄	楚雄市西舍路乡（所辖哀牢山中部）	*C. atrothea*	野生型茶树广为分布，其中鲁大村大茶树高9.6m，干径82cm
碍嘉居群	云南楚雄	双柏县碍嘉镇（所辖哀牢山中部）	*C. atrothea*	野生型和栽培型茶树混交，有红花茶变异体。其中梁子大黑茶，高11.5m，干径85cm
者竜居群	云南玉溪	新平县者竜乡	*C. atrothea*	与镇沅千家寨居群同一自然区域

续表

糯茶古茶山	云南玉溪	元江县那诺乡	*C. sinensis* var. *pubilimba*	是特异栽培品种糯茶的原产地
大厂茶居群	云南曲靖	师宗县五龙乡	*C. tachangensis*	多高大乔木野生型茶树。是老厂茶模式标本产地
十八连山居群	云南曲靖	富源县黄泥河镇至十八连山乡	*C. tachangensis*	是大厂茶聚居区。花冠特大，花柱多变异，其中同株树柱头有5、6、7裂
老君山居群	云南文山	文山县小街镇、坝心乡、新街乡	*C. crassicolumna*	是野生型茶树厚轴茶主产地之一。有低咖啡碱资源
古林箐居群、夹寒箐居群	云南文山	马关县古林箐乡、夹寒箐镇	*C. makuanica* *C. crassicolumna*	野生型茶树，多变异类型。是马关茶模式标本产地。有低咖啡碱资源
坪寨古茶山	云南文山	西畴县法斗乡	*C. sinensis* var. *pubilimba* *C. sinensis* var. *assamica*	多栽培型古茶树，其中一株树高11.0m，干径59cm
下金厂居群	云南文山	麻栗坡县下金厂乡	*C. crassicolumna* *C. kwangnanica*	是野生型茶树厚轴茶和广南茶分布区
坝子白毛茶古茶山	云南文山	麻栗坡县猛硐乡	*C. sinensis* var. *pubilimba*	坝子白毛茶主产地。是优质红茶资源
姑祖碑居群	云南红河	屏边县玉屏镇	*C. atrothea*	野生型茶树。是老黑茶模式标本产地。其中一株树高13.0m
大围山居群	云南红河	屏边县大围山自然保护区	*C. crassicoluma*	是野生型茶树厚轴茶主产地之一
玛玉古茶山	云南红河	绿春县骑马坝乡	*C. assamica* var. *polyneura*	玛玉茶是优质红资源，亦是多脉普洱茶模式标本产地
金平苦茶居群	云南红河	金平县铜厂乡	*C. assamica* var. *kucha*	是苦茶模式标本产地。其中一株树高17.2m
哈尼田居群	云南红河	金平县金河镇	*C. crassicoluma* *C. sinensis* var. *assamica*	厚轴茶与普洱茶混交区，多自然变异体。其中一株树高27m，干径64cm

续表

七舍大厂茶居群	贵州黔西南	兴义市七舍镇	*C. tachangensis*	是大厂茶在黔西南的主要分布区，其中一株树高12.0m，幅8.0m
晴隆大厂茶居群	贵州黔西南	晴隆县碧痕镇及箐口、紫马一带	*C. tachangensis*	是大厂茶在黔西南分布区之一。是疑似茶子化石发现地
马家坪大厂茶居群	贵州黔西南	普安县雪浦乡	*C. tachangensis*	是大厂茶在黔西南分布区之一
双龙大茶树古茶山	贵州遵义	习水县双龙乡	*C. gymnogyna*	是黔西北秃房茶产地之一
仙源大茶树居群	贵州遵义	习水县仙源镇	*C. remotiserrata*	是滇川黔疏齿茶产地之一。其中一株树高8.0m，干径52cm
天坪大丛茶居群	贵州遵义	桐梓县天坪乡	*C. remotiserrata*	是滇川黔疏齿茶产地之一。其中一株树高8.2m
久安古茶山	贵州贵阳	贵阳市花溪区久安乡	*C. sinensis*	历史久。有灌木型茶树3万多株。品质优
黔南大茶树居群	贵州黔南	都匀、贵定、惠水、平塘一带	*C. tachangensis* *C. pentastyla* *C. gymnogyna* *C. arborescens* *C. sinensis*	贵州中南部大茶树主要分布区，有多个物种，也是大厂茶的分布区之一
黄荆大茶树居群	四川泸州	古蔺县黄荆山	*C. remotiserrata* *C. gymnogyna*	多乔木野生型大茶树。是滇川黔疏齿茶产地之一
蒙顶山古茶园	四川雅安	名山县蒙顶山	*C. sinensis*	历史久。是著名"蒙顶黄芽"产地
太阳湾茶山	四川荥经	荥经县新添乡	*C. gymnogyna*	30°N附近的乔木特大叶茶
大坪茶山	四川崇州	崇州市文井江镇	*C. gymnogyna*	30°N以北的乔木特大叶茶
金佛山居群	重庆市	南川区金佛山	*C. nanchuannica*	乔木野生型茶树。是南川茶模式标本产地
德峨大厂茶居群	广西百色	隆林县德峨乡	*C. tachangensis*	乔木野生型茶树。是大厂茶在桂西北产地之一
龙和野生茶居群	广西百色	百色市龙和乡	*C. pentastyla*	乔木野生型茶树。可能是五柱茶在桂西北产地之一

续表

大王岭野生茶居群	广西百色	百色市右江区大王岭	C. pantastyla	乔木野生型茶树。可能是五柱茶在桂西北产地之一
寿凯茶茶山	广西崇左	扶绥县东门镇	C. fangchengensis	是栽培型茶树防城茶主产区之一
六万大山茶山	广西玉林	博白县双凤乡	C. fangchengensis	是栽培型茶树防城茶主产区之一。多变异株
龙胜大茶树茶山	广西桂林	龙胜县和平乡龙脊村及江底乡长田村等	C. sinensis var. pubilimba	是桂北大茶树主要产地。优质红茶资源
白牛茶茶山	广西来宾	金秀县罗秀乡白牛村	C. sinensis var. pubilimba	历史久。大瑶山的特异资源
乳源苦茶山	广东韶关	乳源县柳坑	C. assamica var. kucha	粤北苦茶资源产地之一
乐昌白毛古茶山	广东韶关	乐昌市沿溪山	C. sinensis var. pubilimba	历史久。是乐昌白毛茶主产地。优质茶资源
龙门毛叶茶茶山	广东惠州	龙门县南昆山	C. sp.	有稀缺的低咖啡碱和低儿茶素含量特异资源
凤凰单丛古茶山	广东潮州	潮安县凤凰镇乌岽山。	C. sinensis	历史久。是著名"凤凰单丛"产地
五指山茶山	海南五指山	五指山市五指山南爹岭至毛腊村	C. sp.	海南岛野生茶主要生长地
寻乌苦茶山	江西赣州	寻乌县笠麻嶂	C. assamica var. kucha	赣南苦茶分布区之一
安远苦茶山	江西赣州	安远县塘村乡、镇江乡至龙布镇一带	C. assamica var. kucha	赣南苦茶分布区之一
崇义苦茶山	江西赣州	崇义县上堡乡、思顺乡至聂都乡一带	C. assamica var. kucha	赣南苦茶分布区之一
庐山云雾茶古茶园	江西九江	九江市庐山	C. sinensis	历史久。著名"庐山云雾茶"产地
江华苦茶山	湖南永州	江华县大圩、贝江、水口等乡镇	C. assamica var. kucha	湘南苦茶分布区之一

续表

蓝山苦茶山	湖南永州	蓝山县火市百叠岭、眼长岭等地	C. assamica var. kucha	湘南苦茶分布区之一。是优质红绿茶资源
君山茶古茶山	湖南岳阳	岳阳市君山	C. sinensis	历史久。是著名"君山银针"产地
巴东大叶古茶山	湖北恩施	巴东县溪丘湾乡朱家坪、甘家坪和长纹岩	C. sinensis	历史久。是长江以北灌木大叶茶资源
武夷岩茶古茶山	福建南平	武夷山市武夷山（产茶区）	C. sinensis	历史久。是著名"武夷十大名丛"产地
安溪乌龙茶古茶山	福建泉州	安溪县西坪乡、大坪乡、罗岩乡、虎邱镇等	C. sinensis	历史久。是"铁观音"等名茶产地
眉原山野茶山	台湾	南投县眉原山	C. gymnogyna	是台湾野生大茶树产地
龙井古茶园	浙江杭州	杭州市西湖区龙井茶基地一级保护区	C. sinensis	历史久。有古茶园约470 hm^2，是著名"西湖龙井"产地
径山古茶园	浙江杭州	杭州市余杭区双溪镇	C. sinensis	历史久。是"径山茶"名茶产地
顾渚古茶园	浙江湖州	长兴县水口乡顾渚山、张岭一带	C. sinensis	历史久。是"紫笋贡茶"产地
惠明古茶园	浙江丽水	景宁县赤木山惠明寺一带	C. sinensis	历史久。是"惠明茶"名茶产地
碧螺春古茶园	江苏苏州	苏州市吴中区太湖东、西洞庭山	C. sinensis	历史久。是著名"碧螺春"产地
黄山古茶园	安徽黄山	黄山市黄山区汤口、芳村、谭家桥、龙门	C. sinensis	历史久。是著名"黄山毛峰""太平猴魁"产地
祁红古茶园	安徽黄山	祁门县历口、凫峰等乡	C. sinensis	历史久。是著名"祁门工夫"产地
信阳古茶园	河南信阳	信阳市车云、震雷等乡镇	C. sinensis	历史久。是著名"信阳毛尖"产地

第七章 特异茶树资源

茶树发生自然突变的现象比较普遍，多数是芽叶色泽和叶形的变异，少数是枝干和花瓣色泽的异常。导致变异的诱因十分复杂，初步明确的是芽叶色泽变异多与光照或温度有关，如黄化叶属于光照敏感型，白化叶属于温度敏感型；叶形和枝的畸变可能是遗传物质的改变，如染色体的异常所导致。基因型与表现型一致的特异茶树采用无性繁殖可保持遗传的稳定性。本章共介绍 21 个特异资源。

第一节 特异茶树

一、连体树（*C. sp.*）

产云南省双江县勐库大雪山，海拔 2600m。两株不同种的山茶属植物连生在一起，是罕见的自然融合体。连体树的右侧是大理茶（*C. taliensis*，属山茶属茶组 Sect. *Thea*），左侧是蒙自山茶（*C. henryana*，属山茶属离蕊茶组 Sect. *Corallina*）。大理茶树高 26.3m，树幅 11.7m，主干直径 64.0cm；蒙自山茶高 16.3m，树幅 18.6m，主干直径 60.0cm。两株树连生处直径 105.1cm，连生处离地高 4.6m。大理茶与蒙自山茶虽连生百余年，但各自仍按自己的遗传特性生长，如大理茶的叶片长宽为 14.3cm×5.5 cm(大叶型)，叶色绿有光泽，叶面及叶身平，叶缘 1/2 无齿，萼片无毛，花冠直径 3.3~3.7cm，花瓣白色、11 枚，子房多毛，柱头 5 裂等仍保留典型形态特征，未见有中间性状出现，可见山茶属植物的遗传保守性是很强的。（2002.12）

图 7-1-1　连体树

二、连枝树（*C. sinensis* var. *assamica*）

目前已在云南省宁洱县宁洱镇宽宏村海拔 1640m 的困鹿山古茶园和海拔 1360m 的云南省景洪市基诺山乡基诺山古茶园等多处发现。特点是乔木大叶型茶树的中部枝干（直径在 3~8cm）自然弯曲连接成不规则框形。这一奇特现象非人为所致，成因不明。（2008.10）

图 7-1-2　枝干自然弯曲连接成不规则框形

三、乔木特小叶树（*C.* sp.）

在云南省宁洱县宁洱镇宽宏村海拔
1640m的困鹿山古茶园中有数十株，主要
特征是乔木树型，叶片特小，叶小如福建
"瓜子金"茶，平均叶长4.1cm，叶宽1.5cm，
叶面积4.3cm^2，在乔木大茶树中实属罕见。
这可能是一种特异资源，并非长期采摘导
致叶片变小所致，因在同块茶园同龄采摘
茶树中大叶茶比比皆是。(2008.10)

图 7-1-3　乔木特小叶

四、红花茶（*C.* sp.）

在云南省勐腊县象明倚邦茶园中，独有一株茶树常年花色粉红，但花结构无殊：萼片
5片、无毛，边缘紫红色、花冠直径3.0~5.0cm，花
瓣5~7枚，子房有毛，柱头3裂。未见结实。倚邦位
于古"六大茶山"中心，当地盛产铁矿石。该红花茶
是否与磁铁矿放射效应有关，或本身就是自然变异，
尚不明确。　　　　碣

在云南省双柏县　嘉镇，有一株树高4.9m，树幅
4.4m，干径26.8cm的茶树，叶长宽为8.5cm×3.5cm。
其花梗、萼片、花蕾均为紫红色，花瓣为红色。盛花期，
满枝花蕾绽放，宛如桃花盛开（见第五章第一节滇51
义隆红花茶）。此外，在宁洱县、陇川县也有开红花的大叶茶资源。

图 7-1-4　曼拱红花茶

五、红白花茶（*C.* sp.）

在云南省勐腊县象明倚邦茶园
中，有一同株茶树常年开红白色花，
花结构无明显变异。此外。在孟连傣
族拉祜族佤族自治县的勐马、景谷傣
族彝族自治县也有同株开红白花的
茶树。

图 7-1-5　开红白花
的茶树及花

六、奇曲茶（*C. sinensis*）

又名歧曲、曲枝茶，常见的有福建福安奇曲、湖南涟源歧曲、湖北恩施花枝茶、浙江武义奇曲、云南勐腊大叶曲枝茶等，主要特征是嫩梢和幼嫩茎干呈"S"形弯曲，是比较广泛出现的自然变异现象，有性繁殖不具有遗传性。形态特征以福安奇曲为例，灌木型，树姿半开张，分枝较密，嫩茎和枝干呈"S"形，

图 7-1-6　奇曲茶

叶片呈水平状着生。芽叶淡绿色、茸毛较少。小叶，叶长宽 7.3cm×3.4cm，叶椭圆形，叶色绿，叶身平，叶面微隆起，叶尖钝尖，叶齿锐、密、深，叶质较硬。萼片 5 片、无毛。花冠直径 3.5~4.0cm，花瓣 6~7 枚，子房多毛、3 室，花柱先端 3 裂。果实 2~3 室。春茶一芽二叶干样含茶多酚 17.4%、儿茶素总量 12.9%、氨基酸 2.2%、咖啡碱 4.7%。适制红茶和绿茶，兼具观赏性。需扦插繁殖。耐寒和耐旱性均强。

第二节　变异叶茶树

一、黄叶茶

自然变异，不论乔木大叶或灌木中小叶茶树都会出现，著名的有福建武夷山的白鸡冠、江西修水的黄金菊、浙江余姚的黄金芽、天台黄茶和缙云黄茶等。小乔木型大叶黄茶以云南省普洱茶树良种场从当地群体茶园中发现的"皇冠叶"最典型。黄茶特点是嫩叶及未木质化嫩茎均为葵花黄色，尤芽叶晶莹润亮，按绿茶工艺制的茶叶，黄绿相间，汤色杏黄，滋味清鲜独特。有的四季均黄，如皇冠叶、黄金菊、黄金芽，属光照敏感型；有的春秋茶黄色，如天台黄茶，有的仅春茶黄色，如缙云黄茶等，属温度敏感型兼光照敏感型。不论何种敏感型茶树，其成熟叶片均为绿色，且无性繁殖遗传性稳定。

（1）皇冠叶（*C. sinensis* var. *assamica*）

2005 年由云南普洱茶树良种场从景东群体种中发现。植株小乔木型，树姿半开张，分枝中等。嫩叶及未木质化嫩茎全年均为金黄色，属光照敏感型。大叶，叶长宽 12.6cm×4.3cm，叶长椭圆形，叶身平，叶面微隆起，叶色绿（成熟叶）、有光泽，叶缘稍波状，叶尖渐尖，叶齿锐、密、浅，叶脉 10~12 对，叶质中等。萼片 5 个、无毛，花冠直径 3.2cm，花瓣 5 瓣、白色，子房中毛，花柱先端 3 裂。是普洱茶（*C. sinensis* var. *assamica*）的变型（form，即形态有变异的零星个体，没有分布区）。

图 7-2-1　皇冠叶

（2）黄金菊（*C. sinensis*）

由江西省修水茶叶科学研究所从群体种中发现的单株。植株灌木型，树姿直立，分枝较稀。嫩叶及未木质化嫩茎全年均为黄紫色，当年生嫩枝上部呈黄色。中叶，叶长 9.5cm，叶宽 4.0cm，叶椭圆形，叶色较深绿，叶身平，叶面稍隆起，叶缘平，叶尖渐尖，叶齿锐、中、中，叶脉 8~9 对，叶柄、叶背无毛，叶质中等。花梗无毛。萼片 5 片、绿色，少数稍有紫色，

图 7-2-2　黄金菊

萼片无毛。花冠直径 2.8~3.1cm，花瓣 6 枚、白色、质中、无毛，花瓣长宽 2.0cm×1.8cm，子房多毛、3 室，花柱长 0.8~1.1 cm、先端 3 中裂、无毛，雌雄蕊等高或高，无花香。

黄金菊春夏秋季芽叶和嫩叶为黄色，成熟叶及树冠下部和内部叶片均为绿色。是茶（*C. sinensis*）的变型。

（3）黄金芽 （*C. sinensis*）

由浙江省余姚市三七市镇德氏家茶场于 1998 年在群体种茶园中发现，通过扩繁，已有栽培园。茶树灌木型，树姿开张，分枝中等，叶片水平或下垂状着生。小叶，叶长 6.4cm，叶宽 2.5cm，叶长椭圆形，叶色黄绿或浅绿，叶前半端呈不规则浸润黄色，叶脉 8 对，不明显，叶身平或稍内折，叶面微隆起，叶缘波状，叶尖渐尖，叶齿锐、密、浅，似毛蟹品种叶齿，叶脉 8 对，叶质中等。春茶单芽到一芽二叶为淡黄色，似韭芽黄，二、三叶基部及主脉均为黄色，

图 7-2-3　黄金芽

4 月中旬第三叶仍为黄色，主脉显绿色。芽叶细长、较开张、茸毛少、一芽三叶长 5.8cm、百芽重 36.4g。花梗无毛。萼片 5 片、绿色、无毛。花冠直径 3.3~3.8cm，花瓣 7（6）枚、白带绿晕、质较薄、无毛，花瓣长宽 2.3cm×2.2cm，子房多毛、3 室，花柱长 0.8~1.0cm、先端 3 深裂、无毛，雌蕊高或等高于雄蕊，有花香（似杏仁香）。2013 年春茶一芽二叶含水浸出物 44.2%、茶多酚 21.00%、儿茶素总量 14.80%（其中 EGCG5.71%）、氨基酸 7.00%、咖啡碱 3.30%、茶氨酸 4.253%、天冬氨酸 0.283%、谷氨酸 0.493%、赖氨酸 0.025%、精氨酸 0.588%、没食子酸 0.640%、维生素 C 0.300%。生化成分氨基酸和茶氨酸含量特高。春茶一芽二叶制烘青绿茶，外形细嫩、翠绿透金黄，汤色、叶底嫩黄鲜亮。耐寒性及耐旱性均较弱。黄金芽全年芽叶和嫩叶均呈鲜明黄色，但成熟叶及树冠下部和内部叶片为绿色。是茶（*C. sinensis*）的变型。

（4）天台黄茶（*C. sinensis*）

又名中黄 1 号。2002 年由浙江省天台县街头镇石柱村农民陈明在九凝山茶园中发现，经扩繁后已有生产栽培。茶树灌木型，树姿直立，分枝中等，叶片水平或稍上斜状着生。芽叶淡黄色，第三、四叶嫩黄色，主脉及下部稍偏绿，春秋季均为黄色。芽叶茸毛少，一芽三叶长 4.4cm、百芽重 23.4g。中叶，叶长 8.5cm，叶宽 3.8cm，叶椭圆形，叶绿黄色，叶身稍内折，叶面微隆起，叶缘平，叶尖钝尖，叶齿锐、密、浅，叶脉 7 对，叶质中等。萼片 5 个、无毛，花冠直径 2.4~2.6cm，花瓣 7（8）瓣，白带微黄色，子房（细小）中毛，3 室，花柱先端 3 浅裂。种子直径 1.2~1.3cm（粒小），种皮光滑、棕褐色，种子百粒重 100.2g。2013 年春茶一芽二叶含水浸出物 44.2%、茶多酚 15.8%、儿茶素总量 9.70%（其

中 EGCG4.55%）、氨基酸 8.4%、咖啡碱
3.06%、茶氨酸 4.903%、天冬氨酸 0.296%、
谷氨酸 0.444%、赖氨酸 0.033%、精氨酸
0.566%、没食子酸 0.600%、维生素 C 0.34%。
生化成分氨基酸和茶氨酸含量特高。春茶
一芽二叶制烘青绿茶，干茶、汤色、叶底
均呈杏黄色。亦适制扁形茶和红茶。耐寒
性及耐旱性均较强。

图 7-2-4　天台黄茶

　　天台黄春夏秋季芽叶和嫩叶均为黄色，
成熟叶及树冠下部和内部叶片黄化不明显，
均呈绿色。是茶（*C. sinensis*）的变型。

　　（5）缙云黄茶（*C. sinensis*）

　　又名中黄 2 号。2002 年浙江省缙云县五云镇上湖村茶农徐可新发现的单株，通过扦插
繁殖，已有生产栽培。植株灌木型，树姿直立，分枝中等。嫩枝无毛，当年生嫩枝上部呈
黄色、中下部呈红棕色。春茶一芽一叶和一芽二叶均
为韭芽黄色，顶芽尤为明显，但夏秋季不论芽叶和成
熟叶均为绿色，树冠下部和内部叶片亦为绿色。芽叶
茸毛稀少，一芽三叶长 4.8cm、百芽重 30.0g。中叶，
叶长 10.8cm，叶宽 4.7cm，叶椭圆形，春茶成熟叶片
叶色绿偏淡黄色，叶身平或背卷，叶面隆起，叶缘稍
波状，叶尖钝尖，叶齿钝、深、稀，叶脉 8 对，叶质
中等。萼片 5 个、无毛，花冠直径 2.7cm，花瓣 6~7
瓣、白带微黄色，子房中毛、3 室，花柱先端 3 中裂。
种子直径 1.3~1.4cm，种皮光滑、棕褐色，种子百粒重
123.0g。2013 年春茶一芽二叶含水浸出物 46.2%、茶多
酚 20.0%、儿茶素总量 14.9%（其中 EGCG7.71%）、
氨基酸 6.8%、咖啡碱 3.39%、茶氨酸 4.125%、天冬氨
酸 0.277%、谷氨酸 0.436%、赖氨酸 0.018%、精氨酸

图 7-2-5　缙云黄茶

0.404%、没食子酸 0.650%、维生素 C 0.320%。生化成分氨基酸和茶氨酸含量特高。较低
的叶绿素、类胡萝卜素、花青素和儿茶素含量，较高的茶氨酸和游离氨基酸含量可能与黄
化叶片中叶绿体基粒片层消失，类囊体数量减少有关。春茶一芽二叶制烘青绿茶，外形黄
绿相间，汤色、叶底嫩黄明亮。亦适制扁形茶和红茶。耐寒性及耐旱性均强。

　　缙云黄春茶幼嫩芽叶呈黄色，但夏秋季不论芽叶和成熟叶均为绿色，树冠内部叶片
全年也均为绿色。春茶叶片返绿时先呈斑点状后逐渐扩至全叶。是茶（*C. sinensis*）的
变型。

二、黄叶绿脉茶（*C. sinensis* var. *assamica*）

2000 年云南普洱茶树良种场从景东县文井镇长地山群体品种中发现的变异株。小乔木型，大叶，特点是叶缘及叶片大部为淡黄色，主脉两侧呈无规则绿色，具观赏性。无性繁殖遗传性稳定。

图 7-2-6　黄叶绿脉茶

三、紫红叶茶（*C. sinensis* var. *assamica*）

芽叶紫红色较为普遍，最突出的当属云南省农业科学院茶叶研究所于 1985 年从当地群体品种中发现的一株芽、叶、嫩茎都为紫红色并命名为"紫娟"的自然变异株。已扦插繁殖成栽培茶园。灌木型，树姿半开张，分枝密度中等，嫩枝多毛。芽叶紫红色、茸毛中，一芽三叶百芽重为 74.7g。中叶，叶长宽 11.3cm×3.7cm，叶披针形，叶尖渐尖，嫩叶和叶柄均为紫红色，成熟叶为深绿紫色，叶身较内折，叶面平，叶缘平，叶脉 9~12 对，叶齿钝、稀、浅，叶质较硬。萼片 5 片、无毛，花梗无毛、浅紫色。花冠直径 3.8cm，花瓣 5~6 瓣，白含绿晕，子房多毛、3 室，花柱先端 3 裂。结实率低。果实 2~3 室，果皮微紫红色，果径 1.8~2.0cm。春茶一芽二叶干样含茶多酚 31.4%、氨基酸 2.8%、咖啡碱 5.6%。生化成分茶多酚和咖啡碱含量高。制红茶、普洱茶香味特殊。耐寒、旱性较强。

类似的还有云南普洱茶树良种场从镇沅县资源中发现的"牛血茶"，其未成熟叶片及叶脉呈牛血样红色。

图 7-2-7-1　紫红叶茶（紫娟）

图 7-2-7-2　牛血茶

四、白叶茶（*C. sinensis*）

典型的白叶茶是浙江的安吉白茶。该茶产于西天目山麓海拔 800m 的安吉县山河乡大溪村横坑坞，是一自然变异株，为一桂性农户世代所栽，已有二百多年。1982 年开始扦插繁殖，规模种植，迅速成为当地一特色茶产业。2007 年命名为"白叶 1 号"。灌木型，树姿半开张，分枝较密。中（偏小）叶，叶长宽 9.2cm×3.5cm，叶长椭圆形，叶色浅绿，叶身稍内折，叶面微隆起，叶尖渐尖、上翘，叶齿锐、中、浅。春茶芽叶玉白色，叶脉呈

图 7-2-8　白叶茶（安吉白茶）

绿色，芽叶茸毛中等。萼片 5 片、无毛。花冠直径 3.4cm，花瓣 4~6 枚、白色，子房少毛、3 室，花柱先端 3 裂。结实，实生苗约有 30% 左右不呈现白化现象。耐寒性强，易遭受日灼伤。2011 年春茶一芽二叶含水浸出物 49.8%、茶多酚 13.7%、氨基酸 6.3%、咖啡碱 2.3%（生化成分含量引自《中国无性系茶树品种志》）。生化成分水浸出物和氨基酸含量高。所制"安吉白茶"（绿茶），色翠绿，香气高锐，滋味鲜爽，汤色鹅黄，具很高的品饮价值。

安吉白茶是一个具有阶段性白化现象的温度敏感型突变体，即越冬芽在冬季必须度过零下低温、春季日平均温度在 23℃以下时新生芽叶才表现出白化现象，超过 23℃就会返绿，因此，夏秋季观察到的芽叶均为绿色。叶片白化主要是由于叶绿体膜结构发育发生障碍，叶绿体退化解体，叶绿素合成受阻，质体膜上各种色素蛋白复合体缺失才导致的。第二，在生理上，由于 RUBPcase-1,5- 二磷酸核酮糖羧化酶的大小亚基含量及酶活性下降，同时伴随着蛋白质水解酶活性的升高，使可溶性蛋白质大量水解，导致游离氨基酸上升，再由于叶绿体缺失，光合作用减弱，糖合成的减少，导致茶多酚降低，造成安吉白茶高氨低酚现象（酚氨比 2.17），最适制绿茶。

类似的白茶还有浙江的建德白茶和景宁白茶等，同样表现出芽叶呈乳白色，随着温度的升高和新梢的生长，芽叶呈现逐渐复绿的现象。

五、多态叶

（1）~（6）是云南省南涧县茶叶工作站 2010 年在海拔 2117m 的县茶树良种场发现的多种变异叶片。

（1）一柄双芽　由 1993 年引种的长叶白毫重修剪新枝上长出，表现为 1 个叶柄上同时生长有大小基本相似的 2 个芽叶。

（2）一柄双叶　由 1993 年引种的云抗 10 号重修剪茶树上发现，特点是两叶共生在一个叶柄上，即一个叶柄分化出两条主脉，长成两叶，但叶片形态、色泽与云抗 10 号其他茶树相同。

（3）一柄三叶　由1993年引种的长叶白毫重修剪茶树上长出，特点是主脉在叶柄处分化成3支，各自长成基部连体的3张叶片，叶片形态、色泽与长叶白毫其他茶树没有区别。

（4）双柄双叶　由1993年引种的长叶白毫重修剪茶树上长出，特点是同一着生点（叶腋）长出两个叶柄，分别长成一个叶片，叶柄成并蒂状。叶片形态、色泽与长叶白毫其他茶树没有异样。

（5）分叉叶　由1993年引种的云抗10号和群体品种重修剪茶树上长出，表现为一个叶柄的叶片主脉在四分之一或二分之一处分化成两条主脉，直至叶尖。

（6）燕尾叶　在云抗10号和地方大叶群体品种重修剪茶园中均有发现，表现为一个叶柄的叶片主脉分化成两条并形成两个叶尖，整个叶片似燕尾，同时叶基部生长着大小相等的两个腋芽。

（7）菁绮　原产福建省安溪县城内蔡奕安宅院，相传在70多年前由建瓯县肖氏传入安溪。植株灌木型，中叶。叶有多种变态，如单叶双主脉、一柄双叶、三叶等。叶形有椭圆形、卵圆形、扇形、畸形等。

图 7-2-9　一柄双芽

图 7-2-10　一柄双叶

图 7-2-11　一柄三叶

图 7-2-12　双柄双叶

图 7-2-13　分叉叶

图 7-2-14　燕尾叶

图 7-2-15　菁绮

第八章
古茶树种质资源考察（规程）

古茶树种质资源考察是一项技术性很强的科学研究工作，要求方法规范，调查细致，态度严谨，论证有据，这样结论才可靠。

第一节　考察准备工作

一、计划制订

包括考察目的和任务，拟重点调查的茶树，考察的地区和时间，考察人员的结构和分工，考察范围和行进路线，野外调查的内容和方法，标本的压制，资料和标本的整理归档，经费预算和决算，考察总结等。考察必须要有当地领导的支持和技术部门的参加以及乡、镇政府的配合，这是考察成败或收获大小的重要条件。

先要对考察地区的相关信息和资料进行收集，主要有县（市）地方志、农业生产区域规划、当地生物资源介绍以及十万分之一地图等。重点掌握古茶树的地理位置、交通线路、地形、植被状况、气象条件以及历史状况等。然后确定考察的地点、线路和时间。考察时间宜在花、果、叶同时均能采集到的 10~11 月份。

二、考察队组成和人员培训

（一）考察队组成

考察队由以下人员组成：由县（市）农业局（经济作物局）茶叶站（特产站）1~2 名技术人员作为考察主持单位的专业技术骨干，县林业局、县科技局、县广播局等各有 1~2 名技术人员参加，考察点的乡镇技术人员和分管农业的副乡镇长各 1 人参加。如考察地地形复杂，方位不清，路线不明，由乡镇协助聘请向导。考察队实行队（组）长或首席科学家负责制。

（二）考察人员培训

主要是两方面内容，一是明确考察的任务和目的，了解考察地的自然地理、生态条件、历史沿革、人文环境、社会经济、作物资源种类、栽培习惯、主要自然灾害等背景材料；二是考察方法的掌握，如古茶树的立地的条件：包括海拔、坡度、坡向、土壤种类；植被状况：包括主要构群树种、作物的分布密度（通过样方调查）；古茶树特征特性观测：包括树体高幅度和干径（胸径）、树姿、生长势、芽叶、叶片和花果形态；标本的采集：包括采集、保存、压制方法等。

三、物资准备

（一）测量工具

GPS 定位仪：用以定位考察点的地理方位，如经纬度、海拔高度；SC‑2 测高器：测量树高幅度；卷尺和直尺：测量干径、芽叶长度、叶片大小、花径和果径等。

（二）标本夹

压制腊叶标本用。用大小一致的两扇木架组成。架长 50~60cm，宽 40~50cm，木条宽 4~5cm，厚 1.0~1.5cm，木条间距 3.0cm；两木架中间放置吸水纸，吸水纸可用吸水性强的土纸、草纸或报纸等，大小与木架大体相等；标本夹系有长约 6~8m 的麻绳或帆布带，用以捆扎。最好做相同规格的标本夹 2 副。

（三）摄影器材

数码相机和便携式摄像机。用以实地记录考察点的生态环境、古茶树的形态特征以及相关背景资料等。

（四）放大镜和望远镜

10 或 20 倍放大镜，用以观察芽体茸毛、雌蕊柱头开裂数、叶片表皮毛、虫卵、病菌孢子等。望远镜用于原始林中高大乔木古茶树顶部的观察以及对近距离范围内考察对象的搜索。

（五）种子袋

如需要收集种子等活体材料的要备种子袋，用尼龙网纱或白布制成（可从农用筛网厂购置），用以盛放果实或种子。需要晾干的种子，可连同网纱袋一起晾晒，这既可避免错乱，又可防止鸟、禽叨食。

（六）枝剪、镊子

枝剪剪取标本枝条或穗条用；镊子用于解剖或观察花器官用。

（七）标签

用白色塑料片制成，大号挂签长 6cm、宽 4cm，小号挂签长 4.5cm、宽 3cm，顶端系有细绳（可从农用筛网厂购置），分别系于采集标本和种子袋上。

（八）文具用品

铅笔、碳水笔、小刀、回形针、固体胶等。

（九）古茶树性状考察记录表（表 8‑1）

记录考察编号、地点、树体、叶片、芽梢、花果、种子形态特征、抗性及利用状况等。

第二节 考察内容和方法

根据需要选择以下内容进行调查和样品采集，并记录于古茶树性状考察记载表中（表8-1）。

一、地理元素

考察地所属的县（市）、乡（镇）、村寨、小地名、方位、地形、经纬度、海拔高度。

二、生态因子

（一）植被类型　分南亚热带常绿阔叶林区－农作区，中亚热带常绿阔叶林区－森林区，中亚热带常绿阔叶林区－农作区，北亚热带常绿、落叶阔叶林区－农作区。

（二）主要建群植物　分乔木层和草本层。

（三）土壤类型　分红壤、黄壤、黄棕壤、棕壤和黄褐土等。

（四）气象要素　年平均温度，年降水量，年相对湿度，年日照时数，年极端最高温度，年极端最低温度，≥10℃活动积温，初霜期，无霜期等。可从当地气象观测站了解。

三、古茶树护照信息

以下采用访问当地居民和目测法获得：

（一）名称　当地通用名、俗名或品种名。

（二）考察编号　以县为轴线的考察流水号。

（三）类别　分野生、地方品种、育成品种、引进品种、品系、育种材料、遗传材料和近缘植物等。

（四）种植方式和培育简史　是否零星无序分布或是有株行距的规则种植，并了解种植历史。

（五）分布密度　用一个样方内的个数表示，样方为长×宽的平方米范围。

四、树 体

野生单株的古茶树独立观测；形成居群或群落的在一个样方内观测最大的 2 株。样方数量随密度而定。

（一）树高　用 SC-2 测高器测，或用卷尺从根颈部垂直量至主干顶部。

（二）树幅　用卷尺"十"字形测量树冠（投影）最宽处的距离。

（三）最低分枝高度　从根颈部垂直量至第一次出现主分枝处的高度。

（四）干径 / 胸径　用钢卷尺测量树干两边的直线距离；乔木型茶树测量胸高 1.3m 处直径。亦可测干围后换算成干径。

（五）树型　目测，分乔木型、小乔木型、灌木型。

（六）树姿　目测，直立－树高显著大于树幅，半开张－树高幅相当；开张－树幅显著大于树高。

五、叶 片

采 10 张成熟叶片进行观测，主要有：叶片长宽、叶形、叶脉对数、叶片色泽、叶面隆起程度、叶身夹角状态（叶身）、叶齿形态、叶尖、叶缘、主脉有无茸毛等。

六、芽 叶

随机采摘 10 个一芽二叶，观察色泽、茸毛。

七、嫩枝茸毛

目测或用手持 10 倍放大镜随机观察 5 个嫩枝 (半木质化) 端部的茸毛有无。

八、萼 片

观察 10 朵花的萼片数、茸毛、色泽。特大或特小的萼片测量纵横径。

九、花

随机取发育正常、花瓣已完全开放的花 10 朵，"十"字形测量花冠大小、花瓣纵横径，观测花瓣色泽、花瓣质地、花瓣数、子房茸毛、花柱长度、花柱开裂数、雌雄蕊高比等。

其中子房茸毛、花柱开裂数必测。

十、果 实

茶树的果实和种子是古茶树资源鉴定和保存的重要材料。野外收集应尽量采收群体中的所有变异类型。在果实成熟期的 10~11 月，摘取发育正常的果实（野生型茶树数量可适当多些）放于种子袋内，种子袋挂藏于室内阴凉处。并随机取发育正常的鲜果实 10 个，观测果实形状、果径 / 果高、果皮厚度。

十一、穗条或幼苗采集

如是无性繁殖的古茶树，或遇到采不到果实的单株（在原始林中常有），则需采集穗条或挖掘幼苗（如果不收集可以不采穗条）。

（一）穗条采集　从考察树上选择当年生木质化（茎红色）或半木质化（黄绿色）的带叶健壮枝条十余枝（数量不拘，但要适量保留一些）用枝剪剪下，系上写有编号的挂签成束放于采集箱或尼龙袋中，回考察驻地后，再盛放在装有 1/2~1/3 水的桶中（水每天换一次），可以保存 10 天左右；数量少的亦可直接插在花泥或萝卜中保存 3~5 天（萝卜每个横剖面插 2~3 根）。根据考察地与保存单位距离的远近作如下选择：①在 1 天内可到达的，派人携桶专送回单位扦插；②距离在 2 天以上的，可将穗条盛放在双层尼龙袋中，内填湿苔藓、蛭石或湿纱布保湿，再装在纸箱中用特快物流送单位扦插；③就地繁殖，当地有苗圃的可就地繁殖，待成苗后再移植到保存单位。

（二）幼苗采集　从考察树下寻找由该树脱落种子（多是两三年前的种子）长成的幼苗，用小铁铲挖掘健壮苗（数量不限）。挖前要对照幼苗叶部形态等与母树是否相同，并尽量保持根系的完整。苗挖起后先用清水将根部洗净，放在双层尼龙袋中，根部周围填以湿苔藓或蛭石，稍作捆扎，上部枝叶露在袋外（约占全株的 40%，枝叶过长可适当剪去），系上写有编号的挂签。如无湿苔藓或蛭石，亦可将洗净的根部用黄泥浆蘸过。然后将若干份苗木放于四周开有小气孔的纸箱中派人专送或用特快物流寄回。

十二、生化测定样和茶样制作

（1）部分珍稀或有价值的古茶树，在第二年的 3~4 月春茶期间重赴考察地采摘一芽二叶新梢 200g，放于蒸屉上用沸水蒸 2 分钟左右，再放在焙笼上用炭火（用电炉亦可）焙干；亦可用微波炉中火，4 分钟左右一次，分 2 次制成。中间需摊放 10 分钟左右，要防止烤焦。

（2）在制作生化样的同时，再用相同的鲜叶制作当地主产茶类，以作制茶品质鉴定。

表 8-1　古茶树性状考察记录表

考察编号		名称		学名	
生长地点	省（区）　县（市）　镇（乡）　村（小地名）			经纬度	
海拔高度 m		植被		土壤	
类别	野生、地方品种、育成品种、引进品种、品系、育种材料、遗传材料、近缘植物、其他				
种植方式		培育简史			
分布密度		树龄		树型	
树姿	直立、开张、半开张	分枝密度	密、中、稀	嫩枝茸毛 有、无	最低分枝高 m
树高 m		树幅 m		胸部干径 cm	基部干径 cm
叶长 cm		叶宽 cm		叶片大小	小、中、大、特大
叶形	近圆、卵圆、椭圆、长椭圆、披针形	叶色	黄绿、绿、深绿、紫绿	叶基	楔形、近圆形
叶脉对数		叶身	平、内折、背卷	叶尖	急尖、渐尖、钝尖、圆尖
叶面	平、微隆起、隆起、强隆起	叶缘	平、微波、波	叶背茸毛	无、少、多
叶质	柔软、中、硬	叶齿状况	锐度、密度、深度		
芽叶色泽	玉白、黄、黄绿、绿、紫红	芽叶茸毛		无、少、中、多、特多	
萼片数		萼片茸毛	无、有、边缘睫毛	萼片色泽 绿、紫绿、紫红　花瓣质地	薄、中、厚
花冠直径 cm		花瓣数		花瓣色泽	白、绿晕、黄晕、红晕、红斑
花瓣长/宽 cm		花柱长 cm		雌雄蕊高比	低、等高、高
花柱开裂数	2裂、3裂、4裂、5裂、5裂以上	花柱裂位	浅、中、深、全	子房茸毛	无、有
果实大小（果径/果高）cm			果实形状	球形、肾形、三角形、四方形、梅花形	
果皮厚度 cm	果轴纵横径 cm		种子形状	球形、锥形、肾形、不规则形	
种子直径 cm		种皮色泽	棕色、棕褐色、褐色	百粒籽重 g	
病虫害	耐旱、寒性		利用情况		
影像	照片、摄像	采集标本种类	腊叶	采集活体种类	穗条、种子、苗
考察人/向导		考察日期	年　月　日	天气	

第三节 考察后期工作

一、考 种

待果皮自然开裂、种子脱落后进行：①百粒子重：随机取成熟饱满种子100粒，用感量为0.1g的天平称重（不满100粒可折算）；②种子形状：观察30粒种子，分球形、锥形、似肾形和不规则形等，以多数样本作代表；③种子大小："十"字形测量10粒种子种径，用平均数作代表；④种皮色泽：随机取成熟饱满种子10粒，观察种皮色泽，分棕色、棕褐色、褐色等，以多数样本作代表。

二、播 种

可秋播在苗圃，亦可沙藏到翌年2~3月（春）播。春播当年10月可将苗移至茶树资源圃或选种圃供保存或育种用。

三、穗条扦插

采用短穗扦插法。

四、幼苗种植

挖掘的苗木种植后必须搭遮阳棚，勤加管理，待成活后施少量氮肥。经半年到一年观察和检疫，如一切正常就可移入到茶树资源圃保存。

五、资源入圃

在科教中心或有条件的茶场建立"古茶树资源保存圃"，用以保存考察所收集到的古茶树种苗或植株。

六、腊叶标本制作

压制好的标本必须上台纸后才具有使用和保存价值。台纸用白色硬质纸（俗称马粪纸，有市售专用台纸），大小视标本而定，一般长40cm，宽32cm。上台纸正规的方法是，将从标本夹中取出的带有花的标本平放在台纸中央（左下角需留有标签位置），用解剖刀在标本需要紧固的位置刻上对应的狭缝，用预先准备好的细白纸条（宽3~4mm，可用B4纸剪）从狭缝中双向穿至背面，纸条紧直后再用胶水黏住接头；另一种方法是，用白纱线选择 5~6 个部位将枝条或叶柄缠牢，线随针穿过台纸，在背面打结，为防止结头松动，可用透明胶带将线结黏住。少量零星脱落的芽叶或花瓣等可用树胶（如桃胶）或胶水粘贴在台纸上。切不可用糨糊粘贴代替上述两种方法，因糨糊易罹生虫害，损坏标本。在台纸右下角用硫酸纸做一小袋，以盛放果壳或种子。标本上原有的挂签必须同时附上，以便核对。同时在左下角预留位置贴上该份标本的标签，标签用签字笔写。格式如下：

标本说明

标本号

采集号

名称

学名　　　　　　　　　　　　　　定名人

产地　　　　　　　　　　　　　　海拔高度

采集地　　　　　　　　　　　　　采集日期

采集人

馆藏单位

为了防止尘埃侵染和减少磨损，最好在标本上面再覆一层与台纸一样大的透明硫酸纸或薄膜。制作完成的标本应放在专用标本柜内收藏。标本柜内要放置杀（驱）虫剂或樟脑精，以防虫蛀。

七、植物学分类鉴定

植物学分类鉴定是考察工作的重要组成部分，带有花的完整蜡叶标本又是鉴定的主要依据之一。由植物分类学家或有关专家进行这项工作。

八、生化样测定和茶样审评

由有资质的检测单位进行生化测定和茶样审评。

九、考察记录内容整理

对考察表上各个项目进行统计分析。为便于查阅，建立古茶树质资源普查数据库，建立古茶树信息平台。数据库输入单如表 8-2。

表8-2　古茶树资源考察数据库输入单

数据输入单编号：

项目	填写内容	项目	填写内容
1. 考察编号		10. 植被	构群主要植物
2. 考察日期	年月日	11. 资源类型	野生、地方品种、选育品种、品系、遗传材料、近缘植物
3. 名称	产地俗名	12. 繁殖方式	种子育苗、穗苗扦插、嫁接
4. 学名		13. 主要形态特征	
5. 采集地点	省（市）、县、乡（镇）、村、小地名	14. 利用状况	采集地的利用状况
6. 经纬度		15. 样品采集种类	果实或种子、苗、穗条、蜡叶标本
7. 海拔高度	m	16. 摄影或摄像	
8. 地形	平坝、山脚、山坡、山凹、山脊、高山平地	17. 考察人	参加实地考察人员（包括向导）
9. 土类	土壤种类	18. 数据输入人	

十、摄影或摄像资料整理

对每张拍摄的图片根据考察表进行核实，再注以文字说明，包括考察编号、时间和拍摄人，按考察编号依次夹入相册或存入电脑；摄像根据画面内容写出台词（内容解说词），然后画面与解说词合成，刻成光盘保存。

十一、考察总结

总结可使所获得的资料和样品完整化、系统化和理论化，也是考察工作的结晶。主要包括：①任务来源：下达任务的部门，项目名称，文件批号，执行时间，承担单位，主持人和主要参加人等。②考察概况：考察的时间、地点、路线，考察总份数，活体样品的采集种类和数量，标本的种类和数量，主要收获和存在问题。③鉴定结果与分析：古茶树的主要形态特征，植物学分类地位（科、属、种），在遗传多样性中的重要性，产地利用情况和利用价值。④繁殖和保存方式：种子育苗、扦插；原产地保存和资源圃保存。⑤经费决算：经费来源（包括自筹），主要开支项目。⑥主要经验、存在问题和建议。⑦后续工作：必要的重复考察或验证，采制审评样或生化分析样，原产地保护的建议和措施等。

十二、资料归档

包括考察表（原始记录）、考察日志、统计计算稿、数据库输入单以及考察总结等。

第九章
古茶树的现状和保护

古茶树一般年迈长势弱。近一二十年来，由于茶产业的持续快速发展、基本建设等用地的需要以及厂家商家对古树茶的偏爱，随之古茶树濒临着空前的危机：一是数量日趋减少，二是珍稀资源日益丢失，三是濒危茶树缺少维护。为此，保护古茶树已是刻不容缓的任务。

第一节　古茶树消亡情况

一、死亡古茶树

今将云南已知的部分死亡古茶树列于表9-1，古茶树的生存状况由此可见一斑。

表9-1　云南死亡的古茶树

名　称	产　地	学　名	主要特征	价值	死亡年代	死亡原因
南糯山大茶树	勐海县格朗河	*C. sinensis* var. *assamica*	栽培型，乔木，树高5.48m，干径1.39m	是20世纪50年代发现的号称八百年的栽培大茶树，在国内外有重要影响	1994	衰老
巴达大茶树1号	勐海县西定乡巴达大黑山	*C. taliensis*	野生型，乔木，高23.6m，干径100cm	是20世纪60年代发现的野生大茶树，在国内外有重要影响	2012	衰老
千家寨2号大茶树	镇沅县九甲	*C. atrothea*	野生型，乔木，树高19.5m，基部干径1.02m	与千家寨1号大茶树齐名	2007	小蠹虫为害
师宗大茶树	师宗县五龙	*C. tachangensis*	野生型，乔木，干径0.52m，树高11.2m	是滇东最高大的野生大茶树之一，亦是*C.tachangensis*的模式标本，对研究茶树演化、分类有重要价值	1995	采摘过度
大苞茶	云县茶房	*C. grandibracteata*	野生型，乔木，树高12.1m，干径0.57m	是*C.grandibracteata*的模式标本，对研究茶树演化、分类有重要价值。亦是优质茶资源	1998	梯坎坍塌
本山大茶树	凤庆县腰街	*C. taliensis*	野生型，乔木，树高15.0m，基部干径1.15m	野生大茶树	1999	自然死亡

续表

群英大茶树	凤庆县郭大寨	*C. taliensis*	野生型，乔木，树高 7.9m，干径 0.47m	野生大茶树	2013	修路砍伐
邦东大茶树	临沧县邦东	*C. sinensis* var. *assamica*	栽培型，小乔木，树高 8.0m，干径 0.34m	栽培大茶树，优质茶资源	1992	施用化肥过量
白莺山大茶树 1	云县小湾镇	*C.* sp.	乔木，树高 15.7m，基部干径 1.4.m	野生型和栽培型茶树自然杂交后代	1999	炼桉树油熏死
白莺山大茶树 2	云县小湾镇	*C. taliensis*	野生型，乔木，树高 13.0m，基部干径 1.15m	野生大茶树	2005	因烟蒂引发玉米秆燃烧危及
景迈山大茶树	澜沧县惠民	*C. sinensis* var. *assamica*	栽培型，小乔木，干径 0.30m	优质茶资源	2005	施用化肥过量
忙糯大茶树	双江县忙糯	*C. sinensis* var. *assamica*	栽培型，小乔木，干径 0.30m	优质茶资源	2000	烧荒危及
大户赛大茶树	双江县勐库	*C. sinensis* var. *assamica*	栽培型，小乔木，干径 0.35m	优质茶资源	2001	自然死亡
冰岛大茶树	双江县勐库	*C. sinensis* var. *assamica*	栽培型，乔木，树幅 21m，干径 0.50m	优质茶资源	1998	修房砍伐
坪寨大茶树	西畴县法斗	*C. sinensis* var. *pubilimba*	栽培型，乔木，干径 0.50m	栽培大茶树	2000	施用化肥过量
小田坝大茶树	龙陵县镇安	*C. taliensis*	野生型，乔木，树高 10.3m，干径 0.95m	野生大茶树	1991	1984 年砍去上段，连年强采后衰亡
芒洪大茶树	耿马县芒洪	*C. taliensis*	野生型，乔木，树干径 0.80m	野生大茶树	2000	修水库砍伐
落水洞大茶树	勐腊县义武	*C. dehungensis*	栽培型，乔木。高 10.2m	"六大茶山"中稀有栽培型大茶树	2017	衰竭

二、死亡成因

主要有以下情况：

（一）掠夺性采摘，茶树生机严重损伤

普洱茶是云南茶产业中的一大支柱。由于厂家、商家的炒作，毫无根据地宣称"野茶"好于"家茶"，用"野"字来吸引消费者或者给自己的品牌作秀，如野茶饼、野生普洱、古树普洱等，"千年老枞普洱茶"更是表白"产品采自……千年老枞茶树茶叶"；有的故弄玄虚，如滇西某县有一厂家将产于高黎贡山同一地的普洱茶冠以乔木王大树古茶、乔木王老树茶、乔木王古树茶、乔木王生态茶、乔木王野生茶。凡此种种，导致数百年延续下来的古茶树面临着前所未有的浩劫。由于野生古茶树多数无主，有些人见财忘义，见树就砍，见叶就采，如云南镇沅县五一村芹菜塘、双江县勐库镇大雪山原始林中成片野生茶林被砍倒采叶；澜沧县发展河乡大黑山森林野生茶由于地处两乡交界，村民乱砍滥伐，争采茶叶；马关县古林箐乡大转拐村将一株"两人围"的大茶树砍枝采叶。贵州省习水县仙源镇和双龙乡等地至今还有"伐而掇之"的采摘方式。

（二）保护意识差，无人管护

如云南江城县勐烈乡桥头村野生古茶树遭人任意砍伤。腾冲县高黎贡山一株高 17.0m、基部干径 1.38m 的古茶树根颈处已腐朽；保山市潞江乡德昂寨一株高 17.6m、干径 1.08m 的老茶树根颈处出现空洞，已濒临死亡。镇沅县千家寨 2 号大茶树因小蠹虫为害无人防治而死亡。景东县高 14.8m 的灵官庙大茶树生长于地坎边，长期根颈裸露，随时有倒塌的危险。

（三）不注意原生境保护，危及茶树生存

有些地方将古茶树当"摇钱树"作旅游景点开发。如云南勐海县巴达大茶树成了旅游热点后，每

图 9-1　云县白莺山死亡大茶树树桩，树高 13.0m，基部干径 1.15m，2005 年被烧死

图 9-2　树高 7.0m，基部干径 60cm 的景迈山大茶树，施化肥过量而死亡（2005）

图 9-3　镇沅县芹菜塘被砍倒的野生茶树（2006）

年参观、考察者不断，在大茶树咫尺处修亭盖屋，游客随意生火烧烤，加快茶树衰老，终于 2012 年 9 月死亡；树高 25.6m，干径 90cm 的千家寨 1 号大茶树经报道后，前往参观的人不断，将公路修到林边，并在大茶树周围建房修水泥坎，破坏了原始的生态环境，方便了外来生物的侵袭，茶树长势趋向衰弱，枝叶稀疏。

（四）将古茶树当作观赏树出售，导致无辜死亡

如云南南华、景东等县一些业主挖掘野生茶树销售牟利。由于野生大茶树移栽成活率很低，多数在待卖期或栽种后死亡。

图 9-4　景谷县秧塔村茶树片叶不留（2006）

图 9-5　待出售的大茶树已枯死

图 9-6　勐海巴达 1 号大茶树附近建造的亭子和游客烧的篝火（2008）

第二节　古茶树保护对策

一、保护对策

（一）立法保护

1992 年 10 月，林业部在《中华人民共和国关于保护珍贵树种的通知》中已将"野茶树"列为二级保护树种。如 2017 年 8 月贵州省人大制定了《贵州省古茶树保护条例》；2018 年 3 月云南省普洱市人大立法《普洱市古茶树资源保护条例》。做到有法可依。

由人大立法，由省、市政府下达有关保护古茶树的文件，加强宣传，强化执行。

（二）制定具体保护措施

（1）进行古茶树资源保护宣传工作。电台、电视台和报纸等媒体，开辟古茶树保护专栏和制作电视专题片进行宣传：①保护古茶树资源的重要性、必要性，增强全民对古茶树的保护意识，使全社会都来关心、爱护古茶树；②科学地进行维护，防止不合理甚至违背古茶树生长习性的管理办法和措施；③进行警示教育，使全民都知道一切损伤、砍伐古茶树的行为都是违法行为。要在重点保护区（点）设置警示标识。

（2）根据古茶树的分布情况或利用价值划分保护范围。

（三）成立古茶树保护与管理组织

这是实施保护与管理的根本措施：①建立古茶树资源保护与管理委员会。委员会由各级政府牵头，茶叶发展办公室、农业局、林业局、林业公安等部门参加。委员会办公室设在"茶办"，作为保护与管理的常设机构；②建立乡（镇）专业管理队伍，承担具体管理任务。专管人员由乡（镇）村行政领导负责，由护林员、巡山员和茶山承包经营者等组成。管理队成员职责明确，责任到位，定期巡查，劳务补助，奖罚分明，以充分调动守山护茶人员的积极性。

（四）制定古茶树保护的村规民约

根据联产承包责任制的有关规定，由古茶树资源保护与管理组织同责任山（地）内有古茶树的农户签订保护与管理责任书，下拨一定的管理费，让农户明确权利、责任和义务。要求其定期巡查，及时报告情况。如云南麻栗坡县林业局从 2006 年起每年给下金厂乡中寨村 700 元管护一株树高 10m 的大山茶，效果很好。要劝导村民不要把古茶树当作"摇钱树"，强采狠采，摧残茶树生机。要制止偷采、损伤古茶树的行为。

（五）成立古茶树资源保护与管理基金

基金是实施保护与管理的保障。主要来源，一是政府拨款。政府在财政年度中列出专项经费，以保证每年有一定数量的资金下拨；二是社会资助。动员社会团体、茶业集团、茶人、公众人物、热爱茶叶事业的海内外人士等出资相助，如2000年天福集团总裁李瑞河出资24万元认养千家寨大茶树，每年另支付管理人员经费3万元；广州恒福茶业公司于2006年出资2万元给云南勐海县贺松村，作为巴达大茶树的管护费；演艺界张国立出资3万元认养了云南宁洱县困鹿山一株大茶树。基金必须专款专用，不得截留或挪作他用。

（六）对古茶树的保护与管理进行技术指导

在古茶树重点保护区的村寨，由专业技术人员对村民讲解古茶树的生长习性和科学管理办法。对年代久远，树龄在二三百年的古茶树实行封闭式管理，即不施肥，不施农药，轻度采摘，不定期修剪干枯枝和病枝；要及时清除寄生植物，以防蔓及全株。在古茶树附近，防止一切工业和生活污染。

图9-7 张国立在云南宁洱县认养的野生大茶树

（七）对要坍塌的古茶树采取加固措施

由于水土冲刷、修路造地等原因，有些古茶树根颈露裸，时有坍倒的危险，在不伤及茶树根系的情况下，采用砌泥坎、石坎（不宜用水泥坎）加土的方法，以使茶树本固枝荣。对部分可能要倾倒的枝干，要搭支架支撑。对列入保护的古茶树周围30m范围内不得取土、放牧、砍伐林木、种植作物，以保护生态环境的原始性。

（八）审批和备案

禁止挖掘、销售古茶树。因科研、教学、开发、建设等需要，必须对古茶树进行采样或迁移的，需报县"野生茶树资源保护与管理委员会"或有关部门审批、备案。

图9-8 用石坎保护的茶林

二、重点保护区域

见第六章野生茶树居群和古茶山。

参考文献

[1] 陈宗懋. 中国茶叶大辞典. 北京：中国轻工业出版社，2000.

[2] 杨士雄. 茶树的地理起源和栽培起源. 2007（内部通讯）.

[3] 何昌祥. 从木兰化石论述茶树起源和原产地. 云南茶叶，1995，（1、2）：1-9.

[4] 陈兴琰. 茶树原产地——云南. 昆明：云南人民出版社，1994.

[5] 陈进，裴盛基. 茶树栽培起源的探讨. 云南植物研究. 增刊（XIV）：2003，33-40.

[6] 张宏达. 山茶属植物的系统研究. 中山大学学报（自然科学）论丛 [J]. 广州：中山大学学报编辑部，
    1981.

[7] 闵天禄，张文驹. 山茶属植物的进化与分布. 云南植物研究 [J]，1996，18（1）：1-13.

[8] 吴征镒，周浙昆，孙航等. 种子植物分布区类型及其起源和分化 [M]. 昆明：云南科技出版社，
    2006.

[9] 虞富莲. 论茶树原产地和起源中心. 茶叶科学，1986，6（1）：1-8.

[10] 虞富莲. 从物种多样性看茶树的起源中心. 云南茶叶，2007，（3）：36-42.

[11] 陈介. 云南的植物. 昆明：云南人民出版社，1983.

[12] 董玉琛，刘旭. 中国作物及其野生近源植物. 北京：中国农业出版社，2007.

[13] 威廉·乌克斯（中国茶叶研究社社员集体翻译）. 茶叶全书（上册）[M]. 上海：中国茶叶研究社，
    1949，1-5.

[14] T·艾登（中国农业科学院茶叶研究所译）. 茶 [M]. 北京：农业出版社，1981，1-2.

[15] 庄晚芳. 中国茶史散论 [M]. 北京：科学出版社，1988，29-47.

[16] 吴觉农. 茶经述评. 北京：中国农业出版社，2005.

[17] 陈宗懋，杨亚军. 中国茶经. 上海：上海文化出版社，2011.

[18] 虞富莲，俞永明，李名君等. 茶树优质资源的系统鉴定与综合评价. 茶叶科学，1992，12（2）：
    95-125.

[19] 游小青，李名君. 茶树种质资源萜烯指数分析. 茶叶科学研究论文集. 上海：上海科学技术出版社，
    1991.

[20] 鲁成银，刘维华，李名君. 茶种系间的亲缘关系及进化的酯酶同工酶分析. 茶叶科学 1992，12（1）：
    15-20.

[21] 束际林，等. 茶树花粉形态的演化趋势. 茶业科学，1996，16（2）：115-118.

[22] 李斌，陈兴琰，陈国本，等. 茶树染色体组型分析. 茶叶科学，1986，6（2）：7-14.

[23] 李光涛，梁涛. 中国山茶属植物的染色体数目和核型. 广西植物，1990，10（2）：127-138.

[24] 梁国鲁，周才琼，林蒙嘉，等. 贵州大树茶的核型变异与进化. 植物分类学报，1994，32（4）：

308-315.

[25] 陈炳环.茶树分类的历史和现状.中国茶叶，1983（5）.

[26] 谭永济，陈炳环，虞富莲.中国云南茶属新种和新变种.茶叶科学，1984，4（1）：19-30.

[27] 中国科学院中国植物志编辑委员会.中国植物志.第四十九第三分册.北京：科学出版社，1998.

[28] 闵天禄.世界山茶属的研究.昆明：云南科技出版社，2000.

[29] 虞富莲.中国的古茶树.中国古茶树.上海：上海文化出版社，1994.

[30] 中国茶树品种志编写委员会.中国茶树品种志.上海：上海科学技术出版社，2001.

[31] 王镇恒，王广智.中国名茶志.北京：中国农业出版社，2000.

[32] 黄兴奇.云南作物种质资源.昆明：云南科技出版社，2007.

[33] 陈有德，王旭.黔南州地方茶树种质资源集萃.贵阳：贵州人民出版社，2015.

[34] 陈爱新，韩志福，张文文等.1986.广西茶树品种资源研究（未出版）.

[35] 江西省农牧渔业厅.1986.江西省茶树品种资源目录（未出版）.

[36] 赣州地区农牧渔业局.1994.赣南的野茶树和苦茶资源.中国古茶树.上海：上海文化出版社，1994.

[37] 董利娟，张曙光，杨阳.茶树珍稀资源——江华苦茶的研究.茶叶通讯，2003，30（3）：3-8.

[38] 罗复权.酃县苦茶资源调查初报.茶叶通讯，1981，8（2）：35-36.

[39] 彭良敏.我省红碎茶的又一优良品种——蓝山青叶苦茶调查初报.茶叶通讯，1979，6（1）：29-30.

[40] 吴振铎，冯鉴淮，蔡俊明.1994.台湾眉原山野生茶树形态之观察.中国古茶树.上海：上海文化出版社，1994.

[41] 神农架及三峡地区作物种质资源考察队编.1990.神农架及三峡地区作物种质资源考察收集目录（未出版）.

[42] 王新超，姚明哲，马春雷等.我国苦茶资源主要生化成分的鉴定评价.中国农学通报，2008，24（6）:65-69.

[43] 保山市农业局.保山古茶树资源.昆明：云南科技出版社，2016.

[44] 《文山茶叶》编委会.文山茶叶.昆明：云南人民出版社，2107.

[45] 魏明禄.黔南茶树种质资源.昆明：云南科技出版社，2018.

[46] 杨世达，何声灿.德宏茶源.昆明：云南科技出版社，2018.

[47] Sealy J.R. A Revision of the Genus Camellia. London: The Royal Hortcultural Society，1958，111-131.

[48] T.Eden.1974，Tea.Longman group limited.

[49] Stebbins，G.L.Chromosomal evolution in higher plants. London:Edward Amold Ltd，1971，85-104.

[50] 橋本実.茶の起源を探る.淡交社，昭和六三年.

[51] 松下智.茶の起源研究.丰茗会（茶の文化振興会），平成十五年.

附　录

附1　越南古茶树

越南社会主义共和国（以下简称越南）位于中南半岛东部，北部与中国的云南省和广西壮族自治区相邻。越南产茶历史悠久，是世界主要产茶国家之一，2009 年有茶园 11.2 万 hm^2，产茶 19 万 t，生产红茶、绿茶、花茶和乌龙茶，部分利用古茶树和野生大茶树加工茶叶。现今栽培品种有北部中游种、富户种、掸种（Shan）、越南北方山区农林科学院茶叶试验站（21°27′ N， 105°14′ E，海拔高度 33m）选育的 PH-1（富户 1 号）、LDP1、LDP2 等新品种。从国外引进的品种有中国的福鼎大白茶、政和大白茶、湘波绿等，印度的马尼坡，斯里兰卡的吉丁卡、TRI777，格鲁吉亚群体种等。乌龙茶品种主要是从中国台湾引进的金萱、青心乌龙、翠玉。

（一）越南北部是山茶属植物现代分布中心的一部分

中国植物学家吴征镒 1979 年指出，中国的华中、华南和西南的亚热带地区拥有山茶属 14 个组（类群）中的 11 个，有 79 种（Species），这一地区是山茶属的现代分布中心。值得注意的是，热带中南半岛（主要是越南南部至越南北部及柬埔寨、老挝边境）和中国（广西南部和云南东南部至南部）的热带北缘地区集中了心皮近于离生或未完全合生以及子房 5 室和花柱离生的原始或较原始的类群和种类。

中国科学院昆明植物研究所闵天禄在 "Monograph of the Genus Camellia" 著作中将山茶属分为茶亚属（Subgen *Thea*）和山茶亚属（Subgen *Camellia*）14 个组。其中在越南分布的组（Sect.）有越南茶组（Sect. *Piqetia*）（它是山茶属中最原始的类群）、古茶组（Sect. *Archecamellia*）等 11 个组，共 34 个种，这在中南半岛是绝无仅有的（表附 1-1）。

表附 1-1　越南的山茶属植物

组（Sect.）	种（Species）	分布地
越南茶组（Sect. Piqetia）	越南茶（Camellia piqetiana）	边和省同奈河流域
古茶组（Sect. Archecamellia）	越南长叶山茶（C. krempfii）	越南南部，牙庄
	黄花茶（C. flava）	河内；河山平省
	肋果山茶（C. pleurocarpa）	清化
	五室金花茶（C. aurea）	高谅省友盆县
	长叶山茶（C. calcicola）	义静省葵州
	大萼茶（C. megasepala）	越南北部
	东京金花茶（越北离蕊茶）（C. tonkinensis）	永富省巴维山

续表

古茶组（Sect.Archecamellia）	越南抱茎山茶（*C. amplexicaulis*）	河内；永富省永安
	金花茶（*C. petelotii*）	北太省三岛山
	显脉金花茶（*C. euphlebia*）	广东省先安
	柠檬金花茶（*C. indochinensis*）	琼山文林
柱蕊茶组（Sect. Cylindrica）	柱蕊茶（*C. Cylindracea*）	富寿海桥
茶组（Sect. Thea）	茶（*C. sinensis*）	富寿
	阿萨姆茶（*C. sinensis* var. *assamica*）	河江
	白毛茶（*C. sinensis* var. *pubilimba*）	琼山
长梗茶组（Sect. Longipedicellata）	狭叶长梗茶（*C. gracilipes*）	广宁大黄毛山
短蕊茶组（Sect. Corallina）	多花短蕊茶（*C. corallina*）	岘港附近
	无苞短蕊茶（*C. nematodea*）	越南南部牙庄附近
	显脉短蕊茶（*C. nervosa*）	上同奈省夷灵附近
	中越短蕊茶（越北短蕊茶）（*C. gilberti*）	富寿
	毛肋短蕊茶（*C. pubicosta*）	永富巴维山
连蕊茶组（Sect. Theopsis）	云南连蕊茶（*C. forrestii*）	高平
	秃肋连蕊茶（*C. glabricostata*）	琼山三位山
	窄叶连蕊茶（*C. tsaii*）	老街瑶山
	屏边连蕊茶（*C. tsingpienensis*）	老街
毛蕊茶组（Sect. Erianrdia）	长尾毛蕊茶（*C. caudata*）	河内三岛山，大黄毛山
	心叶毛蕊茶（*C. cordifolia*）	越南北部
离蕊茶组（Sect. Heterogenea）	越南离蕊茶（*C. fleuryi*）	牙庄
	硬叶糙果茶（*C. gaudichaudii*）	岘港
	糙果茶（*C. furluracea*）	北部大黄毛山；南部同奈省
实果茶组（Sect. Stereocarpus）	实果山茶（*C. dormoyana*）	边和省、同奈省、富国岛
油茶组（Sect. Paracamellia）	油茶（越南油茶）（*C. oleifera*）	广宁、清化、岘港、边和
	落瓣油茶（*C. kissi*）	顺化白马山；同奈省达莱

闵天禄在综合山茶属的形态地理分布和染色体核型特征后推论，山茶属的起源地不可能仅在现今种类最多的中国华南和西南地区，而应在这一地区以南，即中南半岛和中国的广西和云南南部的热带北缘。

中国科学院昆明植物研究所杨世雄认为，云南南部和东南部、贵州西南部、广西西部以及毗邻的中南半岛北部地区是茶组植物可能的地理起源地。这一地区基本上处在茶组植物所归属的山茶属（*Camellia*）以及山茶属的近缘类群广义核果茶属（*Pyrenaria* S.L.）的起源地范围之内。

由此认为，越南是处在山茶属现代分化中心的南延部分，是世界山茶属植物的重要分布区域。

（二）关于掸茶（Shan）

在越南、老挝和缅甸北部广泛生长着自然种——掸茶。早在 1908 年英国植物学家 G.Wett 将茶树分为 4 个变种，在尖叶变种（*C. sinensis* var. *viridis*）中分为 6 个类型，其中就有缅甸和掸部种（Burma and Shan）。1919 年印度尼西亚植物学家 Cohen Stuart 在将 G.Wett 的分类归并后的 4 个变种中，仍有掸型变种（var. *shan*），这些是茶树分类史上最早提

附 1 图 1　Shan 新梢和凌云白毛茶新梢（右）

出的 Shan 种。但以后的分类学家都未确立过掸变种。越南专家认为应该建立掸变种（*C. sinensis* var. *shan*），他们把这种类型的栽培茶树统称为掸茶。经形态特征鉴定，掸茶主要特征是小乔木树型，大叶，叶脉 15 对左右，芽叶狭长、叶脉显、茸毛特多（与我国广西凌云白毛茶相似），萼片、花梗无毛，花大，花瓣白色，子房毛特多、3 室，果皮较厚，种子大。与阿萨姆变种（*C. sinensis* var. *assamica*）的主要差别是叶脉多，花大；与防城茶（*C. fangchengensis*）、白毛茶变种（*C. sinensis* var. *polyneura*）的主要区别是萼片无毛；与多脉普洱茶变种（*C. assamica* var. *polyneura*）的主要区别是萼片无毛、子房 3 室（多脉普洱茶 3~4 室）。因此，设立掸变种（*C. sinensis* var. *shan*）是可以商榷的。

（三）北部中游种

越南北方茶园主要在中西部和北部山区，其中以安沛省、河江省和富寿省最多。广泛栽培的主要品种是北部中游种（有性群体）。茶树小乔木型，大叶，间或中叶，叶脉 8~10 对，芽叶多毛或中毛。萼片、花梗无毛，花

附 1 图 2　富寿省北部中游种茶园

中等大小，花瓣白色，子房多毛、3室，果和种子中等大小，属于阿萨姆种（*C. sinensis* var. *assamica*）。

（四）古茶树

越南古茶树主要分布在中西部山地和北部山脉的河江、老街、安沛、莱州、山萝、谅山、富寿等省，位于20°50′~23°40′ N，102°40′~107°30′ E。从已考察的古茶树形态特征和所处环境条件看，多属于栽培型茶树，在分类上属于阿萨姆种（*C. sinensis* var. *assamica*）、白毛茶种（*C. sinensis* var. *pubilimba*）和尚有争议的掸变种（*C. sinensis* var. *shan*？）等。

越1. 水泱大茶树 Shuiyang dachashu（*C.sinensis* var. *shan*？）

产安沛省文镇县水泱村，海拔960m。栽培型。有性系，约有600年栽培史。样株小乔木型，树姿半开张，树高3.8m，树幅4.1m，干径43.0cm，最低分枝高0.55m。分枝较密，嫩枝有毛。鳞片有毛，芽叶绿或黄绿色、毛特多，芽尖细长，呈银白色。特大叶，叶长宽15.7cm×6.3cm，最大叶长宽18.9cm×7.9cm，叶椭圆形，叶色绿或深绿，有光泽，叶身平或稍内折，叶面隆起，叶缘微波，叶尖渐尖或急尖，叶齿锐、浅、中或钝、中、深，大小齿相间，叶脉12~15对，叶质较厚软。萼片5片、绿或紫绿色、无毛。花梗无毛、长0.6~0.8cm。花冠直径5.2cm，花瓣5~6枚、长宽3.0cm×2.8cm、白色、无毛，瓣质较厚、底部富肉质，子房毛特多、3室，花柱先端3浅裂，柱长1.3cm、粗1.3mm。花有芳香。果大，有三角状球形、球形、肾形等，鲜果皮厚2~3mm。种皮棕褐色、较粗糙，种子大，种径2.1~2.5cm，最大粒种径2.4~2.8cm（是目前国内外已知最大茶籽），种子百粒重337.3g，大粒籽百粒重554.9g。制绿茶。（2003.11）

附1图3　水泱大茶树

越2. 那他大茶树1号 Nata dachashu1（*C.sinensis* var. *assamica*）

产河江省河江市方渡乡那他村，海拔600m。栽培型。约有100年栽培史。样株小乔木型，树姿直立，树高3.3m，

附1图4　那他大茶树1号

树幅 2.9m，干径 45.0cm，最低分枝高度 0.3m。分枝密，嫩枝有毛。叶片稍上斜状着生。芽叶绿或紫绿色、毛多。大叶，叶长宽 13.9cm×5.3cm，最大叶长宽 15.5cm×5.9cm，叶长椭圆形，叶色绿或深绿，叶身平，叶面隆起，叶缘平，叶尖渐尖或急尖，叶齿锐、浅，叶脉 11~12 对，叶质中，叶背主脉无毛。萼片 5 片、无毛、绿或紫绿色。花冠直径 3.3~3.5cm，花瓣 6~7 枚、白色、质较薄、无毛。子房毛多，柱头 3 裂。果径 4.2cm，果高 2.8cm，鲜果皮厚 1.5~3.0mm。种皮棕褐色、光滑，种径 1.9~2.0cm。制绿茶。 （2008.10）

越3. 那他大茶树2号 Nata dachashu2 （*C.sinensis var. assamica*）

产地同那他大茶树1号，海拔 600m。栽培型。约有 100 年栽培史。样株小乔木型，树高 2.9m，树幅 2.2mm，干径 31.0cm，最低分枝高度 0.42m。树姿半开张，分枝密，嫩枝无毛。叶片稍上斜状着生。芽叶绿或紫绿色、毛多。大叶，叶长宽 14.4cm×5.4cm，最大叶长宽 17.0cm×6.0cm，叶长椭圆形，叶色绿或深绿，叶身平，叶面隆起，叶缘平，叶尖渐尖或急尖，叶齿锐、浅，叶脉 9~10 对，叶质中，叶背主脉无毛。萼片 5 片、无毛、绿或紫绿色。花冠直径 3.3~3.5cm，花瓣 5~6 枚、白色、质较薄、无毛。子房毛多，

附1图5 那他大茶树2号

柱头 3 裂。果径 4.2cm，果高 2.6cm，鲜果皮厚 2.0mm。种皮棕褐色、光滑，种径 1.7~2.0cm。制绿茶。 （2008.10）

越4. 德成大茶树 Decheng dachashu （*C. sp.*）

产河江省伟宣县道德乡德成村，海拔 100m。样株乔木型，树高 9.7m，树幅 3.2mm，干径约 60cm，最低分枝高度 0.48m。树姿直立，分枝较密。叶片稍上斜状着生。大叶。制绿茶。

附1图6 德成大茶树

越5. 银白大茶树 Yinbai dachashu （*C.sinensis var. pubilimba*）

产谅山省高鹿县贡山乡银白村 （21°51′ N，106°55′ E，与中国广西宁明县爱店镇相

邻），海拔847m。栽培型。样株乔木型，树高约14.0m，树幅约4.0m，干径41.8cm。树姿直立，分枝密，嫩枝有毛。叶片稍上斜状着生。大叶，叶长宽13.4cm×5.8cm，叶椭圆形，叶色绿或深绿，叶身平，叶面微隆起，叶尖渐尖，叶齿锐、浅，叶质较厚，叶背主脉有稀毛。花梗有毛。萼片5片、多毛、绿或紫绿色。花瓣5~6枚、白色或微红色、质薄。子房毛特多，柱头3裂。种皮棕褐色、光滑。户主赵儒旺（交族）说，该茶当地俗称"东茶"，约有100多株，来源不详，一年采茶5~6次，制绿茶。　（2008.11）

附1图7　银白大茶树树及叶片果实和披茸毛的幼花蕾

越6. 奠边府大茶树 Dianbianfu dachashu（C.sp.）

产莱州省奠边府，历史不详。栽培型。样株小乔木型，树高7.7m，树幅8.2mm，干径约50cm，最低分枝高度0.68m（据越方考察人员介绍，其中最大一株树高14m，树幅12m，干径近100cm，估计树龄在四五百年）。树姿开张，分枝较密。芽叶毛多，叶片稍上斜或水平状着生。大叶，叶色绿，有光泽，叶脉较少。萼片、花梗和花蕾均有毛。另据越方考察人员说，河江省伟宣县摊塊村大茶树萼片有毛。莱州省与河江省与中国的绿春、麻栗坡县邻近，属于同一种生态型茶树，应属 C. assamica var. polyneura 或 C. sinensis var. pubilimba。

附1图8　奠边府大茶树

附2 老挝古茶树

老挝人民民主共和国（以下简称老挝）是位于中南半岛的内陆国家，北邻中国，东界越南，西北与缅甸接壤，同属于山茶属现代分化中心的南延部分。古茶树主要分布在川圹省的普雷山，约有数万株。另在博胶省、丰沙里、沙耶武里、玻里坎塞省等亦有生长。茶树生长在海拔1300~2800m的高原山地。树高一般在3~5m，最高达20多m，干径多在20cm左右，已发现最粗直径在80cm。据老挝三江自然资源开发公司（中）介绍，古茶树早年是由移居老挝的云南傣族民众用种子带入的，所以茶树形态特征与云南大叶茶相似。当地用简易方式加工绿毛茶。三江公司已试制成"老挝古树红茶"。

老挝古茶树主要特征是小乔木树型，大叶，叶脉10~13对左右，叶薄革质，萼片外无毛、内披绢毛，花梗无毛，花小，花瓣6~7枚，子房毛特多、3室，种子中等大小。与老挝茶（*Camellia sealyama* Ming）区别是后者灌木、小叶、子房无毛；与防城茶（*C. fangchengensis*）、白毛茶变种（*C. sinensis* var. *polyneura*）的主要区别是萼片外无毛；与多脉普洱茶变种（*C. assamica* var. *polyneura*）的区别是叶脉较少、萼片外无毛、子房3室（多脉普洱茶3~4室）。与Shan的区别是叶脉少、花小。因此归属于阿萨姆种（*C. sinensis* var. *assamica*）比较恰当。老挝古茶树很可能是阿萨姆种的某个变型（form）。

老1. A1-1 鹅安大茶树1号 Ean dachashu1（*C.sinensis* var. *assamica*）

产老挝川圹省孟北县鹅安村。栽培型。小乔木型。芽叶绿色。特大叶，叶长宽20.4cm×7.1cm，最大叶长宽24.0cm×7.9cm，叶长椭圆形，叶身平，叶面稍隆起，叶尖渐尖，叶齿锐、稀、深，叶脉10~13对，叶质薄，叶背主脉无毛、叶柄无毛。花梗无毛。萼片5个，萼片外无毛、内中毛、长宽0.3cm×0.3cm。花冠直径2.2~2.5cm，花瓣6枚、无毛、质薄，花瓣长宽1.7cm×1.1cm，子房毛特多、3室，花柱先端3裂，1/3裂位，花柱长0.6~0.7cm、粗0.4~0.5mm，花柱无毛。结实。种子直径1.8cm。制绿茶、红茶。（2014）

附2图1 鹅安大茶树1号叶片

老2. A1-2 鹅安大茶树2号 Ean dachashu2（*C.sinensis* var. *assamica*）

产老挝川圹省孟北县鹅安村。栽培型。小乔木型。芽叶绿色、茸毛特多。特大叶，叶长宽 18.3cm×7.0cm，最大叶长宽 20.5cm×7.5cm，叶长椭圆形，叶身平，叶面隆起，叶尖渐尖，叶齿锐、中、深，叶脉 10~14 对，叶质较薄，叶背主脉和叶柄无毛。花梗无毛，萼片 4（5）个，萼片外无毛、内中毛，花冠直径 2.2~2.4cm，花瓣 7 枚、无毛、质薄，花瓣长宽 1.5cm×1.1cm，子房毛特多、3 室，花柱先端 3 浅裂，花柱长 0.6~0.7cm、粗 0.4mm，花柱无毛。结实。种子棕褐色，种皮光滑，种径 1.6~2.0cm。制绿茶、红茶。（2014）

附 2 图 2　鹅安大茶树 2 号叶片

老 3. A2-2 相象大茶树 1 号 Xiangxiang dachashu1（*C.sinensis* var. *assamica*）

产老挝川圹省孟北县鹅安村。栽培型。小乔木型。芽叶绿色、茸毛特多。特大叶，叶长宽 17.0cm×5.7cm，最大叶长宽 19.1cm×5.6cm，叶长椭圆或披针形，叶身平，叶面隆起，叶尖渐尖，叶齿锐、中、中，叶脉 10~13 对，叶背主脉和叶柄无毛。花梗无毛，萼片 5 个，萼片外无毛、内多毛。花冠直径 2.6~2.9cm，花瓣 8（6、7）枚、无毛、质薄，花瓣长宽 1.9cm×1.6cm，子房毛特多、3 室，花柱先端 3 中裂或全裂，花柱长 0.7~0.8cm、粗 0.6mm，花柱无毛。结实。种子棕褐色，种皮光滑，种子长球形，种径 1.3~1.4cm。制绿茶、红茶。（2014）

老 4. A2-3 相象大茶树 2 号 Xiangxiang dachashu2（*C.sinensis* var. *assamica*）

产老挝川圹省孟北县鹅安村。栽培型。小乔木型。芽叶绿色、茸毛特多。大叶，叶长宽 14.4cm×5.0cm，叶长椭圆形，叶身平，叶面隆起，叶尖尾尖或渐尖，叶齿锐、中、中，叶脉 12~13 对，叶背主脉稀毛，叶柄无毛。花梗无毛，萼片 4~5 个，萼片外无毛、内中毛。花冠直径 2.7~3.0cm，花瓣 7（6）枚、无毛、质薄，花瓣长宽 1.6cm×1.4cm，子房毛特多、2~3 室，花柱先端 2~3 浅裂，花柱长 0.7~0.8cm、粗 0.5~0.6mm，花柱无毛。结实。种子棕褐色，种皮光滑，种子球形或不规则形，种径 1.5~1.7cm。制绿茶、红茶。（2014）

附 2 图 3　相象大茶树 2 号子房和萼片

老5．A2-4 相象大茶树3号 Xiangxiang dachashu3（*C. sinensis* var. *assamica*）

产老挝川圹省孟北县鹅安村。栽培型。小乔木型。芽叶绿色、茸毛特多。大叶，叶长宽11.9cm×4.9cm，叶椭圆形，叶身平，叶面隆起，叶尖渐尖，叶齿锐、密、中，叶脉9~10对，叶背主脉无毛，叶柄无毛。花梗无毛，萼片5个，萼片外无毛、内少毛。花冠直径2.7~2.9cm，花瓣6~7枚、无毛、质薄，花瓣长宽1.6cm×1.3cm，子房毛特多、3室，花柱先端3微裂、个别全裂，花柱长0.7~0.9cm、粗0.6~0.7mm，花柱无毛。结实。种子棕褐色，种皮光滑，种子球形，种径1.4~1.6cm。制绿茶、红茶。（2014）

附2图4　相象大茶树3号芽叶及子房与萼片

老6．A3-1 孟昆大茶树1号 Mengkun dachashu1（*C. sinensis* var. *assamica*）

产老挝玻里坎塞省孟昆。栽培型。样株小乔木型，树姿半开张，树高3.5m，树幅1.3m。芽叶绿色、茸毛特多。大叶，叶长宽13.7cm×5.9cm，叶椭圆形，叶身平，叶面隆起，叶尖渐尖，叶齿锐、中、浅，叶脉9~10对，叶背主脉少毛，叶柄稀毛，叶质薄。花梗无毛，萼片5个，大小0.3cm×0.4cm，萼片外无毛、内多毛。花小，花冠直径1.7~2.0cm，花瓣

附2图5　孟昆大茶树1号及叶片（陈小双）

7（6）枚、无毛、质薄，花瓣长宽1.4cm×0.8cm，子房毛特多、3（4）室，花柱先端3（4）浅裂，花柱长0.8~0.9cm、粗0.5mm，花柱无毛，雌雄蕊高比高。制绿茶、红茶。（2014）

老7．A3-2 孟昆大茶树2号 Mengkun dachashu2（*C. sinensis* var. *assamica*）

产老挝玻里坎塞省孟昆。栽培型。小乔木型。芽叶绿色、茸毛特多。特大叶，叶长宽15.3cm×7.0cm，最大叶长宽17.2cm×8.2cm，叶椭圆或近圆形，叶身平，叶面隆起，叶尖渐尖或尾尖，叶齿锐、稀、中，叶脉8~11对，叶背主脉无毛，叶柄稀毛，叶质薄。花梗

无毛，萼片5个、长宽0.3cm×0.4cm，萼片外无毛、内多毛。花小，花冠直径1.7~2.1cm，花瓣6枚、无毛、质薄，子房毛特多、3室，花柱先端3浅裂，花柱长0.6~0.7cm、粗0.4mm，花柱无毛，雌雄蕊高比高。制绿茶、红茶。（2014）

附2图6 孟昆大茶树2号叶片

老8. A3-3孟昆大茶树3号 Mengkun dachashu3（*C. sinensis* var. *assamica*）

产老挝玻里坎塞省孟昆。栽培型。小乔木型。芽叶绿色、茸毛特多。中叶，叶长宽11.7cm×4.1cm，叶长椭圆或披针形，叶身平，叶面隆起，叶尖渐尖，叶齿锐、稀、中，叶脉9~10对，叶背主脉无毛，叶柄无毛，叶质薄。花梗无毛，萼片5个，萼片外无毛、萼内毛特多。花小，花冠直径1.5~1.8cm，花瓣6枚、无毛、质薄，子房毛特多、3室，花柱先端3微裂，花柱长0.6~0.7cm、粗0.4mm，花柱无毛，雌雄蕊高比高。制绿茶、红茶。（2014）

老9. 沙耶武里大茶树 Sayewuli dachashu（*C. sinensis* var. *assamica*）

产老挝沙耶武里省沙他（塔）。栽培型。样株小乔木型，树姿直立，树高5.8m，树幅2.7m，嫩枝无毛。芽叶绿色、茸毛特多。大叶，叶长宽12.9cm×5.3cm，叶椭圆形，叶身平，叶面稍隆起，叶尖渐尖，叶齿锐、中、中，叶脉7~9对，叶背主脉中毛，

附2图7 沙耶武里茶树和叶片（丁云春 2017）

叶柄少毛，质较薄软。花梗无毛，萼片5个、长宽0.3cm×0.3cm，萼片外无毛、内多毛。花小，花冠直径1.7~2.0cm，花瓣5~6枚、无毛、质薄，子房毛特多、3（2）室，花柱先端3（2）浅裂或微裂，花柱长0.5cm、粗0.4mm，花柱无毛。（2014）

附2 图8-1　博胶省大茶树1　　　　附2 图8-2　博胶省大茶树2　　　　附2 图8-3　博胶省大茶树3

附2 图9　川圹省茶树及枝叶，树高约20m，干径约75cm（陈小双，2016）

附2 图10　位于缅甸和中国西双版纳边境的老挝博胶省会晒茶树芽叶和果实（杨显鸿，2014）

附3　缅甸古茶树

缅甸联邦（以下简称缅甸）古茶树主要分布在与中国和老挝交界的掸邦，境内有零星生长的高大乔木和小乔木茶树。缅甸北部属于山茶属现代分化中心的范围。

缅1. 孟拉大茶树 Mengla dachashu（*C. taliensis*）

产缅甸掸邦孟拉（邻近中国勐海打洛）。树高约 12m，根颈部直径约 1m，树姿直立，分枝较稀。嫩枝无毛。芽叶有毛。大叶，叶长宽 12.4cm×4.5cm，叶长椭圆形，叶色绿，叶背面淡绿色，叶身平，叶面稍隆起，叶尖渐尖，叶齿锐、中、浅，叶缘 1/3 无齿，叶柄无毛，叶背主脉无毛。萼片 5 个，无毛。

附3图1　移栽的孟拉大茶树基部和枝叶（2015）

花冠直径 5.4~6.4cm，最大花冠直径 6.8~7.0cm，花瓣 9~12 枚，子房多毛、5 室，花柱先端 5 裂，花柱长 1.0~2.1cm。枝条有腥臭味。

缅2. 龙潭大茶树 Longtan dachashu（*C. sp.*）

产缅甸掸邦孟毛（冒）龙潭。树高约 18m，干径约 85cm。

附3图2　龙潭大茶树
（赵松成，2014）

附3图3　龙潭大茶树搭固定木梯采茶
（赵松成，2014）

附4 云南茶树种质资源考察散记

云南是植物王国，也是茶树王国，茶树种质资源的多样性举世闻名。20世纪80年代初农业部要求将云南的茶树品种资源进行普查，为制定茶叶生产规划、振兴茶产业提供基础资料。在云南省农业厅、省外贸厅和云南省农业科学院的领导下，由中国农科院茶叶研究所和云南省农科院茶叶研究所科技人员以及地（州、市）业务部门组成的考察队，从1981年起历时4年对全省的15个地（州、市）61个县的茶树资源进行了考察和征集。考察队多次跋涉在高黎贡山、无量山、哀牢山、乌蒙山间。他们本着"路漫漫其修远兮，吾将上下而求索"的精神，风餐露宿，历尽艰险，为摸清云南茶树资源的家底做出了贡献。三十多年过去了，他们中有的已作古，有些已是耄耋之年，多数是年过半百。为了铭记他们的业绩，让后人了解到云南茶资源的奥秘，特将考察片断整理成散记。文章以实写景，以景叙茶，以茶寓意，读来耐人寻味。

在高黎贡山的密林中

高黎贡山是横断山脉西缘的主体，横亘于中缅边境。山势高矗，山川相依，怒江、澜沧江相间排列，奔腾南下。1981年10月10日早饭后，由保山地区农业局王国荣同志率领，每人带上二个馒头，由腾冲县固永公社副主任、全国民兵英雄、傈僳族同胞蔡大双带往灯草坝。一路上梯田层层，稻浪起伏。一个多小时后，便进入人迹罕至的原始森林，这里古树参天，树木葱郁，路狭坡陡，光线黯淡。老蔡不时用户撒刀（滇西一带村民常用的柴刀）"披荆斩棘"，后来连路都消失了，大家只得沿山溪涉水而上。傈僳族同胞吃苦耐劳，爬山如履平地，尽管我们走得气喘吁吁，还不时掉队。时过中午，进入密林深处，这时已陆续发现有零星的野生茶树：小乔木树型，叶片卵圆，叶尖尾尖，叶面平滑，革质泛光，嫩枝、鳞片、叶背、萼片、花瓣均无毛，唯子房有毛，花柱5裂，这是在原始森林中第一次见到的大理茶（C.taliensis）。大理茶是W.W.Smith在1917年将大理感通寺的茶树作为模式标本来定名的，实际上，它的主要分布地是在怒江、澜沧江流域的腾冲、龙陵、昌宁、凤庆、永德、镇康、双江等哀牢山、元江以西的二十多个县，在滇西统称荒野茶或报洪茶。在五六十年代茶叶紧缺时，大理茶都由下关茶厂加工成边销茶销往康藏等地，近年来已很少采制，但当地群众和驻边部队仍在饮用。不过，村民饮用时先将茶叶用火烤过，或者用含有石灰汁的水泡饮，据说这样不会肚痛。

据县外贸局张副局长说，20世纪50年代初期省里曾提出"砍掉一株报洪茶，扩种勐库种，等于杀死一个美国佬"，意在推广良种。难怪在林中不时见到被砍倒的茶树。正当大家为这些大理茶的未来担心时，县农业局的邓永流同志捡来了一些茶花和果实：花冠直径达13cm，花瓣数多，瓦状排列，瓣质如绢，嫩如凝脂，子房披毛，柱头微裂；我们跟着老邓来到树下，举头仰望，只见树干挺拔，树梢高插林层，唯不见叶片，还是向导上树采来了枝叶，经鉴定是大头茶 [*Polyspora axillaris*（Roxb）Sweet]。大头茶与大理茶虽一字之差，但却是同科不同属的植物（大头茶属大头茶属），一般生长在海拔 1800m 以上的高山上，含有较多的酚酸物质（如五倍子酸），咖啡碱含量极少，不能饮用。但树干高大挺拔，花瓣如凝脂，果形像橄榄，种子细小有翅，在山茶科植物中绝无仅有的，所以我们照例采了种子、穗条和标本。如今，当年用扦插苗种在勐海国家种质大叶茶树资源圃的大头茶已成参天大树了。

在林中三个多小时瞬息而过。因天色渐暗，便折回返程。说来也怪，来时是艳阳天，去时却是雨声渐沥了，县茶叶站的马兆铭同志说，这是下的"森林雨"，出了林子就晴了。果真其然，林外依旧是碧空万里。

晚上，县城恰巧有傈僳族同胞"上刀山下火海"的技艺表演，大家不顾一天的劳累前去观看。只见广场中间竖着十多米高的木梯，梯子的横档全是闪闪发亮刀口向上的户撒刀，一位傈僳族壮汉光着脚板，踩着刀刃，一步一步爬到梯顶，在高空做了几个翻滚动作后仍踩着刀口返回地面，脚板底居然没有一丝刀伤，直看得我们目瞪口呆。更令人心惊肉跳的是，一位五十多岁的老汉领着技艺队的成员光着脚从熊熊燃烧的火塘里蹚过去，并用双手捧起一把红红的炭火洗脸，也居然毫发无损。这个"上刀山下火海"完全是真实的表演，我们无法知道是否内藏玄机，但有一点是肯定的，傈僳族同胞长期的山野生活，练就了一副刚强的体魄和无畏的精神。

初识文家塘

汽车沿着蜿蜒的腾保公路行进着。这儿是高黎贡山的腹地，主峰高达 3570m，沿途只见翠峰叠嶂，涧幽谷深。汽车时而依山盘旋而上，时而下到深邃的谷地，不到三小时来到了海拔 2035m 的大蒿坪，小憩后即徒步向腾冲县上云公社文家塘进发。一路上，古木参天，爽气袭人。

文家塘坐落在海拔 1780m 的缓坡上，是只有几户人家的小寨子。在村寨周围散落着数十株大茶树，说是人工栽培，但是野藤缠蔓，如是荒野茶，却是有行有矩。据茶主人说，每年采三季茶，大的一株可采制三五斤干茶，她还沏了一壶当年的春茶供大家品饮，尽管火功略高，但滋味醇厚，回味隽永。鲜叶经轻轻揉搓，顷刻叶缘泛红，茶香四溢，发酵性很强。县茶叶站的屠宪章同志询问茶的来源，可说法不一，年长者说，是早年从六大茶山（今勐腊、景洪一带）带来的，另一说是做生意的人从缅甸引进的，故又叫"缅甸大山茶"。我们选了最大的一株进行了观察：树高 9m，干径 46.5cm，叶长 20cm 左右，叶面隆起，芽叶黄绿色，芽毛如绒，花冠较小，子房有毛，花柱 3 裂，是典型的"云南大叶茶"，在分类上属普洱茶（*C. sinensis* var. *assamica*）。据"七五"期间对其系统鉴定，水浸出物高达 53.81%，茶多酚 27.9%，咖啡碱 4.89%，儿茶素总量 17.86%（其中 EGCG11.33%），制红茶滋味浓强，被评定为优质茶资源——这是后话。

从文家塘返回大蒿坪林的路上，在一堵断垣边长着几十株两米多高，叶长 7~9cm 的灌木小叶茶，显然是原房主人种的。在到处都是生长乔木大茶树的地方乍看到小叶茶反觉新鲜。不过从以后的考察可知，灌木小叶茶在云南产茶县都有所见，通常叫小丛茶、细叶子茶。它们或与乔木大叶茶混生，或是零星生长。有人说，灌木小叶茶到南方热带地区会变成乔木大叶，这全是妄加推测，毫无根据，灌木变乔木，这是进化上的逆转，根本不可能的。

回到大蒿坪林场营地夜幕已降临，由于海拔高，寒气袭人。除了几辆过往汽车和远处的狗吠声外，周围寂静得令人悚然，大家整理好纪录，压制好标本后也就早早休息了。

专访"日本茶"

龙陵是滇西有名的雨区，虽已进入 10 月，雨还是下得人心烦意乱。1981 年 10 月 14 日天空难得放晴，饭后即由县外贸局弄了一辆丰田货车由县农业局黄文商同志带我们前往赧场戴家坡考察"日本茶"。在龙陵有"日本茶"[另一地在勐冒公社绕廊大队（现属龙新乡）]，大家不免感到奇怪，都想看个究竟，恰巧公社茶叶专管员戴得彩同志在场，请他作了介绍。原来，二次大战期间，日本为实现全面侵占我国的野心，一面从正面战场推进，一面从缅甸包抄滇西，龙陵便是最早受其侵害的县之一。现今沿着滇缅公路从黄草坝到大坝茶厂一带都是当时的战场。只是由于中国军民的浴血奋战和怒江天堑的阻挡，才使日军举步维艰。怒江在龙陵段并不开阔，江水表面平静，但江底水流湍急，犹如千军万马。据说日军用了五十辆装满石块的汽车填江，都被冲得无影无踪。中日双方隔江对峙数年。也许出于侵华日军的饮茶需要或其他目的，1943 年日军从缅甸带来了茶籽强迫群众栽种，每户分得一碗，戴家坡这八九株茶树就是戴得彩亲自种的，那时他才十二岁，今已五十挂零了，从树龄看也大体相符。茶树小乔木型，高 2~3m，干围 20cm 左右，叶色绿黄，嫩芽绿带微红、多毛，花瓣白中带绿，瓣形如梅，子房多毛，花柱 3 裂。蒴果蟠桃形或肾形，制红、绿茶品质皆优。显然，这与云南广泛栽培的"云南大叶茶"很相似。

在龙陵县的龙山公社茶园坡、平达公社的小新寨、腾冲县上云公社文家塘、梁河县卡子公社白马头寨、潞西县中山公社官寨都有 "缅甸大山茶"，其形态特征与"日本茶"和双江勐库大叶茶相似，也可能都是从缅甸过来的，叫法不同而已，属普洱茶种。令人困惑的是不论"日本茶"或"缅甸大山茶"其原产何地，是否"出口转内销"，滇西有否原生的栽培大叶茶？自然一时无法考证清楚。不过，由此看出，普洱茶已是广泛栽培的种了。

瑞丽江畔的白茶、青茶和黑茶

"我住江之头，君住江之尾 ……"，陈毅元帅一首脍炙人口的诗使人们对边境小县瑞丽十分向往，再据德宏州外贸局郭少剑同志说瑞丽产有白茶、青茶和黑茶，更显得有点

神秘，所以，我们在结束了龙陵等地的考察后便直驱南下。车出了潞西坝后三小时便到了
畹町镇。畹町镇小名气大，一它是著名滇缅公路的终点，二是畹町大米名扬天下。镇上有
几十家商铺，两条街道十字形交叉，镇南有一十几米宽的界桥，桥畔设有海关和边防站，
不过，街上行人并不多，商贸气氛也不浓厚。过了畹町镇，公路两边只见绵延不断的甘蔗
园和稻田，傣族竹楼错落有致地点缀其中，楼舍与凤尾竹、芭蕉、椰子树浑然一体，勾勒
出一幅幅旖旎的南国田园景色，让我们这些 "北方人" 陶醉其间。1981 年 10 月 25 日我
们终于来到了中缅界河——瑞丽江。江宽不到 1km，水流湍急，隔江可望见缅甸南坎渡口
几幢铁皮小屋，几个 "胞波" 少女正在水中嬉戏；一只只乌篷小船满载着牛皮、木棉、米
干等从对岸划来，接着又从我方运去球鞋、棉布、电池等日用品。据县外贸站小罗（景颇
族）说，两国边民可自由往来，互通货币。

缅方有时也将茶叶运到这边投售，不过，
他们的茶叶是用开水煮沸过后再揉捻、
晒干而成的。用开水 "烫青" 是缅甸人
的加工方法，但茶叶色泽黝黑，少见白
毫，香气较低沉。

瑞丽地势低平，县城海拔 776m，气
候炎热，阳光充足，年平均气温高达
20℃，常年不见霜雪，特别适合橡胶、
咖啡、胡椒、砂仁等热带作物生长。可
山区也非常适宜栽培茶树。但因可种植
作物种类多，劳动力不足，茶叶成不了

附 4 图 1　在瑞丽江畔（1981）

重点产业，所见茶园都是历史上留下的，年产量仅 300 担左右，在全省显得无足轻重。据
调查，这些老茶园的品种还是早年从昌宁、临沧等地引进的，因芽叶毛多，制成的茶叶满
披白毫，故称 "白茶"，以有别于当地的 "青茶" 和 "黑茶"。

10 月 26 日前往 "青茶" 和 "黑茶" 的主产地弄岛公社等嘎大队。从弄岛到等嘎有 20
多 km，道路崎岖，人烟稀少，沿途是茂密的灌木林，偶见几株高大挺拔开着白花的大理茶。
下车后又步行 4km 才到达海拔 1100m 的满寨村。这里是景颇族聚居区，因此，小罗又充
当了翻译。在坡顶草屋旁我们找到了两株 "青茶"，大的一株高 5m，干径 43cm，芽叶茸
毛较多，花冠很小，约 2cm 左右，花瓣 6~8 片，子房无毛（秃房），柱头 3 裂，蒴果三球形，
果皮薄。后来，向导又把我们带到紧邻中缅边境的腊毛朵村看 "黑茶"，从茶树形态特征
看 "黑茶" 与 "青茶" 并无大的区别，但萼片、子房、芽叶和叶背都无茸毛。由于芽叶无
毛制成的晒青茶色泽更显黑润，故叫 "黑茶"；"青茶" 由于芽叶有白毫衬托，晒青茶稍
显青绿，故名。这些都是从制成的茶叶色泽来分的，实际上 "青茶" 和 "黑茶" 在分类上
都属于德宏茶（C. dehungensis）—— 1982 年张宏达根据其果的形态和果皮薄的特征而有别

于川、黔的秃房茶（*C. gymnogyna*），再由于首次在德宏州发现，遂定名为德宏茶新种，1992 年的闵天禄和 1998 年的张宏达在茶组植物的修订中都保留了德宏茶种。

据腊毛朵村民说，这里的茶树是早年崩龙族（德昂族的原称）所栽的。据《云南各族古代史略》载："崩龙族和布朗族统称朴子族，善种木棉和茶树。"还有资料称"崩龙族和布朗族是云南最早的土著人——濮人"。濮人原来居住在元江一带，后逐渐南迁，汉晋时已散居到现今的德宏、保山、临沧、西双版纳等地。在崩龙族居住过的地方都长有茶树，说明他们是最早栽培利用野生茶树的民族。由此看来，"濮人是云南种茶的祖先"的论点是有根据的。

众所周知，茶树的原产地在国际上已争论了一个多世纪了，它不只是个学术问题，而且还是个民族自豪感问题，因发现和利用茶树是对全人类的贡献。所以在这里，还得讲讲云南景颇族与印度阿萨姆茶的渊源关系。2005 年 3 月 20 日在"中日茶起源研讨会"上，日本著名学者松下智先生认为茶树原产地在云南的南部，并断然否认印度阿萨姆的萨地亚（Sadiya）是茶树的原产地。20 世纪六七十年代以及 2002 年松下智先生先后 5 次到印度阿萨姆地区考察，未发现当地有野生大茶树，而栽培茶树的特征特性与"云南大叶茶"相同，属于普洱茶变种。更使人惊

附 4 图 2　印度阿萨姆景颇族乡民（右面 2 人）煨茶水（松下智，2004）

讶的是，他认为阿萨姆栽培的茶种是早年景颇族人从云南带去的。原来伊洛瓦底江上游的江心坡地带（与今云南怒江州接壤），在中缅边境调整前属于中国，当时从云南到印度不需要经过第三国或绕道西藏，且印度阿萨姆的萨地亚离云南西北部最近，景颇族又主要居住在滇西一带，这样景颇族的迁徙完全是有可能的；第二，现今阿萨姆地区从事茶树种植业的乡民多为景颇族，他们仍保留着云南景颇族的民居和着装，尤其是饮竹筒茶的方式与云南一样（松下智先生 13 次到过云南，1995 年到了德宏傣族景颇族自治州）；第三，当地居民亦有着嚼槟榔的习惯，而嚼槟榔是景颇族的一种嗜好，且竹筒茶与嚼槟榔还有着密切关系。由此，他推断印度阿萨姆的景颇族和茶树都是与云南同宗同种的。松下智先生坦诚、正直的观点，受到与会者的一致赞同。

凤庆茶香（乡）

人们一喝到红茶就想到滇红，一谈到滇红就想起凤庆了。凤庆红茶以其金毫润身、汤色红艳、香气浓爽、茶味隽永闻名遐迩。我们到凤庆考察已是 1981 年深秋了。来到茶乡真有宾至如归的感觉。热情的李副县长和凤庆茶厂黄方文厂长，不仅介绍了县茶叶生产情

况，还帮助制定考察路线，亲自带队下乡。

凤庆县 54 万亩耕地中，茶园占有 13.8 万亩，其中投产茶园 9.2 万亩，年产量近 6 万担，全县 60% 的财税收入来自茶叶，可见茶叶生产在国民经济中的地位。当车行驶在凤山公社安石一带时，如置身于茶海之中，真有"山叠山来山接天，千亩茶园插云间，举首眺望黑山顶，错把茶姑当天仙"之感。

凤庆县位于无量山西，澜沧江横贯其东北部，属南亚热带和中亚热带季风气候，冬无寒冷，夏无高温，全年平均温度 16.5℃，各月平均温度都在 10℃ 以上；春季回暖早，阳光充足，热量丰富，夏季雨水丰沛，6~8 月温度平稳，常年保持在 20.6~20.8℃ 之间，是典型的"四季如春"的气候。茶园大都处在海拔 2000m 左右的高山上，在栽培茶园的平均高度方面可谓是全省之最了。山高，空气洁净，多漫射光，土壤有机质丰富，使光合作用平缓地进行，形成和积累更多的茶多酚、氨基酸、咖啡碱、维生素、芳香物质，这是形成优质红茶的有利条件。

凤庆红茶天下誉还有一个主要原因是有优良的品种——凤庆大叶茶。其形态特征与勐库大叶茶相似，群体中包括黑大叶、长大叶、卵状大叶、筒状大叶、枇杷状叶等多种类型，据安石村村民说，这里的茶树品种是上代从勐库带来的，当初叫原头子茶（意即从勐库进来的原种），年代久了，后人遂称作凤庆大叶茶，1985 年与勐库大叶茶、勐海大叶茶一起被认定为国家品种。

凤庆大叶茶群体中有许多优良的单株，为选育新品种提供了丰富的材料，1978 年县茶厂成立了茶叶试验站，已从本地资源中选育了凤庆 1、3、8、9、11 号，清水 3 号、奶油香茶等单株。其中的凤庆 8 号制红碎茶具有肯尼亚茶的风格；清水 3 号是高香型茶；奶油香茶据说有奶油香味。为识"庐山真面目"，11 月 15 日我们跟着茶试站的郭文顺同志赴产地清水村调查。清水是大寺公社一个以茶为主的山村，离县城二十多公里，海拔 1980m，这里云雾缭绕、树木葱郁。在一池塘边生长着一株树高 6.3m，干径 28cm，叶长在 15~18cm 的茶树，这就是奶油香茶。其貌虽不扬，但制成的红碎茶，确是汤色红亮，香气高锐，滋味浓爽，可并无明显的奶香之感。

附 4 图 3　香竹箐大茶树当茶祖祭祀（2006）

凤庆也是大理茶的自然分布区。11 月 13 日我们来到了凤庆与永德两县交界的郭大寨公社。这里山大地广，虽见不到栽培茶园，但有零星的野生大茶树。其中最大的一株是琼英大队老李寨的群英大茶树，树高 7.9m，干径 47cm，已生长 180 多年，属大理茶，2013

因修路被砍伐。

凤庆县在 20 世纪八九十年代野生茶树补充调查中，又相继在腰街镇和小湾镇发现了本山大茶树（*C. taliensis*）和香竹箐大茶树，前者高 15m，干径 1.15m，可惜于 1999 年自然死亡；香竹箐大茶树高 9.3m，基部干径 1.85m，基部有 12 个分枝，当地当作"茶王树"祭祀，每年都要杀猪斩鸡，顶礼膜拜。

在凤山安石的大浪坝、中村岗等地还生长着一种伊洛瓦底茶（*C. illawadiensis*，又称滇缅茶），其主要形态特征与大理茶相似，唯芽叶、鳞片、嫩枝、叶片披毛而有别于大理茶。1992 年中国科学院昆明植物研究所闵天禄，1998 年中山大学张宏达在茶组植物的修订中都归并到大理茶中。所以，凤庆的茶组植物主要有五柱茶、大理茶、普洱茶和茶 4 个种。

郭大寨公社是彝族支系俐米人的聚居区之一。俐米人好茶嗜酒，饮茶是他们的重要生活内容，方式有古老的"百抖茶"和家家都饮的"竹筒雷响茶"。因时间紧，我们无法领略这两种茶的炮制方法和茶的品味。不过，却意外地见到了俐米人的婚礼茶。原来，在公社驻地有一农户正好娶儿媳，晚饭后公社干部拉着我们去看婚礼。主人见我们是远方客人，忙着给每人端上一碗"甜茶"——绿茶中加炒熟的核桃肉、花生、芝麻和红糖等，虽香味四逸，但茶味甜中带涩。据介绍，俐米人的婚礼茶有三道，当新娘迎进门后先后泡上"竹筒雷响茶""甜茶"和"竹叶水茶"，寓意同甘共苦，先苦后甜。我们自然是享受"甜茶"的礼遇了。

云县大苞茶

苞片是茶树上最不惹人注意的花器官组成部分，因在花蕾开放前早就掉落，所以很少见到它，可在云县茶房公社李家村就偶见一株苞片不落的大茶树。

云县在 1949 年前是有名的瘴区，也是滇红盛产地之一。茶房公社是云县的重点产茶区，满眼望去，层层梯地，尽是茶园。可在那特殊的年代，由于需解决温饱问题，过度开荒种粮，植被破坏严重，水土大量流失。沿途只见溪水浑如泥浆，塌方时有发生。

1981 年 11 月 18 日由县外贸局杨荣华、茶房公社茶叶站盛彭祥同志带我们来到了海拔 1805m 的李家村，只见地坎边长着一株树高 12.1m，树幅 5.0m，干径 67.0cm 的大茶树，枝干挺拔，长势遒劲。叶长在 12~16cm，花径在 4.3 ~4.7cm，子房无毛，柱头 4~5 裂，花梗带有 2 对长 6~7mm 的苞片，少有结果。据张宏达研究，苞片与萼片的分化是茶亚属与山茶亚属的显著区别，也是茶亚属植物进化程度的重要标志。像李家村这株苞片完全宿存的茶树实属罕见，故张宏达定名为大苞茶新种（*Camellia grandibracteata* sp.nov）。不过，在群众缺乏保护意识和乱砍滥伐的年代，大家不免为这株珍稀大茶树的命运担忧。果然，17 年后的 1998 年因梯坎坍塌无人维护而死亡，大苞茶的活体种质从此丢失。

在大苞茶周围除了一二株茶树外，别无其他茶树。为了扩大考察范围，我们又采访了村民李友才，他说，小时候周围有许多茶树，只是有的被砍掉了，有的自己枯死的。说着领我们到一里开外的何家村麦地里，这里原有一株大茶树，树冠就占地半亩多，因妨害粮食作物生长，1976 年被当成"资本主义尾巴"割掉了。事隔 5 年多，我们还见到地里留有直径 76cm 的残桩，估计树高在 10m 以上。就这样，这些古茶树在人们的活动范围内正在日趋消失。

老山茶

　　一提到"老山"谁都知道那里发生过"老山战役"，但不会注意老山茶树。1982 年 10 月我们来到文山壮族自治州的麻栗坡县。麻栗坡是个边境小县，名不见经传。1979 年对越自卫反击战中著名的"老山战役"和"扣林山战役"都在县境发生，为此，麻栗坡才成了国人关注的地方。我们来到时，硝烟已散去，生活和生产活动都有条不紊地进行着，显得十分安谧，但因县城处在越方炮火射程范围之内，基本建设都处于停顿状态。麻栗坡的茶树主要生长在中越边境一带，由于战事已息，我们决定前往坝子公社（现为猛硐瑶族乡坝子村）考察。

　　10 月 19 日，吉普车沿着崎岖的山岭奔驰着。快临近公社时，只见军车穿梭往来，军用帐篷星罗棋布，部队正在紧张地进行操练，气氛与县城迥然不同。县外贸站的老李指着对面的一块高地说，"那里就是老山战场，由于我军智勇双全，速战速决，一举夺回被敌人占领的高地，才使边境老百姓得以安宁。"我们伫立远望，只见山脊后面已盖起了新的楼房，一条新的公路蜿蜒地通往军营。午饭后我们即驱车去铜塔大队，下车步行一个多小时便到达目的地——小南坪哨所。哨所是最前沿的监视哨，设在山巅，与越方山头遥遥相望，空间距离约 5km。山间有一宽数百米的坝子，坝子内的耕田大多荒芜，有的虽已种了作物，到收割时还需要武装保护。对边山麓有一村寨，居住着我方几户边民，现已人走楼空，寨子旁长着的茂密茶树亦无人过问。据老李说，那里有一千多亩茶园，往年每年可收几百担茶叶，现在是片叶不能采。坝子那边的茶园是可望而不可及，我们只得到哨所背后的坡下茶园调查。路上向导一再叮嘱，要跟着他的脚印走，因周围布有地雷，常有耕牛吃草被误炸之事，我们自然不敢"越雷池一步"。这一坡地有三四十亩茶园，是早年瑶胞所栽，树龄约百年左右，单株种植，行株距 4~5m，

附 4 图 4 · 老山一带的散生茶园

小乔木型，树高 3~4m，树干粗 20~30cm，树冠多成平顶状，叶长 12~18cm，茸毛特多。它与"云南大叶茶"的最大区别是花小、花瓣和萼片均有毛，在分类上属于白毛茶（*Camellia sinensis* var. *pubilimba*）。白毛茶主要分布在云南省的文山州和广西壮族自治区的中西部，最典型的是广南县的底圩茶和凌云县的凌云白毛茶。底圩茶据说是从九龙山挖苗所栽，当地制成的茶叶叫"竹筒茶"，即把晒青茶与糯米一起蒸，再装在竹筒中压实和烘干，具有茶香和甘糯味，别有风格。不过，麻栗坡的白毛茶用来制作最初级的大叶晒青茶。

众所周知，动植物的自然分布是没有国界的，西双版纳保护区的大象从来都是自由出入境的。与麻栗坡山水相连的越南是否也有白毛茶？这个疑问直到26年后才有所明了。原来，笔者应越南北方农林科学院之邀，于2008年10月1日到越南河江省河江市方渡乡那他村做了考察。该地海拔600m，到越方清水口岸（对面就是麻栗坡天保口岸）约半小时车程，与我方坝子白毛茶产地直线距离不到40km。茶树零星生长在房前寨后，以后山坡较多，没有株行距，树龄约百年左右。从树型、树冠形状、叶片大小和芽叶色泽等看，与麻栗坡白毛茶很相似，但花较大、花瓣、萼片均无毛，属普洱茶种，显然与麻栗坡白毛茶不是"同种同祖"，村长黎文平（交族，四十岁左右）也不清楚当地茶树的来源。不过，采制方法却与坝子白毛茶大同小异，晒青茶显得粗大黝黑，口味没有"云南大叶茶"浓厚。

在河江市近郊顺便参观了成山茶叶公司绿茶厂，据老板语学成说，这里山上的大茶树很多，制茶品质好，成品茶多数卖给中国。说着领我们看了茶树锯板，说这还不是最大的，不过，也有一百多年树龄了。

产金产茶的老君山

据说"老君山"原叫"老金山"，意出产金子的山。金山易为人垂涎，抢挖金子，故后改名"老君山"。在麻栗坡、文山、马关等县都有老君山。老君山有色金属极为丰富，除金矿外，还有锑、钨、铜、锡等18种矿产，所以，滇东南一带是我国有色金属最重要的产地之一。麻栗坡老君山位于与马关县交界的一片原始林中。1982年10月21日我们的吉普车在南温河大队洗矿场停下，从这里到老君山林场有二十多千米，大家分担行包后步行到林场宿夜。场里的职工说，山中野茶很多，以往每年都派人上山采茶，1974年曾采制了24担干茶。但山高路远，很易迷路。林场对我们的考察很支持，特地派了职工带领上山。

次日晨从林场出发。场部的海拔1300m，四周的山坡上长着挺拔的松、杉、八角等树，林下还长着一种叫"草果"的香料作物。山路蜿蜒坡缓，走来尚不觉吃力，但进入1700m以上的密林后就无路可循了。林中阴湿朦胧，参天的乔木大树上满是藤萝缠绕，树皮长满胡衣植物，地上枯枝落叶足有尺厚。这里的植物种类很多，有高5~6m，茎粗10~20cm的大叶杜鹃，有粗2~3cm的刺竹。刺竹的垂直分布带非常明显，在海拔1700~2000m上下，就难见到。老陈是林场老技工，五十多岁，对树种非常熟悉，他一路披荆斩棘，为大家带路。忽然，林中响起了雨滴声，老陈说，"不要紧，这里下雨，下面不一定有雨"，原来我们又一次碰到了"森林雨"。随着向前推进，遇到了一堵必须跨越的嶙峋山岩。大家照老陈样抓藤攀枝，但时不时还是有人摔倒，有的滑到几米远开外，小矣打了补丁的裤子又开了天窗（那时没有专用考察服）。就这样艰难地走着，直到在 1900m 处的栎树和杜鹃树间发现了几朵茶花，好像看到了曙光。仰望这株大茶树，高 15m，胸围 1.08m，最低分枝高 7m，下部枝干光秃。正当在为如何上树采摘枝叶花果标本发愁时，场里的小何把鞋一脱，双手抱着树干，猫着腰，左右脚一伸一缩，瞬间就爬到十多米高的树顶采回了标本。林中的野茶呈零星分布，但开花的多，结果的少，叶长在 15~18cm，花瓣 10~13 瓣，花冠直径 6~7cm，萼片和子房都无毛，柱头 5 裂，果柿形，果径 4~6cm，果皮厚，经后来鉴定是属于广西茶种（C. kwangsiensis）。该种主要分布在广西的田林和云南的西畴等地，在进化上是最原始的种之一，这次在老君山发现颇有意外，对研究茶树的起源传播非常有价值。在整理标本时老王在周围草丛中偶尔发现了许多果皮被咬破的茶果，据说是猴子咬的，这样，我们无意间找到了猴子传播茶树的证据——猴子采茶果，咬一个，丢一个，就这样扩大了茶树的传播范围。

文山州农业局王本中同志认为，离广西很远的麻栗坡有广西茶，那紧邻的广南县就更多了。1982 年 10 月 26 日他带我们来到了广南县珠街公社沙路冲，先看一种当地群众走亲戚从广西带来的茶。茶树不高，但叶片强隆起，叶质薄，叶色暗绿，花小，萼片多毛——是典型的凌云白毛茶品种，邻县的广西西林古障镇是主产地之一，如前所述，在分类上属于白毛茶种。

据说，沙路冲原先生长着很多野生茶和滇山茶（C. reticulata），现几近灭绝。我们随当地农民在山中找了许久，才找到几株茶苗。为种粮食作物，原先连绵起伏的森林已开垦殆尽，只见几株稀疏的灌木随风摇曳，好像在哭诉着人们对大自然的践踏。后来在一郭姓家的菜园里见到了一株三米多高的茶树，其性状颇特殊：叶尖尾尖，嫩芽、鳞片、花瓣和萼片全都披着浓密的茸毛，苞片宿存，花冠直径在 4.5~6.5cm，花瓣 9~11 瓣，子房无毛，柱头 5 裂，果扁球形，果皮厚 3~6mm，种径 1.7~2.0cm。这茶与广西茶虽都是秃房，但有很多不同。遂后在黑支果公社牡宜花果大箐中又发现了同样特征的野生茶。后经张宏达鉴定，定名为广南茶新种（C. kwangnanica）。它与广西茶一样，在进化上同属最原始的种之一。据群众说，过去大箐里野茶很多，每年有几千斤干茶可采，现在随着森林的砍伐，只有到海拔 1700m 的深山里去找了。

在"一鸡叫三省"的地方

从昆明到昭通 450km，客车行程三天。在省城就听说，昭通山大谷深，地势险峻，交通十分不便。1983 年 9 月 24 日从昆明出发，第一晚宿东川区，第二天车行不久便翻越海拔 3300m 的大海梁子。举目四望，果真周围悬崖摩天，峰壁直立，远山近景，时隐时现。当晚，客车在牛栏江边的江底村再次过夜。这是一个只有二三十户人家的小村镇，牛栏江从村边咆哮而过，两岸高山夹峙，长空成了"一线天"。别看这里偏僻闭塞，但民风诚朴，

424

客车在无人值守的村外过夜，行李无一丢失，这不禁让我们对这里的民众怀有几分敬意。

9月30日昭通地区何克文副专员召集了有地区外贸局李局长、科委焦主任、农业局多种经营办公室夏主任等参加的考察工作会议，专门为我们制定考察计划和路线。据介绍，昭通地区11个县有7个县产茶，有茶园五万二千多亩，主要生产红茶、晒青茶和南路边茶，产量近一万担，其中细茶不到一半。大关翠华茶、盐津石缸茶为云南历史名茶。翠华茶产大关翠华寺，又称"金耳环"茶，已有五百多年历史，历来为朝廷贡茶和佛家朝拜峨眉寺的珍品。据1921年《大关县志》载，在巴拿马赛会上曾获得二等商标。石缸茶在1949年前负有盛名，自然品质好，但由于制作方法失传，现已名存实亡。昭通栽培的大都是本地或外地的中小叶品种，然而，在威信、绥江、镇雄、盐津、彝良、大关等地也不断发现有野生型大茶树。

10月8日我们来到了云南最东端的威信县。这里北邻四川的筠连、叙永，南接贵州的毕节、大方，是个"一鸡叫三省"的地方，红军四渡赤水河便源出于此。县城扎西是1935年红军长征经过的地方，城东北建有扎西会议纪念馆，山坡上耸立着红军纪念碑。我们来到后自然先要去瞻仰了。

根据马副县长的安排，与昭通地区外贸局李绍林和县外贸站刘明星同志先去旧城公社（现旧城镇）印坝茶场调查茶叶生产情况。据茶叶站张晟宣同志介绍，该场是1975年公社办的，有专营林900亩，茶园285亩。别看这里山冈起伏，山坡陡峭，但见山峦叠翠，树木葱茏，层层茶园，枝盛叶茂。可前几年由于经营不善，劳力缺乏（全场才8名工人），茶园荒芜，采制粗放，茶叶平均每斤只有8角钱。1982年后由于落实了责任制，情况大变，茶园一派生机。主要栽培品种有昭通苔茶和1977年从广西引进的南山白毛茶。后者虽长势不差于苔茶，但持嫩性差，分枝少，产量较低，场员说，相比之下，还是苔茶好。原来，云南在1975年前后茶叶大发展期间，昭通和曲靖地区曾从广西、湖南和浙江调入大量茶籽，种植表明，这种舍近求远的做法未必可取，一是耗资费力，二是品种的适应性和适制性不一定符合要求。第二天我们还在海拔一千一百多米的天星茶场看到了早年从双江、临沧引进的"云南大叶茶"品种，由于气候不适合，试种3年后全部停植还林。

在去天星茶场途中，在天蓬村肖家湾见到了当地称作阳雀茶的苔子茶，其形态特征与绿茶区广泛栽培的中小叶种无异，可在一箭之遥的沙包湾生长着与之不同的野生茶树。

沙包湾坐落在陡峻的山坡上，只有三四户人家，村前是万丈深壑。在一乱石堆中散生着数株小乔木茶树，其中最大的一株树高4.4m，基部干径14.3cm，叶形如瓢，嫩叶叶背主侧脉微红，芽叶形态宛如福建红芽佛手；花萼及子房无毛，柱头3裂，花瓣9瓣；果小，皮厚1mm。其树姿、形态与邻近的四川古蔺黄荆大茶树、宜宾大茶树十分相似，但花器官子房无毛、花柱3裂被列入秃房茶（C. gymnogyna）。该种在绥江、镇雄、大关、盐津等地都有分布。绥江县板栗公社中坝村的一株乔木型大茶树，高17m，干径94.2cm，平均叶长17.3cm，可谓是滇东北的"茶树王"了。云南不分东南西北中，都产大茶树，这雄辩地证明，云南不愧为茶树王国。

旧城的南边是逶迤连绵的陡山，坡滑难行。10 月 11 日早饭后由县政府多办马廷光同志带领直插马安茶场，当我们赶到时日已中天了。场里员工把我们带到一坡边看几株自然生长的茶树，有一株树高 3.4m，叶大，子房有毛，柱头 3 裂，与茶（*C. sinensis*）相似，但花径 4.5~6.0cm，花瓣 7~11 瓣，果小皮薄，又显其差别。另一株树高 3.5m，嫩芽和鳞片中肋茸毛特多，叶大齿疏，齿距达 5~7mm，柱头以 5 裂为主，亦有 3、4 裂不等，子房无毛。因性状特殊，在分类时前者定名为大树茶新种（*C. arborescens*），后者定为疏齿茶新种（*C. remotiserrata*）。滇东北属乌蒙山系，除金沙江河谷段外，总的状况是热量不足，冬季寒冷，如威信县年平均温度只有 13.5℃，极端最低温度达 -9.8℃。这次在威信发现的 2 个新种，可能与茶树所处的特殊环境有关。

昭通地区是我国有名的高氟区，水和作物中氟的含量都较高，难怪男孩女娃多患有"氟斑牙"。县农业局黄锡佑局长坦言，威信的茶叶味浓耐泡，但茶树富集氟，喝茶会增加人体氟的积累，所以全县只有 4500 亩茶园，不敢多发展。黄局长的担忧不无道理。茶树是易吸收氟的植物，叶片中的氟含量为 32~390mg/kg，粗老叶中氟含量较高，有些高达 1000mg/kg。农业部规定的限量标准是 200mg/kg。氟极易溶于水，所以不宜长期饮用氟含量超过 600mg/kg 的茶，我国规定每人每天氟的摄入量不超过 4.0mg。由此看来，发展茶叶生产，也要科学规划，因地制宜。

盛产天麻的镇雄

镇雄是昭通地区面积最大人口超百万的县，也是昭通茶叶主产区，1974 年曾被列入全国一百个重点产茶县。茶园一般分布在海拔 800~1300m 的山地，1983 年有茶园一万三千多亩，但投产茶园只有五千亩，产茶不到一千二百担，平均亩产只有 12kg 左右。1983 年起，县政府又重视了这项产业，从资金、肥料上给予扶持，配备了 31 个茶叶辅导员，建立起茶叶承包生产责任制，实行任务、收入、奖励三挂钩。我们来到时，各地正在深挖施基肥。

镇雄虽然地处威信以南，但年平均降水量只有 923mm。茶资源虽不及威信多，但也有古茶树，以与彝良县交界的杉树公社的大保沟、官房、瓦桥、细沙大队以及罗坎公社大庙大队较多，当地称大树茶或"老人茶"，意与老人一样。10 月 16 日在县外贸站胡家权站长、谢兴福（考察队王平盛大学同窗）等同志的带领下，我们先到杉树公社的大保沟考察。据谢说，这是他 1977 年在大保沟办初制厂时发现的。该树长在河谷地，海拔 1025m，树高 8.7m，干径 42.0cm，平均叶长 19.4cm，在滇东北高寒地区有如此大的叶片，出乎意料。经鉴定，它的枝叶、花果与威信的沙包湾和绥江中坝村茶树一样，同属秃房茶种。谢说，这株茶一年可采制六八斤干茶。你别看叶大，与临沧、双江等地的大叶茶不一样，涩味重，口感差，所以没有繁殖推广，生产上主要种植中小叶群体品种——当地叫阳雀茶、圆茶、黑皮茶、甜茶、藤茶等。第三天我们来到五德公社大水沟村一个叫酸花岩的地方考察阳雀茶。这是典型的灌木小叶品种，在一农户家品饮了一下采制的绿茶，尽管采制粗劣，但茶味浓醇，具有云贵高原绿茶风格。

雨河公社北邻威信，山高林密，是天麻的自然产地。我们在考察完后，顺便访问了创业茶场。该场同样遇到资金、劳力不足，管理不善等问题，产量低，场员生活艰苦。我们来到时 位姓蒋的老员工正在吃饭，饭是煮洋芋，菜是辣子炒洋芋。他说，在六十年代三年困难期间，就连洋芋都吃不饱，大家只好到山里挖天麻当洋芋充饥。我们听了，大惑不解，野生天麻是珍贵药材，何不卖了再买粮食？对方说，这里野天麻很多，也不是很值钱，再说，当时普遍饥荒，顾肚子要紧。不过，事隔多年后，野生天麻成了珍贵药材。他们用天麻轧成颗粒与绿茶拌和制成保健"天麻茶"，我曾获赠饮。由于是机械混合，茶和天麻"各行其是"，未必能起到综合效果。

如果说威信有"氟害"，则镇雄有"硫害"。原来，镇雄盛产硫黄，在去伍德、杉树的路上，到处可见飘着黄烟的土窑和满公路奔跑的硫黄车，呛人眼鼻。据说硫黄是卖到四川宜宾等地作化工原料的。硫黄在开采和提炼过程中，对茶园造成严重污染，一是加剧土壤酸化，二是茶树叶面聚集的浮尘中的硫化物影响制茶品质。我们建议，制茶前最好先把鲜叶洗一下，以减少硫尘。谢答曰：茶叶从来无人洗，以后我们尽量在无硫区种茶。不过硫黄也有它的作用可以防治病虫害，固然，茶园及周围作物很少见病虫危害。

在黄泥河两岸

在结束了滇东北的考察后，考察队兵分两路，直驱曲靖和玉溪地区。

黄泥河是滇桂黔三省区的界河，富源、罗平和师宗县分别与贵州的盘县、兴义、广西的西林县接壤。建成于20世纪90年代的著名鲁布革水电站就在黄泥河上。

大凡茶产业与当地饮茶习惯有着密切关系。曲靖地区是云南重要的工业和煤炭基地，但与文山、红河州一样，饮茶习惯不像滇西那么浓厚，所以较少看到大片的栽培茶园，按胡泽会副专员的话说，曲靖地区八大产业中没有茶叶，主要是低温干旱不太适宜种茶，二是群众一般不喜欢喝茶，所以茶叶只要自给自足就行了，不过，自产茶还是保证不了每年一万五千担的消费量，还需从其他地州调进四五千担。但是在富源、师宗等县集中生长着茶树进化史上最原始的茶 —— 大厂茶（*C. tachangensis*）。

1983年10月20日与地区农业局徐广迪、吴兴朝，外贸局杜联国同志一起先来到富源县。这里属于乌蒙山系，山体已明显低缓，南部的十八连山是自然保护区。野生茶树主要分布在东西长7km，南北宽3.25km的黄泥河公社的嘎拉、普克营、细冲、鲁依，十八连山公社的岔河、阿南和老厂公社的老厂等大队。10月24日在县茶桑站张升权站长等的带领下来到黄泥河公社普克营村一个叫上大洞的地方。大队罗书记介绍说，从上大洞到安阳沟都有大树茶，以安阳沟为中心的一公里范围内最多，树高3~4m，直径10~20cm的到处都有。说着领我们来到村校边的小山包上。这里零星生长着几株茶树，其中一株高幅度是 7.5m，叶片特大、有光泽，叶厚富革质，嫩枝、芽体、叶片、萼片、花瓣和子房都无毛，柱头 5 裂，是典型的大厂茶。

10 月 24 日我们到了老厂公社老厂大队陆家槽子。这里海拔 2080m，冬天也会天寒地冻，但茶树与临沧、版纳的一样树高叶大，显然抗寒性比"云南大叶茶"强。这株茶树虽然树高只有 7.6m，基部干径 51cm，可创造了三个之最：一是叶片特大，最大叶长 19.2cm，可谓是滇东见到的最大叶片；花冠特大，最大冠径 8.0~8.6cm，平均 7.4~8.0cm，是迄今见到的唯一"花王"；花柱 7 裂，可谓是全球茶资源中花柱裂数最多的了。不过按它的形态特征还是属于大厂茶种。

11 月初我们辗转到了师宗县。途中，地区农业局小吴开玩笑说，师宗县城又旧又小，民国年代流传着一句顺口溜："堂堂师宗县，衙门像猪圈，大堂打板子，四门都听见"。不过来到后并不是想象中那么差，还是有着一些现代的建筑和生活气息，毕竟中华人民共和国建立已有三十多年了。

师宗是 1980 年云南农业大学张芳赐将师宗大茶树定名为大厂茶（*C. tachangensis* Zhang）的地方。11 月 3 日我们与县茶桑站但加义副站长直奔大厂茶的产地伍洛河公社（现为五龙壮族乡）大厂村。该地海拔 1650m，在一户叫邵小柱家的院子里生长着一株树干挺拔，树高 11.2m，干径 63.1cm 的大茶树，叶大富革质、叶面平滑有光泽，芽叶无毛，花冠特大，花瓣 10~12 瓣，柱头 5 裂，子房无毛，果柿形，种皮粗糙，这就是张芳赐定名大厂茶的模式标本。主人知道这株树非同寻常，在县里的支持下，在树周围砌起了石坎加以保护，可是，由于长在人畜频繁活动的场所，再加采摘过度，不幸在事隔 12 年后的 1995 年死亡。在离该株茶树不到 10m 处生长的另一株高 12.0m，干径 67.0cm，性状完全一样的大茶树，因生长在较隐蔽处，想必保留了下来。据老邵说，大茶树制烘青茶，吃口没有小叶茶好。原来在伍洛河公社的新庄科和高良公社笼嘎等地还生长着灌木中小叶茶，估计是早年"湖广造纸人"带来的。据"七五"期间对大厂茶的生化测定，春茶一芽二叶含氨基酸 2.9%、咖啡碱 4.0%、茶多酚 28.1%、儿茶素总量 3.2%，其中 EGCG（表没食子儿茶素没食子酸酯）含量只有 1.46%，儿茶素和氨基酸含量偏低是导致香味淡薄的重要原因。除了大厂村外，还有南岩大队以及高良公社的坝林、笼嘎、纳非、羊街等都有大厂茶生长。

大厂茶尽管制茶品质不优，但在研究茶树演化和区系分布上有着重要价值。张宏达和闵天禄都把它列为茶组中最原始的种之一。据笔者 1991~1994 年参加的"国家桂西北和黔南山区作物种质资源考察"可知，大厂茶在邻近的广西隆林县德峨乡，贵州省兴义县七舍镇、普安县普白林场、晴隆县碧痕镇以及盘县老厂乡等地都有分布。由于地理位置闭塞和存在生殖隔离，大厂茶的表现型比较纯合，是遗传性最稳定的种之一。为此，有学者认为，滇桂黔边区是茶树地理起源的核心区。

在滇东和黔西南一带多见"大厂""老厂""纸厂"地名，实际上这些地方并没有工厂。滇黔两地的一致说法是，明末清初，逃难的湖广人，在山箐僻野建土坊造纸，以度生计。因此，凡建纸厂的地方，就称×厂，一直沿用至今。

马龙县虽不是资源考察点，应李副县长的要求 11 月 14 日我们还是到该县作了一次调查。全县有茶园 6000 多亩，但产量低，平均亩产只有 18.6 斤，单价低，每斤只有 1.55 元。原因一是粮食问题没有解决，茶园没有投入，管理粗放；二是茶叶生产责任制不完善，承包年限短，普遍存在短期行为，怕"花了钱，出了力，时间一到白费劲"。不过也有搞得比较好的，如旧县公社小房子大队 228 亩茶园有 13 人管理，产量和收入数全县最高。我们沿途看到的都是缓坡丘陵，人烟稀少，种三四万亩茶都不会与粮、林争地，县里计划到 1990 年发展到两万亩。全年降水量虽有 1100mm，但春旱重，年平均温度 14℃，冬季可达 -3℃，水热条件不是很适合种茶。所以，县里在比较了烟叶和茶叶的效益后及时调整了产业结构，把烟叶作为重点，这是明智之举。

在从马龙回曲靖的路上发生了一件意想不到的事。我们的吉普车在下坡时突然前左轮掉落滚出几十米，车子因此侧翻，好在有坡壁卡住，未酿成大祸，我和小马等只是受了挫伤。事发时，驾驶员王师傅叫嚷着，"这车车祸后刚修理不久，我说不能出来跑考察，可单位里没有车子换，如果往另一侧翻下陡崖，我们很可能都要'光荣'了。"在那车少汽油凭票供应的年代，地区能配备一辆吉普车对我们的工作已很支持了，我们哪里还会抱怨。

元江热区的糯茶

玉溪地区位于滇中高原湖盆区，是云南省主要粮、油、烟生产基地之一，所产"云烟"蜚声市场。但茶叶不是主要产业，仅南部的元江、新平两地有茶树栽培，茶树资源也比较丰富。从地貌上看，元江和新平属于高原湖盆区南端的中山宽谷地带，在峰峦起伏中有一些低海拔的间断盆地，俗称"干坝子"。坝子的气候干热少雨，热量充足。哀牢山和元江平行斜亘在两县境内，地势高差二三千米，是植物区系的过渡带。

"元江"既是元江哈尼族彝族傣族自治县的县名，又是一条江名。元江全长 1280 公里，流入越南后称红河。元江县城澧江镇海拔仅 350m，气候干热，属热带稀疏草原型，全年平均气温 23.8℃，比河口高 1.2℃，活动积温高达 8687℃，极端最高温度 42.2℃，终年无霜。由于南北气流越过高山后往河谷下沉，不易形成降水，故雨量稀少，年降水量只有 800mm 左右，蒸发量达 2750mm，因此特别干热，可以种植各种热带作物。就在这一特殊环境中生长着一种稀有资源 —— 糯茶。

糯茶，当地又叫软茶，因其叶片肥厚柔软而得名，早几年云南省农科院茶叶研究所已有引种，其叶片肥大，形态似同福建佛手种，萼片和幼果密披茸毛，最称奇的是糯茶的一芽三叶最大长度可达 15.4cm，这在国内外极为少见。为识糯茶真面目，我们于 1983 年深秋到了产地考察。糯茶主要产在两处，一是在距县城 43km 的羊街公社羊街大队，一是在与红河县交界处的娜诺公社猪街大队。猪街种茶历史悠久，据《李氏建祠堂碑记》中载："吾家祖先任秀原籍河西（今通海），清乾隆三十六年（公元 1771 年）贸易于思茅，留居数年，既而为地不适，遂迁寓于此地……同治初，往茶山运茶，见茶获利甚巨，遂运来回家，改种成功，盛著获利颇多……。"从碑记分析，猪街种茶约始于同治年间（1862~1874 年），系由碑主李万福的父亲所倡。另据当地老人说，茶种早年是从西双版纳的易武引入的，易武是古六大茶山之一，清雍正三年（1725 年）归思茅府管辖。《普洱府志》卷之十九载："普洱名重于天下，出普洱所属六大茶山……周围八百里（约 250 多华里），入山作茶者数十万人，茶客收买后运于各处……"。那时的易武以产普洱茶著称，是茶客商贾的云集之地。

1983 年 11 月 1 日我们先到羊街考察。汽车沿着蜿蜒的公路盘山而上，一直上升到海拔 1650m 才到达区政府所在地羊街。糯茶长在距区政府 2km 的山坡上，约有三四十亩面积。据一位姓杨的老农说，园中有两种茶，叶子软的叫软茶，即糯茶，叶子硬的叫硬茶。但凭手感两者差别并不明显，形态特征也无区别。主要特征是：叶片长 10~14cm，叶宽 5~7cm，叶椭圆形，少数为卵圆形，叶脉 10~14 对，叶面隆起，叶背、主脉、叶柄上有茸毛；嫩芽淡绿色，茸毛特多；花大，花冠直径 4.2~5.5cm，花瓣 7~11 瓣，柱头 3 裂，子房多毛，萼片密披茸毛；茶果三角形，顶端高高凸起。11 月 4 日继续前往猪街考察，从羊街到猪街行车一个半小时。猪街海拔 1755m，有茶园 200 多亩，据一位姓陈的农民讲，该茶园是著《祠碑》者李万福家在一百多年前种植的，树高普遍在 3~4m，比羊街的要大，很可能羊街的茶树是从这里引去的。老农还说，软茶在采摘后，下一轮可以在同一桩上长出三四个杈（新梢），硬茶没有这么多。据现场观察，茶树采摘较重，是按"摘顶、脱叶、留梗"一把捋的采法采的，但由于当地气候比较温暖湿润，土壤肥沃，在采桩上确实可同时长出几个新芽。羊街的软茶由于留叶较多，就没有这种"多发"现象，说明采摘可刺激茶芽萌发，但也不是"越采越发"。发芽轮次与叶片软硬、茸毛多少无关。

1982 年我们在邻近的红河县车古乡发现一株高 8.3m、干径 86cm，性状类似的大茶树，据传是清雍正年间从易武引入的，后来在新平县者竜乡也发现同类型茶树数百株，据说也是从易武引进的。果真这些"糯茶"都来自易武么？易武有这种茶树么？这是考察记中最后要谈的问题。

由于糯茶花大、瓣多，萼片、幼果和嫩茎密披茸毛，其形态特征与茶、普洱茶和白毛茶有较大区别，在分类时将其定为元江茶新种（*C. yankiangcha*），不过，1998 年张宏达和 2000 年闵天禄在茶组植物分类修订时都将其归为白毛茶种（*C. sinensis* var. *pubilimba*）。

元江除了糯茶外，还在羊岔街公社的磨坊河水库后面海拔 2150m 处发现了数株高 3~5m，干径 30~70cm 的野生茶树，在因远公社望乡台 2200m 的林中发现一株高 18m，花冠直径超过 8cm 的大茶树，其特征与 1982 年在屏边县姑祖碑考察的"老黑茶"一样，同属老黑茶种（*C. atrothea*）。

者竜茶

新平彝族傣族自治县在元江县北部，海拔3137m的哀牢山主峰大雪锅山就在县西北，野生茶树资源也主要集中在者竜、平掌、马鹿一带。1983年11月10日，我们直驱者竜公社考察。县城桂山镇海拔1497m，经过海拔500多m的水塘坝子后便进入哀牢山腹地。虽然离开县城时是艳阳高照，但山区却是秋雨霏霏，道路泥泞。第二天冒着细雨去者竜大队后山背箐考察。在爬了近七八公里的坡后终于登上了2200m的山腰。不过，从1850m开始就见有野生茶树分布，它们与杜鹃、细金竹等混生，茶树一般高3~4m，主干直径40~50cm，叶长10~15cm，叶脉11~13对，花冠直径5~7cm，花瓣多毛，柱头4~5裂、有毛，子房毛特多，萼片和花梗有毛，分类上同属于老黑茶种。其中一株老黑茶生长在2400m大箐中，树高15m、干径54.1cm。公社茶技员老张说，这种茶树在附近有几百株，看看枝盛叶茂，但制茶品质差，过去每年采制五六百担边销茶，现在无人去采摘了（在2006年前后可能成了采制"古树普洱茶"的摇钱树了）。者竜的西部便是镇沅县九甲乡著名的千家寨大茶树产地，虽然两地以哀牢山脊分隔，但茶树的主要形态特征相似。千家寨大茶树同属老黑茶种（*C. atrothea*）。

第二天到者竜瓦房寨考察峨毛茶。该处海拔1710m，周围生长着数百株高6~7m，干径40cm左右的栽培茶树，据村民说这是一百多年前从易武引来的。其中最大一株高7.5m，干径48cm，叶片特大，芽叶、嫩茎、萼片、子房密披茸毛，柱头3裂，在分类上与元江的羊街、猪街茶一样，同属白毛茶种。当地均采制晒青茶，味醇回甘，品质较优，在新平较负盛名。据"七五"期间生化测定，其一芽二叶氨基酸含量高达6.5%，这不仅在云南大叶茶资源中是独一无二的，在古茶树资源中也很少见。由于其芽叶肥硕，茸毛特多，氨基酸含量高，可创制出色、香、味、形皆美的名优茶或工艺茶。

在哀牢山上

哀牢山北起大理，南到红河，地跨北亚热带常绿阔叶林到热带雨林，它像一道巨大的屏障将云南东西部分成两个自然地理区，西部是温湿的横断山脉纵谷区，东部则是干热的滇东南高原区，所以在植物区系上自成一体，是种质资源的又一基因库。1984年秋我们辗转到了楚雄彝族自治州最北端的南华县。

11月8日在楚雄州农业局邓光荣、县农业局王丕祥同志的带领下，州茶桑站的车把我们从县城送到兔街便折回了。兔街别以为兔子很多，实际上地名与动物完全是风马牛不相干。原来，在滇中、滇西南一带，少数民族都有按十二生肖赶街的习惯，属猪的赶街叫猪街，属马的叫马街，以此类推，所以有鼠街、牛街、虎街、兔街、马街、鸡街、狗街、猪街、羊街等地名。名曰是街，实际上是只有几户人家的小村落，有的干脆就是路边的一块场地。老邓讲了一趣闻，有一小伙子在外省找了一女友，对姑娘说，我家住在鸡街，女方说，那你家天天吃鸡了，美哉！可到了目的地，女的傻了眼，只见两边高山接天，就是巴掌大的一块平坝地，连一只飞鸟都未见到，才知道受男友蒙了。兔街已是断头路，按照考察路线，要在山上步行 300 多千米，翻越 20 多个山头，才能到达另一公路的起点——双柏县碌嘉。所以这一程考察全部靠走了。

午饭后大家头顶烈日在羊肠小道上爬行着。在大山里四周是寂静的山林，到处是云南松、麻栗、滇楸和半人高的茅草及令人厌恶的紫茎泽兰。这天天气异常闷热，小小的遮阳帽难挡烈日的炙烤，加上一阵阵紫茎泽兰的腥臭味，真使人头晕目眩。虽然我身不负物，还是累得几乎走三步都得喘口气。忽然，在对岸的山腰上出现了缕缕青烟，一群赤膊的民工在挥着大锤，扶着钢钎，砸着石块，拉着板车，叮咚之声在近处扬起，又在远处山谷里回荡。就是这群筑路者在把公路一寸一寸地向前延伸着，说不定再过一年半载，一条平坦的大路直通哀牢山深处，可眼前还得一步一步地爬行着。

秋天的哀牢山是异常美的，山里的空气像过滤了那样纯净清新，天空是湛蓝湛蓝的，四周又是郁绿郁绿的。1974 年办的南华县小村茶场就坐落在海拔 2110m 的山坡上。这里常年云雾缭绕，土层肥厚，种茶条件得天独厚，有茶园 200 多亩，是我们在哀牢山里所见到的海拔最高、茶树长势最旺的茶园，所产的"小村银毫"以毫中隐绿，香郁味甘而被誉为省级名茶，1982 年日商曾以每公斤 150 元的价格购买。当场长彭开周同志捧上一杯香茶时，顿觉沁人心脾，筋骨舒坦。茶厂外，尽管太阳的余晖已从林隙中射入，可工人们依然举锄不停 —— 正在深耕施基肥，这是打破"大锅饭"后的新气象。不过。场员们还是那样默默无闻地干着，他们并不想与"小村银毫"一起张扬，只想勤劳能带来较多的收入。据兔街区委书记李学忠说，这儿是特困区，每人年现金收入只有 60 多元。

从哀牢山的植被分布看，1800m 以下多为耕地或次生林，以上是栎类混交常绿阔叶林林区。实践告诉我们，本土资源要么就在村寨附近（茶树早年由山中移来），要么就在原始林中，次生林中一般是没有的。因此，我们的考察范围大多在海拔 2000m 左右的中高山，可是沿途宿营地又多在山涧谷地，这样我们每天不得不大起大落地爬"冤枉坡"。

干龙潭乡是彝族聚居区。彝胞嗜酒好茶，每逢进村过寨都会有人邀你进屋饮酒喝茶。他们衣着简陋，一年四季男人都背着未经缝制的裸皮羊皮当外套，说这样在大山里，老熊从未见过这么大的动物，无从下口，不敢轻举妄动，另外，在地里躺着睡觉不会受凉，屋里烤火背脊烤不着也暖和。在上村、下村附近长着数百株 5~9m 高的茶树。从形态特征看大体有两种，一是鳞片、嫩芽、萼片、子房多毛，而嫩枝、叶背无毛，花大瓣多，柱头 5 裂的老黑茶，另一个是鳞片、嫩芽、嫩枝、叶背、萼片、子房都密披茸毛的白毛茶。据群众说，这些茶树是上代从深山里挖来的，亦有说是从景东小龙街引种的，还有说是从夷方（缅甸）引进的，说法不一，难以定论。为了追本溯源，我们由乡支书李万宝同志带领，直奔深山老林。在遮天蔽日的原始林中转了大半天，终于在寻马场找到了一株高 5.3m，干围 80cm 的野茶树，令人失望的是全树见不到一个花蕾，附近十几株茶树也全寻觅不到一个花果，难以解答村寨里的茶树是否与此同宗同源。

如前所述，老黑茶是 1982 年在哀牢山南端的屏边县发现的新种，实际上这个种沿着元江溯流而上，跟着哀牢山的走向呈东南西北向展开，沿线的元江、双柏、楚雄、南华都有生长，前后绵延五六百公里。哀牢山的茶资源虽十分丰富，但从南到北未见到子房无毛（秃房茶）的茶树，这是茶树区系分布上的一个疑点。

11 月 16 日来到了靠近礼社江的南华县威车乡，这里同样长着许多大茶树，其中董家平菜园边的一株树高 8.5m，其树形、枝叶无殊，可其果柄上长有两个长 3~4mm 的大苞片。苞片在茶果上宿存，实属罕见，在山茶属中，只有连蕊茶组的黄杨叶连蕊茶（*C. buxifolia* Chang）和美齿连蕊茶（*C. callidonta* Chang）果柄上带有苞片，相比之下，它们的苞片要小得多。这株奇特的茶树不仅为云南茶树百花园增添了新的成员，也为研究茶树遗传多样性提供了珍贵的材料。

离开威车乡沿着逶迤的山岭朝东南方向走去，十多天后进入双柏县境内。在这近乎原始森林的大山里，到处是一片绿色的世界，几朵黄的紫的野花也被这绿色淹没了。忽然，在不远处的峭壁上不时出现点点的红色，真好像一枝红杏出墙来。在这多少天的承受绿色包围的生活中，突然有这么一小片的突破口，我们顿觉温暖了许多，那阴冷沉闷的感觉荡然无存。小矣忙攀藤扶壁爬了上去采了标本，花红得无一点杂色，这便是哀牢山特有的白毛红山茶（*C. albovillosa*）。可小矣拐着腿叫苦不迭，原来他爬崖时被荨麻刺了一下，奇痛难忍。

麻旺乡海拔 1760m，由于临近礼社江，山势依然陡峭。在大垭口有一株茶树，远看树型像乔木，近看枝叶像灌木，树高 8.7m，干径 57.8cm，分枝异常稠密，叶形酷似福建的毛蟹种，几乎所有的花的柱头都深埋在花丝之中，但见茶果累累，种子饱满，察看周围数百米内没有一株茶树，看来这株茶树全凭自花授粉。由此可见，在自然界不能完全排除靠自花授粉来繁衍后代的突变体。据群众说，该茶树来历不明，做绿茶具有中小叶种清香型的风格，在当地别具一格，群众都采该树种子繁殖。

29 日我们来到了义隆乡，这是考察中的最后一站了。由双柏通往碌嘉的简易公路就在脚下蜿蜒而过。望着来去奔驰的汽车，回首翘望，感叹不已。二十多天来，别说汽车，就连拖拉机的影子都没有见到。尚村是个有着四五十户人家的大村，群众住房衣着已不像深山里那么简陋了。村民老陈主动将我们带到村西的一片茶林，其中有一株茶树遥眼望去，有红有绿，星星点点，原来它的花蕾、萼片、花梗、叶柄、叶脉、果皮全是紫红色，尤其是花瓣红中带粉，粉中含白，十分俏丽，据说，该树制春茶，香郁如兰，夏秋茶浓而不涩，是既可观赏又可饮用的珍贵资源。真没想到，在最后一天还有这么个意外的收获，多少天来的疲劳也一扫而光了。

情南古道行

大理白族自治州地处横断山脉南端，境内山脉属于云岭和怒山山系。中部的点苍山高 3000~4000m，最高峰 4120m，它将全州分成多种不同的自然环境：东干西湿，南暖北凉，低热高寒，形成独特的滇西高原气候。大理州在云南虽然属于高纬地区，但在 1700~2000m 的山地都适宜茶树生长。全州 12 个县中有 9 个县产茶，其中以南涧、永平和下关为主产区，茶树资源也比较丰富。

下关又称风城。从下关出发，沿着西洱河峡谷西行，两边是陡峭的山岭，更有种风吼声、水流声声声震耳的感觉。西洱河流入澜沧江，河水湍急，现今已利用落差建起了三级水电站。水轮机建在山洞里，外面见不到厂房，听不到机器声。沿着滇缅公路车行三个多小时便来到了大理州最西南边的永平县。县的中西部有云台山、情南山。澜沧江从西境流过，江上有兰津大渡，为汉武帝时所建，元代建有木桥，明代改建为铁索桥，这是古时从大理通往缅甸、印度的要道——著名的"情南古道"，其政治、经济地位十分重要。

永平县历史上以产"回龙茶"著称，产地南起水泄彝族乡回龙，北至厂街彝族乡松坡，紧靠"情南古道"。1984 年 11 月 8~10 日在县农工部和茶叶公司同志带领下我们前往水泄乡考察。先乘车到厂街，再步行 60km，途中要翻越海拔 2400m 的"四气岭"——意即山高岭峻，非要休息四次不可。"四气岭"确名不虚传，坡又陡又长，沿途人迹罕见。满山长着云南松、杜鹃和黄草（草本药用植物）。时值深秋，杜鹃正开着鲜艳的花朵。经过三天的跋涉，最后翻越一座高 2570m 的"菜籽"垭口才到达水泄。期间曾先后考察了大河沟、狮子沟、蕨坝山、瓦厂和回龙等地。这一带都长有大理茶，树高一般在 5~7m，干径在 30cm 左右。在大河沟发现的一株高 10m、干径 1.07m、长势旺盛的大茶树，可谓是大理州目前发现的最大茶树了。不过，从大理茶多半生长在村庄附近以及有一定的株行距来看，很可能是早年从山里挖来所栽。此外，在核桃坪和瓦厂一带还有从勐库引进的大叶茶和来源不明的苦茶。苦茶味苦，形态同中叶种茶树，可能是茶与其他种的杂交后代。通过考察，初步明了"情南古道"的茶树资源同样是以大理茶为主。

附 4 图 5　远眺澜沧江

所谓"回龙茶"，实为大理茶所制。

"情南古道"早在汉代时就与四川的灵关道和朱提道连接，古称"蜀身毒道"（蜀为四川，身毒为印度），这是一条南方丝绸之路，它比河西走廊的丝绸之路还要早二百多年，只不过隐姓埋名，知道的人很少。问题是古时既然有这么一条重要的通道，但是从未见有茶叶从这一途径运输的记载和遗存，据此分析，滇西一带的茶叶和茶种很可能是循着后来的"茶马古道"运往国外或是通过少数民族的迁徙传播出去的。

在无量山和哀牢山的起点

南涧县位于大理州的最南端。西北 — 东南走向的哀牢山与无量山从南涧起始如同一对巨臂横亘云南中南部，它们也是澜沧江和元江的分水岭。1984年11月18日县茶桑站的同志带领我们前往无量区新政乡小古德考察。小古德在县南端，距县城约70km，它东邻楚雄彝族自治州的双柏县，南接思茅地区的景东彝族自治县，西靠临沧地区的凤庆县。汽车沿着下（关）思（茅）公路行进半小时后便进入两山夹峙的深山区。公路的一边是把边江（下游注入越南的沱江后汇入红河），它是哀牢山与无量山的分界线，最狭处仅数十米宽，哀牢山与无量山在此成了"握手山"，但江两边的气候大有差别，无量山温暖干燥，阳光充足，哀牢山潮湿多雾，这可能与地理位置、地形、地势、森林覆盖度有关。隔江远眺，只见崇山峻岭上云雾缭绕，那是一片人迹罕至的原始森林，据说森林里栖居着国家一级保护动物黑冠长臂猿。汽车过了无量区，再沿着崎岖的山路，穿过一片森林后便到达队办小古德茶场。这里与南面的景东县安定乡近在咫尺。安定是一个古老的茶区，有老式茶园8000多亩，年产茶5000多担，所以，两地的茶树栽培、制茶方式是一样的。小古德茶场海拔2030m，有茶园近百亩，地势平坦，土层深厚，土壤乌黑，多有机质，茶树丛植，树高在3~4m，但树干上长满"树花"（寄生的地衣、苔藓）。几株大茶树便生长在茶园中部。其中一株高8.2m，树幅4.5m，犹如鹤立鸡群。该树枝叶茂密，树干光滑，不见"树花"，冬耐霜冻，春不怕干旱，据说，每年可采春茶30多斤，采茶籽40多斤，但茶叶未单独加工，品质不知如何。它的特异之处是，柱头以5裂为主，子房有多毛和少毛之分，但鳞片、叶柄有毛，主脉、叶背多毛，与大理茶（鳞片、叶背没有毛）和普洱茶（柱头3裂）不一样，在分类上难以归属，它可能是一新的变型（form）。

新政乡栏杆箐位于无量山深处。20日在木板箐午饭后便径直向原始森林走去。在海拔2274m处村民李奔五找到了一株株干挺拔，高8.9m，干径56cm的野生茶树，这是大理茶。不过，老李叫它为"摆夷茶"，何故？老李说，原来这里居住着"摆夷"人（可能是傣族的一个分支，后来迁走了），据传200多年前是摆夷人所种，故叫"摆夷茶"。不过，从所处的大山深处的地理位置看不可能是人为种植，是自生自灭的野生茶树，传说毕竟是传说。

寻访感通寺

大理感通茶历史久远，据明代冯时可（约16世纪）《滇行记略》载："……感通茶，不下天池伏龙，特此中人不善焙制尔……"。在明末季会理整理的《徐霞客游记》中载："感通寺茶树皆高三四尺，绝与桂相似，味颇佳，烛而夏爆，不免黝黑。现在三塔之茶皆已绝种，惟上尚存数株。"另在民国初的《大理县志稿》中亦写道："感通茶出太和感通寺，感通三塔皆有，但性劣不及普茶。"此外，在清檀萃的《滇海虞衡志》和师范的《滇系》中对感通茶都有所记述。这些似乎都表明，感通茶的品质不算优良。这是其一，第二，感通寺的茶树还是大理茶（*C. taliensis*）的模式标本树，原来1917年W.W.Smith就是以感通寺的茶树来定名大理茶的。为探个究竟，1984年11月30日我们来到了这里。

感通寺位于洱海之西、苍山圣应峰南麓的幽谷中。从下关沿洱海西岸行驶十多公里，在古城大理南郊观音庵下车再拾级而上便至。这里山麓一带地势平缓，多民居，除偶见少量的松树、低矮的野山茶和几小块新茶园外，几乎都是岩石裸露的荒坡。沿着蜿蜒小路走一个多小时才见树木茂密起来。在海拔2300多m的林荫中但见一山门，上面赫然写着"感通寺"三个大字。进得寺内只见红漆房宇数间，虽有清雅古朴之风，但没有雕梁画栋、飞檐拱顶的建筑。在寺的后院散落有致地栽着白花山茶、小叶杜鹃、兰草和灯笼花等。在院墙的东南角生长着两株挺拔的茶树，这正是我们要寻找的目标。经观察，一株高3.2m，主干直径23cm，花瓣较多，芽叶多毛，显然是栽培型的普洱茶，据说是清光绪年间从"六大茶山"易武引进的，树龄约八九十年；另一株高6.8m，主干直径32cm，叶片绿润光滑，花大瓣多，芽叶和嫩枝无毛，属于大理茶，这也可能是我们寻踪的大理茶模式标本，当时喜悦之情溢于言表。尔后，当家方丈又带我们在寺院周围转了一下，在院墙外还有数十株大理茶散生各处。据推测，寺院内外的大理茶很可能是早年僧人挖来野生茶苗所栽。

随后，我们又来到了附近的单大人村考察。据传，单大人村的"单大人"是19世纪中叶镇压李文学起义的清朝官吏，后因对朝廷的乖戾暴虐不满，遂到苍山僻壤中隐居。其村距下关约5km，海拔2400多m，"单大人"原居荡然无存，仅有少量遗迹。村周围长着数十株高四五米、干径二三十厘米（最大的42cm）的大理茶，茶树有红芽绿芽两种，果实较小，估计树龄在一百多年左右。

从感通寺和单大人村的茶树来看，一是自然生长的大理茶，一是近代引进栽培的大叶茶，但都未见到中小叶茶树。感通寺地处北纬25°35′，海拔2320m，这可能是大理茶分布的北界了。前面所提及的大理感通茶，很可能是用大理茶所制的。大理茶芽叶无毛，茶多酚、氨基酸等含量较低，古时采制粗放，夏季湿热，故会有"烛而夏爆，不免黝黑"和"性劣不及普茶"之说。

大理茶这一物种虽然以感通寺的茶树特征为模式并以大理地名来命名的，但它的主要分布区在高黎贡山和无量山的保山、德宏、临沧、普洱、版纳等所属州市的20多个县区，是分布范围最广的野生型茶树。从综合考察结果所知，大理茶的地域性分布非常明显，越过哀牢山、元江后，也即哀牢山以东已难见大理茶的踪影。因此，滇西和滇西南是大理茶的分布在中心，哀牢山是它的东界线。

独龙江探秘

（一）话说独龙江

翻开地图，在云南省最西北隅一突出的狭长地带内有一弯曲的河流自西藏流入，流域不长，即由西南方向折向缅甸，汇入伊洛瓦底江上游恩梅开江，这就是鲜为人知的独龙江。在这个位置异常偏僻，交通十分闭塞，人烟非常稀少的地方，近年来引起了许多科学工作者的注意，各种考察纷至沓来。作为茶树种质资源的专业考察自然也盯上了这块神秘之地。

贡山独龙族怒族自治县只有二万九千四百多人，平均每平方千米不到七人，是云南省人口最稀少的县。它北接西藏察隅，西邻缅甸江心坡，处于青藏高原东南边缘、横断山脉中部。由于受到过第四纪冰川的多次侵蚀，很多地段残留着古冰川地形，如角峰、锯齿形的山脊、悬谷、碛石等。因此，山高、峰奇、谷狭、坡陡、径险成了其主要的地貌特征。怒江、独龙江在碧罗雪山、高黎贡山和担当力卡山的夹峙下奔腾咆哮，江岸奇峰突兀，削壁千仞，交通非常不便。

青藏高原是欧亚大陆东南部的一个极其独特的自然地域和地理单元。所谓独特，就是四周有着差异极端悬殊、对比十分强烈的自然地域和气候带。独龙江正处于这个自然地理单元的边缘部分，特殊的地理位置构成了独特的气候区域，因此，这里就成了多种植物的汇集地。作为亚热带最常见的茶树在这里有没有一席之地，它的物种和数量怎样，是否像国外学者所说的中、缅、印三国交界处的伊洛瓦底江上游是茶树的原产地？这些都是考察队需要解开的谜。

独龙江又称毒龙江，它的西部是3万多 km^2 的江心坡，再往西便是印度的阿萨姆邦了。江心坡原为中国领土，1960年中缅划定国界时划归缅方，现为缅甸克钦邦，因此，独龙江便成了茶树原产地有争议的我国与印度阿萨姆最邻近的前沿了。因而这里的资源更带有非同一般的价值。作为茶叶科技工作者去揭开它的面纱，自然是义不容辞的。

（二）走向独龙江

贡山县城茨开镇紧靠怒江边，海拔1500m。由县城到独龙江只有60多km，但沿途是渺无人烟的原始森林，还要翻越海拔3900m的南磨王垭口，途中需宿营两次。考察队在县城备好了食品、压缩饼干（从部队营房洽购的）和炊具等行装，雇了十匹马，于1984年10月12日下午跟随藏胞马帮启程了。这天，蓝天白云，秋高气爽。一路上，峰回路转，景色绮丽，普拉河水湛蓝甘冽，响声不绝于耳。正当大家兴致勃勃地向前赶路时，马锅头忽然要在一个叫双龙的地方扎营过夜了。这里是一片刚收了苞谷的坡地，周围全是黑压压的森林，附近只有一二间破旧的茅舍，这可能是行程中的最后一个居民点了。在省茶科所老王的带领下，大家砍了些树枝铺在地上，草草野炊后就席地而睡了。在这天作被，地作床的野外，望着远处黑黝黝的山林，听着近处的虫叫蚱鸣，也别有一番情趣。可是，好景不长，刚入梦乡，忽然雨起，且越下越大，大家无奈只得撑起雨伞，互倚着坐等天亮，此时，瞌睡、蚊虫一齐袭来，出发时那股冲劲一扫而光。刚露晨曦，便冒雨上路。过了普拉河后，便沿着一条依稀难辨的羊肠小道爬坡。这里山势陡峻，林海莽莽，坡越爬越陡，雨越下越大。时过日中，在一个叫祺区（过往马帮的歇脚地）的地方烧了水，每人吃了两块压缩饼干后继续赶路。雨下个不停，坡没完没了，"马路"上分不清哪是马粪，哪是污泥。由于体力消耗大，一个个拉开了距离，为了防止掉队，大家紧紧跟在驮马的后面。突然在我的前额上有一热团滚下，原来是前面的马拉屎了，因紧跟马后，正好当头一击。人越来越乏，山也越来越高，刚攀上一座峰，眼前又突兀冒出一个岩，真是永无止境。忽然，队前出现了一阵骚动，原来是我们雇用的一匹驮马趴下后再也起不来了。据说，这路上每年有一千多匹驮马过往，摔死、累死的不下四五十匹。正当大家怜惜之余，附近林中忽而响起乌鸦的叫声，原来，它已想来啄食马尸了。这时的州外贸局杨士华同志示意大家赶快离开这里，因为乌鸦的叫声会引来林子里的豹子、老熊，这些野兽常会循声前来觅食，如果碰上，那就麻烦了。

　　林中的夜晚来得特早。当晚，在海拔3200m的东哨所宿营，大家挤在一间只有半堵墙的马厩里，边烤烘淋湿的被褥，边吃着夹生饭（海拔高，饭煮不熟）。尽管水在山涧流，但山上贵如油，大家顾不得满身污泥，躺下就睡了。

　　雨彻夜未停，早晨依旧狂风夹着大雨，为能在天黑前赶到下一个驻地，只得冒雨上路。由于体力还没有恢复，再加海拔高，不得不放慢了速度。越过3500m后，几乎每走几十步就得停下猛喘几口气。乏力、缺氧、心悸，使年过半百的老陈望着3900m的南磨王垭口却步，但为了不连累集体，他还是一步步艰难地向上攀登着，最后在老杨的帮助下终于爬上了山巅。

　　翻过垭口，依旧是崎岖千山复千山，极目远眺，只见奇峰叠嶂，峰连巅接，山势更加险恶；立于危崖上，只听得数峰吼鸣，万流俱响，山谷回音，惊心动魄；循声顺流，只见涧水奔腾，曲折翻卷，以一泻千里之势直扑独龙江。原来，前方深山峡谷之中的坝子就是我们的目的地。又经过了一天半的跋涉，终于于15日中午到达了独龙江区政府。连续三天冒雨急行，人人腰酸腿疼，但大家还是会心地笑了。

　　由1500m的贡山县城上升到3900m的垭口，再降到1420m的独龙江河谷，沿途可见到高黎贡山两侧明显的植物带分布，其垂直谱带是：2800m以下为青冈属、槭属、漆属、桦木属等常绿阔叶和落叶阔叶林；2800~3400m则以温带植物如杜鹃属、忍冬属和常绿针叶林的冷杉、云杉、落叶松为主；3400~3600m左右是丛竹林；3600m以上则为高山灌丛草甸了。但沿途均未见到高黎贡山普遍生长的大头茶、柃木、木荷、落瓣油茶、怒江红山茶等山茶科植物。

（三）独龙江有茶吗

独龙江区政府所在地巴坡实际上是江边的一个狭长谷地，周围除了供销社、银行、邮局、粮站、卫生所、学校和驻边部队外，没有居民，更没有商店。全区三千多人一年吃用的粮食、盐巴、酒、茶叶、布匹、日用百货等全靠马帮从县城运来。茶叶在这里也是必需品，20世纪60年代曾试种过大叶茶，现长势旺盛，最大一株高达4.7m，干径18cm，但因缺乏栽培和加工技术，产量很少，每年都要购进几千斤的"小方砖"。

经与高德荣副区长和林业站孟国华副站长（他俩都是独龙族人，为方便工作，全起了汉人姓名）讨论后，决定由孟副站长领往马库乡考察。从巴坡去有15km，先要过独龙江。原来江上架的是藤篾桥——桥面是用宽不到三个手掌的竹片或木板铺搭而成，两旁系以铁丝，人走在上面，上下晃动，望着咆哮的江水，令人头昏目眩，手脚发软，不敢挪动一步，但当地学童过桥如履平地。前几年在下游建了钢索吊桥，可通行马帮了。过了桥步行半天后便到达马库乡政府驻地——五间用竹子搭的"千脚楼"。这里海拔不到2000m，但周围山势巍峨，峰插云霄，整日云绕雾霭。10月20日午饭后，由向导独龙族人马果普领着，前往龙崩歇林中。这里没有一条平坦的路，有几处陡壁千丈，稍一失足，便成"千古"。经过一个多小时的连滚带爬，终于来到了密林深处，循着向导的指向望去，只见一株高8m，胸径2m的大树屹立在丛林之中，它开着白花，结着梨形球果，枝干上长满地衣苔藓。其叶长宽为14cm×16cm，叶片绿色，椭圆形，脉络突显，叶脉有13对之多，叶缘无齿或齿极浅，花乳白色，具有梨香味，花冠4.7~5.0cm，花瓣5~6片，花柱呈五角形，无歧，子房毛特多，果径1.0~1.5cm，果柄细长，种子有翅。从这些特征看，显然不是山茶属植物。据向导说，独龙族同胞就是采这种树叶当茶喝的。马库有一老人喝这种茶活到90多岁，孟国华说他父亲喝这种茶也活到94岁。看来，这种树叶能当茶喝，且对身体无害是肯定的，因当时采不到样品，无法进行品质鉴定和生化成分分析。除了这株树外，滴水岩还有从内地引进的"家茶"，近因该处"瘴气"漫延，村寨搬迁，这些茶树也就成了"野茶"了。除此外，再也没有见到野生茶树的踪影。

从巴坡沿独龙江溯流而上，一天路程便能到达布卡瓦乡，据说这里到西藏步行只需要二天。虽然位置异常偏僻，但沿江两岸已无森林覆盖。问当地独龙族同胞，均未见到过茶树，

附4图6 独龙江上的藤篾桥（1984）

更不用说是野生大茶树了。不过，他们喝的"茶"与马库的不同，一些名叫"匈茶""欣冷""革布""夏依"（独龙族语）的枝叶根本不是茶树，全是流苏树和花楸一类的木本和草本植物，由此可见，独龙族同胞在找不到茶树，在经过多次尝试后才选用它们当茶喝的。顺便提及的是，有关文献中提到，缅甸的葡萄地方有茶树（葡萄种），该地距独龙江不到200km，可是对方边民有时也到我方购买方砖茶，说明沿中缅边境的缅方也不产茶。

附4图7　产于马库的独龙族饮用茶（1984）

常年的11月初就会雪封南磨王垭口，一直到翌年5月才春来雪融，所以考察工作必须在10月底结束。独龙江之行前后花了近三个星期，虽历尽艰辛，但收获颇丰。现在该回到本文开头所提及的问题上来了，独龙江一带有没有茶树？是否是茶的原产地？回答是肯定的，有茶树，但不是原生的，现在还找不到任何证据说它是茶树的原产地。

"六大茶山"疑惑

在4年考察中，滇西的腾冲、滇中的元江、新平和滇东的红河等多个地方都讲他们的栽培茶种是从"六大茶山"引种的。那么，"六大茶山"果真是云南栽培大叶茶的始祖地吗？目前在茶树基因组尚未建立不能进行遗传因子鉴定的情况下，笔者近几年又重访了"六大茶山"，以探个究竟。

众所周知，"六大茶山"由东向西排列为曼撒、倚邦、革登、莽枝、蛮砖、攸乐。实际上这六处并不是山名，而是主产茶叶的村寨名，因名声大，逐渐扩大到村寨以外的范围。

"六大茶山"处于北热带湿润季风气候区，连绵起伏的热带雨林苍翠葱郁，是茶树的最适生态区，茶树种质资源应该非常丰富，然而，却并非如此：一是没有见到（也未见过报道）野生型茶树，如大理茶、厚轴茶等；第二，物种少，除了零星几株属于秃房茶（*C. gymnogyna*）、多萼茶（*C. multisepala*）外，几乎都是普洱茶和茶；第三，大茶树很少，目前最大的是易武乡的桥头寨大茶树高16.5m、同庆河大茶树高14.5m、落水洞大茶树高7.2m，均属于栽培型的普洱茶和德宏茶，不过，像这样的大茶树，在云南其他茶区屡见不鲜；第四，古茶园茶树树龄普遍较勐海的南糯山、云县的白莺山、澜沧景迈山、宁洱困鹿山、镇沅振太、景谷秧塔、双江冰岛、昌宁漭水、腾冲的大折浪等地的要小。我们无法准确确定"六大茶山"目前所见茶园的栽培时间，但可以看出它不会早于上述茶园，由此各地从"六大茶山"引种的说法便使人疑惑，究竟是谁向谁引种？之所以有从"六大茶山"引种之说，很可能是传闻所致，缺乏根据，其中不乏有以讹传讹的情况。

此外，在倚邦的曼拱等地还多有中小叶茶树。据曼拱村现任书记赵三民说，当地人多从石屏迁徙过来，已有三十多代。据上代人说，这些茶种是从江西带来的。云南在明清时代确有大批"湖广人"（包括江西、江苏等）从内地迁来，其中有些人从事种茶业。据我们现场观察，茶树呈小乔木或灌木树型，叶片中等偏小，叶质较硬脆，嫩茎和芽叶普遍泛紫红色，茸毛少，节间短，与江西、湖南一带的茶树特征很相似，与云南大叶茶的差异很大，这很可能确实是"舶来品"。

从目前"六大茶山"的种质资源类型和特点来看，还没有充分的根据表明"六大茶山"是云南大叶茶的发源地。"六大茶山"的大叶茶又是从何而来的也是史学家需要研究的问题。

结束语

20世纪80年代的云南茶树种质资源考察，不仅为摸清"茶树王国"的家底打下了基础，也为以后的考察树立了样板。诚然，这项工作是在各级政府的领导和业务部门的配合，尤其是基层群众的参与下完成的，但不可否认的是专业科研人员是最重要的中坚力量。为了不忘他们对云南茶树种质资源工作所做出的贡献，铭记他们的业绩，特将参加考察的专业人员列下：

中国农业科学院茶叶研究所：陈炳环、虞富莲、谭永济、马生产、杨亚军、林晓明、林树祺。

云南省农业科学院茶叶研究所：王海思、王平盛、许卫国、矣兵、马关亮。

"云南茶树种质资源考察散记"是在事隔几年后由虞富莲和陈炳环写就并在20世纪80年代在《中国茶叶》上连载，编入本书时稍作了整理。因年代较久，仅凭手头有限的资料和回忆整理而写，难免有些情节或人物可能有所出入，但无虚构之情，请当事人和读者体谅。

Afterword

后记

　　在中国产茶的 260 多万平方千米土地上，古茶树犹如沧海一粟。发现、考察、研究古茶树是专业人员与产区领导群众相结合的艰辛科学研究工作，所以，编入本书的古茶树可谓是几代人的劳动结晶。本书在编写过程中，得到了云南省普洱市茶叶咖啡局、云南省临沧市人民政府茶叶办公室、云南省文山壮族苗族自治州经济作物工作站、云南省德宏傣族景颇族自治州茶叶技术推广站、云南省保山市农业局、云南省农业科学院茶叶研究所、普洱茶研究院、云南省永平县园艺工作站、云南勐库茶叶有限责任公司、云南省景洪市经济作物管理站郭金斌先生、云南省勐海县茶叶技术服务中心曾铁桥先生、云南省普洱市职业教育中心李光涛先生、四川荥泰茶业有限责任公司、贵州省绿茶品牌发展促进会、贵州省黔南布依族苗族自治州茶产业发展办公室、贵州勤韵茶业有限公司周枞胜先生、广西百色市农业局叶靖平先生、广东省供销合作社陈栋先生、中国农业科学院茶叶研究所姚国坤先生、老挝三江自然资源开发有限公司等的热心帮助，他们有的带领复查考证，有的提供实物标本，有的提供资料或图片。中国科学院昆明植物研究所杨世雄先生对部分标本作了鉴定。在此一并致谢！外孙女林樾作了翻译，甚欣！因相助者甚多，时间较久，难免遗漏，恕请鉴谅。此外，昆明光瑞制版公司的精心编排，云南科技出版社的鼎力支持，保证了书的顺利出版。

　　再版编入书中的古茶树截至到 2018 年春，但还会有新的古茶树发现，可谓层出不穷，永无止境，所以编纂中国古茶树全集，还待后续。

虞富莲

2018 年 4 月 28 日再版后记

Author

作者简介

虞富莲 中国农业科学院茶叶研究所研究员。长期从事茶树育种和种质资源研究，是国内茶树种质资源研究资深专家。曾任育种研究室主任、全国农作物品种审定委员会茶树专业委员、浙江省第四届农作物品种审定委员会茶树专业组副组长、中国农学会遗传资源分会理事。1960年代参与龙井43等6个国家和省认（审）定品种的选育。1972~1978年在山东进行"南茶北引"，提出山东种茶的系统栽培技术和越冬措施，创制出山东第一只名茶"雪青"，为山东种茶做出了重要贡献。"七五"到"九五"期间先后合作主持国家重点科技项目专题2个，主持子专题4个，主持农业部重点科技项目专题1个。在滇、桂、川、黔、鄂、赣等地考察和征集了大批野生资源和茶的近缘植物，发现了一些新种和类型；通过系统鉴定评价，筛选出一批优质资源供利用；主持在杭州和勐海建立国家茶树种质资源圃，保存资源2700多份，数量和种类居世界前列；1989年主持制订《茶树种子和苗木》第一个国家标准（GB11767-89)，参与制订《茶树新品种特异性、一致性和稳定性测试指南》《茶树种质资源描述规范和数据标准》等。发表论文六十多篇。编著《中国古茶树》，执行主编《走进茶树王国》，担纲主编《中国茶树品种志》，参编著作有《中国农作物遗传资源》《中国作物及其野生近缘植物》《作物品质育种》《作物品种资源研究方法》《中国茶经》《中国茶叶大词典》《茶树良种与繁育》《茶树良种》《茶树优质高产栽培技术》等十余部。

获国家科技进步二等奖1项（第2名）、农业部科技进步二等奖1项、农业部科技进步三等奖3项。曾评为中国农业科学院先进工作者。享受国务院政府特殊津贴。获颁共和国成立70周年纪念章。